住房和城乡建设领域专业人员岗位培训考核系列用书

施工员专业管理实务
（装饰装修）

（第二版）

江苏省建设教育协会　组织编写

中国建筑工业出版社

图书在版编目（CIP）数据

施工员专业管理实务（装饰装修）/江苏省建设教育协会组织编写. —2 版. —北京：中国建筑工业出版社，2016.8

住房和城乡建设领域专业人员岗位培训考核系列用书

ISBN 978-7-112-19554-1

Ⅰ. ①施… Ⅱ. ①江… Ⅲ. ①建筑工程-工程施工-岗位培训-教材②建筑装饰-工程施工-岗位培训-教材 Ⅳ. ①TU7

中国版本图书馆 CIP 数据核字（2016）第 149146 号

本书作为《住房和城乡建设领域专业人员岗位培训考核系列用书》中的一本，依据《建筑与市政工程施工现场专业人员职业标准》JGJ/T 250—2011、《建筑与市政工程施工现场专业人员考核评价大纲》及全国住房和城乡建设领域专业人员岗位统一考核评价题库编写。全书共20章，内容包括：与装饰装修相关的管理规定和标准；施工组织设计及专项施工方案的内容和编制方法；施工进度计划的编制方法；环境与职业健康安全管理的基本知识；工程质量管理；工程成本管理；常用施工机械机具；编制施工组织设计和专项施工方案；施工图和其他工程设计、施工等文件；编写分部分项工程的施工技术交底文件；测量仪器；划分施工区段，确定施工工序；编制施工进度计划及资源需求计划；工程量计算及初步的工程清单计价；确定施工质量控制点；确定施工安全防范重点；识别、分析施工质量缺陷和危险源；装饰装修施工质量、职业健康安全与环境问题；记录施工情况，编写相关工程技术资料；利用专业软件对工程信息资料进行处理。本书既可作为装饰装修施工员岗位培训考核的指导用书，又可作为施工现场相关专业人员的实用工具书，也可供职业院校师生和相关专业人员参考使用。

责任编辑：万　李　刘　江　岳建光　范业庶
责任校对：李美娜　关　健

住房和城乡建设领域专业人员岗位培训考核系列用书

施工员专业管理实务（装饰装修）（第二版）

江苏省建设教育协会　组织编写

*

中国建筑工业出版社出版、发行（北京海淀三里河路9号）

各地新华书店、建筑书店经销

北京永峥排版公司制版

北京君升印刷有限公司印刷

*

开本：787×1092 毫米　1/16　印张：22½　字数：543 千字

2016 年 9 月第二版　　2018 年 2 月第七次印刷

定价：**56.00** 元

ISBN 978-7-112-19554-1

（28763）

住房和城乡建设领域专业人员岗位培训考核系列用书

编审委员会

主　任：宋如亚

副主任：章小刚　戴登军　陈　曦　曹达双

　　　　漆贯学　金少军　高　枫

委　员：王宇旻　成　宁　金孝权　张克纯

　　　　胡本国　陈从建　金广谦　郭清平

　　　　刘清泉　王建玉　汪　莹　马　记

　　　　魏傅燕　惠文荣　李如斌　杨建华

　　　　陈年和　金　强　王　飞

出版说明

为加强住房和城乡建设领域人才队伍建设，住房和城乡建设部组织编制并颁布实施了《建筑与市政工程施工现场专业人员职业标准》JGJ/T 250—2011（以下简称《职业标准》），随后组织编写了《建筑与市政工程施工现场专业人员考核评价大纲》（以下简称《考核评价大纲》），要求各地参照执行。为贯彻落实《职业标准》和《考核评价大纲》，受江苏省住房和城乡建设厅委托，江苏省建设教育协会组织了具有较高理论水平和丰富实践经验的专家和学者，编写了《住房和城乡建设领域专业人员岗位培训考核系列用书》（以下简称《考核系列用书》），并于2014年9月出版。《考核系列用书》以《职业标准》为指导，紧密结合一线专业人员岗位工作实际，出版后多次重印，受到业内专家和广大工程管理人员的好评，同时也收到了广大读者反馈的意见和建议。

根据住房和城乡建设部要求，2016年起将逐步启用全国住房和城乡建设领域专业人员岗位统一考核评价题库，为保证《考核系列用书》更加贴近部颁《职业标准》和《考核评价大纲》的要求，受江苏省住房和城乡建设厅委托，江苏省建设教育协会组织业内专家和培训老师，在第一版的基础上对《考核系列用书》进行了全面修订，编写了这套《住房和城乡建设领域专业人员岗位培训考核系列用书（第二版）》（以下简称《考核系列用书（第二版）》）。

《考核系列用书（第二版）》全面覆盖了施工员、质量员、资料员、机械员、材料员、劳务员、安全员、标准员等《职业标准》和《考核评价大纲》涉及的岗位（其中，施工员、质量员分为土建施工、装饰装修、设备安装和市政工程四个子专业）。每个岗位结合其职业特点以及培训考核的要求，包括《专业基础知识》、《专业管理实务》和《考试大纲·习题集》三个分册。

《考核系列用书（第二版）》汲取了第一版的优点，并综合考虑第一版使用中发现的问题及反馈的意见、建议，使其更适合培训教学和考生备考的需要。《考核系列用书（第二版）》系统性、针对性较强，通俗易懂，图文并茂，深入浅出，配以考试大纲和习题集，力求做到易学、易懂、易记、易操作。既是相关岗位培训考核的指导用书，又是一线专业岗位人员的实用工具书；既可供建设单位、施工单位及相关高职高专、中职中专学校教学培训使用，又可供相关专业人员自学参考使用。

《考核系列用书（第二版）》在编写过程中，虽然经多次推敲修改，但由于时间仓促，加之编著水平有限，如有疏漏之处，恳请广大读者批评指正（相关意见和建议请发送至JYXH05@163.com），以便我们认真加以修改，不断完善。

本书编写委员会

主　　编：杨　志

副 主 编：胡本国　杲晓东

编写人员：胡本国　杲晓东　周在辉　徐玉国

　　　　　陈志兆　唐　剑　王　宏　谭福庆

　　　　　黄　玥　唐　江　吴贞义　邓文俊

　　　　　刘国良　胡小虹　杜磊堂　张淑华

　　　　　冯黎喆

第二版前言

根据住房和城乡建设部的要求，2016 年起将逐步启用全国住房和城乡建设领域专业人员岗位统一考核评价题库，为更好贯彻落实《建筑与市政工程施工现场专业人员职业标准》JGJ/T 250—2011，保证培训教材更加贴近部颁《建筑与市政工程施工现场专业人员考核评价大纲》的要求，受江苏省住房和城乡建设厅委托，江苏省建设教育协会组织业内专家和培训老师，在《住房和城乡建设领域专业人员岗位培训考核系列用书》第一版的基础上进行了全面修订，编写了这套《住房和城乡建设领域专业人员岗位培训考核系列用书（第二版）》（以下简称《考核系列用书（第二版）》），本书为其中的一本。

施工员（装饰装修）培训考核用书包括《施工员专业基础知识（装饰装修）》（第二版）、《施工员专业管理实务（装饰装修）》（第二版）、《施工员考试大纲·习题集（装饰装修）》（第二版）三本，反映了国家现行规范、规程、标准，并以装饰装修施工技术操作规程和装饰装修施工安全技术操作规程为主线，不仅涵盖了现场施工人员应掌握的通用知识、基础知识、岗位知识和专业技能，还涉及新技术、新设备、新工艺、新材料等方面的知识。

本书为《施工员专业管理实务（装饰装修）》（第二版）分册，全书共20章，内容包括：与装饰装修相关的管理规定和标准；施工组织设计及专项施工方案的内容和编制方法；施工进度计划的编制方法；环境与职业健康安全管理的基本知识；工程质量管理；工程成本管理；常用施工机械机具；编制施工组织设计和专项施工方案；施工图和其他工程设计、施工等文件；编写分部分项工程的施工技术交底文件；测量仪器；划分施工区段，确定施工工序；编制施工进度计划及资源需求计划；工程量计算及初步的工程清单计价；确定施工质量控制点；确定施工安全防范重点；识别、分析施工质量缺陷和危险源；装饰装修施工质量、职业健康安全与环境问题；记录施工情况，编写相关工程技术资料；利用专业软件对工程信息资料进行处理。

本书既可作为施工员（装饰装修）岗位培训考核的指导用书，又可作为施工现场相关专业人员的实用工具书，也可供职业院校师生和相关专业人员参考使用。

第一版前言

为贯彻落实住房城乡建设领域专业人员新颁职业标准，受江苏省住房和城乡建设厅委托，江苏省建设教育协会组织编写了《住房和城乡建设领域专业人员岗位培训考核系列用书》，本书为其中的一本。

施工员（装饰装修）培训考核用书包括《施工员专业基础知识（装饰装修）》、《施工员专业管理实务（装饰装修）》、《施工员考试大纲·习题集（装饰装修）》三本，反映了国家现行规范、规程、标准，并以建筑工程（装饰装修）施工技术操作规程和建筑工程（装饰装修）施工安全技术操作规程为主线，不仅涵盖了现场施工人员应掌握的通用知识、基础知识和岗位知识，还涉及新技术、新设备、新工艺、新材料等方面的知识。

本书为《施工员专业管理实务（装饰装修）》分册，系统阐述了施工员（装饰装修）工作中需要掌握的施工工艺流程和技术要求、施工安全和质量要求及施工现场管理知识，贴近施工员工作实际需要。全书共分17章，内容包括：吊顶工程；轻质隔墙工程；抹灰工程；墙柱饰面工程；裱糊；软硬包及涂饰工程；楼地面工程；细部工程；防水工程；幕墙工程；门窗工程；建筑安装工程；软装配饰工程；施工项目管理概论；施工项目质量管理；施工项目进度管理；施工项目成本管理；施工项目安全管理与职业健康。附录中对创精品工程、绿色装饰装修及最新的施工技术进行就解读。

本书在编写过程中得到江苏省装饰装修发展中心、苏州市住房和城乡建设局、苏州金螳螂建筑装饰股份有限公司、苏州智信建设职业培训学校等单位的支持与帮助，在此谨表谢意。

本书既可作为施工员（装饰装修）岗位培训考核的指导用书，又可作为施工现场相关专业人员的实用手册，也可供职业院校师生和相关专业技术人员参考使用。

目　　录

11

第1章 与装饰装修相关的管理规定和标准

1.1 施工现场安全生产的管理规定

1.1.1 施工作业人员安全生产权利和义务的规定

以下摘自《中华人民共和国安全生产法》（中华人民共和国主席令 第13号）：

第四十九条 生产经营单位与从业人员订立的劳动合同，应当载明有关保障从业人员劳动安全、防止职业危害的事项，以及依法为从业人员办理工伤保险的事项。

生产经营单位不得以任何形式与从业人员订立协议，免除或者减轻其对从业人员因生产安全事故伤亡依法应承担的责任。

第五十条 生产经营单位的从业人员有权了解其作业场所和工作岗位存在的危险因素、防范措施及事故应急措施，有权对本单位的安全生产工作提出建议。

第五十一条 从业人员有权对本单位安全生产工作中存在的问题提出批评、检举、控告；有权拒绝违章指挥和强令冒险作业。

生产经营单位不得因从业人员对本单位安全生产工作提出批评、检举、控告或者拒绝违章指挥、强令冒险作业而降低其工资、福利等待遇或者解除与其订立的劳动合同。

第五十二条 从业人员发现直接危及人身安全的紧急情况时，有权停止作业或者在采取可能的应急措施后撤离作业场所。

生产经营单位不得因从业人员在前款紧急情况下停止作业或者采取紧急撤离措施而降低其工资、福利等待遇或者解除与其订立的劳动合同。

第五十三条 因生产安全事故受到损害的从业人员，除依法享有工伤保险外，依照有关民事法律尚有获得赔偿的权利的，有权向本单位提出赔偿要求。

第五十四条 从业人员在作业过程中，应当严格遵守本单位的安全生产规章制度和操作规程，服从管理，正确佩戴和使用劳动防护用品。

第五十五条 从业人员应当接受安全生产教育和培训，掌握本职工作所需的安全生产知识，提高安全生产技能，增强事故预防和应急处理能力。

第五十六条 从业人员发现事故隐患或者其他不安全因素，应当立即向现场安全生产管理人员或者本单位负责人报告；接到报告的人员应当及时予以处理。

第五十七条 工会有权对建设项目的安全设施与主体工程同时设计、同时施工、同时投入生产和使用进行监督，提出意见。

工会对生产经营单位违反安全生产法律、法规，侵犯从业人员合法权益的行为，有权要求纠正；发现生产经营单位违章指挥、强令冒险作业或者发现事故隐患时，有权提出解决的建议，生产经营单位应当及时研究答复；发现危及从业人员生命安全的情况时，有权向生产经营单位建议组织从业人员撤离危险场所，生产经营单位必须立即作出处理。

工会有权依法参加事故调查，向有关部门提出处理意见，并要求追究有关人员的责任。

第五十八条　生产经营单位使用被派遣劳动者的，被派遣劳动者享有本法规定的从业人员的权利，并应当履行本法规定的从业人员的义务。

1.1.2　安全技术措施、专项施工方案和安全技术交底的规定

1. 建设工程施工安全技术措施

（1）施工安全控制

1）安全控制的概念。安全控制是生产过程中涉及的计划、组织、监控、调节和改进等一系列致力于满足生产安全所进行的管理活动。

2）安全控制的目标。安全控制的目标是减少和消除生产过程中的事故，保证人员健康安全和财产免受损失，具体应包括：

①减少或消除人的不安全行为的目标；

②减少或消除设备、材料的不安全状态的目标；

③改善生产环境和保护自然环境的目标。

3）施工安全控制的特点。建设工程施工安全控制的特点主要有以下几个方面：

①控制面广。由于建设工程规模较大，生产工艺复杂、工序多，在建造过程中流动作业多，高处作业多，作业位置多变，遇到的不确定因素多，因此安全控制工作涉及范围大，控制面广。

②控制的动态性。

a）由于建设工程的单件性，使得每项工程所处的条件不同，所面临的危险因素和防范措施也会有所改变，员工在转移工地后，熟悉一个新的工作环境需要一定的时间。有些工作制作和安全技术措施也会有所调整，员工同样有个熟悉的过程。

b）由于建设工程项目施工的分散性，现场施工分散于施工现场的各个部位，尽管有各种规章制度和安全技术交底的环节，但是面对具体的生产环境时，仍然需要自己的判断和处理，有经验的人员还必须适应不断变化的情况。

c）控制系统交叉性。建设工程项目是开放系统，受自然环境和社会环境影响很大，同时也会对社会和环境造成影响，安全控制需要把工程系统、环境系统及社会系统结合起来。

d）控制的严谨性。由于建设工程施工的危害因素复杂、风险程度高、伤亡事故多，所以预防控制措施必须严谨，如有疏漏就可能发展到失控而酿成事故，造成损失和伤害。

4）施工安全的控制程序。

①确定每项具体建设工程项目的安全目标。按"目标管理"方法在以项目经理为首的项目管理系统内进行分解，从而确定每个岗位的安全目标，实现全员安全控制。

②编制建设工程项目安全技术措施计划。工程施工安全技术措施计划是对生产过程中的不安全因素，用技术手段加以消除和控制的文件，是落实"预防为主"方针的具体体现，是进行工程项目安全控制的指导性文件。

③安全技术措施计划的落实和实施。安全技术措施计划的落实和实施包括建立健全安全生产责任制，设置安全生产设施，采用安全技术和应急措施，进行安全教育和培训，安全检查，事故处理，沟通和交流信息，通过一系列安全措施的贯彻，使生产作业的安全状况处于受控状态。

④安全技术措施计划的验证。安全技术措施计划的验证是通过施工过程中对安全技术措施计划实施情况的安全检查，纠正不符合安全技术措施计划的情况，保证安全技术措施的贯彻和实施。

⑤持续改进根据安全技术措施计划的验证结果，对不适宜的安全技术措施计划进行修改、补充和完善。

（2）施工安全技术措施的一般要求和主要内容

1）施工安全技术措施的一般要求

①施工安全技术措施必须在工程开工前制定。施工安全技术措施是施工组织设计的重要组成部分，应在工程开工前与施工组织设计一同编制。为保证各项安全设施的落实，在工程图纸会审时，就应特别注意考虑安全施工的问题，并在开工前制定好安全技术措施，使得用于该工程的各种安全设施有较充分的时间进行采购、制作和维护等准备工作。

②施工安全技术措施的全面性。按照有关法律法规的要求，在编制工程施工组织设计时，应当根据工程特点制定相应的施工安全技术措施。对于大中型工程项目、结构复杂的重点工程，除必须在施工组织设计中编制施工安全技术措施外，还应编制专项工程施工安全技术措施，详细说明有关安全方面的防护要求和措施，确保单位工程或分部分项工程的施工安全。对爆破、拆除、起重吊装、水下、基坑支护和降水、土方开挖、脚手架、模板等危险性较大的作业，必须编制专项安全施工技术方案。

③施工安全技术措施要有针对性。施工安全技术措施是针对每项工程的特点制定的，编制安全技术措施的技术人员必须掌握工程概况、施工方法、施工环境、施工条件等一手资料，并熟悉安全法规、标准等，才能制定有针对性的安全技术措施。

④施工安全技术措施应力求全面、具体、可靠。施工安全技术措施应把可能出现的各种不安全因素考虑周全，制定的对策措施方案应力求全面、具体、可靠，这样才能真正做到预防事故的发生。但是，全面具体不等于罗列一般通常的操作工艺、施工方法以及日常安全工作制度、安全纪律等。这些制度性规定，安全技术措施中不需要再作抄录，但必须严格执行。

对大型群体工程或一些面积大、结构复杂的重点工程，除必须在施工组织总设计中编制施工安全技术总体措施外，还应编制单位工程或分部分项工程安全技术措施，详细地制定出有关安全方面的防护要求和措施，确保该单位工程或分部分项工程的安全施工。

⑤施工安全技术措施必须包括应急预案。由于施工安全技术措施是在相应的工程施工实施之前制定的，所涉及的施工条件和危险情况大都是建立在可预测的基础上，而建设工程施工过程是开放的过程，在施工期间的变化是经常发生的，还可能出现预测不到的突发事件或灾害（如地震、火灾、台风、洪水等）。所以，施工技术措施计划必须包括面对突发事件或紧急状态的各种应急设施、人员逃生和救援预案，以便在紧急情况下，能及时启动应急预案，减少损失，保护人员安全。

⑥施工安全技术措施要有可行性和可操作性。施工安全技术措施应能够在每个施工工

序之中得到贯彻实施，既要考虑保证安全要求，又要考虑现场环境条件和施工技术条件。

2）施工安全技术措施的主要内容

①进入施工现场的安全规定；

②地面及深槽作业的防护；

③高处及立体交叉作业的防护；

④施工用电安全；

⑤施工机械设备的安全使用；

⑥在采取"四新"技术时，有针对性的专门安全技术措施；

⑦有针对自然灾害预防的安全措施；

⑧预防有毒、有害、易燃、易爆等作业造成危害的安全技术措施；

⑨现场消防措施。

安全技术措施中必须包含施工总平面图，在图中必须对危险的油库、易燃材料库、变电设备、材料和构配件的堆放位置、塔式起重机、物料提升机（井架、龙门架）、垂直运输设备位置、搅拌台的位置等按照施工需求和安全规程的要求明确定位，并提出具体要求。

结构复杂、危险性大、特性较多的分部分项工程，应编制专项施工方案和安全措施。如基坑支护与降水工程、土方开挖工程、模板工程、起重吊装工程、脚手架工程、拆除工程、爆破工程等，必须编制单项的安全技术措施，并要有设计依据、有计算、有详图、有文字要求。季节性施工安全技术措施，就是考虑夏季、雨季、冬季等不同季节的气候对施工生产带来的不安全因素可能造成的各种突发性事故，而从防护上、技术上、管理上采取的防护措施。一般工程可在施工组织设计或施工方案的安全技术措施中编制季节性施工安全措施；危险性大、恶劣天气施工的工程，应单独编制季节性的施工安全措施。

2. 安全技术交底

（1）安全技术交底的内容

安全技术交底是一项技术性很强的工作，对于贯彻设计意图、严格实施技术方案、按图施工、循规操作、保证施工质量和施工安全至关重要。

安全技术交底主要内容如下：

1）本施工项目的施工作业特点和危险点；

2）针对危险点的具体预防措施；

3）应注意的安全事项；

4）相应的安全操作规程和标准；

5）发生事故后应及时采取的避难和急救措施。

（2）安全技术交底的要求

1）项目经理部必须实行逐级安全技术交底制度，纵向延伸到班组全体作业人员；

2）技术交底必须具体、明确，针对性强；

3）技术交底的内容应针对分部分项工程施工中给作业人员带来的潜在危险因素和存在问题；

4）应优先采用新的安全技术措施；

5）对于涉及"四新"项目或技术含量高、技术难度大的单项技术设计，必须经过两阶段技术交底，即初步设计技术交底和实施性施工图技术设计交底；

6）应将工程概况、施工方法、施工程序、安全技术措施等向工长、班组长进行详细交底；

7）定期向由两个以上作业队和多工种进行交叉施工的作业队伍进行书面交底；

8）保存书面安全技术交底签字记录。

（3）安全技术交底的作用

1）让一线作业人员了解和掌握该作业项目的安全技术操作规程和注意事项，减少因违章操作而导致事故的可能；

2）是安全管理人员在项目安全管理工作中的重要环节；

3）安全管理内业的要求。同时做好安全技术交底也是安全管理人员自我保护的手段。

1.1.3　危险性较大的分部分项工程安全管理的规定

（1）对于下列危险性较大的分部分项工程，应单独编制专项施工方案：

1）基坑支护、降水工程：开挖深度超过3m（含3m）或虽未超过3m，但地质条件和周边环境复杂的基坑（槽）支护、降水工程。

2）土方开挖工程：开挖深度超过3m（含3m）的基坑（槽）的土方开挖工程。

3）模板工程及支撑体系：

①各类工具式模板工程：包括大模板、滑模、爬模、飞模等工程。

②混凝土模板支撑工程：搭设高度5m及以上；搭设跨度10m及以上；施工总荷载10kN/m² 及以上；集中线荷载15kN/m 及以上；高度大于支撑水平投影宽度且相对独立无联系构件的混凝土模板支撑工程。

③承重支撑体系：用于钢结构安装等满堂支撑体系。

4）起重吊装及安装拆卸工程：采用非常规起重设备、方法且单件起吊重量在10kN 及以上的起重吊装工程；采用起重机械进行安装的工程；起重机械设备自身的安装、拆卸。

5）脚手架工程：搭设高度24m及以上的落地式钢管脚手架工程；附着式整体和分片提升脚手架工程；悬挑式脚手架工程；吊篮脚手架工程；自制卸料平台、移动操作平台工程；新型及异型脚手架工程。

6）拆除、爆破工程：建筑物、构筑物拆除工程；采用爆破拆除的工程。

7）其他：建筑幕墙安装工程；钢结构、网架和索膜结构安装工程；人工挖孔桩工程；地下暗挖、顶管及水下作业工程；预应力工程；采用新技术、新工艺、新材料、新设备及尚无相关技术标准的危险性较大的分部分项工程。

（2）对于超过一定规模的危险性较大的分部分项工程，还应组织专家对单独编制的专项施工方案进行论证：

1）深基坑工程：开挖深度超过5m（含5m）的基坑（槽）的土方开挖、支护、降水工程；或开挖深度虽未超过5m，但地质条件、周边环境和地下管线复杂，或影响毗邻建筑（构筑）物安全的基坑（槽）的土方开挖、支护、降水工程。

2）模板工程及支撑体系：

①工具式模板工程：包括滑模、爬模、飞模工程。

②混凝土模板支撑工程：搭设高度8m及以上；搭设跨度18m及以上；施工总荷载

$15kN/m^2$ 及以上；集中线荷载 20kN/m 及以上。

③承重支撑体系：用于钢结构安装等满堂支撑体系，承重单点集中荷载 700kg 以上。

3）起重吊装及安装拆卸工程：采用非常规起重设备、方法，且单件起吊重量在 100kN 及以上的起重吊装工程；起重量 300kN 及以上的起重设备安装工程；高度 200m 及以上内爬起重设备的拆除工程。

4）脚手架工程：搭设高度 50m 及以上的落地式钢管脚手架工程；提升高度 150m 及以上附着式整体和分片提升脚手架工程；架体高度 20m 及以上悬挑式脚手架工程。

5）拆除、爆破工程：采用爆破拆除的工程；码头、桥梁、高架、烟囱、水塔或拆除中容易引起有毒有害气（液）体或粉尘扩散、易燃易爆事故发生的特殊建、构筑物的拆除工程；可能影响行人、交通、电力设施、通信设施或其他建、构筑物安全的拆除工程；文物保护建筑、优秀历史建筑或历史文化风貌区控制范围的拆除工程。

6）其他：

①施工高度 50m 及以上的建筑幕墙安装工程。

②跨度大于 36m 及以上的钢结构安装工程；跨度大于 60m 及以上的网架和索膜结构安装工程。

③开挖深度起过 16m 的人工挖孔桩工程。

④地下暗挖工程、顶管工程、水下作业工程。

⑤采用新技术、新工艺、新材料、新设备及尚无相关技术标准的危险性较大的分部分项工程。

（3）施工单位应当在危险性较大的分部分项工程施工前编制专项方案。

（4）建筑工程实行施工总承包的，专项方案应当由施工总承包单位组织编制。其中，起重机械安装拆卸工程、深基坑工程、附着式升降脚手架等专业工程实行分包的，其专项方案可由专业承包单位组织编制。

（5）专项方案应当由施工单位技术部门组织本单位施工技术、安全、质量等部门的专业技术人员进行审核。经审核合格的，由施工单位技术负责人签字。实行施工总承包的，专项方案应当由总承包单位技术负责人及相关专业承包单位技术负责人签字。

不需专家论证的专项方案，经施工单位审核合格后报监理单位，由项目总监理工程师审核签字后执行。

1.1.4　实施工程建设强制性标准监督内容、方式、违规处罚的规定

以下摘自《实施工程建筑强制性标准监督规定》（中华人民共和国建设部令　第 81号）：

第二条　在中华人民共和国境内从事新建、扩建、改建等工程建设活动，必须执行工程建设强制性标准。

第四条　国务院建设行政主管部门负责全国实施工程建设强制性标准的监督管理工作。

国务院有关行政主管部门按照国务院的职能分工负责实施工程建设强制性标准的监督管理工作。

县级以上地方人民政府建设行政主管部门负责本行政区域内实施工程建设强制性标准

的监督管理工作。

第五条 工程建设中拟采用的新技术、新工艺、新材料，不符合现行强制性标准规定的，应当由拟采用单位提请建设单位组织专题技术论证，报批准标准的建设行政主管部门或者国务院有关主管部门审定。

工程建设中采用国际标准或者国外标准，现行强制性标准未作规定的，建设单位应当向国务院建设行政主管部门或者国务院有关行政主管部门备案。

第六条 建设项目规划审查机关应当对工程建设规划阶段执行强制性标准的情况实施监督。

施工图设计文件审查单位应当对工程建设勘察、设计阶段执行强制性标准的情况实施监督。

建筑安全监督管理机构应当对工程建设施工阶段执行施工安全强制性标准的情况实施监督。

工程质量监督机构应当对工程建设施工、监理、验收等阶段执行强制性标准的情况实施监督。

第九条 工程建设标准批准部门应当对工程项目执行强制性标准情况进行监督检查。监督检查可以采取重点检查、抽查和专项检查的方式。

第十条 强制性标准监督检查的内容包括：

（一）有关工程技术人员是否熟悉、掌握强制性标准；

（二）工程项目的规划、勘察、设计、施工、验收等是否符合强制性标准的规定；

（三）工程项目采用的材料、设备是否符合强制性标准的规定；

（四）工程项目的安全、质量是否符合强制性标准的规定；

（五）工程中采用的导则、指南、手册、计算机软件的内容是否符合强制性标准的规定。

第十五条 任何单位和个人对违反工程建设强制性标准的行为有权向建设行政主管部门或者有关部门检举、控告、投诉。

第十六条 建设单位有下列行为之一的，责令改正，并处以20万元以上50万元以下的罚款：

（一）明示或者暗示施工单位使用不合格的建筑材料、建筑构配件和设备的；

（二）明示或者暗示设计单位或者施工单位违反工程建设强制性标准，降低工程质量的。

第十七条 勘察、设计单位违反工程建设强制性标准进行勘察、设计的，责令改正，并处以10万元以上30万元以下的罚款。

有前款行为，造成工程质量事故的，责令停业整顿，降低资质等级；情节严重的，吊销资质证书；造成损失的，依法承担赔偿责任。

第十八条 施工单位违反工程建设强制性标准的，责令改正，处工程合同价款2%以上4%以下的罚款；造成建设工程质量不符合规定的质量标准的，负责返工、修理，并赔偿因此造成的损失；情节严重的，责令停业整顿，降低资质等级或者吊销资质证书。

第十九条 工程监理单位违反强制性标准规定，将不合格的建设工程以及建筑材料、建筑构配件和设备按照合格签字的，责令改正，处50万元以上100万元以下的罚款，降低资质等级或者吊销资质证书；有违法所得的，予以没收；造成损失的，承担连带赔偿责任。

第二十条 违反工程建设强制性标准造成工程质量、安全隐患或者工程事故的，按照《建设工程质量管理条例》有关规定，对事故责任单位和责任人进行处罚。

1.2 建筑工程质量管理的规定

1.2.1 建设工程专项质量检测、见证取样检测内容的规定

以下摘自《房屋建筑工程和市政基础设施工程实行见证取样和送检的规定》：

第二条 凡从事房屋建筑工程和市政基础设施工程的新建、扩建、改建等有关活动，应当遵守本规定。

第三条 本规定所称见证取样和送检是指在建设单位或工程监理单位人员的见证下，由施工单位的现场试验人员对工程中涉及结构安全的试块、试件和材料在现场取样，并送至经过省级以上建设行政主管部门对其资质认可和质量技术监督部门对其计量认证的质量检测单位（以下简称"检测单位"）进行检测。

第四条 国务院建设行政主管部门对全国房屋建筑工程和市政基础设施工程的见证取样和送检工作实施统一监督管理。

县级以上地方人民政府建设行政主管部门对本行政区域内的房屋建筑工程和市政基础设施工程的见证取样和送检工作实施监督管理。

第五条 涉及结构安全的试块、试件和材料见证取样和送检的比例不得低于有关技术标准中规定应取样数量的30%。

第六条 下列试块、试件和材料必须实施见证取样和送检：
（一）用于承重结构的混凝土试块；
（二）用于承重墙体的砌筑砂浆试块；
（三）用于承重结构的钢筋及连接接头试件；
（四）用于承重墙的砖和混凝土小型砌块；
（五）用于拌制混凝土和砌筑砂浆的水泥；
（六）用于承重结构的混凝土中使用的掺加剂；
（七）地下、屋面、厕浴间使用的防水材料；
（八）国家规定必须实行见证取样和送检的其他试块、试件和材料。

第七条 见证人员应由建设单位或该工程的监理单位具备建筑施工试验知识的专业技术人员担任，并应由建设单位或该工程的监理单位书面通知施工单位、检测单位和负责该项工程的质量监督机构。

第八条 在施工过程中，见证人员应按照见证取样和送检计划，对施工现场的取样和送检进行见证，取样人员应在试样或其包装上作出标识、封志。标识和封志应标明工程名称、取样部位、取样日期、样品名称和样品数量，并由见证人员和取样人员签字。见证人员应制作见证记录，并将见证记录归入施工技术档案。

见证人员和取样人员应对试样的代表性和真实性负责。

第九条 见证取样的试块、试件和材料送检时，应由送检单位填写委托单，委托单应有见证人员和送检人员签字。检测单位应检查委托单及试样上的标识和封志，确认无误后方可进行检测。

第十条 检测单位应严格按照有关管理规定和技术标准进行检测，出具公正、真实、准确的检测报告。见证取样和送检的检测报告必须加盖见证取样检测的专用章。

1.2.2 房屋建筑工程质量保修范围、保修期限和违规处罚的规定

以下摘自《房屋建筑工程质量保修办法》（中华人民共和国建设部令 第80号）：

第二条 在中华人民共和国境内新建、扩建、改建各类房屋建筑工程（包括装修工程）的质量保修，适用本办法。

第三条 本办法所称房屋建筑工程质量保修，是指对房屋建筑工程竣工验收后在保修期限内出现的质量缺陷，予以修复。

本办法所称质量缺陷，是指房屋建筑工程的质量不符合工程建设强制性标准以及合同的约定。

第四条 房屋建筑工程在保修范围和保修期限内出现质量缺陷，施工单位应当履行保修义务。

第七条 在正常使用条件下，房屋建筑工程的最低保修期限为：

（一）地基基础工程和主体结构工程，为设计文件规定的该工程的合理使用年限；

（二）屋面防水工程、有防水要求的卫生间、房间和外墙面的防渗漏，为5年；

（三）供热与供冷系统，为2个采暖期、供冷期；

（四）电气管线、给排水管道、设备安装为2年；

（五）装修工程为2年。

其他项目的保修期限由建设单位和施工单位约定。

第八条 房屋建筑工程保修期从工程竣工验收合格之日起计算。

第九条 房屋建筑工程在保修期限内出现质量缺陷，建设单位或者房屋建筑所有人应当向施工单位发出保修通知。施工单位接到保修通知后，应当到现场核查情况，在保修书约定的时间内予以保修。发生涉及结构安全或者严重影响使用功能的紧急抢修事故，施工单位接到保修通知后，应当立即到达现场抢修。

第十条 发生涉及结构安全的质量缺陷，建设单位或者房屋建筑所有人应当立即向当地建设行政主管部门报告，采取安全防范措施；由原设计单位或者具有相应资质等级的设计单位提出保修方案，施工单位实施保修，原工程质量监督机构负责监督。

第十一条 保修完成后，由建设单位或者房屋建筑所有人组织验收。涉及结构安全的，应当报当地建设行政主管部门备案。

第十二条 施工单位不按工程质量保修书约定保修的，建设单位可以另行委托其他单位保修，由原施工单位承担相应责任。

第十三条 保修费用由质量缺陷的责任方承担。

第十七条 下列情况不属于本办法规定的保修范围：

（一）因使用不当或者第三方造成的质量缺陷；

（二）不可抗力造成的质量缺陷。

第十八条　施工单位有下列行为之一的，由建设行政主管部门责令改正，并处 1 万元以上 3 万元以下的罚款：

（一）工程竣工验收后，不向建设单位出具质量保修书的；

（二）质量保修的内容、期限违反本办法规定的。

第十九条　施工单位不履行保修义务或者拖延履行保修义务的，由建设行政主管部门责令改正，处 10 万元以上 20 万元以下的罚款。

1.2.3　建筑工程质量监督的规定

以下摘自《房屋建筑和市政基础设施工程质量监督管理规定》（中华人民共和国住房和城乡建设部令　第 5 号）。

第二条　在中华人民共和国境内主管部门实施对新建、扩建、改建房屋建筑和市政基础设施工程质量监督管理的，适用本规定。

第三条　国务院住房与城乡建设主管部门负责全国房屋建筑和市政基础设施工程（以下简称工程）质量监督管理工作。

县级以上地方人民政府建设主管部门负责本行政区域内工程质量监督管理工作。

工程质量监督管理的具体工作可以由县级以上地方人民政府建设主管部门委托所属的工程质量监督机构（以下简称监督机构）实施。

第四条　本规定所称工程质量监督管理，是指主管部门依据有关法律法规和工程建设强制性标准，对工程实体质量和工程建设、勘察、设计、施工、监理单位（以下简称工程质量责任主体）和质量检测等单位和工程质量行为实施监督。

本规定所称工程实体质量监督，是指主管部门对涉及工程主体结构安全、主要使用功能的工程实体质量情况实施监督。

本规定所称工程质量行为监督，是指主管部门对工程质量责任主体和质量检测等单位履行法定质量责任和义务的情况实施监督。

第五条　工程质量监督管理应当包括下列内容：

（一）执行法律法规和工程建设强制性标准的情况；

（二）抽查涉及工程主体结构安全和主要使用功能的工程实体质量；

（三）抽查工程质量责任主体和质量检测等单位的工程质量行为；

（四）抽查主要建筑材料、建筑构配件的质量；

（五）对工程竣工验收进行监督；

（六）组织或者参与工程质量事故的调查处理；

（七）定期对本地区工程质量状况进行统计分析；

（八）依法对违法违规行为实施处罚。

第六条　对工程项目实施质量监督，应当依照下列程序进行：

（一）受理建设单位办理质量监督手续；

（二）制订工作计划并组织实施；

（三）对工程实体质量、工程质量责任主体和质量检测等单位的工程质量行为进行抽查、抽测；

（四）监督工程竣工验收，重点对验收的组织形式、程序等是否符合有关规定进行监督；

（五）形成工程质量监督报告；

（六）建立工程质量监督档案。

第七条 工程竣工验收合格后，建设单位应当在建筑物明显部位设置永久性标牌，载明建设、勘察、设计、施工、监理单位等工程质量责任主体的名称和主要责任人姓名。

第八条 主管部门实施监督检查时，有权采取下列措施：

（一）要求被检查单位提供有关工程质量的文件和资料；

（二）进入被检查单位的施工现场进行检查；

（三）发现有影响工程质量的问题时，责令改正。

第九条 县级以上地方人民政府建设主管部门应当根据本地区的工程质量状况，逐步建立工程质量信用档案。

第十条 县级以上地方人民政府建设主管部门应当将工程质量监督中发现的涉及主体结构安全和主要使用功能的工程质量问题及整改情况，及时向社会公布。

以下摘自《建设工程质量管理条例》（中华人民共和国国务院令 第279号）：

第四十三条 国家实行建设工程质量监督管理制度。

国务院建设行政主管部门对全国的建设工程质量实施统一监督管理。国务院铁路、交通、水利等有关部门按照国务院规定的职责分工，负责对全国的有关专业建设工程质量的监督管理。

县级以上地方人民政府建设行政主管部门对本行政区域内的建设工程质量实施监督管理。县级以上地方人民政府交通、水利等有关部门在各自的职责范围内，负责对本行政区域内的专业建设工程质量的监督管理。

第四十四条 国务院建设行政主管部门和国务院铁路、交通、水利等有关部门应当加强对有关建设工程质量的法律、法规和强制性标准执行情况的监督检查。

第四十五条 国务院发展计划部门按照国务院规定的职责，组织稽察特派员，对国家出资的重大建设项目实施监督检查。

国务院经济贸易主管部门按照国务院规定的职责，对国家重大技术改造项目实施监督检查。

第四十六条 建设工程质量监督管理，可以由建设行政主管部门或者其他有关部门委托的建设工程质量监督机构具体实施。

从事房屋建筑工程和市政基础设施工程质量监督的机构，必须按照国家有关规定经国务院建设行政主管部门或者省、自治区、直辖市人民政府建设行政主管部门考核；从事专业建设工程质量监督的机构，必须按照国家有关规定经国务院有关部门或者省、自治区、直辖市人民政府有关部门考核。经考核合格后，方可实施质量监督。

第四十七条 县级以上地方人民政府建设行政主管部门和其他有关部门应当加强对有关建设工程质量的法律、法规和强制性标准执行情况的监督检查。

第四十八条 县级以上人民政府建设行政主管部门和其他有关部门履行监督检查职责时，有权采取下列措施：

（一）要求被检查的单位提供有关工程质量的文件和资料；

（二）进入被检查单位的施工现场进行检查；

（三）发现有影响工程质量的问题时，责令改正。

第四十九条　建设单位应当自建设工程竣工验收合格之日起 15 日内，将建设工程竣工验收报告和规划、公安消防、环保等部门出具的认可文件或者准许使用文件报建设行政主管部门或者其他有关部门备案。

建设行政主管部门或者其他有关部门发现建设单位在竣工验收过程中有违反国家有关建设工程质量管理规定行为的，责令停止使用，重新组织竣工验收。

第五十条　有关单位和个人对县级以上人民政府建设行政主管部门和其他有关部门进行的监督检查应当支持与配合，不得拒绝或者阻碍建设工程质量监督检查人员依法执行职务。

第五十一条　供水、供电、供气、公安消防等部门或者单位不得明示或者暗示建设单位、施工单位购买其指定的生产供应单位的建筑材料、建筑构配件和设备。

第五十二条　建设工程发生质量事故，有关单位应当在 24 小时内向当地建设行政主管部门和其他有关部门报告。对重大质量事故，事故发生地的建设行政主管部门和其他有关部门应当按照事故类别和等级向当地人民政府和上级建设行政主管部门和其他有关部门报告。

特别重大质量事故的调查程序按照国务院有关规定办理。

第五十三条　任何单位和个人对建设工程的质量事故、质量缺陷都有权检举、控告、投诉。

1.2.4　房屋建筑工程和市政基础设施工程竣工验收备案管理的规定

以下摘自《房屋建筑工程和市政基础设施工程竣工验收备案管理暂行办法》（中华人民共和国住房和城乡建设部令　第 2 号）：

第二条　在中华人民共和国境内新建、扩建、改建各类房屋建筑和市政基础设施工程的竣工验收备案，适用本办法。

第三条　国务院住房和城乡建设主管部门负责全国房屋建筑和市政基础设施工程（以下统称工程）的竣工验收备案管理工作。

县级以上地方人民政府建设主管部门负责本行政区域内工程的竣工验收备案管理工作。

第四条　建设单位应当自工程竣工验收合格之日起 15 日内，依照本办法规定，向工程所在地的县级以上地方人民政府建设主管部门（以下简称备案机关）备案。

第五条　建设单位办理工程竣工验收备案应当提交下列文件：

（一）工程竣工验收备案表。

（二）工程竣工验收报告。竣工验收报告应当包括工程报建日期，施工许可证号，施工图设计文件审查意见，勘察、设计、施工、工程监理等单位分别签署的质量合格文件及验收人员签署的竣工验收原始文件，市政基础设施的有关质量检测和功能性试验资料以及备案机关认为需要提供的有关资料。

（三）法律、行政法规规定应当由规划、环保等部门出具的认可文件或者准许使用文件。

（四）法律规定应当由公安消防部门出具的对大型的人员密集场所和其他特殊建设工

程验收合格的证明文件。

（五）施工单位签署的工程质量保修书。

（六）法规、规章规定必须提供的其他文件。

住宅工程还应当提交《住宅质量保证书》和《住宅使用说明书》。

第六条 备案机关收到建设单位报送的竣工验收备案文件，验证文件齐全后，应当在工程竣工验收备案表上签署文件收讫。

工程竣工验收备案表一式两份，一份由建设单位保存，一份留备案机关存档。

第七条 工程质量监督机构应当在工程竣工验收之日起 5 日内，向备案机关提交工程质量监督报告。

第八条 备案机关发现建设单位在竣工验收过程中有违反国家有关建设工程质量管理规定行为的，应当在收讫竣工验收备案文件 15 日内，责令停止使用，重新组织竣工验收。

第九条 建设单位在工程竣工验收合格之日起 15 日内未办理工程竣工验收备案的，备案机关责令限期改正，处 20 万元以上 50 万元以下罚款。

第十条 建设单位将备案机关决定重新组织竣工验收的工程，在重新组织竣工验收前，擅自使用的，备案机关责令停止使用，处工程合同价款 2% 以上 4% 以下罚款。

第十一条 建设单位采用虚假证明文件办理工程竣工验收备案的，工程竣工验收无效，备案机关责令停止使用，重新组织竣工验收，处 20 万元以上 50 万元以下罚款；构成犯罪的，依法追究刑事责任。

第十二条 备案机关决定重新组织竣工验收并责令停止使用的工程，建设单位在备案之前已投入使用或者建设单位擅自继续使用造成使用人损失的，由建设单位依法承担赔偿责任。

第十三条 竣工验收备案文件齐全，备案机关及其工作人员不办理备案手续的，由有关机关责令改正，对直接责任人员给予行政处分。

1.3　建筑装饰装修工程的管理规定

1.3.1　建筑装饰装修管理的规定

根据 2004 年 6 月 29 日颁布的《建设部关于废止＜城市房屋修缮管理规定＞等部令的决定》（中华人民共和国建设部令　第 127 号）内容规定，原《建筑装饰装修管理规定》（建设部令第 46 号）废止。废止后，相关规定可以参考《建设工程质量管理条例》、《房屋建筑和市政基础设施工程质量监督管理规定》、《建设工程质量检测管理办法》、《建设项目（工程）竣工验收办法》、《房屋建筑和市政基础设施工程竣工验收备案管理办法》等法规的相关内容。

以下摘自《建设工程质量管理条例》：

第二十五条 施工单位应当依法取得相应等级的资质证书，并在其资质等级许可的范围内承揽工程。

禁止施工单位超越本单位资质等级许可的业务范围或者以其他施工单位的名义承揽工程。禁止施工单位允许其他单位或者个人以本单位的名义承揽工程。

施工单位不得转包或者违法分包工程。

第二十六条 施工单位对建设工程的施工质量负责。

施工单位应当建立质量责任制，确定工程项目的项目经理、技术负责人和施工管理负责人。建设工程实行总承包的，总承包单位应当对全部建设工程质量负责；建设工程勘察、设计、施工、设备采购的一项或者多项实行总承包的，总承包单位应当对其承包的建设工程或者采购的设备的质量负责。

第二十七条 总承包单位依法将建设工程分包给其他单位的，分包单位应当按照分包合同的约定对其分包工程的质量向总承包单位负责，总承包单位与分包单位对分包工程的质量承担连带责任。

第二十八条 施工单位必须按照工程设计图纸和施工技术标准施工，不得擅自修改工程设计，不得偷工减料。

施工单位在施工过程中发现设计文件和图纸有差错的，应当及时提出意见和建议。

第二十九条 施工单位必须按照工程设计要求、施工技术标准和合同约定，对建筑材料、建筑构配件、设备和商品混凝土进行检验，检验应当有书面记录和专人签字；未经检验或者检验不合格的，不得使用。

第三十条 施工单位必须建立、健全施工质量的检验制度，严格工序管理，作好隐蔽工程的质量检查和记录。隐蔽工程在隐蔽前，施工单位应当通知建设单位和建设工程质量监督机构。

第三十一条 施工人员对涉及结构安全的试块、试件以及有关材料，应当在建设单位或者工程监理单位监督下现场取样，并送具有相应资质等级的质量检测单位进行检测。

第三十二条 施工单位对施工中出现质量问题的建设工程或者竣工验收不合格的建设工程，应当负责返修。

第三十三条 施工单位应当建立、健全教育培训制度，加强对职工的教育培训；未经教育培训或者考核不合格的人员，不得上岗作业。

以下摘自《房屋建筑和市政基础设施工程质量监督管理规定》：

第五条 工程质量监督管理应当包括下列内容：

（一）执行法律法规和工程建设强制性标准的情况；

（二）抽查涉及工程主体结构安全和主要使用功能的工程实体质量；

（三）抽查工程质量责任主体和质量检测等单位的工程质量行为；

（四）抽查主要建筑材料、建筑构配件的质量；

（五）对工程竣工验收进行监督；

（六）组织或者参与工程质量事故的调查处理；

（七）定期对本地区工程质量状况进行统计分析；

（八）依法对违法违规行为实施处罚。

以下摘自《建设项目（工程）竣工验收办法》：

三、竣工验收的要求

进行竣工验收必须符合以下要求：

1. 生产性项目和辅助性公用设施，已按设计要求建完，以满足生产使用；

2. 主要工艺设备配套设施经联动负荷试车合格，形成生产能力，能够生产出设计文件所规定的产品；

　　3. 必要的生活设施，已按设计要求建成；

　　4. 生产准备工作能适应投产的需要；

　　5. 环境保护设施、劳动安全卫生设施、消防设施已按设计要求与主体工程同时建成使用。

　　有的建设项目（工程）基本符合竣工验收标准，只是零星土建工程和少数非主要设备未按设计规定的内容全部建成，但不影响正常生产，亦应办理竣工验收手续。对剩余工程，应按设计留足投资，限期完成。有的项目投产初期一时不能达到设计能力所规定的产量，不应因此拖延办理验收和移交固定资产手续。

　　有些建设项目或单项工程，已形成部分生产能力或实际上生产方面已经使用，近期不能按原设计规模续建的，应从实际情况出发，可缩小规模，报主管部门（公司）批准后，对已完成的工程和设备，尽快组织验收，移交固定资产。

　　国外引进设备项目、按合同规定完成负荷调试、设备考核合格后，进行竣工验收。其他项目在验收前是否要安排试生产阶段，按各个行业的规定执行。

　　已具备竣工验收条件的项目（工程），三个月内不办理验收投产和移交固定资产手续的，取消企业和主管部门（或地方）的基建试车收入分成，由银行监督全部上交财政。如三个月办理竣工验收确有困难，经验收主管部门批准，可以适当延长期限。

　　以下摘自《房屋建筑和市政基础设施工程竣工验收备案管理办法》：

　　第五条　建设单位办理工程竣工验收备案应当提交下列文件：

　　（一）工程竣工验收备案表。

　　（二）工程竣工验收报告。竣工验收报告应当包括工程报建日期，施工许可证号，施工图设计文件审查意见，勘察、设计、施工、工程监理等单位分别签署的质量合格文件及验收人员签署的竣工验收原始文件，市政基础设施的有关质量检测和功能性试验资料以及备案机关认为需要提供的有关资料。

　　（三）法律、行政法规规定应当由规划、环保等部门出具的认可文件或者准许使用文件。

　　（四）法律规定应当由公安消防部门出具的对大型的人员密集场所和其他特殊建设工程验收合格的证明文件。

　　（五）施工单位签署的工程质量保修书。

　　（六）法规、规章规定必须提供的其他文件。

　　住宅工程还应当提交《住宅质量保证书》和《住宅使用说明书》。

1.3.2　住宅室内装饰装修管理的规定

　　以下摘自《住宅室内装饰装修管理办法》（中华人民共和国建设部令　第110号）：

　　第二条　在城市从事住宅室内装饰装修活动，实施对住宅室内装饰装修活动的监督管理，应当遵守本办法。

　　本办法所称住宅室内装饰装修，是指住宅竣工验收合格后，业主或者住宅使用人（以下简称装修人）对住宅室内进行装饰装修的建筑活动。

　　第三条　住宅室内装饰装修应当保证工程质量和安全，符合工程建设强制性标准。

第四条　国务院建设行政主管部门负责全国住宅室内装饰装修活动的管理工作。

省、自治区人民政府建设行政主管部门负责本行政区域内的住宅室内装饰装修活动的管理工作。

直辖市、市、县人民政府房地产行政主管部门负责本行政区域内的住宅室内装饰装修活动的管理工作。

第五条　住宅室内装饰装修活动，禁止下列行为：

（一）未经原设计单位或者具有相应资质等级的设计单位提出设计方案，变动建筑主体和承重结构；

（二）将没有防水要求的房间或者阳台改为卫生间、厨房间；

（三）扩大承重墙上原有的门窗尺寸，拆除连接阳台的砖、混凝土墙体；

（四）损坏房屋原有节能设施，降低节能效果；

（五）其他影响建筑结构和使用安全的行为。

本办法所称建筑主体，是指建筑实体的结构构造，包括屋盖、楼盖、梁、柱、支撑、墙体、连接接点和基础等。

本办法所称承重结构，是指直接将本身自重与各种外加作用力系统地传递给基础地基的主要结构构件和其连接接点，包括承重墙体、立杆、柱、框架柱、支墩、楼板、梁、屋架、悬索等。

第六条　装修人从事住宅室内装饰装修活动，未经批准，不得有下列行为：

（一）搭建建筑物、构筑物；

（二）改变住宅外立面，在非承重外墙上开门、窗；

（三）拆改供暖管道和设施；

（四）拆改燃气管道和设施。

本条所列第（一）项、第（二）项行为，应当经城市规划行政主管部门批准；第（三）项行为，应当经供暖管理单位批准；第（四）项行为应当经燃气管理单位批准。

第七条　住宅室内装饰装修超过设计标准或者规范增加楼面荷载的，应当经原设计单位或者具有相应资质等级的设计单位提出设计方案。

第八条　改动卫生间、厨房间防水层的，应当按照防水标准制订施工方案，并做闭水试验。

第九条　装修人经原设计单位或者具有相应资质等级的设计单位提出设计方案变动建筑主体和承重结构的，或者装修活动涉及本办法第六条、第七条、第八条内容的，必须委托具有相应资质的装饰装修企业承担。

第十条　装饰装修企业必须按照工程建设强制性标准和其他技术标准施工，不得偷工减料，确保装饰装修工程质量。

第十一条　装饰装修企业从事住宅室内装饰装修活动，应当遵守施工安全操作规程，按照规定采取必要的安全防护和消防措施，不得擅自动用明火和进行焊接作业，保证作业人员和周围住房及财产的安全。

第十二条　装修人和装饰装修企业从事住宅室内装饰装修活动，不得侵占公共空间，不得损害公共部位和设施。

第十三条　装修人在住宅室内装饰装修工程开工前，应当向物业管理企业或者房屋管理机构（以下简称物业管理单位）申报登记。

非业主的住宅使用人对住宅室内进行装饰装修，应当取得业主的书面同意。

第十四条 申报登记应当提交下列材料：

（一）房屋所有权证（或者证明其合法权益的有效凭证）；

（二）申请人身份证件；

（三）装饰装修方案；

（四）变动建筑主体或者承重结构的，需提交原设计单位或者具有相应资质等级的设计单位提出的设计方案；

（五）涉及本办法第六条行为的，需提交有关部门的批准文件，涉及本办法第七条、第八条行为的，需提交设计方案或者施工方案；

（六）委托装饰装修企业施工的，需提供该企业相关资质证书的复印件。

非业主的住宅使用人，还需提供业主同意装饰装修的书面证明。

第十五条 物业管理单位应当将住宅室内装饰装修工程的禁止行为和注意事项告知装修人和装修人委托的装饰装修企业。

装修人对住宅进行装饰装修前，应当告知邻里。

第十六条 装修人，或者装修人和装饰装修企业，应当与物业管理单位签订住宅室内装饰装修管理服务协议。

住宅室内装饰装修管理服务协议应当包括下列内容：

（一）装饰装修工程的实施内容；

（二）装饰装修工程的实施期限；

（三）允许施工的时间；

（四）废弃物的清运与处置；

（五）住宅外立面设施及防盗窗的安装要求；

（六）禁止行为和注意事项；

（七）管理服务费用；

（八）违约责任；

（九）其他需要约定的事项。

第十七条 物业管理单位应当按照住宅室内装饰装修管理服务协议实施管理，发现装修人或者装饰装修企业有本办法第五条行为的，或者未经有关部门批准实施本办法第六条所列行为的，或者有违反本办法第七条、第八条、第九条规定行为的，应当立即制止；已造成事实后果或者拒不改正的，应当及时报告有关部门依法处理。对装修人或者装饰装修企业违反住宅室内装饰装修管理服务协议的，追究违约责任。

第十八条 有关部门接到物业管理单位关于装修人或者装饰装修企业有违反本办法行为的报告后，应当及时到现场检查核实，依法处理。

第十九条 禁止物业管理单位向装修人指派装饰装修企业或者强行推销装饰装修材料。

第二十条 装修人不得拒绝和阻碍物业管理单位依据住宅室内装饰装修管理服务协议的约定，对住宅室内装饰装修活动的监督检查。

第二十一条 任何单位和个人对住宅室内装饰装修中出现的影响公众利益的质量事

故、质量缺陷以及其他影响周围住户正常生活的行为，都有权检举、控告、投诉。

第二十二条　承接住宅室内装饰装修工程的装饰装修企业，必须经建设行政主管部门资质审查，取得相应的建筑业企业资质证书，并在其资质等级许可的范围内承揽工程。

第二十三条　装修人委托企业承接其装饰装修工程的，应当选择具有相应资质等级的装饰装修企业。

第二十四条　装修人与装饰装修企业应当签订住宅室内装饰装修书面合同，明确双方的权利和义务。

住宅室内装饰装修合同应当包括下列主要内容：

（一）委托人和被委托人的姓名或者单位名称、住所地址、联系电话；

（二）住宅室内装饰装修的房屋间数、建筑面积，装饰装修的项目、方式、规格、质量要求以及质量验收方式；

（三）装饰装修工程的开工、竣工时间；

（四）装饰装修工程保修的内容、期限；

（五）装饰装修工程价格，计价和支付方式、时间；

（六）合同变更和解除的条件；

（七）违约责任及解决纠纷的途径；

（八）合同的生效时间；

（九）双方认为需要明确的其他条款。

第二十五条　住宅室内装饰装修工程发生纠纷的，可以协商或者调解解决。不愿协商、调解或者协商、调解不成的，可以依法申请仲裁或者向人民法院起诉。

第二十六条　装饰装修企业从事住宅室内装饰装修活动，应当严格遵守规定的装饰装修施工时间，降低施工噪音，减少环境污染。

第二十七条　住宅室内装饰装修过程中所形成的各种固体、可燃液体等废物，应当按照规定的位置、方式和时间堆放和清运。严禁违反规定将各种固体、可燃液体等废物堆放于住宅垃圾道、楼道或者其他地方。

第二十八条　住宅室内装饰装修工程使用的材料和设备必须符合国家标准，有质量检验合格证明和有中文标识的产品名称、规格、型号、生产厂厂名、厂址等。禁止使用国家明令淘汰的建筑装饰装修材料和设备。

第二十九条　装修人委托企业对住宅室内进行装饰装修的，装饰装修工程竣工后，空气质量应当符合国家有关标准。装修人可以委托有资格的检测单位对空气质量进行检测。检测不合格的，装饰装修企业应当返工，并由责任人承担相应损失。

第三十条　住宅室内装饰装修工程竣工后，装修人应当按照工程设计合同约定和相应的质量标准进行验收。验收合格后，装饰装修企业应当出具住宅室内装饰装修质量保修书。

物业管理单位应当按照装饰装修管理服务协议进行现场检查，对违反法律、法规和装饰装修管理服务协议的，应当要求装修人和装饰装修企业纠正，并将检查记录存档。

第三十一条　住宅室内装饰装修工程竣工后，装饰装修企业负责采购装饰装修材料及设备的，应当向业主提交说明书、保修单和环保说明书。

第三十二条　在正常使用条件下，住宅室内装饰装修工程的最低保修期限为二年，有防水要求的厨房、卫生间和外墙面的防渗漏为五年。保修期自住宅室内装饰装修工程竣工验收合格之日起计算。

第三十三条　因住宅室内装饰装修活动造成相邻住宅的管道堵塞、渗漏水、停水停电、物品毁坏等，装修人应当负责修复和赔偿；属于装饰装修企业责任的，装修人可以向装饰装修企业追偿。

装修人擅自拆改供暖、燃气管道和设施造成损失的，由装修人负责赔偿。

第三十四条　装修人因住宅室内装饰装修活动侵占公共空间，对公共部位和设施造成损害的，由城市房地产行政主管部门责令改正，造成损失的，依法承担赔偿责任。

第三十五条　装修人未申报登记进行住宅室内装饰装修活动的，由城市房地产行政主管部门责令改正，处5百元以上1千元以下的罚款。

第三十六条　装修人违反本办法规定，将住宅室内装饰装修工程委托给不具有相应资质等级企业的，由城市房地产行政主管部门责令改正，处5百元以上1千元以下的罚款。

第三十七条　装饰装修企业自行采购或者向装修人推荐使用不符合国家标准的装饰装修材料，造成空气污染超标的，由城市房地产行政主管部门责令改正，造成损失的，依法承担赔偿责任。

第三十八条　住宅室内装饰装修活动有下列行为之一的，由城市房地产行政主管部门责令改正，并处罚款：

（一）将没有防水要求的房间或者阳台改为卫生间、厨房间的，或者拆除连接阳台的砖、混凝土墙体的，对装修人处5百元以上1千元以下的罚款，对装饰装修企业处1千元以上1万元以下的罚款；

（二）损坏房屋原有节能设施或者降低节能效果的，对装饰装修企业处1千元以上5千元以下的罚款；

（三）擅自拆改供暖、燃气管道和设施的，对装修人处5百元以上1千元以下的罚款；

（四）未经原设计单位或者具有相应资质等级的设计单位提出设计方案，擅自超过设计标准或者规范增加楼面荷载的，对装修人处5百元以上1千元以下的罚款，对装饰装修企业处1千元以上1万元以下的罚款。

第三十九条　未经城市规划行政主管部门批准，在住宅室内装饰装修活动中搭建建筑物、构筑物的，或者擅自改变住宅外立面、在非承重外墙上开门、窗的，由城市规划行政主管部门按照《城市规划法》及相关法规的规定处罚。

第四十条　装修人或者装饰装修企业违反《建设工程质量管理条例》的，由建设行政主管部门按照有关规定处罚。

第四十一条　装饰装修企业违反国家有关安全生产规定和安全生产技术规程，不按照规定采取必要的安全防护和消防措施，擅自动用明火作业和进行焊接作业的，或者对建筑安全事故隐患不采取措施予以消除的，由建设行政主管部门责令改正，并处1千元以上1万元以下的罚款；情节严重的，责令停业整顿，并处1万元以上3万元以下的罚款；造成重大安全事故的，降低资质等级或者吊销资质证书。

第四十二条　物业管理单位发现装修人或者装饰装修企业有违反本办法规定的行为不及时向有关部门报告的，由房地产行政主管部门给予警告，可处装饰装修管理服务协议约定的装饰装修管理服务费2至3倍的罚款。

第四十三条 有关部门的工作人员接到物业管理单位对装修人或者装饰装修企业违法行为的报告后，未及时处理，玩忽职守的，依法给予行政处分。

第四十四条 工程投资额在 30 万元以下或者建筑面积在 300 平方米以下，可以不申请办理施工许可证的非住宅装饰装修活动参照本办法执行。

第四十五条 住宅竣工验收合格前的装饰装修工程管理，按照《建设工程质量管理条例》执行。

1.4 建筑工程施工质量验收标准和规范

1.4.1 《建筑工程施工质量验收统一标准》GB 50300 的要求

1. 建筑工程质量验收的划分

以下摘自《建筑工程施工质量验收统一标准》GB 50300—2013 第 4 章。

4.0.1 建筑工程施工质量验收应划分单位工程、分部工程、分项工程和检验批。

4.0.2 单位工程应按下列原则划分：

1 具备独立施工条件并能形成独立使用功能的建筑物或构筑物为一个单位工程；

2 对于规模较大的单位工程，可将其能形成独立使用功能的部分划分为一个子单位工程。

4.0.3 分部工程应按下列原则划分：

1 可按专业性质、工程部位确定；

2 当分部工程较大或较复杂时，可按材料种类、施工特点、施工程序、专业系统及类别将分部工程划分为若干子分部工程。

4.0.4 分项工程可按主要工程、材料、施工工艺、设备类别进行划分。

4.0.5 检验批可根据施工、质量控制和专业验收的需要，按工程量、楼层、施工段、变形缝进行划分。

4.0.6 建筑工程的分部工程、分项工程划分宜按本标准附录表 B 采用。

建筑工程的分部工程、分项工程划分（摘录）　　　　　　　　　　表 B

分部工程	序号	子分部工程	分项工程
建筑装饰装修	1	建筑地面	基层铺设，整体面层铺设，板块面层铺设，木、竹面层铺设
	2	抹灰	一般抹灰，保温层薄抹灰，装饰抹灰，清水砌体勾缝
	3	外墙防水	外墙砂浆防水，涂膜防水，透气膜防水
	4	门窗	木门窗安装，金属门窗安装，塑料门窗安装，特种门安装，门窗玻璃安装
	5	吊顶	整体面层吊顶，板块面层吊顶，格栅吊顶
	6	轻质隔墙	板材隔墙，骨架隔墙，活动隔墙，玻璃隔墙
	7	饰面板	石材安装，陶瓷板安装，木板安装，金属板安装，塑料板安装

分部工程	序号	子分部工程	分 项 工 程
建筑 装饰 装修	8	饰面砖	外墙饰面砖粘贴，内墙饰面砖粘贴
	9	幕墙	玻璃幕墙安装，金属幕墙安装，石材幕墙安装，陶板幕墙安装
	10	涂饰	水性涂料涂饰，溶剂型涂料涂饰，美术涂饰
	11	裱糊与软包	裱糊，软包
	12	细部	橱柜制作与安装，窗帘盒和窗台板制作与安装，门窗套制作与安装，护栏和扶手制作与安装，花饰制作与安装

4.0.7　施工前，应由施工单位制定分项工程和检验批的划分方案，并由监理单位审核。对于表 B 及相关专业验收规范未涵盖的分项工程和检验批，可由建设单位组织监理、施工等单位协商确定。

4.0.8　室外工程可根据专业类别和工程规模按本标准附录表 C 的规定划分子单位工程、分部工程和分项工程。

室外工程的划分（摘录）　　　　　　　　　　　　　　表 C

单位工程	子单位工程	分部工程
室外设施	道路	路基、基层、面层、广场与停车场、人行道、人行地道、挡土墙、附属构筑物
	边坡	土石方、挡土墙、支护
附属建筑及 室外环境	附属建筑	车棚，围墙，大门，挡土墙
	室外环境	建筑小品，亭台，水景，连廊，花坛，场坪绿化，景观桥

2. 建筑工程质量验收

以下摘自《建筑工程施工质量验收统一标准》GB 50300—2013 第 5 章。

5.0.1　检验批质量验收合格应符合下列规定：

1　主控项目的质量经抽样检验均应合格；

2　一般项目的质量经抽样检验合格。当采用计数抽样时，合格点率应符合有关专业验收规范的规定，且不得存在严重缺陷。对于计数抽样的一般项目，正常检验一次、二次抽样可按本标准附录 D 判定。

一般项目正常检验一次抽样判定　　　　　　　　　表 D.0.1-1

样本容量	合格判定数	不合格判定数	样本容量	合格判定数	不合格判定数
5	1	2	13	3	4
8	2	3	20	5	6

样本容量	合格判定数	不合格判定数	样本容量	合格判定数	不合格判定数
32	7	8	80	14	15
50	10	11	125	21	22

一般项目正常检验二次抽样判定 表 D. 0. 1-2

抽样次数	样本容量	合格判定数	不合格判定数	抽样次数	样本容量	合格判定数	不合格判定数
(1)	3	0	2	(1)	20	3	6
(2)	6	1	2	(2)	40	9	10
(1)	5	0	3	(1)	32	5	9
(2)	10	3	4	(2)	64	12	13
(1)	8	1	3	(1)	50	7	11
(2)	16	4	5	(2)	100	18	19
(1)	13	2	5	(1)	80	11	16
(2)	26	6	7	(2)	160	26	27

3 具有完整的施工操作依据、质量验收记录。

5.0.2 分项工程质量验收合格应符合下列规定：

1 所含检验批的质量均应验收合格；

2 所含检验批的质量验收记录应完整。

5.0.3 分部工程质量验收合格应符合下列规定：

1 所含分项工程的质量均应验收合格；

2 质量控制资料应完整；

3 有关安全、节能、环境保护和主要使用功能的抽样检验结果应符合相应规定；

4 观感质量应符合要求。

5.0.4 单位工程质量验收合格应符合下列规定：

1 所含分部工程的质量均应验收合格；

2 质量控制资料应完整；

3 所含分部工程中有关安全、节能、环境保护和主要使用功能的检验资料应完整；

4 主要使用功能的抽查结果应符合相关专业验收规范的规定；

5 观感质量应符合要求。

5.0.6 当建筑工程施工质量不符合要求时，应按下列规定进行处理：

1 经返工或返修的检验批，应重新进行验收；

2 经有资质的检测机构检测鉴定能够达到设计要求的检验批，应予以验收；

3 经有资质的检测机构检测鉴定达不到设计要求、但经原设计单位核算认可能够满足安全和使用功能的检验批，可予以验收；

4 经返修或加固处理的分项、分部工程，满足安全及使用功能要求时，可按技术处理方案和协商文件的要求予以验收。

5.0.7 工程质量控制资料应齐全完整。当部分资料缺失时，应委托有资质的检测机构按有关标准进行相应的实体检验或抽样试验。

5.0.8 经返修或加固处理仍不能满足安全或重要使用要求的分部工程及单位工程，严禁验收。

3. 建筑工程质量验收的程序和组织

以下摘自《建筑工程施工质量验收统一标准》GB 50300—2013 第6章。

6.0.1 检验批应由专业监理工程师组织施工单位项目专业质量检查员、专业工长等进行验收。

6.0.2 分项工程应由专业监理工程师组织施工单位项目专业技术负责人等进行验收。

6.0.3 分部工程应由总监理工程师组织施工单位项目负责人和项目技术负责人等进行验收。

勘察、设计单位项目负责人和施工单位技术、质量部门负责人应参加地基与基础分部工程的验收。

设计单位项目负责人和施工单位技术、质量部门负责人应参加主体结构、节能分部工程的验收。

6.0.4 单位工程中的分包工程完工后，分包单位应对所承包的工程项目进行自检，并应按本标准规定的程序进行验收。验收时，总包单位应派人参加。分包单位应将所分包工程的质量控制资料整理完整，并移交给总包单位。

6.0.5 单位工程完工后，施工单位应组织有关人员进行自检。总监理工程师应组织各专业监理工程师对工程质量进行竣工预验收。存在施工质量问题时，应由施工单位整改。整改完毕后，由施工单位向建设单位提交工程竣工报告，申请工程竣工验收。

6.0.6 建设单位收到工程竣工报告后，应由建设单位项目负责人组织监理、施工、设计、勘察等单位项目负责人进行单位工程验收。

1.4.2 住宅装饰装修工程施工规范的要求

以下摘自《住宅装饰装修工程施工规范》GB 50327—2001。

3.1.1 施工前应进行设计交底工作，并应对施工现场进行核查，了解物业管理的有关规定。

3.1.2 各工序、各分项工程应自检、互检及交接检。

3.1.3 施工中，严禁损坏房屋原有绝热设施；严禁损坏受力钢筋；严禁超荷载集中堆放物品；严禁在预制混凝土空心楼板上打孔安装埋件。

3.1.4 施工中，严禁擅自改动建筑主体、承重结构或改变房间主要使用功能；严禁擅自拆改燃气、暖气、通讯等配套设施。

3.1.5 管道、设备工程的安装及调试应在装饰装修工程施工前完成，必须同步进行的应在饰面层施工前完成。装饰装修工程不得影响管道、设备的使用和维修。涉及燃气管道的装饰装修工程必须符合有关安全管理的规定。

3.1.6 施工人员应遵守有关施工安全、劳动保护、防火、防毒的法律、法规。

3.1.7 施工现场用电应符合下列规定：

1 施工现场用电应从户表以后设立临时施工用电系统。

2 安装、维修或拆除临时施工用电系统，应由电工完成。

3 临时施工供电开关箱中应装设漏电保护器。进入开关箱的电源线不得用插销连接。

4 临时用电线路应避开易燃、易爆物品堆放地。

5 暂停施工时应切断电源。

3.1.8 施工现场用水应符合下列规定：

1 不得在未做防水的地面蓄水。

2 临时用水管不得有破损、滴漏。

3 暂停施工时应切断水源。

3.1.9 文明施工和现场环境应符合下列要求：

1 施工人员应衣着整齐。

2 施工人员应服从物业管理或治安保卫人员的监督、管理。

3 应控制粉尘、污染物、噪声、震动等对相邻居民、居民区和城市环境的污染及危害。

4 施工堆料不得占用楼道内的公共空间，封堵紧急出口。

5 室外堆料应遵守物业管理规定，避开公共通道、绿化地、化粪池等市政公用设施。

6 工程垃圾宜密封包装，并放在指定垃圾堆放地。

7 不得堵塞、破坏上下水管道、垃圾道等公共设施，不得损坏楼内各种公共标识。

8 工程验收前应将施工现场清理干净。

3.2.1 住宅装饰装修工程所用材料的品种、规格、性能应符合设计的要求及国家现行有关标准的规定。

3.2.2 严禁使用国家明令淘汰的材料。

3.2.3 住宅装饰装修所用的材料应按设计要求进行防火、防腐和防蛀处理。

3.2.4 施工单位应对现场主要材料的品种、规格、性能进行验收。主要材料应有产品合格证书，有特殊要求的应有相应的性能检测报告和中文说明书。

3.2.5 现场配制的材料应按设计要求或产品说明书制作。

3.2.6 应配备满足施工要求的配套机具及检测仪器。

3.2.7 住宅装饰装修工程应积极使用新材料、新技术、新工艺、新设备。

3.3.1 施工过程中材料运输应符合下列规定：

1 材料运输使用电梯时，应对电梯采取保护措施。

2 材料搬运时要避免损坏楼道内顶、墙、扶手、楼道窗户及楼道门。

3.3.2 施工过程中应采取下列成品保护措施：

1 各工程在施工中不得污染、损坏其他工程的半成品、成品。

2 材料表面保护膜应在工程竣工时撤除。

3 对邮箱、消防、供电、电视、报警、网络等公共设施应采取保护措施。

1.4.3 建筑内部装修防火验收要求

以下摘自《建筑内部装修防火施工及验收规范》GB 50354—2005（略有删节）。

建筑内部装修工程防火施工（简称装修施工）应按照批准的施工图设计文件和本规范

的有关规定进行。

装修施工应按设计要求编写施工方案。施工现场管理应具备相应的施工技术标准、健全的施工质量管理体系和工程质量检验制度，并应按要求填写有关记录。

装修施工前，应对各部位装修材料的燃烧性能进行技术交底。

进入施工现场的装修材料应完好，并应核查其燃烧性能或耐火极限、防火性能型式检验报告、合格证书等技术文件是否符合防火设计要求。核查、检验时，应按要求填写进场验收记录。装修材料进入施工现场后，应按本规范的有关规定，在监理单位或建设单位监督下，由施工单位有关人员现场取样，并应由具备相应资质的检验单位进行见证取样检验。

装修施工过程中，装修材料应远离火源，并应指派专人负责施工现场的防火安全。

装修施工过程中，应对各装修部位的施工过程作详细记录。记录表的格式应符合相关要求。建筑工程内部装修不得影响消防设施的使用功能。装修施工过程中，当确需变更防火设计时，应经原设计单位或具有相应资质的设计单位按有关规定进行。

装修施工过程中，应分阶段对选用的防火装修材料按规定进行抽样检验。对隐蔽工程的施工，应在施工过程中及完工后进行抽样检验。现场进行阻燃处理、喷涂、安装作业的施工，应在相应的施工作业完成后进行抽样检验。

1.4.4　民用建筑工程室内环境污染控制要求

以下摘自《民用建筑工程室内环境污染控制规范》GB 50325—2010（2013 版）（略有删节）。

5.1.1　建设、施工单位应按设计要求及本规范的有关规定，对所用建筑材料和装修材料进行进场抽查复验。

5.1.2　当建筑材料和装修材料进场检验，发现不符合设计要求及本规范的有关规定时，严禁使用。

5.1.3　施工单位应按设计要求及本规范的有关规定进行施工，不得擅自更改设计文件要求。当需要更改时，应按规定程进行设计变更。

5.1.4　民用建筑工程室内装修，当多次重复使用同一设计时，宜先做样板间，并对其室内环境污染物浓度进行检测。

5.1.5　样板间室内环境污染物浓度的检测方法，应符合相关规定。当检测结果不符合规定时，应查找原因并采取相应措施进行处理。

5.2.1　民用建筑工程中，建筑主体采用的无机非金属材料和建筑装修采用的花岗岩、瓷质砖、磷石膏制品必须有放射性指标检测报告，并应符合相关规范要求。

5.2.2　民用建筑工程室内饰面采用的天然花岗岩石材或瓷质砖使用面积大于 $200m^2$ 时，应对不同产品、不同批次材料分别进行放射性指标的抽查复验。

5.2.3　民用建筑工程室内装修中所采用的人造木板及饰面人造木板，必须有游离甲醛含量或游离甲醛释放量检测报告，并应符合设计要求和本规范的有关规定。

5.2.4　民用建筑工程室内装修中采用的人造木板或饰面人造木板面积大于 $500m^2$ 时，应对不同产品、不同批次材料的游离甲醛含量或游离甲醛释放量分别进行抽查复验。

5.2.5　民用建筑工程室内装修中所采用的水性涂料、水性胶粘剂、水性处理剂必须有同批次产品的挥发性有机化合物（VOC）和游离甲醛含量检测报告；溶剂型涂料、溶剂型胶粘剂必须有同批次产品的挥发性有机化合物（VOC）、苯、甲苯＋二甲苯、游离甲苯二异氰酸酯（TDI）含量检测报告，并应符合设计要求和相关规范的有关规定。

5.2.6 建筑材料和装修材料的检测项目不全或对检测结果有疑问时，必须将材料送有资格的检测机构进行检验，检验合格后方可使用。

5.3.1 采取防氡设计措施的民用建筑工程，其地下工程的变形缝、施工缝、穿墙管（盒）、埋设件、预留孔洞等特殊部位的施工工艺，应符合现行国家标准《地下工程防水技术规范》GB 50108 的有关规定。

5.3.2 Ⅰ类民用建筑工程当采用异地土作为回填土时，该回填土应进行镭-226、钍232、钾-40 的比活度测定。当内照射指数（I_{Ra}）不大于 1.0 和外照射指数（I_r）不大于1.3 时，方可使用。

5.3.3 民用建筑工程室内装修时，严禁使用苯、工业苯、石油苯、重质苯及混苯作为稀释剂和溶剂。

5.3.4 民用建筑工程室内装修施工时，不应使用苯、甲苯、二甲苯和汽油进行除油和清除旧油漆作业。

5.3.5 涂料、胶粘剂、水性处理剂、稀释剂和溶剂等使用后，应及时封闭存放，废料应及时清出。

5.3.6 民用建筑工程室内严禁使用有机溶剂清洗施工用具。

5.3.7 采暖地区的民用建筑工程，室内装修施工不宜在采暖期内进行。

5.3.8 民用建筑工程室内装修中，进行饰面人造木板拼接施工时，对达不到 E_1 级的芯板，应对其断面及无饰面部位进行密封处理。

5.3.9 壁纸（布）、地毯、装饰板、吊顶等施工时，应注意防潮，避免覆盖局部潮湿区域。空调冷凝水导排应符合现行国家标准《采暖通风与空气调节设计规范》GB 50019 的有关规定。

1.4.5 建筑装饰装修工程质量验收的要求

以下摘自《建筑装饰装修工程质量验收规范》GB 50210—2001（略有删节）。

3.3.1 承担建筑装饰装修工程施工的单位应具备相应的资质，并应建立质量管理体系。施工单位应编制施工组织设计并应经过审查批准。施工单位应按有关的施工工艺标准或经审定的施工技术方案施工，并应对施工全过程实行质量控制。

3.3.2 承担建筑装饰装修工程施工的人员应有相应岗位的资格证书。

3.3.3 建筑装饰装修工程的施工质量应符合设计要求和本规范的规定，由于违反设计文件和本规范的规定施工造成的质量问题应由施工单位负责。

3.3.4 建筑装饰装修工程施工中，严禁违反设计文件擅自改动建筑主体、承重结构或主要使用功能；严禁未经设计确认和有关部门批准擅自拆改水、暖、电、燃气、通信等配套设施。

3.3.5 施工单位应遵守有关环境保护的法律法规，并应采取有效措施控制施工现场的各种粉尘、废气、废弃物、噪声、振动等对周围环境造成的污染和危害。

3.3.6　施工单位应遵守有关施工安全、劳动保护、防火和防毒的法律法规，应建立相应的管理制度，并应配备必要的设备、器具和标识。

3.3.7　建筑装饰装修工程应在基体或基层的质量验收合格后施工。对既有建筑进行装饰装修前，应对基层进行处理并达到本规范的要求。

3.3.8　建筑装饰装修工程施工前应有主要材料的样板或做样板间（件），并应经有关各方确认。

3.3.9　墙面采用保温材料的建筑装饰装修工程，所用保温材料的类型、品种、规格及施工工艺应符合设计要求。

3.3.10　管道、设备等的安装及调试应在建筑装饰装修工程施工前完成，当必须同步进行时，应在饰面层施工前完成。装饰装修工程不得影响管道、设备等的使用和维修。涉及燃气管道的建筑装饰装修工程必须符合有关安全管理的规定。

3.3.11　建筑装饰装修工程的电器安装应符合设计要求和国家现行标准的规定。严禁不经穿管直接埋设电线。

3.3.12　室内外装饰装修工程施工的环境条件应满足施工工艺的要求。施工环境温度不应低于5℃。当必须在低于5℃气温下施工时，应采取保证工程质量的有效措施。

3.3.13　建筑装饰装修工程施工过程应做好半成品、成品的保护，防止污染和损坏。

3.3.14　建筑装饰装修工程验收前应将施工现场清理干净。

1.4.6　建筑地面工程施工质量验收的要求

以下摘自《建筑地面工程施工质量验收规范》GB 50209—2010：

3.0.2　从事建筑地面工程施工的建筑施工企业应有质量管理体系和相应的施工工艺技术标准。

3.0.3　建筑地面工程采用的材料或产品应符合设计要求和国家现行有关标准的规定。无国家现行标准的，应具有省级住房和城乡建设行政主管部门的技术认可文件。材料或产品进场时还应符合下列规定：

1　应有质量合格证明文件；

2　应对型号、规格、外观等进行验收，对重要材料或产品应抽样进行复验。

3.0.4　建筑地面工程采用的大理石、花岗石、料石等天然石材以及砖、预制板块、地毯、人造板材、胶粘剂、涂料、水泥、砂、石、外加剂等材料或产品应符合国家现行有关室内环境污染控制和放射性、有害物质限量的规定。材料进场时应具有检测报告。

3.0.5　厕浴间和有防滑要求的建筑地面应符合设计防滑要求。

3.0.6　有种植要求的建筑地面，其构造做法应符合设计要求和现行行业标准《种植屋面工程技术规程》JGJ 155 的有关规定。设计无要求时，种植地面应低于相邻建筑地面50mm 以上或作槛台处理。

3.0.7　地面辐射供暖系统的设计、施工及验收应符合现行行业标准《地面辐射供暖技术规程》JGJ 142 的有关规定。

3.0.8　地面辐射供暖系统施工验收合格后，方可进行面层铺设。面层分格缝的构造做法应符合设计要求。

3.0.9　建筑地面下的沟槽、暗管、保温、隔热、隔声等工程完工后，应经检验合格并做隐蔽记录，方可进行建筑地面工程的施工。

3.0.10 建筑地面工程基层（各构造层）和面层的铺设，均应待其下一层检验合格后方可施工上一层。建筑地面工程各层铺设前与相关专业的分部（子分部）工程、分项工程以及设备管道安装工程之间，应进行交接检验。

3.0.11 建筑地面工程施工时，各层环境温度的控制应符合材料或产品的技术要求，并应符合下列规定：

1 采用掺有水泥、石灰的拌和料铺设以及用石油沥青胶结料铺贴时，不应低于5℃；

2 采用有机胶粘剂粘贴时，不应低于10℃；

3 采用砂石材料铺设时，不应低于0℃；

4 采用自流平、涂料铺设时，不应低于5℃，也不应高于30℃。

3.0.12 铺设有坡度的地面应采用基土高差达到设计要求的坡度；铺设有坡度的楼面（或架空地面）应采用在结构楼层板上变更填充层（或找平层）铺设的厚度或以结构起坡达到设计要求的坡度。

3.0.13 建筑物室内接触基土的首层地面施工应符合设计要求，并应符合下列规定：

1 在冻胀性土上铺设地面时，应按设计要求做好防冻胀土处理后方可施工，并不得在冻胀土层上进行填土施工；

2 在永冻土上铺设地面时，应按建筑节能要求进行隔热、保温处理后方可施工。

3.0.14 室内散水、明沟、踏步、台阶和坡道等，其面层和基层（各构造层）均应符合设计要求。施工时应按本规范基层铺设中基土和相应垫层以及面层的规定执行。

3.0.15 水泥混凝土散水、明沟应设置伸、缩缝，其延长米间距不得大于10m，对日晒强烈且昼夜温差超过15℃的地区，其延长米间距宜为4m～6m。水泥混凝土散水、明沟和台阶等与建筑物连接处及房屋转角处应设缝处理。上述缝的宽度应为15mm～20mm，缝内应填嵌柔性密封材料。

3.0.16 建筑地面的变形缝应按设计要求设置，并应符合下列规定：

1 建筑地面的沉降缝、伸缝、缩缝和防震缝，应与结构相应缝的位置一致，且应贯通建筑地面的各构造层；

2 沉降缝和防震缝的宽度应符合设计要求，缝内清理干净，以柔性密封材料填嵌后用板封盖，并应与面层齐平。

3.0.17 当建筑地面采用镶边时，应按设计要求设置并应符合下列规定：

1 有强烈机械作用下的水泥类整体面层与其他类型的面层邻接处，应设置金属镶边构件；

2 具有较大振动或变形的设备基础与周围建筑地面的邻接处，应沿设备基础周边设置贯通建筑地面各构造层的沉降缝（防震缝），缝的处理应执行第3.0.16条的规定；

3 采用水磨石整体面层时，应用同类材料镶边，并用分格条进行分格；

4 条石面层和砖面层与其他面层邻接处，应用顶铺的同类材料镶边；

5 采用木、竹面层和塑料板面层时，应用同类材料镶边；

6 地面面层与管沟、孔洞、检查井等邻接处，均应设置镶边；

7 管沟、变形缝等处的建筑地面面层的镶边构件，应在面层铺设前装设；

8 建筑地面的镶边宜与柱、墙面或踢脚线的变化协调一致。

3.0.18 厕浴间、厨房和有排水（或其他液体）要求的建筑地面面层与相连接各类面层的标高应符合设计要求。

3.0.19 检验同一施工批次、同一配合比水泥混凝土和水泥砂浆强度的试块，应按每一层（或检验批）建筑地面工程不少于 1 组。当每一层（或检验批）建筑地面工程面积大于 1000m² 时，每增加 1000m² 应增做 1 组试块，小于 1000m² 按 1000m² 计算，取样 1 组；检验同一施工批次、同一配合比的散水、明沟、踏步、台阶、坡道的水泥混凝土、水泥砂浆强度的试块，应按每 150 延长米不少于 1 组。

3.0.20 各类面层的铺设宜在室内装饰工程基本完工后进行。木、竹面层、塑料板面层、活动地板面层、地毯面层的铺设，应待抹灰工程、管道试压等完工后进行。

3.0.21 建筑地面工程施工的检验，应符合下列规定：

1 基层（各构造层）和各类面层的分项工程的施工质量验收应按每一层次或每层施工段（或变形缝）划分检验批，高层建筑的标准层可按每三层（不足三层按三层计）划分检验批；

2 每检验批应以各子分部工程的基层（各构造层）和各类面层所划分的分项工程按自然间（或标准间）检验，抽查数量应随机检验不应少于 3 间；不足 3 间，应全数检查；其中走廊（过道）应以 10 延长米为 1 间，工业厂房（按单跨计）、礼堂、门厅应以两个轴线为 1 间计算；

3 有防水要求的建筑地面子分部工程的分项工程施工质量每检验批抽查数量应按其房间总数随机检验不应少于 4 间，不足 4 间，应全数检查。

3.0.22 建筑地面工程的分项工程施工质量检验的主控项目，应达到本规范规定的质量标准，认定为合格；一般项目 80% 以上的检查点（处）符合本规范规定的质量要求，其他检查点（得）不得有明显影响使用，且最大偏差值不超过允许偏差值的 50% 为合格。凡达不到质量标准时，应按现行国家标准《建筑工程施工质量验收统一标准》GB 50300 的规定处理。

3.0.23 建筑地面工程的施工质量验收应在建筑施工企业自检合格的基础上，由监理单位或建设单位组织有关单位对分项工程、子分部工程进行检验。

3.0.24 检验方法应符合下列规定：

1 检查允许偏差应采用钢尺、1m 直尺、2m 直尺、3m 直尺、2m 靠尺、楔形塞尺、坡度尺、游标卡尺和水准仪；

2 检查空鼓应采用敲击的方法；

3 检查防水隔离层应采用蓄水方法，蓄水深度最浅处不得小于 10mm，蓄水时间不得少于 24h；检查有防水要求的建筑地面的面层应采用泼水方法；

4 检查各类面层（含不需铺设部分或局部面层）表面的裂纹、脱皮、麻面和起砂等缺陷，应采用观感的方法。

3.0.25 建筑地面工程完工后，应对面层采取保护措施。

第2章 施工组织设计及专项施工方案的内容和编制方法

《建筑施工组织设计规范》GB/T 50502—2009 对施工组织设计作了如下的解释：施工组织设计是以施工项目为对象编制的，用以指导施工的技术、经济和管理的综合性文件。

施工组织设计是对施工活动实行科学管理的重要手段，它具有战略部署和战术安排的双重作用。它体现了实现基本建设计划和设计的要求，提供了各阶段的施工准备工作内容，协调施工过程中各施工单位、各施工工种、各项资源之间的相互关系。通过施工组织设计，可以根据具体工程的特定条件，拟订施工方案、确定施工顺序、施工方法、技术组织措施，可以保证拟建工程按照预定的工期完成，可以在开工前了解到所需资源的数量及其使用的先后顺序，可以合理安排施工现场布置。因此施工组织设计应从施工全局出发，充分反映客观实际，符合国家或合同要求，统筹安排施工活动有关的各个方面，合理地布置施工现场，确保文明施工、安全施工。

2.1 装饰装修工程施工组织设计的内容和编制方法

2.1.1 施工组织设计的类型和编制依据

施工组织设计按编制对象可分为施工组织总设计、单位工程施工组织设计和分部分项工程施工方案三个层次。

（1）施工组织总设计

施工组织总设计是以一个建筑群或一个建设项目为编制对象，用以指导整个建筑群或建设项目施工全过程的各项施工活动的技术、经济和组织的综合性文件。施工组织总设计一般在初步设计或扩大初步设计被批准之后，由总承包企业的总工程师领导下进行编制。

（2）单位工程施工组织设计

单位工程施工组织设计是以一个单位工程（一个建筑物或构筑物，一个交工系统）为编制对象，用以指导其施工全过程的各项施工活动的技术、经济和组织的综合性文件。单位工程施工组织设计一般在施工图设计完成后，在拟建工程开工之前，在工程处的技术负责人领导下进行编制。

（3）分部分项工程施工方案

分部分项工程施工组织设计是以分部分项工程为编制对象，用以具体实施其施工全过程的各项施工活动的技术、经济和组织的综合性文件。分部分项工程施工组织设计一般是同单位工程施工组织设计的编制同时进行，并由单位工程的技术人员负责编制。

2.1.2 施工组织设计的内容

1. 施工组织总设计的内容

（1）工程概况和工程特点的说明。

（2）施工总进度计划和主要单位工程的进度计划。

（3）总的施工部署和主要单位工程的施工方案。

（4）分年度的各种资源的总需要量计划（包括劳动力、原材料、加工构件、施工机械、安装设备）。

（5）全场性施工准备工作计划（包括"三通一平"的准备，临时设施施工的准备，原有道路、房屋、动力和加工厂条件的利用，机构组织的设置等）。

（6）施工总平面图的设计。

（7）有关质量、安全和降低成本等技术组织措施和技术经济指标。

2. 单位工程施工组织设计的内容

（1）工程概况和工程特点分析（包括工程的位置建筑面积，结构形式、建筑特点及施工要求等）。

（2）施工准备工作计划（包括进场条件、劳力、材料、机具等的准备及使用计划，"三通一平"的具体安排，预制构件的施工、特殊材料的订货等）。

（3）施工方案的选择（包括流水段的划分、主要项目的施工顺序和施工方法，劳动组织及有关技术措施等）。

（4）工程进度表（包括确定工程项目及计算工程量；确定劳动量从建筑机械台班数；确定各分部分项工程的工作日；考虑工序的搭接；编排施工进度计划等）。

（5）各种资源需要量计划（包括劳动力、材料、构件、机具等）。

（6）现场施工平面布置图（包括对各种材料、构件、半成品的堆放位置；水、电管线的布置；机械位置及各种临时设施的布局等）。

（7）对工程质量、安全施工、降低成本等的技术组织措施。

3. 分部分项工程施工方案的内容

（1）工程特点。

（2）主要施工方法及技术措施。

（3）进度计划表。

（4）材料、劳动力及机具的使用计划。

（5）质量要求

2.1.3 单位工程施工组织设计的编制方法

1. 单位工程施工组织设计的内容

单位工程施工组织设计就是以单位（子单位）工程为主要对象编制的施工组织设计，对单位（子单位）工程的施工过程起指导和制约作用，对于已经编制了施工组织总设计的项目，单位工程施工组织设计应是施工组织总设计的进一步具体化，直接指导单位工程的施工管理和技术经济活动。

（1）单位工程施工组织设计主要包括工程概况、施工部署、施工进度计划、施工准备与资源配置计划、主要施工方案、施工现场平面布置等几个方面。

（2）工程概况应包括工程主要情况、各专业设计简介和工程施工条件等情况。

（3）首先根据施工合同、招标文件以及本单位对工程管理目标的要求等确定工程施工目标，包括进度、质量、安全、环境和成本等目标。对工程施工的重点和难点进行分析，并包括组织管理和施工技术两个方面的详细分析。

（4）单位工程应按照《建筑工程施工质量验收统一标准》GB 50300‐2013 中的分部、分项工程划分原则，对主要分部、分项工程制定有针对性的施工方案。

（5）施工现场平面布置图应按照施工现场平面布置的相应规定并结合施工组织总设计，按不同施工阶段分别绘制。

2. 编制依据

（1）建设单位的意图和要求，如工期、质量、预算要求等；

（2）工程的施工图纸及标准图；

（3）施工组织设计对本单位工程的工期、质量和成本的控制要求；

（4）资源配置情况；

（5）建筑环境、场地条件及地质、气象资料，如工程地质勘察报告、地形图和测量控制等；

（6）有关的标准、规范和法律；

（7）有关技术新成果和类似建设工程项目的资料和经验。

3. 施工组织设计编制的程序

（1）计算工程量

通常可以利用工程预算中的工程量。工程量计算准确，才能保证劳动力和资源需要量计算的正确和分层分段流水作业的合理组织，故工程必须根据图纸和较为准确的定额资料进行计算。如工程的分层段按流水作业方法施工时，工程量也应相应的分层分段计算。

（2）确定施工方案

如果施工组织总设计已有原则规定，则该项工作的任务就是进一步具体化，否则应全面加以考虑。需要特别加以研究的是主要分部、分项工程的施工方法和施工机械的选择，因为它对整个单位工程的施工具有决定性的作用。具体施工顺序的安排和流水段的划分，也是需要考虑的重点。

（3）组织流水作业，排定施工进度

根据流水作业的基本原理，按照工期要求、工作面的情况、工程结构对分层分段的影响以及其他因素，组织流水作业，决定劳动力和机械的具体需要量以及各工序的作业时间，编制网络计划，并按工作日排出施工进度。

（4）计算各种资源的需要量和确定供应计划

依据采用的劳动定额和工程量及进度可以决定劳动量（以工日为单位）和每日的工人需要量。依据有关定额和工程量及进度，就可以计算确定材料和加工预制品的主要种类和数量及其供应计划。

（5）平衡劳动力、材料物资和施工机械的需要量并修正进度计划

根据对劳动力和材料物资的计算就可绘制出相应的曲线以检查其平衡状况。如果发现有过大的高峰或低谷，即应将进度计划作适当的调整与修改，使其尽可能趋于平衡，以便

使劳动力的利用和物资的供应更为合理。

（6）设计施工平面图

施工平面图应使生产要素在空间上的位置合理、互不干扰，能加快施工进度。

2.2 分项及专项施工方案的内容和编制方法

2.2.1 编制专项施工方案的规定

专业性较强和危险性较大的分部分项工程（可能导致作业人员群死群伤，易造成重大安全、质量事故及不良社会影响的工程、临时用电设备 5 台及以上或设备总容量 50kW 及以上的施工现场临时用电工程）以及技术复杂、专业性强或采用新技术、新材料、新工艺、新设备（缺少相关技术标准和施工经验）的分部分项工程，施工前必须编制专项施工方案。超过一定规模的危险性较大工程的专项施工方案必须组织专家论证、审查。实行专业分包的专业工程（起重机械安装拆卸工程、深基坑工程、附着式升降电梯等专业性较强的工程），专项施工方案可由专业承包单位组织编制。

专项施工方案应按专家论证审查报告或专项施工方案审批意见修改完善后单独上报审批，并经（施工单位技术负责人、项目总监理工程师和建设单位项目负责人签字）批准后才能组织实施。经批准的专项施工方案，实施过程中不得擅自修改，如发生变化确需调整修改的，应重新进行技术论证并按程序履行审批手续。专项施工方案实施前，项目部应向现场管理、作业人员进行详细的施工安全技术交底，并指定专人对专项施工方案的实施情况进行检查、监控，发现偏离应立即整改。

2.2.2 分项及专项施工方案的内容

分项或专项施工方案即以分部（分项）工程或专项工程为主要对象编制的施工技术与组织方案，用以具体指导其施工过程。施工方案在某些时候也被称为分部（分项）工程或专项工程施工组织设计，但考虑到通常情况下施工方案是施工组织设计的进一步细化，是施工组织设计的补充，施工组织设计的某些内容在施工方案中不需赘述，因而《建筑施工组织设计规范》GB/T 50502—2009 将其定义为施工方案。

分项施工方案应包括以下内容：

（1）工程概况。

（2）施工安排。

（3）施工进度计划。

（4）施工准备与资源配置计划。

（5）施工方法及工艺要求。

专项施工方案的主要内容应包括以下内容：

（1）工程概况：分部分项工程概况、施工平面布置、施工要求和技术保证条件等。

（2）编制依据：相关法律、法规、规范、标准及图纸（国标图集）、施工组织设计等。

（3）施工工艺技术：技术参数、工艺流程、施工方法、检查验收等。

（4）施工计划：包括施工进度计划、材料与设备使用计划。

（5）安全质量保证措施：组织措施、制度措施、技术措施、风险管理、应急预案、监测监控等，技术措施应有针对性并明确规定技术措施的责任人。

（6）劳动力计划：专职安全管理、专职生产管理、特种作业人员等。

（7）安全稳定验算计算书及相关设计图纸。

2.2.3 分项及专项施工方案的编制方法

编制分项施工方案前应充分熟悉施工图纸，根据工程实际情况，按照施工方案所包括的内容有针对性地收集准备相关资料。

（1）编写工程概况，包括工程主要情况、设计简介和工程施工条件等。

（2）拟定施工顺序，合理划分流水段。

（3）按照工期目标分解要求，编制施工进度计划。

（4）编制施工准备与资源配置计划，包括临时设施及施工工作面交接、施工作业条件准备，材料与设备使用计划、劳动力投入计划、资金使用计划等。

（5）明确分部（分项）工程或专项工程施工方法，进行必要的技术核算，并明确主要分项工程（工序）的施工工艺要求。对易发生质量通病、易出现安全问题、施工难度大、技术含量高的分项工程（工序）等应作出重点说明。对开发和使用新技术、新工艺以及采用新材料、新设备应通过必要的试验或论证并制定详细计划，并提出详细的季节性施工安排。

（6）根据分部分项施工内容和工程量及预算定额工含量，计算合计定额工，再按照施工定额计算出实际所需各工种劳动力数量，根据施工进度编制劳动力投入计划。

专项施工方案中除需具备分项施工方案的内容外，还必须增加下列内容：

（1）安全质量保证措施：组织措施、制度措施、技术措施、风险管理、应急预案、监测监控等，技术措施应有针对性并明确规定技术措施的责任人。

（2）超过一定规模的危险性较大分部分项工程的专项施工方案中较复杂的安全验算和专项设计，必须由公司技术管理部门计算编制、并经有相应资质的设计单位复核；还必须组织专家论证对专项施工方案进行认证，专家应论证审查主要内容（包括专项施工方案内容是否完整、可行，计算书和验算依据是否符合有关规范标准，安全施工的基本条件是否满足现场实际情况等）并提出解决方案。

专项施工方案经专家论证通过后方可组织实施。

2.3 装饰装修工程施工技术要求

2.3.1 防火、防水工程施工技术要求

1. 防火工程技术要求

建筑防火材料的特性与应用。

1）物体的阻燃和防火

燃烧是一种同时伴有放热和发光效应的剧烈的氧化反应。放热、发光、生成新物质是

燃烧现象的三个特征。可燃物、助燃物和火源通常被称为燃烧三要素。这三个要素必须同时存在并且互相接触，燃烧才可能进行。也就是说，要使燃烧不能进行，只要将燃烧三要素中的任命一个因素隔绝开来即可。例如，用难燃或不燃的涂料将可燃物表面封闭起来，避免基材与空气的接触，可使可燃表面变成难燃或不燃的表面。

根据燃烧理论可知，只要对燃烧三要素中的任何一种因素加以抑制，就可达到阻止燃烧进一步进行的目的。材料的阻燃和防火即是这一理论的具体实施。

物体的阻燃是指可燃物体通过特殊方法处理后，物体本身具有防止、减缓或终止燃烧的性能。物体的防火则是采用某种方法，使可燃物体在受到火焰侵袭时不会快速升温而遭到破坏。可见，阻燃的对象是物体本身，如塑料的阻燃，是使塑料本身由易燃转变为难燃材料；而防火的对象是其他被保护物体，如通过在钢材表面涂覆一层难燃涂层实现了钢材的防火，涂层本身最终还是会烧毁。由此可见，阻燃和防火两者并不是一回事。但阻燃和防火的目的都是使燃烧终止，这就使它们有了一定的共性。阻燃通常是通过在物体中加入阻燃剂来实现的，防火则通常是采用在被保护物体表面涂覆难燃物质（如防火涂料）来实现的，而难燃物质中通常也加入阻燃剂或防火助剂。从这一角度看问题，阻燃和防火的原理是类似的。

2）阻燃剂

目前已工业化的阻燃剂有多种类型，主要是针对高分子材料的阻燃设计的。

按使用方法分类，阻燃剂可分为添加型阻燃剂和反应型阻燃剂两类。添加型又可分为有机阻燃剂和无机阻燃剂。添加型阻燃剂是通过机械混合方法加入到聚合物中，使聚合物具有阻燃性的；反应型阻燃剂则是作为一种单体参加聚合反应，因此使聚合物本身含有阻燃成分的，其优点是对聚合物材料使用性能影响较小，阻燃性持久。

按所含元素分类，阻燃剂可分为磷系、卤素系（溴系、氯系）、氮系和无机系等几类。

3）防火涂料

防火涂料是指涂覆于物体表面上，能降低物体表面的可燃性，阻隔热量向物体的传播，从而防止物体快速升温，阻滞火势的蔓延，提高物体耐火极限的物质。

防火涂料主要由基料及防火助剂两部分组成。除了应具有普通涂料的装饰作用和对基材提供的物理保护作用外，还需要具有隔热、阻燃和耐火的功能，要求它们在一定的温度和一定时间内形成防火隔热层。因此，防火涂料是一种集装饰和防火为一体的特种涂料。

防火涂料的类型可用不同的方法来定义：

①按所用基料的性质分类

根据防火涂料所用基料的性质，可分为有机型防火涂料、无机型防火涂料和有机无机复合型三类。有机型防火涂料是以天然的或合成的高分子树脂、高分子乳液为基料；无机型防火涂料是以无机胶粘剂为基料；有机无机复合型防火涂料的基料则是以高分子树脂和无机胶粘剂复合而成的。

②按所用的分散介质分类

根据防火涂料所用的分散介质，可分为溶剂型防火涂料和水性防火涂料。溶剂型防火涂料的分散介质和稀释剂采用有机溶剂，存在易燃、易爆、污染环境等缺点，其应用日益受到限制。水性防火涂料以水为分散介质，其基料为水溶性高分子树脂和聚合物乳液等。生产和使用过程中安全、无毒，不污染环境，因此是今后防火涂料发展的方向。其中，乳液型防火涂料更为世人所关注。但就目前的技术水平看，水性防火涂料的总体质量不如溶剂型防火涂料，因此在国内的使用目前尚不如溶剂型防火涂料广泛。

③按涂层的燃烧特性和受热后状态变化分类

按涂层受热后的燃烧特性和状态变化，可将防火涂料分为非膨胀型防火涂料和膨胀型防火涂料两类。

非膨胀型防火涂料又称隔热涂料。这类涂料在遇火时涂层基本上不发生体积变化，而是形成一层釉状保护层，起到隔绝氧气的作用，从而避免、延缓或中止燃烧反应。这类涂料所生成的釉状保护层热导率往往较大，隔热效果差。因此，为了取得较好的防火效果，涂层厚度一般较大。即使如此，与膨胀型防火涂料相比，非膨胀型防火涂料的防火隔热的作用也很有限。

膨胀型防火涂料涂层在遇火时涂层迅速膨胀发泡，形成泡沫层。泡沫层不仅隔绝了氧气，而且因为其质地疏松而具有良好的隔热性能，可有效延缓热量向被保护基材传递的速率。同时涂层膨胀发泡过程中因为体积膨胀等各种物理变化和脱水、碳化等各种化学反应也消耗大量的热量，因此有利于降低体系的温度，故其防火隔热效果显著。

④按使用目标分类

按防火涂料的使用目标来分，可分为饰面性防火涂料、钢结构防火涂料、电缆防火涂料、预应力混凝土楼板防火涂料、隧道防火涂料、船用防火涂料等多种类型。其中，钢结构防火涂料根据其使用场合可分为室内用和室外用两类，根据其涂层厚度和耐火极限又可分为厚质型、薄型和超薄型三类。

厚质型防火涂料一般为非膨胀型的，厚度为 5～25mm，耐火极限根据涂层厚度有较大差别；薄型和超薄型防火涂料通常为膨胀型的，前者的厚度为 2～5mm，后者的厚度为小于 2mm。薄型和超薄型防火涂料的耐火极限一般与涂层厚度无关，而与膨胀后的发泡层厚度有关。

4）水性防火阻燃液

水性防火阻燃液又称水性防火剂、水性阻燃剂，2011 年公安部颁布的公共安全行业标准《水基型阻燃处理剂》GA 159—2011 中则将其正式命名为水基型阻燃处理剂。根据该标准的定义，水性防火阻燃液（水基型阻燃处理剂）是指以水为分散介质，采用喷涂或浸渍等方法使木材、织物或纸板等获得规定的燃烧性能的阻燃剂。

根据水性防火阻燃液的使用对象，可分为木材阻燃处理用的水性防火阻燃液、织物阻燃处理用的水性防火阻燃液及纸板阻燃处理用的水性防火阻燃液三类。木材阻燃处理用的水性防火阻燃液可处理各种木材、纤维板、刨花板、竹制品等，经处理后使这些木竹制品由易燃性材料成为难燃性材料；织物阻燃处理用的水性防火阻燃液可处理各种纯棉织物、化纤织物、混纺织物及丝绸麻织物等，使之成为难燃性材料；纸和纸板阻燃处理用的水性防火阻燃液则可处理各种纸张、纸板、墙纸、纸面装饰顶棚、纸箱等易燃材料，可明显改变它们的燃烧性能，使其成为阻燃材料。经水性防火阻燃液处理后的材料一般具有难燃、离火自熄的特点。此外用防火阻燃液处理材料后，不影响原有材料的外貌、色泽和手感，对木材、织物和纸板还兼具有防蛀、防腐的作用。

5）防火堵料

防火堵料是专门用于封堵建筑物中各种贯穿物，如电缆、风管、油管、气管等穿过墙壁、楼板等形成的各种开孔以及电缆桥架等，具有防火隔热功能且便于更换的材料。

根据防火封堵材料的组成、形状与性能特点可分为三类：以有机高分子材料为胶粘剂的有机防火堵料；以快干水泥为胶凝材料的无机防火堵料；将阻燃材料用织物包裹形成的防火包。这三类防火堵料各有特点，在建筑物的防火封堵中均有应用。

有机防火堵料又称可塑性防火堵料，它是以合成树脂为胶粘剂，并配以防火助剂、填料制成的。此类堵料在使用过程长期不硬化，可塑性好，容易封堵各种不规则形状的孔洞，能够重复使用。遇火时发泡膨胀，因此具有优异的防火、水密、气密性能。施工操作和更换较为方便，因此尤其适合需经常更换或增减电缆、管道的场合。

无机防火堵料又称速固型防火堵料，是以快干水泥为基料，添加防火剂、耐火材料等经研磨、混合而成的防火堵料，使用时加水拌合即可。无机防火堵料具有无毒无味、固化快速，耐火极限与力学强度较高，能承受一定重量，又有一定可拆性的特点。有较好的防火和水密、气密性能。主要用于封堵后基本不变的场合。

防火包又称耐火包或阻火包，是采用特选的纤维织物做包袋，装填膨胀性的防火隔热材料制成的枕状物体，因此又称防火枕。使用时通过垒砌、填塞等方法封堵孔洞。适合于较大孔洞的防火封堵或电缆桥架防火分隔，施工操作和更换较为方便，因此尤其适合需经常更换或增减电缆、管道的场合。

6）防火玻璃

目前，国内外生产的建筑用防火玻璃品种很多，归纳起来主要可分为两大类，即非隔热型防火玻璃和隔热型防火玻璃。非隔热型防火玻璃又称为耐火玻璃。这类防火玻璃均为单片结构的，其中又可分为夹丝玻璃、耐热玻璃和微晶玻璃三类。

隔热型防火玻璃为夹层或多层结构，因此也称为复合型防火玻璃。这类防火玻璃也有两种产品形式，即多层粘合型和灌浆型。

①多层粘合型防火玻璃是将多层普通平板玻璃用无机胶凝材料粘结复合在一起，在一定条件下烘干形成的。此类防火玻璃的优点是强度高、透明度好，遇火时无机胶凝材料发泡膨胀，起到阻火隔热的作用；缺点是生产工艺较复杂，生产效率较低。无机胶凝材料本身碱性较强、不耐水，对平板玻璃有较大的腐蚀作用。使用一定时间后会变色、起泡，透明度下降。这类防火玻璃在我国目前有较多使用。

②灌浆型防火玻璃是由我国首创的。它是在两层或多层平板玻璃之间灌入有机防火浆料或无机防火浆料后，然后使防火浆料固化制成的。其特点是生产工艺简单，生产效率较高。产品的透明度高，防火、防水性能好，还有较好的隔声性能。

7）防火板材

防火板材品种很多，主要有纤维增强硅酸钙板、耐火纸面石膏板、纤维增强水泥平板（TK板）、GRC板、泰柏板、GY板、滞燃型胶合板、难燃铝塑建筑装饰板、矿物棉防火吸声板、膨胀珍珠岩装饰吸声板等。防火板材广泛用于建筑物的顶棚、墙面、地面等多种部位。

2. 防水工程技术要求

建筑防水工程是建筑工程中的一个重要组成部分，防水施工应遵循"以防为主，防排结合"的防水施工原则。建筑防水工程目的是阻止水对建筑物或构筑物结构和使用空间的侵袭，确保建筑空间的正常使用。

建筑防水工程范围很广，主要有屋面防水工程，墙面防水工程，地下防水工程，厨、浴间防水工程，管沟、地下铁道、隧道等防水工程。与建筑装饰装修相关的防水工程主要有：室内涉水区域防水工程，建筑外墙防水工程，泳池水景防水工程等。

防水材料非常多，常用类型有：防水卷材、防水涂料、防水密封材料、防水混凝土、防水水泥砂浆、防水塑料板、金属防水等。

防水是技术性非常强的专业，涉及内容广泛，轻易难以深入掌握。为了在有限时间内达到最好效果，本节重点要求掌握装饰最相关的防水知识。具体有：室内楼地面涂膜防水施工，外墙防水涂膜施工，游泳池常规防水施工。

（1）室内楼地面聚氨酯涂膜防水施工

1）施工流程

材料准备→基层处理→涂刷基层处理剂→局部补强处理→涂刷第一遍涂料→涂刷第二遍涂料→涂刷第三遍涂料→第一次蓄水试验→涂刷界面剂→保护层施工→第二次蓄水试验→防水层验收。

典型室内地坪聚氨酯涂膜防水构造见图2-1。

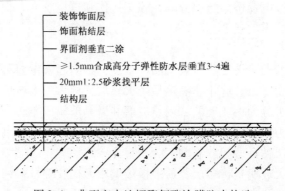

图2-1 典型室内地坪聚氨酯涂膜防水构造

2）操作要点

①材料准备。材料准备需要注意：目前，常用的室内楼地面涂膜防水材料主要有两大类：一类是双组分的涂膜材料（如双组分聚氨酯防水涂料或聚合物水泥防水涂料）；另一类是单组分的涂膜材料（如单组分聚氨酯防水涂料和丙烯酸酯防水涂料）或聚合物水泥防水涂料。

双组分聚氨酯防水涂膜技术指标必须符合表2-1的要求（参考《聚氨酯防水涂料》GB/T 19250—2013中Ⅰ型的规定）。

双组分聚氨酯防水涂料的基本性能　　　　　　　　　　　　　　　　表2-1

序号	测 试 项 目		技术指标
			Ⅰ型
1	固体含量（%）≥	单组分	85.0
		双组分	92.0

序号	测试项目		技术指标
			I 型
2	表干时间（h）≤		12
3	实干时间（h）≤		24
4	流平性^①		20min 时，无明显齿痕
5	拉伸强度（MPa）≥		2.0
6	断裂伸长率（%）≥		500
7	撕裂强度（N/mm）≥		15
8	低温弯折性≤		−35℃，无裂缝
9	不透水性		0.3MPa，120min，不透水
10	加热伸缩率（%）		−4.0～+1.0
11	粘结强度（MPa）≥		1.0
12	吸水率（%）≤		5.0
13	定伸时老化	加热老化	无裂纹及变形
		人工气候老化^②	无裂纹及变形
14	热处理 （80℃，168h）	拉伸强度保持率（%）	80～150
		断裂伸长率（%） ≥	450
		低温弯折性（℃） ≤	−30℃，无裂纹
15	碱处理 （0.1%NaO＋饱和 Ca（OH）₂ 溶液，168h）	拉伸强度保持率（%）	80～150
		断裂伸长率（%） ≥	450
		低温弯折性（℃） ≤	−30℃，无裂纹
16	酸处理 （2%H₂SO₄ 溶液， 168h）	拉伸强度保持率（%）	80～150
		断裂伸长率（%） ≥	450
		低温弯折性（℃） ≤	−30℃，无裂纹
17	人工气候老化^② （1000h）	拉伸强度保持率（%）	80～150
		断裂伸长率（%） ≥	450
		低温弯折性（℃） ≤	−30℃，无裂纹
18	燃烧性能^②		B2‑E（点火 15s，燃烧 20s，$F_s \leqslant$ 150mm，无燃烧滴落物引燃滤纸）

注：①该项性能不适用于单组分和喷涂施工的产品。流平性时间也可根据工程要求和施工环境由供需双方商定并
　　在订货合同与包装上明示。
　　②仅外露产品要求测定。

②基层处理。卫生间的防水基层必须采用 1:2.5 的水泥砂浆找平，要求抹平压光无空鼓，表面要坚实，不应有起砂、掉灰现象。

在进行找平层施工时。管子根部周围要使其略高于地面，地漏的周围应做成略低于地面的洼坑，找平层的坡度以 2% 为宜；阴、阳角处，要抹成半径不小于 10mm 的小圆弧，淋浴房及门口需做止水带，高度为 50mm 左右。

基层含水率必须在 8% 以下。

③涂刷基层处理剂。将聚氨酯甲、乙组分和二甲苯按厂家说明书的比例（如 1:1.5:2）配合搅拌均匀，再用小滚刷均匀涂布在基层表面上，聚氨酯的施工顺序原则上是先难后易，先内后外；涂刷或喷涂基层处理剂的黏度用二甲苯调整，干燥 4h 以上，才能进行下一道工序。

④局部补强处理。在地漏、管道根、阴阳角和出入口等容易发生渗漏水的薄弱部位，应先用聚氨酯防水涂料按厂家说明书的比例（如甲:乙 = 1:2.5）配合，均匀涂刮一遍做附加增强层处理。按设计要求，细部构造也可做胎体增强材料的附加增强层。胎体增强材料宽度为 300～500mm，搭接缝 100mm，施工时，边铺贴平整，边涂刮聚氨酯防水涂料。

⑤涂刷第一遍涂料。将聚氨酯防水涂料按厂家说明书的比例（如甲:乙 = 1:2.5）混合。聚氨酯防水涂料甲乙组分的称量必须准确，所用容器、搅拌工具必须无水干燥。防水层应从地面延伸到墙面，高出地面 300mm。淋浴房墙面的防水层高度不得低于 2000mm。台盆处防水层高度不低于 1000mm，浴缸周边上口防水层高度不低于 600mm，施工时可根据环境温度相应调整催化剂用量，加速或减缓聚氨酯防水涂料的固化速度，催化剂的一般用量是按乙组分质量的占比（0.4%～1%）加入的。室温在 20℃ 左右时，配好的聚氨酯涂料应在 0.5h 内用完，也可根据施工需要调整聚氨酯涂料的黏度。

甲、乙组分要按出厂现成的包装比例进行配比，以保证甲乙组分的准确比例。

⑥涂刷第二遍涂料。待第一遍涂料固化干燥后（基本不粘手时），一般为固化 5h 以上，再按上述方法涂刮第二遍涂料，涂刮方法应与第一遍涂刮方向相垂直，用料量与第一遍相同。

⑦涂刷第三遍涂料。待第二遍涂料涂膜固化后，再按上述方法涂刮第三遍涂料，用料量为 0.4～0.5kg/m²。

⑧第一次蓄水试验。待防水层完全干燥后，检验涂膜防水层至符合施工要求后进行第一次蓄水试验，水深 20～30mm，最浅处不低于 20mm，蓄水试验 24h 后无渗漏为合格。

⑨涂刷界面剂。为了增强防水涂膜与粘结层（如陶瓷锦砖、大理石或水泥砂浆等）之间的粘结力，在防水层表面涂混凝土界面剂，界面剂要分两次涂刷，两次要垂直。

⑩保护层施工。防水层蓄水试验不漏，质量检查合格后，就可进行保护层施工，即可进行粉抹水泥砂浆或粘贴陶瓷锦砖、防滑地砖、大理石等饰面层。施工时应注意成品保护，不得破坏防水层。

⑪第二次蓄水试验。厕浴间装饰工程全部完成后，工程竣工前还要进行第二次蓄水试验，以检验防水层完工后是否被水电或其他装饰工程损坏。蓄水时间为 24h，蓄水试验合格后，厕浴间的防水施工才算圆满完成。

（2）室内楼地面聚合物水泥防水涂膜防水施工

1）施工流程

材料准备→基层处理→配置防水涂料→涂刷基层处理剂→局部补强处理→涂刷中层涂料→涂刷面层防水涂料→第一次蓄水试验→涂刷界面剂→保护层施工→第二次蓄水试验→防水层验收。

典型室内地坪 JS 聚合物涂膜防水构造见图 2-2。

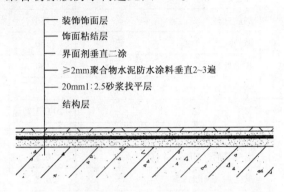

- 装饰饰面层
- 饰面粘结层
- 界面剂垂直二涂
- ≥2mm聚合物水泥防水涂料垂直2~3遍
- 20mm1:2.5砂浆找平层
- 结构层

图 2-2 典型室内地坪 JS 聚合物涂膜防水构造

2）操作要点

①材料准备。材料准备需要注意：聚合物水泥防水涂膜材料（通常称为 JS 聚合物水泥防水涂料）必须满足表 2-2 所示的材料基本指标（参考标准：《聚合物水泥防水涂料》GB/T 23445—2009），其中Ⅰ型通常用于非长期浸水环境，Ⅱ型用于长期浸水环境。

②基层处理。卫生间的防水基层必须用 1:2.5 的水泥砂浆找平，要求抹平压光无空鼓，表面要坚实，不应有起砂、掉灰现象。找平层的坡度以 1%~2% 为宜，凡遇到阴、阳角处，要抹成半径不小于 10mm 的小圆弧，淋浴房及门口需做止水带，高度为 50mm 左右。穿过楼地面或墙壁的管件及卫生洁具等，必须安装牢固，收头必须圆滑，并按设计要求用密封膏嵌固。

③配制防水涂料。可按提供的配合比称量，装在搅拌桶内，用手提电动搅拌器搅拌均匀，使其不含有未分散的粉料。

聚合物水泥防水涂膜材料基本指标 表 2-2

序号	测 试 项 目		技术指标		
			Ⅰ 型	Ⅱ 型	Ⅲ 型
1	固体含量（%）≥		70	70	70
2	拉伸强度	无处理（MPa）≥	1.2	1.8	1.8
		加热处理后保持率（%）≥	80	80	80
		碱处理后保持率（%）≥	60	70	70
		浸水处理后保持率（%）≥	60	70	70
		紫外线处理后保持率（%）≥	80	—	—

序号	测试项目		技术指标		
			Ⅰ型	Ⅱ型	Ⅲ型
3	断裂伸长率	无处理（%）≥	200	80	30
		加热处理（%）≥	150	65	20
		碱处理（%）≥	150	65	20
		加热处理（%）≥	150	65	20
		紫外线处理（%）≥	150	—	—
4	低温柔性（φ10mm棒）		−10℃无裂缝	—	—
5	粘结强度	无处理（MPa）≥	0.5	0.7	1.0
		潮湿基面（MPa）≥	0.5	0.7	1.0
		碱处理（MPa）≥	0.5	0.7	1.0
		浸水处理（MPa）≥	0.5	0.7	1.0
6	不透水性（0.3MPa，30min）		不透水	不透水	不透水
7	抗渗性（砂浆背水面）（MPa）≥		—	0.5	0.8

④涂刷底层防水层。用辊刷或油漆刷涂刷底层涂料，均匀地涂刷底层，不得露底，一般用量为 0.3～0.4kg/m²。施工顺序原则上是先难后易，先内后外，如在施工中有异形部位，应先做异形部位而后再大面积施工，即可先在阴阳角、管道根部均匀涂刷一遍，然后进行大面积涂刷。防水层应从地面延伸到墙面，高出地面 300mm。淋浴房墙面的防水层高度不得低于 2000mm。台盆处防水层高度不低于 1200mm，浴缸周边上口防水层高度不低于 600mm。待涂层干固后（一般不粘脚时），方可进行下道涂层的涂刷。

⑤局部补强处理。在地漏、管道根、阴阳角和出入口等容易发生渗漏水的薄弱部位，应先用聚合物水泥防水涂料按厂家说明书的比例（如甲：乙＝1:1.5）配合，均匀涂刷一遍做附加增强层处理。按设计要求，细部构造也可做胎体增强材料的附加增强层。胎体增强材料宽度为 300～500mm，搭接缝 100mm，施工时，边铺贴平整，边涂刷聚合物水泥防水涂料。

⑥涂刷中层防水涂料。按设计要求的涂刷厚度，将配制好的Ⅰ型或Ⅱ型聚合物水泥防水涂料均匀的涂刷在已干固的涂层上，并与上道涂层垂直涂刷，以保证涂层厚度的均匀性，每遍涂刷量以 0.8～1.0kg/m² 为宜，多遍涂刷以达到涂膜的厚度要求。

⑦涂刷面层防水涂料。同上。

⑧第一次蓄水试验。待防水层完全干燥后，检验涂膜防水层与基层粘结的牢固、表面平整、涂刷均匀、无流淌、皱折、鼓泡、露胎体和翘边等缺陷。符合施工要求后方可进行第一次蓄水试验，水深 20～30mm，最浅处不低于 20mm，蓄水试验 24h 后无渗漏时为合格。

⑨涂刷界面剂。为了增强防水涂膜与粘结饰面层（如陶瓷锦砖、大理石或水泥砂浆等）之间的粘结力，在防水层表面涂混凝土界面剂，界面剂要分两次涂刷，两次要垂直。

⑩保护层施工。防水层蓄水试验不漏，质量检查合格后，就可进行保护层施工，即可进行粉抹水泥砂浆或粘贴陶瓷锦砖、防滑地砖、大理石等饰面层。施工时应注意成品保护，不得破坏防水层。

⑪第二次蓄水试验。厕浴间装饰工程全部完成后，工程竣工前还要进行第二次蓄水试验，以检验防水层完工后是否被水电或其他装饰工程损坏。蓄水时间为24h，蓄水试验合格后，厕浴间的防水施工才算圆满完成。

（3）外墙防水涂膜施工

1）施工流程

进场材料检验→基层处理→补强处理→底涂处理→大面处理。

典型混凝土外墙高分子防水涂膜构造见图2-3。

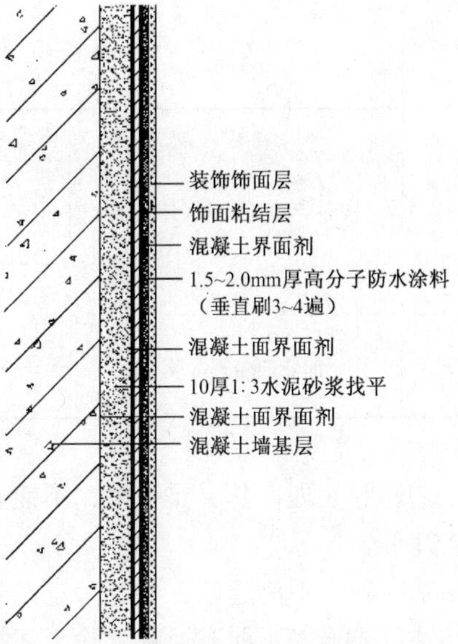

2）操作要点

①进场材料检验。进场材料要有厂方提供

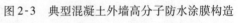

装饰饰面层
饰面粘结层
混凝土界面剂
1.5~2.0mm厚高分子防水涂料
（垂直刷3~4遍）
混凝土面界面剂
10厚1:3水泥砂浆找平
混凝土面界面剂
混凝土墙基层

图2-3　典型混凝土外墙高分子防水涂膜构造

的带测试技术数据的质保书，并从现场随机取料送专业检测机构进行检测。检测合格后方能在工程中使用。

水性高分子合成树脂防水涂料必须满足表2-3所示的主要技术性能指标（参考标准：《聚合物乳液建筑防水涂料标准》JC/T 864-2008）。

水性高分子合成树脂防水涂料主要技术性能指标　　　　　　　　　表2-3

序号	测 试 项 目		技术指标	
			Ⅰ型	Ⅱ型
1	拉伸强度（MPa）≥		1.0	1.5
2	断裂伸长率（%）≥		300	
3	低温柔性，绕φ10mm弯棒180°		-10℃无裂缝	-20℃无裂缝
4	不透水性（0.3MPa，30min）		不透水	
5	固体含量（%）≥		65	
6	干燥时间（h）	表干时间≤	4	
		实干时间≤	8	
7	处理后的拉伸强度保持率（%）	加热处理≥	80	
		碱处理≥	60	
		酸处理≥	40	
		人工气候老化处理≥	—	80~150

序号	测试项目		技术指标	
			Ⅰ型	Ⅱ型
8	处理后的断裂伸长率（%）	加热处理≥	200	
		碱处理≥		
		酸处理≥		
		人工气候老化处理≥	—	200
9	加热伸缩率（%）	伸长≤	1.0	
		缩短≤	1.0	

②基层处理。基层要平整，不能有凹凸。突出物必须凿去，凹处可用掺108胶的水泥砂浆补平。

基层砂浆不能起砂，要有一定的强度。起砂地坪必须重新修补。

基层要干燥不能有浮灰。除了清扫干净之外，必须用吹风机或吸尘器吸尽浮灰。

墙面与地面相交的阴角部位，先用水泥砂浆嵌八字角或小圆弧。

③加固处理。基层有大于1mm的裂缝必须嵌平，在上面先做一层加无纺布的防水层加强，宽10cm，裂缝居中。

墙面与地面相交的阴角部位，先做一层加无纺布的防水层加强，宽20cm，立面和平面各占10cm。

④底涂处理。大面施工前，先进行底涂施工，底涂要尽可能薄，并且与第二次间隔的时间尽可能长些。（夏季通风条件好的部位要相隔8h，冬季则需24h以上）。以便让基层的湿气充分外泄，让基层内的水分充分散发，确保涂层与基层有最佳的粘结性。

⑤大面施涂。施工温度不得低于5℃，且应避免高温、低温和室外阴雨天气施工。

施涂前应将材料充分搅匀，根据不同材质，采用滚、刮、刷的方法。

第二、第三次涂刷间隔时间可缩短（以手摸涂层完全不粘手时可进行下道工序施工）。涂膜可稍厚。

涂膜总厚度不得低于1.5mm。

两涂的涂刷方向应互相垂直交叉。

（4）泳池常规防水施工

游泳池常规防水施工材料主要为防水涂料与防水卷材，采用刚柔结合的施工方式；此外，也有采用不锈钢内胆代替防水材料充当防水层。本节对游泳池涂膜防水施工进行举例说明。

1）施工流程

材料准备→混凝土界面剂→砂浆找平层→JS防水层→砂浆找平层→混凝土界面剂→高分子防水层→混凝土界面剂→饰面粘结层→装饰饰面层。

典型游泳池防水节点构造见图2-4。

2）操作要点

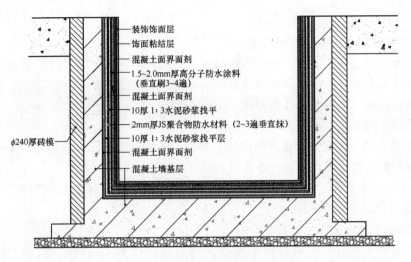

图 2-4　典型游泳池防水节点构造

①材料准备。JS 聚合物水泥防水涂料及高分子防水涂料必须满足表 2-2 和表 2-3 的要求。

②混凝土界面剂施工。为了增强砂浆找平层与基层之间的粘结力，在基层表面涂混凝土界面剂，界面剂要分两次涂刷，两次要垂直。

③砂浆找平层施工。采用 1∶3 水泥砂浆找平，找平层厚度 10mm，找平层需要平整。

④JS 聚合物水泥防水涂料施工。用辊刷或油漆刷涂刷底层涂料，均匀地涂刷底层，不得露底，一般用量为 $0.3 \sim 0.4 kg/m^2$。施工顺序原则上是先难后易，先内后外（地面施工顺序见下图），如在施工中有异形部位，应先做异形部位而后再大面积施工。待涂层干固后（一般不粘脚时），方可进行下道涂层的涂刷。

按设计要求的涂刷后面防水层。将配制好的 Ⅰ 型或 Ⅱ 型聚合物水泥防水涂料均匀的涂刷在已干固的涂层上，并与上道涂层垂直涂刷，以保证涂层厚度的均匀性，每遍涂刷量以 $0.8 \sim 1.0 kg/m^2$ 为宜，多遍涂刷以达到涂膜的厚度要求。

⑤砂浆找平层施工。采用 1∶3 水泥砂浆找平。找平层厚度 10mm。砂浆找平层直接做在 JS 防水层上。找平层必须平整。

⑥混凝土界面剂施工。为了增强高分子防水层与砂浆找平层之间的粘结力，在找平层表面涂混凝土界面剂，界面剂要分两次涂刷，两次要垂直。

⑦高分子防水层施工。

a. 底涂处理。大面施工前，先进行底涂施工，底涂要尽可能薄，并且与第二次间隔的时间尽可能长些。（夏季通风条件好的部位要相隔 8h，冬季则需 24h 以上）。以便让基层的湿气充分外泄，让基层内的水分充分散发，确保涂层与基层有最佳的粘结性。

b. 大面积施涂。

a）施工温度不得低于 5℃，且应避免高温、低温和室外阴雨天气施工。

b）施涂前应将材料充分搅匀，根据不同材质，采用滚、刮、刷的方法。

c）第二、第三次涂间隔时间可缩短（以手摸涂层完全不粘手时可进行下道工序施工）。涂膜可稍厚。

d) 涂膜总厚度不得低于1.5mm。

e) 两涂的涂刷方向应互相垂直交叉。

⑧混凝土界面剂施工。为了增强饰面粘结层与高分子防水层之间的粘结力，在干透的防水层表面涂混凝土界面剂，界面剂要分两次涂刷，两次要垂直。

⑨装饰饰面施工。按照装饰饰面施工要求进行。

⑩泳池防水施工注意事项。

a. 泳池防水施工需要充分重视防水层、饰面层的粘结强度，防止脱落。需要十分重视混凝土界面剂的运用，可以有效提高各交界层之间的连接力。

b. 泳池防水施工尽可能采用双层防水层。双层防水层采用刚性和柔性结合效果更好。

（5）防水施工质量标准

1）外墙防水施工质量控制要点

建筑外墙防水工程，应符合行业标准《建筑外墙防水工程技术规程》JGJ/T 235—2011相关的规定。对于质量检查及验收，应符合下列规定：

①外墙防水层不得有渗漏现象。

②门窗洞口、穿墙管、预埋件及收头等部位的防水构造，应符合设计要求。

③找平层及砂浆防水层应平整、坚固，不得有空鼓、酥松、起砂、起皮现象。

④涂膜防水层应与基层粘结牢固，表面平整，涂刷均匀，不得有流淌、皱褶、鼓泡、露胎体和翘边等缺陷。

⑤涂膜防水层的平均厚度应符合设计要求，最小厚度不应小于设计值的80%。检验方法为针测法或割取20mm×20mm实样用卡尺测量。

⑥外墙防水层完工后应进行验收。防水层不得有渗漏现象。防水层渗漏检查应在雨后或持续淋水30min后进行。

⑦建筑外墙防水工程各分项工程施工质量检验数量，应按外墙面面积每500～1000m² 为一个检验批；每个检验批每100m² 应至少抽查一处，每处不得小于10m²，且不得少于3处。节点构造应全部进行检查。

⑧外墙防水材料应有产品合格证和出厂检验报告，材料的品种、规格、性能等应符合国家现行有关标准和设计要求。对进场的防水防护材料应抽样复检，并提出抽样试验报告，不合格的材料不得在工程中使用。

2）室内防水工程施工质量控制要点

室内防水工程的质量验收，应按照《建筑地面工程施工质量验收规范》GB 50209—2010的相关要求，还应符合《屋面工程质量验收规范》GB 50207—2012的有关规定。

①室内防水隔离层严禁渗漏，排水的坡向应正确、排水通畅。

②涂膜防水层应与基层粘结牢固，表面平整，涂刷均匀，不得有流淌、皱褶、鼓泡、露胎体和翘边等缺陷。

③涂膜防水层的平均厚度应符合设计要求，最小厚度不应小于设计值的80%。检验方法为针测法或割取20mm×20mm实样用卡尺测量。

④检查有防水要求的建筑地面的面层应采用泼水方法。

⑤防水隔离层铺设后，应采用蓄水试验的方法。蓄水试验的相关规定如下：

a. 蓄水试验所用水应符合《混凝土用水标准》JGJ 63-2006的规定。

b. 检测前，应堵塞待检区域内的落水口蓄水深度最浅处不应小于10mm，且不应超过立管套管和防水层的收口高度。

c. 蓄水试验时间不应小于24h，并应由专人负责，做好记录。蓄水试验过程中，应及时观察水面高度和背水面渗漏情况。若发现漏水情况，应立即停止蓄水试验。

d. 蓄水试验结束后，应排除蓄水。可采用红外热像法进行全面普查。

⑥墙柱面处的防水设防高度应高出面层200～300mm或按设计要求的高度铺涂。阴阳角和管道穿过楼板面的根部应增加铺涂附加防水、防油渗隔离层。墙面防水检验的间隙淋水应达到30min以上进行检验不渗漏。

⑦室内防水工程应按防水施工面积每100m²抽查一处，每处不得小于10m²，且不得少于3处。节点构造应全部进行检查。厨房、厕浴间等单间防水施工面积小于30m²时，按单间总量的20%抽查，且不得少于3间。

⑧防水材料应有产品合格证和出厂检验报告，材料的品种、规格、性能等应符合国家现行有关标准和设计要求。对进场的防水防护材料应抽样复检，并提出抽样试验报告，不合格的材料不得在工程中使用。

2.3.2 吊顶工程施工技术要求

1. 吊顶工程的分类

按照施工工艺不同，分为暗龙骨吊顶和明龙骨吊顶。

（1）暗龙骨吊顶

又称隐蔽式吊顶。是指龙骨不外露，饰面板表面呈整体的形式。这种吊顶一般应考虑上人。

（2）明龙骨吊顶

又称活动式吊顶。一般是和铝合金龙骨或轻钢龙骨配套使用，是将轻质装饰板明摆浮搁在龙骨上，便于更换。龙骨可以是外露的，也可以是半露的。这种吊顶一般不考虑上人。

按照采用的饰面材料不同，分为石膏板、金属板、矿棉板、木板、塑料板或格栅吊顶等。

按照采用的龙骨材料不同，分为木龙骨、轻钢龙骨、铝合金龙骨吊顶等。

2. 施工环境要求

（1）吊顶工程在施工前应熟悉施工图纸及设计说明。

（2）施工前应按设计要求对房间的净高、洞口标高和吊顶内的管道、设备及其支架的标高进行交接检验。

（3）对吊顶内的管道、设备的安装及水管试压进行验收。

（4）吊顶工程在施工中应做好各项施工记录，收集好各种有关资料。

1）进场验收记录和复验报告、技术交底记录。

2）材料的产品合格证书、性能检测报告。

（5）安装面板前应完成吊顶内管道和设备的调试和验收。

3. 材料技术要求

（1）按设计要求可选用龙骨和配件及罩面板，材料品种、规格、质量应符合设计要求。

（2）对人造板、胶粘剂的甲醛、苯含量进行复检，检测报告应符合国家环保规定要求。

（3）吊顶工程中的预埋件、钢筋吊杆和型钢吊杆应进行防锈处理。

（4）罩面板表面应平整，边缘应整齐、颜色应一致。穿孔板的孔距应排列整齐；胶合板、木质纤维板、大芯板不应脱胶、变色且应做防火处理。

4. 施工工艺

（1）暗龙骨吊顶施工

1）施工流程

放线→画龙骨分档线→安装水电管线→安装主龙骨→安装副龙骨→安装罩面板→安装压条。

2）施工工艺

①放线。用水准仪在房间内每个墙（柱）角上抄出水平点（若墙体较长，中间也应适当抄几个点），弹出水准线（水准线距地面一般为500mm），从水准线量至吊顶设计高度再加上罩面板的厚度，用墨斗沿墙（柱）弹出水准线，即为吊顶次龙骨的下皮线。同时，按吊顶平面图，在混凝土顶板弹出主龙骨的位置。主龙骨应从吊顶中心向两边分，间距不大于1000mm，并标出吊杆的固定点，吊杆的固定点间距900～1000mm。如遇到梁和管道固定点大于设计和规程要求，应增加吊杆的固定点。

②固定吊挂杆件。采用膨胀螺栓固定吊挂杆件。不上人的吊顶，吊杆长度小于1000mm，可以采用$\phi6$的吊杆，如果大于1000mm，应采用$\phi8$的吊杆，如果吊杆长度大于1500mm，还应在吊杆上设置反向支撑。上人的吊顶，吊杆长度小于等于1000mm，可以采用$\phi8$的吊杆，如果大于1000mm，则应采用$\phi10$的吊杆，如果吊杆长度大于1500mm，同样应在吊杆上设置反向支撑。吊杆的一端同∟30×30×3mm角码焊接（角码的孔径应根据吊杆和膨胀螺栓的直径确定），另一端可以用攻丝套出大于1000mm的丝杆，也可以买成品丝杆焊接。制作好的吊杆应作防锈处理，吊杆用膨胀螺栓固定在楼板上，用冲击电锤打孔，孔径应稍大于膨胀螺栓的直径。

③在梁上或风管等机电设备上设置吊挂杆件，需进行跨越施工，即在梁或风管设备两侧用吊杆固定角铁或者槽钢等刚性材料作为横担，跨过梁或者风管设备。再将龙骨吊杆用螺栓固定在横担上形成跨越结构。

a. 吊挂杆件应通直并有足够的承载能力。当预埋的杆件需要接长时，必须搭接焊牢，焊缝要均匀饱满。

b. 吊杆距主龙骨端部距离不得超过300mm，否则应增加吊杆。

c. 吊顶灯具、风口及检修口等应设附加吊杆。

④安装边龙骨。边龙骨的安装应按设计要求弹线，沿墙（柱）上的水平龙骨线把L形镀锌轻钢条用自攻螺钉固定在预埋木砖上；如为混凝土墙（柱）可用射钉固定，射钉间距应不大于吊顶次龙骨的间距。

⑤安装主龙骨。

a. 主龙骨应吊挂在吊杆上，主龙骨间距900～1000mm。主龙骨分为不上人UC38小龙骨，上人UC60大龙骨两种。主龙骨宜平行房间长向安装。主龙骨的悬臂段不应大于

300mm，否则应增加吊杆。主龙骨的接长应采取对接，相邻龙骨的对接接头要相互错开。主龙骨挂好后应基本调平。

b. 跨度大于 15m 以上的吊顶，应在主龙骨上，每隔 15m 用螺栓连接固定横卧主龙骨一道，以加强主龙骨的侧向稳定性和吊顶整体性。

c. 如有大的造型顶棚，造型部分应用角钢或扁钢焊接成框架，并应与楼板连接牢固。

d. 吊顶如设检修走道，应另设附加吊挂系统，用 10mm 的吊杆与长度为 1200mm 的 ∟ 150 × 8 角钢横担螺栓连接，横担间距为 1800 ~ 2000mm，在横担上铺设走道，可以在间距 600mm 的 6 号槽钢之间焊接 10mm 的钢筋，钢筋的间距为 100mm，将槽钢与横担角钢焊接牢固，在走道的一侧设有栏杆，高度为 900mm 可以用 ∟ 50 × 4 的角钢做立柱，焊接在走道的 6 号槽钢上，之间用 30mm × 4mm 扁钢连接。

⑥安装次龙骨。次龙骨应紧贴主龙骨安装。次龙骨间距 300 ~ 600mm。用 T 形镀锌铁片连接件把次龙骨固定在主龙骨上时，次龙骨的两端应搭在 L 形边龙骨的水平翼缘上。墙上应预先标出次龙骨中心线的位置，以便安装罩面板时找到次龙骨的位置。当用自攻螺钉安装板材时，板材接缝处必须安装在宽度不小于 40mm 的次龙骨上。次龙骨不得搭接。在通风、水电等洞口周围应设附加龙骨，附加龙骨的连接用拉铆钉铆固。

⑦罩面板安装。吊挂顶棚罩面板常用的板材有纸面石膏板、埃特板、防潮板等。选用板材应考虑牢固可靠，装饰效果好，便于施工和维修，还要考虑质量轻、防火、吸声、隔热、保温等要求。

a. 纸面石膏板安装：

a）饰面板应在自由状态下固定，防止出现弯棱、凸鼓的现象；还应在棚顶四周封闭的情况下安装固定，防止板面受潮变形。

b）纸面石膏板的长边（即包封边）应沿纵向次龙骨铺设。

c）自攻螺钉与纸面石膏板边的距离，用面纸包封的板边以 10 ~ 15mm 为宜，切割的板边以 15 ~ 20mm 为宜。

d）固定次龙骨的间距，一般不应大于 600mm，在南方潮湿地区，间距应适当减小，以 300mm 为宜。

e）自攻螺钉间距以 150 ~ 170mm 为宜，自攻螺钉应与板面垂直，已弯曲、变形的螺钉应剔除，并在相隔 50mm 的部位另安螺钉。

f）安装双层石膏板时，面层板与基层板的接缝应错开，不得在一根龙骨上。

g）石膏板的接缝，应按设计要求进行板缝处理。

h）纸面石膏板与龙骨固定，应从一块板的中间向板的四边进行固定，不得多点同时作业。

i）螺钉钉头宜略埋入板面，但不得损坏纸面，钉眼应作防锈处理并用石膏腻子抹平。

j）拌制石膏腻子时，必须用清洁水和清洁容器。

b. 纤维水泥加压板（埃特板）安装：

a）龙骨间距、螺钉与板边的距离及螺钉间距等应满足设计要求和有关产品的要求。

b）纤维水泥加压板与龙骨固定时，所用手电钻钻头的直径应比选用螺钉直径小 0.5 ~ 1.0mm；固定后，钉帽应作防锈处理，并用油性腻子嵌平。

c）用密封膏、石膏腻子或掺界面剂胶的水泥砂浆嵌涂板缝并刮平，硬化后用砂纸磨光，板缝宽度应小于50mm。

d）板材的开孔和切割，应按产品的有关要求进行。

c. 防潮板：

a）饰面板应在自由状态下固定，防止出现弯棱、凸鼓的现象。

b）防潮板的长边（即包封边）应沿纵向次龙骨铺设。

c）自攻螺钉与防潮板板边的距离，以10～15mm为宜（切割的板边以15～20mm为宜）。

d）固定次龙骨的间距，一般不应大于600mm，在南方潮湿地区，钉距以150～170mm为宜，螺钉应与板面垂直，已弯曲、变形的螺丝应剔除。

e）面层板接缝应错开，不得在一根龙骨上。

f）防潮板的接缝处理同石膏板。

g）防潮板与龙骨固定时，应从一块板的中间向板的四边进行固定，不得多点同时作业。

h）螺钉钉头宜略埋入板面，钉眼应作防锈处理并用石膏腻子抹平。

d. 饰面板上的灯具、烟感器、喷淋头、风口篦子等设备的位置应合理、美观，与饰面的交接应吻合、严密。并做好检修口的预留，使用材料应与母体相同，安装时应严格控制整体性、刚度和承载力。

（2）明龙骨吊顶施工

1）施工流程

顶棚标高弹水平线→画龙骨分档线→安装水电管线→安装主龙骨→安装副龙骨→安装罩面板→安装压条。

2）施工工艺

①弹线。用水准仪在房间内每个墙（柱）角上抄出水平点（若墙体较长，中间也应适当抄几个点），弹出水准线（水准线距地面一般为500mm），从水准线量至吊顶设计高度再加上罩面板的厚度，用粉线沿墙（柱）弹出水准线，即为吊顶次龙骨的下皮线。同时，按吊顶平面图，在混凝土顶板弹出主龙骨的位置。主龙骨应从吊顶中心向两边分布，间距不大于1000mm，并标出吊杆的固定点，吊杆的固定点间距900～1000mm。如遇到梁和管道固定点大于设计和规程要求，应增加吊杆的固定点。

②固定吊挂件。采用膨胀螺栓固定吊挂杆。不上人的吊顶，吊杆长度小于1000mm，可以采用φ6的吊杆，如果大于1000mm，应采用φ8的吊杆，如吊杆长度大于1500mm，则要设置反向支撑。上人的吊顶，吊杆长度小于等于1000mm，可以采用φ8的吊杆，如果大于1000mm，则应采用φ10的吊杆，如吊杆长度大于1500mm，同样要设置反向支撑。吊杆的一端同∟30×30×3角码焊接（角码的孔径应根据吊杆和膨胀螺栓的直径确定），另一端可以用攻丝套出大于100mm的丝杆，也可以买成品丝杆焊接。制作好的吊杆应做防锈处理，吊杆用膨胀螺栓固定在楼板上，用冲击电锤打孔，孔径应稍大于膨胀螺栓的直径。

③在梁上设置吊挂杆件。

a. 吊挂杆件应通直并有足够的承载能力。当预埋的杆件需要接长时，必须搭接焊牢，焊缝要均匀饱满。

b. 吊杆距主龙骨端部距离不得超过 300mm，否则应增加吊杆。

c. 吊顶灯具、风口及检修口等应设附加吊杆。

④安装边龙骨。边龙骨的安装应按设计要求弹线，沿墙（柱）上的水平龙骨线把 L 形镀锌轻钢条用自攻螺钉固定在预埋木砖上；如为混凝土墙（柱）可用射钉固定，射钉间距应不大于吊顶次龙骨的间距。

⑤安装主龙骨。

a. 主龙骨应吊挂在吊杆上。主龙骨间距不大于 1000mm。主龙骨分为轻钢龙骨和 T 形龙骨。轻钢龙骨可选用 UC50 中龙骨和 UC38 小龙骨。主龙骨应平行房间长向安装，主龙骨的悬臂段不应大于 300mm，否则应增加吊杆。主龙骨的接长应采取对接，相邻龙骨的对接接头要相互错开。主龙骨挂好后应基本调平。

b. 跨度大于 15m 以上的吊顶，应在主龙骨上，每隔 15m 用螺栓连接固定横卧主龙骨一道，以加强主龙骨的侧向稳定性和吊顶整体性。

c. 如有大的造型顶棚，造型部分应用角钢或扁钢焊接成框架，并应与楼板连接牢固。

⑥安装次龙骨。次龙骨应紧贴主龙骨安装。次龙骨间距 300 ~ 600mm。次龙骨分为 T 形烤漆龙骨、T 形铝合金龙骨和各种条形扣板厂家配备的专用龙骨。用 T 形镀锌铁片连接件把次龙骨固定在主龙骨上时，次龙骨的两端应搭在 L 形边龙骨的水平翼缘上，条形扣板有专用的阴角线做边龙骨。

⑦罩面板安装。吊挂顶棚罩面板常用的板材有吸声矿棉板、硅钙板、塑料板等。

其中矿棉装饰吸声板安装要点如下：规格一般分为 600mm × 600mm、600mm × 1200mm，将面板直接搁于龙骨上。安装时，应注意板背面的箭头方向和白线方向一致，以保证花样、图案的整体性；饰面板上的灯具、烟感器、喷淋头、风口算子等设备的位置应合理、美观，与饰面的交接应吻合、严密。

2.3.3　墙面工程

1. 轻质隔墙工程

（1）轻质隔墙的分类

轻质隔墙主要有：骨架隔墙、板材隔墙、玻璃砖隔墙。

骨架隔墙大多为轻钢龙骨或木龙骨，饰面板有石膏板、埃特板、GRC 板、PC 板、胶合板等。

板材隔墙大多为加气混凝土条板和增强石膏空心条板等。

玻璃砖隔墙一般为空心玻璃砖隔墙。

（2）施工环境要求

1）主体结构完成及交接验收，并清理现场。

2）当设计要求隔墙有地梁时，应待地梁施工完毕，并满足设计要求后，方可进行隔墙安装。

3）木龙骨必须进行防火处理，并应符合有关防火规范要求。直接接触结构的木龙骨应预先刷防腐漆。

4）轻钢骨架隔断工程施工前，应先安排外装，安装罩面板时先安装好一面，待隐蔽验收工程完成，并经有关单位，部门验收合格，办理完工种交接手续后，再安装另一面。

5）安装各种系统的管、线盒弹线及其他准备工作已到位。

（3）材料的技术要求

1）板材隔墙的墙板、骨架隔墙的饰面板和龙骨、玻璃隔墙的玻璃应有产品合格证书，并符合设计要求。

2）人造板的甲醛含量（释放量）应进行复验，并符合国家现行有关规定。

3）空心玻璃砖隔墙应使用安全玻璃，并符合国家现行有关规定。

4）饰面板表面应平整，边缘应整齐，不得有污垢、裂纹、缺角、翘曲、起皮、色差和图案不完整等缺陷，胶合板不得有脱胶、变色和腐朽。

5）复合轻质墙板的板面与基层（骨架）连接必须牢固。

（4）施工工艺

1）轻钢龙骨罩面板施工

①施工流程

弹线→安装天地龙骨→安装竖龙骨→安装通贯龙骨→机电管线安装→安装横撑龙骨→门窗等洞口制作→安装罩面板（一侧）→安装填充材料（岩棉）→安装罩面板（另一侧）。

②施工工艺

a. 弹线。在地面上弹出水平线并将线引向侧墙和顶面，并确定门洞位置，结合罩面板的长、宽分档，以确定竖向龙骨、横撑及附加龙骨的位置以控制墙体龙骨安装的位置、龙骨的平直度和固定点。

设计有混凝土地枕带时，应先对楼地面基层进行清理，并涂刷界面处理剂一道。浇筑C20素混凝土地枕带，上表面应平整，两侧面应垂直。

b. 安装天地龙骨。天地龙骨与建筑顶、地连接及竖龙骨与墙、柱连接可采用射钉或膨胀螺栓固定。

轻钢龙骨与建筑基体表面接触处，应在龙骨接触面的两边各粘贴一根通长的橡胶密封条，或根据设计要求采用密封胶或防火封堵材料。

c. 安装竖龙骨。由隔断墙的一端开始排列竖龙骨，有门窗者要从门窗洞口开始分别向两侧排列。当最后一根竖龙骨距离沿墙（柱）龙骨的尺寸大于设计规定时，必须增设一根竖龙骨。

d. 安装通贯龙骨（当采用有通贯龙骨的隔墙体系时）。通贯横撑龙骨的设置：低于3m的隔断墙安装1道；3~5m高度的隔断墙安装2~3道。在竖龙骨开口面安装卡托或支撑卡与通贯横撑龙骨连接锁紧，根据需要在竖龙骨背面可加设角托与通贯龙骨固定。

e. 机电管线安装。按照设计要求，隔墙中设置有电源开关插座、配电箱等小型或轻型设备末端时应预装水平龙骨及加固固定构件。消火栓、挂墙卫生洁具必须由机电安装单位另行安装独立钢支架，严禁消火栓、挂墙卫生洁具等重量大的末端设备直接安装在轻钢龙骨隔墙上。

f. 安装横撑龙骨。隔墙骨架高度超过3m时，或罩面板的水平方向板端（接缝）未落在沿顶沿地龙骨上时，应设横向龙骨。

选用U形横龙骨或C形竖龙骨作横向布置，利用卡托、支撑卡（竖龙骨开口面）及角托（竖龙骨背面）与竖向龙骨连接固定。

g. 门窗等洞口制作。门框制作应符合设计要求，一般轻型门扇（35kg以下）的门框可采取竖龙骨对扣中间加木方的方法制作；重型门根据门重量的不同，采取架设钢支架加强的方法，注意避免龙骨、罩面板与钢支架刚性连接。

h. 安装罩面板（一侧）。

a）罩面板安装，宜竖向铺设，其长边（包封边）接缝应落在竖龙骨上。曲面墙体罩面时，罩面板横向铺设。

b）罩面板可单层铺设，也可双层铺设，由设计确定。安装前应对预埋隔断中的管道和有关附墙设备等，采取局部加强措施。

c）罩面板就位后，用自攻螺钉将板材与轻钢龙骨紧密连接。

d）自攻螺钉的间距为：沿板周边应不大于200mm，板材中间部分应不大于300mm，双层石膏板内层板钉距板边400mm，板中600mm；自攻螺钉与石膏板边缘的距离应为10～15mm。自攻螺钉进入轻钢龙骨内的长度，以不小于10mm为宜。

e）自攻螺钉帽涂刷防锈涂料，有自防锈的自攻钉帽可不涂刷。

i. 安装填充材料（岩棉）。

a）当设计有保温或隔声材料时，应按设计要求的材料铺设。铺放墙体内的玻璃棉、矿棉板、岩棉板等填充材料，应固定并避免受潮。安装时尽量与另一侧纸面石膏板同时进行，填充材料应铺满铺平。

b）对于有填充要求的隔断墙体，待穿线部分安装完毕，即先用胶粘剂按500mm的中距将岩棉钉固定粘固在石膏板上，牢固后，将岩棉等保温材料填入龙骨空腔内，用岩棉固定钉固定，并利用其压圈压紧，每块岩棉板不少于四个岩棉钉固定。要求用岩棉板把管线裹实。

j. 安装罩面板（另一侧）。

a）装配的板缝与对面的板缝不得布在同一根龙骨上。板材的铺钉操作及自攻螺钉钉距等同上述要求。

b）单层纸面石膏板罩面安装后，如设计为双层板罩面，其第一层板铺钉安装后只需用石膏腻子填缝，尚不需进行贴穿孔纸带及嵌条等处理工作。

c）第2层板的安装方法同第1层，但必须与第1层板的板缝错开，接缝不得布在同一根龙骨上。内、外层板应采用不同的钉距，错开铺钉。

d）除踢脚板的墙端缝之外，纸面石膏板墙的丁字或十字相接的阴角缝隙，应使用石膏腻子嵌满并粘贴接缝带（穿孔纸带或玻璃纤维网格胶带）。

e）隔墙两面有多层罩面板时，应交替封板，不可一侧封完再封另一侧，避免单侧受力过大造成龙骨变形。

2）玻璃砖隔墙施工

①工艺流程

放线→固定周边框架→扎筋→排砖→玻璃砖砌筑→勾缝→边饰处理。

②施工工艺

a. 放线。在墙下面弹好摽底砖线，按标高立好皮数杆，皮数杆的间距以15～20m为宜。砌筑前用素混凝土或垫木找平并控制好标高；在玻璃砖墙四周根据设计图纸尺寸要求弹好墙身线。

b. 固定周边框架。将框架固定好，用素混凝土或垫木找平并控制好标高，骨架与结构连接牢固。同时做好防水层及保护层。固定金属型材框用的镀锌钢膨胀螺栓直径不得小于8mm，间距不大于500mm。

c. 扎筋。

a）非增强的室内空心玻璃砖隔断尺寸应符合表2-4规定。

非增强的室内空心玻璃砖隔断允许规格　　　　　　　　　　表2-4

砖缝的布置	隔断尺寸（m）	
	高　度	长　度
贯通的	小于等于1.5	小于等于1.5
错开的	小于等于1.5	小于等于6.0

b）室内空心玻璃砖隔断的尺寸超过表2-4规定时，应采用直径为6mm或8mm的钢筋增强。

c）当只有隔断的高度超过规定时，应在垂直方向上每2层空心玻璃砖水平布一根钢筋；当只有隔断的长度超过规定时，应在水平方向上每3个缝垂直布一根钢筋。

d）高度和长度都超过规定时，应在垂直方向上每2层空心玻璃砖水平布2根钢筋，在水平方向上每3个缝至少垂直布一根钢筋。

e）钢筋每端伸入金属型材框的尺寸不得小于35mm。用钢筋增强的室内空心玻璃砖隔断的高度不得超过4m。

d. 排砖。玻璃砖砌体采用十字缝立砖砌法。按照排版图弹好的位置线，首先认真核对玻璃砖墙长度尺寸是否符合排砖模数。否则可调整隔墙两侧的槽钢或木框的厚度及砖缝的厚度。注意隔墙两侧调整的宽度要保持一致，隔墙上部槽钢调整后的宽度也应尽量保持一致。

e. 玻璃砖砌筑。

a）玻璃砖采用白水泥与细砂之比为1:1的水泥浆或白水泥与108胶之比为100:7的水泥浆（重量比）砌筑。白水泥浆要有一定的稠度，以不流淌为好。

b）按上、下层对缝的方式，自下而上砌筑。两玻璃砖之间的砖缝不得小于10mm，且不得大于30mm。

c）每层玻璃砖在砌筑之前，宜在玻璃砖上放置十字定位架，卡在玻璃砖的凹槽内。

d）砌筑时，将上层玻璃砖压在下层玻璃砖上，同时使玻璃砖的中间槽卡在定位架上，两层玻璃砖的间距为5～10mm，每砌筑完一层后，用湿布将玻璃砖面上沾着的水泥浆擦去。

e）玻璃砖墙宜以1500mm高为一个施工段，待下部施工段胶结料达到设计强度后再进行上部施工。当玻璃砖墙面积过大时应增加支撑。

f）最上层的空心玻璃砖应深入顶部的金属型材框中，深入尺寸不得小于10mm，且不得大于25mm。空心玻璃砖与顶部金属型材框的腹面之间应用木楔固定。

f. 勾缝。玻璃砖墙砌筑完后，立即进行表面勾缝。勾缝要勾严，以保证砂浆饱满。先勾水平缝，再勾竖缝，缝内要平滑，缝的深度要一致。勾缝与抹缝之后，应用布或棉纱将砖表面擦洗干净，待勾缝砂浆达到强度后，用硅树脂胶涂敷。也可采用硅胶注入玻璃砖间隙勾缝。

g. 边饰处理。

a）当玻璃砖墙没有外框时，需要进行饰边处理。饰边通常有木饰边和不锈钢饰边等。

b）金属型材与建筑墙体和屋顶的结合部，以及空心玻璃砖墙体与金属型材框翼端的结合部应用弹性密封剂密封。

3）板材隔墙施工

①工艺流程

基层处理→放线→配板、修补→支设临时方木→配置胶粘剂→安装U形卡件或L形卡件（有抗震设计要求时）→安装隔墙板→安装门窗框→设备、电气管线安装→板缝处理。

②施工工艺

a. 基层处理。清理隔墙板与顶面、地面、墙面的结合部位，凡凸出墙地面的浮浆、残留混凝土渣等必须剔除并扫净，结合部位应找平。

b. 放线。在结构地面、墙面顶面根据图纸，用墨斗弹好隔墙定位边线及门窗洞口线，并按板幅宽弹分档线。线放好后报相关部门验线。

c. 配板、修补。

a）板的长度应按楼层高度结构类型和设计要求选择，墙板与结构连接有刚性连接和柔性连接两种。刚性连接按结构净高尺寸减20mm；柔性连接比刚性连接高15mm。

b）隔墙板厚度选用应按设计要求并考虑便于门窗安装，最小厚度不小于75mm。

c）安装前要进行选板，有缺棱掉角的，应用与板材混凝土材性相近的材料进行修补，未经修补的坏板或表面酥松的板不得使用。

d. 支设临时方木（方木可选择规格100mm×60mm）。上方木直接压墙定位线顶在上部结构底面，下方木可离楼地面约100mm左右，上下方木之间每隔1.5m左右立竖向支撑方木，并用木楔将下方木与支撑方木之间楔紧。临时方木支撑后，检查竖向方木的垂直度和相邻方木的平面度，合格后即可安装隔墙板。

e. 配置胶粘剂。条板与条板拼缝、条板顶端与主体结构粘结采用胶粘剂，按表2-5选用。

粘结砂浆、墙面修补材料参考配合比　　　　　　　　　　表2-5

名称和用途	配 合 比
粘结砂浆	①水泥：细砂：环保108胶：水＝1：1：0.2：0.3 ②水泥：砂＝1：3，加适量环保108胶水溶液
修补材料	①水泥：石膏：加气混凝土粉末＝1：1：3，加适量环保108胶水溶液 ②水泥：石灰膏：砂＝1：3：9或1：1：6，适量加水 ③水泥：砂＝1：3，加适量108胶水溶液

加气混凝土隔墙胶粘剂一般采用环保108胶聚合砂浆，GRC空心混凝土隔墙胶粘剂一般采用SG791、SG792建筑胶粘剂（791、792胶泥），增强水泥条板、轻质混凝土条板、

预制混凝土板等则采用丙烯酸类聚合物液状胶粘剂（1号胶粘剂）。

胶粘剂要随配随用，并应在30min内用完。配置时应注意环保建筑胶水掺量适当，过稀易流淌，过稠容易产生"滚浆"现象，使刮浆困难。

f. 安装U形卡件或L形卡件。当建筑设计有抗震要求时，应按设计要求，在两块条板顶端拼缝处设U形或L形钢板卡，与主体结构连接。U形或L形钢板卡（50mm长，1.2mm厚）用射钉固定在结构梁和板上。如主体为钢结构，与钢梁的连接可采用短周期螺柱焊的方式将钢板卡固定其上，随安板随固定U形或L形钢板卡。

g. 安装隔墙板。将板的上端与上部结构底面用粘结砂浆或胶粘剂粘结，下部用木楔顶紧后空隙间填入细石混凝土。隔墙板安装顺序应从门洞口处向两端依次进行，门洞两侧宜用整块板；无门洞的墙体，应从一端向另一端顺序安装。

h. 安装门窗框。在墙板安装的同时，应按定位线顺序立好门框。隔墙板安装门窗时，应在角部增加角钢补强，安装节点符合设计要求。

i. 设备、电气管线安装。

a）设备安装：根据工程设计在条板上定位钻单面孔（不能开对穿孔），空心板孔洞四周用聚苯块填塞，然后用2号水泥型胶粘剂（配件用胶粘剂）预埋吊挂配件，达到粘结强度后固定设备。

b）电气安装：利用条板孔内敷软管穿线和定位钻设单面孔，对非空心板，则可利用拉大板缝或开槽敷管穿线，管径不宜超过25mm。用膨胀水泥砂浆填实抹平。用2号水泥胶粘剂固定开关、插座。

j. 板缝处理。隔墙板安装后10d，检查所有缝隙是否粘结良好，有无裂缝，如出现裂缝，应查明原因后进行修补。

a）加气混凝土隔板之间板缝在填缝前应用毛刷蘸水湿润，填缝时应由两人在板的两侧同时把缝填实。填缝材料采用石膏或膨胀水泥。

刮腻子之前先用宽度100mm的网状防裂胶带粘贴在板缝处，再用掺108胶（聚合物）水泥砂浆在胶带上涂刷一遍并晾干，然后再用108胶将纤维布贴在板缝处，再进行各种装修施工。

b）预制钢筋混凝土隔墙板高度以按房间高度净空尺寸预留25mm空隙为宜，与结构墙体间每边预留10mm空隙为宜。勾缝砂浆用1:2水泥砂浆，按用水量20%掺入108胶。勾缝砂浆应分层捻实，勾严抹平。

c）GRC空心混凝土墙板之间贴玻璃纤维网格条，第一层采用60mm宽的玻璃纤维网格条贴缝，贴缝胶粘剂应与板之间拼装的胶粘剂相同，待胶粘剂稍干后，再贴第二层玻璃纤维网格条，第二层玻璃纤维网格条宽度为150mm，贴完后将胶粘剂刮平，刮干净。

轻质陶粒混凝土隔墙板缝、阴阳转角和门窗框边缝用1号水泥胶粘剂粘贴玻纤布条（板缝、门窗框边缝粘贴50~60mm宽玻纤布条，阴阳转角处粘贴200mm宽玻纤布条）。光面板隔墙基面全部用3mm厚石膏腻子分两遍刮平，麻面墙隔墙基面用10mm厚1:3水泥砂浆找平压光。

强水泥条板隔墙板缝、墙面阴阳转角和门窗框边缝处用1号水泥胶粘剂粘贴玻纤布条，板缝用50~60mm宽的玻纤布条，阴阳转角用200mm宽布条。然后用石膏腻子分两遍刮平，总厚控制3mm。

2. 抹灰工程施工技术

（1）抹灰工程的作用

抹灰工程主要有两大功能，一是防护功能，保护墙体不受风、雨、雪的侵蚀，增加墙面防潮、防风化、隔热的能力，提高墙身的耐久性能、热工性能；二是美化功能，改善室内卫生条件，净化空气，美化环境，提高居住舒适度。

（2）抹灰工程分类

1）按施工工艺不同，抹灰工程分为一般抹灰和装饰抹灰

一般抹灰是指在建筑墙面（包括混凝土、砖砌体、加气混凝土砌块等墙体立面）涂抹石灰砂浆、水泥砂浆、水泥混合砂浆、聚合物水泥砂浆和麻刀石灰、纸筋石灰、石膏灰等。

装饰抹灰是指在建筑墙面涂抹水刷石、斩假石、干粘石、假面砖等。

2）一般抹灰工程的分类

按施工方法不同分为普通抹灰和高级抹灰两个等级。抹灰等级应由设计单位按照国家有关规定，根据技术、经济条件和装饰美观的需要来确定，并在施工图中注明。当设计无要求时，按普通抹灰施工。

（3）材料的技术要求

1）水泥：抹灰用的水泥其强度等级应不低于32.5级，水泥的凝结时间和安定性的复验应合格。白水泥和彩色水泥主要用于装饰抹灰；不同品种、不同强度等级的水泥不得混用。

2）砂子：砂子宜选用中砂，砂子使用前应过筛（不大于5mm的筛孔），不得含有杂质；细砂也可以使用，但特细砂不宜使用。

3）石灰膏：抹灰用的石灰膏的熟化期不应少于15d，石灰膏应细腻洁白，不得含有未熟化颗粒，已冻结风化的石膏不得使用。

4）磨细石灰粉：其细度过0.125mm的方孔筛，累计筛余量不大于13%，使用前用水浸泡使其充分熟化，磨细石灰粉的熟化期不应少于3d。

5）彩色石粒：彩色石粒是由天然大理石破碎而成，具有多种颜色，多用作水磨石、水刷石、斩假石的骨料。其品种规格见表2-6。

彩色石粒的规格、品种及质量要求　　　　　　　　　　　　　　表2-6

序号	规格与粒径的关系		常用品种	质量要求
	规格俗称	粒径（mm）		
1	大二分	约20	东北红、东北绿、丹东绿、白云石、云彩绿、奶油白、苏州黑、济南青、南京红、松香石等	颗粒坚硬、有棱角、洁净，不得含有风化的石粒、黏土、碱质及其他有机物等有害物质。使用时应冲洗干净
2	一分半	约15		
3	大八厘	约8		
4	中八厘	约6		
5	小八厘	约4		
6	米粒石	0.3～1.2		

6）颜料：掺入装饰灰浆中的颜料，应用耐酸和耐晒（光）的矿物颜料。装饰灰浆常用颜料有氧化铁黄、铬黄（铅铬黄）、氧化铁红、甲苯胺红、群青、铬蓝、钛青蓝、钴蓝、铬绿、群青与氧化铁黄配用、氧化铁棕、氧化铁紫、氧化铁黑、炭黑、锰黑、松烟、钦白粉等。

7）砂浆的配合比：砂浆的配合比应符合设计要求，施工配合比符合抹灰施工的技术要求。其中，一般抹灰砂浆的稠度应符合表2-7的要求。

一般抹灰砂浆稠度控制表　　　　　　　　　表2-7

序　号	层　　次	稠度（cm）	主要作用
1	底层	10~12	与基层粘结，辅助作用是初步找平
2	中层	7~8	找平
3	面层	10	装饰

（4）施工环境要求

1）主体工程经有关部门验收合格后，方可进行抹灰工作。

2）检查门窗框及需要埋设的配电管、接线盒、管道套管是否固定牢固，连接缝隙嵌塞密实，并事先将门窗框包好。

3）将混凝土构件、门窗过梁、梁垫、圈梁、组合柱等表面凸出部分剔平，对有蜂窝、麻面、露筋、疏松部分的混凝土表面要剔到实处，并刷素水泥浆一道，然后用1:2.5水泥砂浆分层补平压实，把外露的钢筋头和铁丝剔除，脚手眼、窗台砖、内隔墙与楼板、梁底等处应堵严实和补砌整齐。

4）窗帘钩、通风算子、吊柜、吊扇等预埋件或螺栓的位置和标高应准确设置，并做好防腐、防锈工作。

5）混凝土及砖结构表面的沙尘、污垢和油渍等要清除干净，对混凝土结构表面，砖墙表面应在抹灰前2d浇水湿透（每天两遍以上）。

6）先搭好抹灰用脚手架，架子离墙200~300mm，以便于操作。

7）屋面防水工作未完前进行抹灰，应采取防雨水措施。

8）室内抹灰的环境温度，一般不低于5℃。

9）抹灰前熟悉图纸，制定抹灰方案，做好抹灰的样板间，经检查鉴定达到合格标准后，方可大面积展开施工。

（5）施工工艺

1）施工流程

基层处理→浇水湿润→抹灰饼→墙面冲筋→分层抹灰→设置分格缝→保护成品。

2）基层处理

①基层清理：基体或基层的质量是影响建筑装饰装修工程质量的一个重要因素。抹灰前基层表面的尘土、污垢、油渍等应清除干净，并应洒水润湿。其中：砖砌体应清除表面杂物、尘土，抹灰前应洒水湿润；混凝土表面应凿毛或在表面洒水润湿后涂刷1:1水泥砂浆（加适量胶粘剂）；加气混凝土应在湿润后，边刷界面剂边抹强度不小于M5的水泥混

合砂浆。表面凹凸明显的部位应事先剔平或用1∶3水泥砂浆补平。抹灰工程应在基体或基层的质量验收合格后施工。

②非常规抹灰的加强措施：当抹灰总厚度大于或等于35mm时，应采取加强措施。不同材料基体交接处表面的抹灰，应采取防止开裂的加强措施。当采用加强网时，加强网与各基体的搭接宽度不应小于100mm。加强网应绷紧、钉牢。

③细部处理：外墙抹灰工程施工前应先安装钢木门窗框、护栏等，并应将墙上的施工孔洞堵塞密实。

室内墙面、柱面和门洞口的阳角做法应符合设计要求。设计无要求时，应采用1∶2水泥砂浆做暗护角，其高度不应低于2m，每侧宽度不应小于50mm。

3）浇水湿润

一般在抹灰前一天，用水管或喷壶顺墙自上而下浇水湿润。不同的墙体，不同的环境需要不同的浇水量。浇水要分次进行，最终以墙体既湿润又不泌水为宜。

4）吊垂直、套方、找规矩、做灰饼

根据设计图纸要求的抹灰质量以及基层表面平整垂直情况，用一面墙做基准，吊垂直、套方、找规矩，抹灰饼确定抹灰厚度。操作时应先抹上灰饼，再抹下灰饼。抹灰饼时应根据室内抹灰要求，确定灰饼的正确位置，再用靠尺板找好垂直与平整。灰饼宜用1∶3水泥砂浆抹成50mm见方形状。

房间面积较大时应先在地上弹出十字中心线，然后按基层面平整度弹出墙角线，随后在距墙阴角10mm处吊垂线并弹出铅垂线，再按地上弹出的墙角线往墙上翻引弹出阴角处两墙的墙面抹灰层厚度控制线，以此做灰饼，然后根据灰饼冲筋。

5）墙面冲筋

当灰饼砂浆达到七八成干时，即可用与抹灰层相同的砂浆冲筋，冲筋根数应根据房间的宽度和高度确定，一般标筋宽度为50mm。两筋间距不大于1.5m。当墙面高度小于3.5m时宜做立筋，大于3.5m时宜做横筋，做横向冲筋时灰饼的间距不宜大于2m。

6）分层抹灰

大面积抹灰前应设置标筋。抹灰工程应分层进行，通常抹灰构造分为底层、中层及面层。其中，水泥砂浆不得抹在石灰砂浆上；罩面石膏灰不得抹在水泥砂浆层上。

用水泥砂浆和水泥混合砂浆抹灰时，应待前一抹灰层凝结后方可抹后一层；用石灰砂浆抹灰时，应待前一抹灰层七八成干后方可抹一层。底层的抹灰层强度不得低于面层的抹灰层强度，水泥砂浆拌好后，应在初凝前用完，凡结硬砂浆不得继续使用。

抹灰层与基层之间及各抹灰层之间必须粘结牢固，抹灰层应无脱层、空鼓，面层应无爆灰和裂缝。

抹灰层的平均总厚度应符合设计要求。通常抹灰构造各层厚度宜为5~7mm，抹石灰砂浆和水泥混合砂浆时宜为7~9mm。当设计无要求时，抹灰层的平均总厚度不应大于表2-8的要求。

7）设置分格缝

抹灰分格缝的设置应符合设计要求，宽度和深度应均匀，表面应光滑，棱角应整齐。

有排水要求的部位应做滴水线（槽）。滴水线（槽）应整齐顺直，滴水线应内高外低，滴水槽的宽度和深度均不应小于10mm。

序　号	工　程　对　象		抹灰层平均总厚度（mm）
1	内　墙	普　　通	20
		高　　级	25
2	外　墙		20（勒脚及突出墙面部分为25）
3	石　墙		35

8）保护成品

各种砂浆抹灰层，在凝结前应防止快干、水冲、撞击、振动和受冻，在凝结后应采取措施防止沾污和损坏。水泥砂浆抹灰层应在湿润条件下养护，一般应在抹灰 24h 后进行养护。

3. 饰面板（砖）工程

（1）饰面板（砖）工程分类

1）按面层材料不同，分为饰面板工程和饰面砖工程。

饰面板工程按面层材料不同，分为石材饰面板工程、瓷板饰面工程、金属饰面板工程、木质饰面板工程、玻璃饰面板工程、塑料饰面板工程等；饰面砖工程按面层材料不同，分为陶瓷面砖和玻璃面砖工程。

2）按施工工艺不同，分为饰面板安装和饰面砖粘贴工程。其中，饰面砖粘贴工程按施工部位不同分为内墙饰面砖粘贴工程、外墙饰面砖粘贴工程。

饰面板安装工程一般适用于内墙饰面板安装工程和高度不大于 24m、抗震设防烈度不大于 7 度的外墙饰面板安装工程。

饰面砖粘贴工程一般适用于内墙饰面砖粘贴工程和高度不大于 100m、抗震设防烈度不大于 8 度、采用满粘法施工的外墙饰面砖粘贴工程。

（2）施工环境要求

1）自然环境

饰面板（砖）工程施工的环境条件应满足施工工艺的要求。环境温度及其所用材料温度的控制应符合下列要求：

①采用掺有水泥的拌合料粘贴（或灌浆）时，湿作业施工现场环境温度不应低于 5℃。

②采用有机胶粘剂粘贴时，不宜低于 10℃。

③如环境温度低于上述规定，应采取保证工程质量的有效措施。

2）劳动作业环境

施工现场的通风、照明、安全、卫生防护设施符合劳动作业要求。

3）管理环境

①安装或粘贴饰面砖的立面已完成墙面、顶棚抹灰工程，经验收合格；有防水要求的部位防水层已施工完毕，经验收合格；门窗框已安装完毕，并检验合格。

②水电管线、卫生洁具等预埋件（或后置埋件）、连接件、预留孔洞或安装位置线已

确定，并准确留置，经检验符合要求。

（3）材料的技术要求

1）饰面板（砖）工程所有材料进场时应对品种、规格、外观和尺寸进行验收。其中室内花岗石、瓷砖、水泥、外墙陶瓷面砖应进行复验：

①室内用花岗石、瓷砖的放射性；

②粘贴用水泥的凝结时间，安定性和抗压强度；

③外墙陶瓷面砖的吸水率；

④寒冷地面外墙陶瓷砖的抗冻性。

金属材料、砂（石）、外加剂、胶粘剂等施工材料按规定进行性能试验，玻璃面板应符合现行国家有关规定。所用材料均应检验合格。

2）采用湿作业法施工的天然石材饰面板应进行防碱背涂处理。采用传统的湿作业法安装天然石材时，由于水泥砂浆在水化时析出大量的氧化钙，泛到石材表面，产生不规则的花斑，俗称泛碱现象，严重影响建筑物室内外石材饰面的装饰效果。因此，在天然石材安装前，应对石材饰面采用"防碱背涂剂"进行背涂处理。背涂方法应严格按照"防碱背涂剂"涂布工艺施涂。

4. 施工工艺

饰面板（砖）工程的抗震缝、伸缩缝、沉降缝等变形缝部位的处理，应保证变形缝的使用功能和饰面完整性。

外墙饰面砖粘贴前和施工过程中，均应在相同基层上做样板件，并对样板件的饰面砖粘结强度进行检验，其检验方法和判定结果应符合现行有关规定。

（1）瓷砖饰面施工

1）工艺流程

基层处理→抹底层砂浆→排砖及弹线→浸砖→镶贴面砖→清理。

2）施工工艺

①基层处理。将残存在基层的砂浆粉渣、灰尘、油污等清理干净，并提前浇水湿润基层。

混凝土墙面基层处理：将凸出墙面的混凝土剔平，对基体混凝土表面很光滑的要凿毛，或用可掺界面剂胶的水泥细砂浆做成拉毛墙，也可刷界面剂、并浇水湿润基层。

②抹底层砂浆。用10mm厚1:3水泥砂浆打底，应分层涂抹砂浆，随抹随刮平抹实，用木抹搓毛。

③排砖及弹线。待底层灰六七成干时，按图纸要求、面砖规格及结合实际条件进行排砖、弹线。选砖时，应挑选颜色、规格一致的砖。用1:3水泥砂浆将边角瓷砖贴在墙面上做标准点，以控制贴瓷砖的表面平整度。

④浸砖。浸泡砖时，将面砖清扫干净，放入净水中浸泡2h以上，取出待表面晾干或擦干净后方可使用。

⑤镶贴面砖。粘贴应自下而上进行。抹8mm厚1:0.1:2.5水泥石灰膏砂浆结合层，要刮平，且砂浆要饱满，亏灰时，取下重贴，并随时用靠尺检查平整度，同时保证缝隙宽度一致。

⑥清理。贴完经自检无空鼓、不平、不直后，用棉纱擦干净，用勾缝胶、白水泥或拍

干白水泥擦缝，用布将缝的素浆擦匀，砖面擦净。

（2）石材湿贴施工

1）工艺流程

施工准备（钻孔、剔槽）→穿铜丝或镀锌铁丝与块材固定→绑扎、固定钢丝网→放线→石材表面处理→安装石材→灌浆→擦缝。

2）施工工艺

①钻孔、剔槽。安装前先将饰面板按照设计要求用台钻打眼，事先应钉木架使钻头直对板材上端面，在每块板的上、下两个面打眼，孔位打在距板宽两端 1/4 处，每个面各打两个眼，孔径为 5mm，深度为 12mm，孔位距石板背面以 8mm 为宜。

②穿铜丝或镀锌铁丝与块材固定。把备好的铜丝或镀锌铁丝剪成长 200mm 左右，一端用木楔粘环氧树脂将铜丝或镀锌铁丝伸进孔内固定牢固，另一端将铜丝或镀锌铁丝顺孔槽弯曲并卧入槽内，使大理石或磨光花岗石板上、下端面没有铜丝或镀锌铅丝突出，以便和相邻石板接缝严密。

③绑扎、固定钢丝网。首先剔出墙上的预埋筋，把墙面镶贴大理石的部位清扫干净。先绑扎一道竖向钢筋，并把绑好的竖筋用预埋筋弯压于墙面。横向钢筋为绑扎大理石或磨光花岗石板材所用，如板材高度为 600mm 时，第一道横筋在地面以上 100mm 处与主筋绑牢，用作绑扎第一层板材的下口固定铜丝或镀锌铁丝。第二道横筋绑在 500mm 水平线上 70~80mm，比石板上口低 2~3cm 处，用于绑扎第一层石板上的上口固定铜丝或镀锌铁丝，再往上每 600mm 绑一道横筋即可。

④放线。首先将要贴大理石或磨光花岗石的墙面、柱面和门窗套用大线坠从上至下找出垂直。找出垂直后，在地面上顺墙弹出大理石或磨光花岗石等外廓尺寸线。

⑤石材表面处理。石材表面充分干燥（含水率应小于 8%）后，用石材防护剂进行石材六面体防护处理。

⑥安装石材。按部位取石板并舒直铜丝或镀锌钢丝，将石板就位，把石板下口铜丝或镀锌铁丝绑扎在横筋上。绑时不要太紧可留余量，只要把铜丝或镀锌铁丝和横筋拴牢即可，把石板竖起，便可绑大理石或磨光花岗石板上口铜丝或镀锌铁丝，并用木楔子垫稳，块材与基层间的缝隙一般为 30~50mm。用靠尺板检查调整木楔，再拴紧铜丝或镀锌铁丝，依次向另一方进行。

⑦灌浆。把配合比为 1:2.5 水泥砂浆放入半截大桶加水调成粥状，用铁簸箕舀浆徐徐倒入，注意不要碰石板，边灌边用橡皮锤轻轻敲击石板面使灌入砂浆排气。第一层浇灌高度为 150mm，不能超过石板高度的 1/3；第一层灌浆很重要，因要锚固石板的下口铜丝又要固定石板，所以要轻轻操作，防止碰撞和猛灌。如发生石板外移错动，应立即拆除重新安装。

⑧擦缝。全部石板安装完毕后，清除所有石膏和余浆痕迹，用抹布擦洗干净，并按石板颜色调制色浆嵌缝，边嵌边擦干净，使缝隙密实、均匀、干净、颜色一致。

（3）石材干挂施工

1）工艺流程

测量放线→钻眼开槽→石材安装→密封嵌胶。

2）施工工艺

①测量放线。先将要干挂石材的墙面、柱面、门窗套用经纬仪从上至下找出垂直。同时应该考虑石材厚度及石材内皮距结构表面的间距，一般以 60~80mm 为宜。根据石材的高度用水准仪测定水平线并标注在墙上，一般板缝为 6~10mm。弹线要从墙饰面中心向两侧及上下分格，误差要匀开。

②钻眼开槽。安装石板前先测量准确位置，然后再进行钻孔开槽，对于钢筋混凝土墙面，先在石板的两端距孔中心 80~100mm 处开槽钻孔，孔深 20~25mm，然后在墙面相对于石板开槽钻孔的位置钻直径 8~10mm 的孔，将不锈钢膨胀螺栓一端插入孔中固定，另一端挂好锚固件。对于钢筋混凝土柱梁，由于构件配筋率高，钢筋面积较大，在有些部位很难钻孔开槽，在测量弹线时，应该先在柱或墙面上躲开钢筋位置，准确标出钻孔位置，待钻孔及固定好膨胀螺栓锚固件后，再在石板的相应位置钻孔开槽。

③石材安装。

a. 底层石板安装：安装底层石板，应根据固定在墙面上的不锈钢锚固件位置进行安装，具体操作是将石板孔槽和锚固件固定销对位安装好，利用锚固件的长方形螺栓孔，调节石板的平整度，并用方尺找阴阳角方正，拉垂直水平通线找石板上口平直，然后再用锚固件将石板固定牢固，用嵌固胶将锚固件填堵固定。

b. 上行石板安装：先往下一行石板的插销孔内注入嵌固胶，擦净残余胶液后，将上行石板按照安装底石板的操作方法就位。检查安装质量，符合设计及规范要求后进行固定。对于檐口等石板上边不易固定的部位，可用同样方法对石板的两侧进行固定。

④密封嵌胶。待石板挂贴完毕，进行表面清洁和清除缝隙中的灰尘，先用直径 8~10mm 的泡沫塑料条填板内侧，留 5~6mm 深缝，在缝两侧的石板上，靠缝粘贴 10~15mm 宽塑料胶带，以防打胶嵌缝时污染板面，然后用打胶枪填满封胶，若密封胶污染板面，必须立即擦净。最后揭掉胶带，清洁石板表面，打蜡抛光，达到质量标准后，拆除脚手架。

（4）金属饰面板施工

1）工艺流程

放线→固定骨架连接件→固定骨架→金属饰面板安装。

2）施工工艺

①放线。根据设计图纸的要求和几何尺寸，对要镶贴金属面板的大面进行吊直、套方、找规矩，并进行实测和放线，确定饰面墙板的尺寸和数量。

②固定骨架连接件。骨架的横竖杆件是通过连接件与结构固定的，连接件与结构之间，按设计要求采用膨胀螺栓或化学锚栓固定，施工时在固定位置画线并按线开孔。

③固定骨架。骨架进行防腐处理后安装，要求位置准确、结合牢固，安装后要全面检查中心线、表面平整度，为保证饰面板的安装精度，宜用经纬仪对横竖杆件进行贯通，变形缝处需作妥善处理。

④饰面板安装。墙板的安装顺序是从每面墙的边部竖向第一排下部的第一块板开始，自下而上安装，安装完该面墙的第一排再安装第二排。随时安装，随时吊线检查，以便及时消除误差。为保证墙面外观质量，螺栓位置必须准确，并应用单面施工的钩形螺栓固定，使螺栓的位置横平竖直。固定金属板的方法有两种，一是将板条或方板用螺栓拧到型钢或木架上，另一种是将板条卡在特制的龙骨上。饰面板安装完毕后，应用塑料薄膜覆盖

保护，易被划碰的部位，应设安全栏杆保护。

（5）木饰面板施工

1）工艺流程

放线→设木龙骨→木龙骨刷防火涂料→安装防火夹板→安装面层板。

2）施工工艺

①放线。根据图纸和现场实际测量的尺寸，确定基层木龙骨分格尺寸，将施工面积按设计要求的间距均匀分格木龙骨的中心位置，然后用墨斗弹线，完成后进行复查，检查无误开始安装龙骨。

②铺设木龙骨。用木方采用半榫扣方，做成网片安装在墙面上，安装时先在龙骨交叉中心线位置打直径 14～16mm 的孔，将直径 14～16mm，长 50mm 的木楔植入，将木龙骨网片用 3 寸铁钉固定在墙面上，再用靠尺和线坠检查平整和垂直度，并进行调整，达到质量要求。

③木龙骨刷防火涂料。铺设木龙骨后将木质防火涂料涂刷在基层木龙骨可视面上。

④安装防火夹板。用自攻螺钉固定防火夹板安装后用靠尺检查平整，如果不平整应及时修复直到合格为止。

⑤安装面层板。面层板用专用胶水粘贴后用靠尺检查平整，如果不平整应及时修复直到合格为止。

（6）玻璃饰面安装

1）工艺流程

基层处理→放线→玻璃安装→清洁及保护。

2）施工工艺

①基层处理。

水泥砂浆基层：将基层的砂浆粉渣、灰尘、油污等清理干净，要求平整、无空鼓缺陷。

木龙骨夹板基层：表面应洁净、平整、垂直。

②放线。根据设计要求，在安装基面上划出玻璃安装线。

③玻璃安装。

a. 组合粘贴小块玻璃镜面时，应从下边开始，按弹线位置逐步向上粘贴，并在块与块的对缝处涂少许中性玻璃胶，对于大块玻璃镜面的安装，应按照不同的安装方式，采用相应的工艺。

b. 嵌压式安装，木压条固定时，适宜使用 20～25mm 的钉枪钉固定，避免使用普通圆钉震破镜面；铝压条和不锈钢压条可采用无钉工艺，先用木衬条卡住玻璃镜，再用胶粘剂将压条粘卡在木衬条上，然后在压条与玻璃镜之间的角位处封玻璃胶。

c. 柱面釉面玻璃安装时，考虑每面玻璃均用整块，45°碰角。在背面釉面上挂一层结构胶，然后将玻璃固定到位，避免结构胶固化之前玻璃发生滑移。

d. 玻璃在墙柱面转角处应用线条压边，或磨边对角，或用玻璃胶等方法进行衔接处理，以满足设计要求。

e. 用线条压边衔接时，应在粘贴玻璃的面上留出线条安装位置，以便固定线条。

f. 用玻璃胶收边，可将玻璃胶注在线条的角位，也可注在两块镜面的对角口处。

g. 玻璃直接与建筑基面安装时，如其基面不平整，应重新批灰抹平，或加木夹板基面。安装前，应在玻璃面背面粘贴牛皮纸保护层，线条和玻璃钉都应钉在埋入墙面的木楔上。

④清洁、成品保护。安装完毕，应清洁玻璃面，必要时在玻璃面覆加保护层进行保护，以防损坏。

5. 涂饰工程施工技术

（1）涂饰工程分类

涂饰工程按采用的建筑涂料主要成膜物质的化学成分不同，分为水性涂料涂饰、溶剂型涂料涂饰、美术涂饰工程。水性涂料涂饰工程包括乳液型涂料、无机涂料、水溶性涂料等涂饰工程，溶剂型涂料涂饰工程包括丙烯酸酯涂料、聚氨酯丙烯酸涂料、有机硅丙烯酸涂料等涂饰工程。美术涂饰工程包括室内外套色涂饰、滚花涂饰、仿花纹涂饰等涂饰工程。

建筑装饰常用的涂料有：乳胶漆、美术漆、氟碳漆等。

（2）施工环境要求

1）水性涂料涂饰工程施工的环境温度应在 5~35℃ 之间，并注意通风换气和防尘。

2）涂饰工程应在抹灰、吊顶、细部、地面湿作业及电气工程等已完成并验收合格后进行。其中新抹的砂浆常温要求 7d 以后，现浇混凝土常温要求 28d 以后，方可涂饰建筑涂料，否则会出现粉化或色泽不均匀等现象。

3）基层应干燥，混凝土及抹灰面层的含水率应在 10% 以下，基层的 pH 值不得大于 10。

4）门窗、灯具、电器插座及地面等应进行遮挡，以免施工时被涂料污染。

5）冬期施工室内温度不宜低于 5℃，相对湿度为 85%，并在供暖条件下进行，室温保持均衡，不得突然变化。同时应设专人负责测试和开关门窗，以利通风和排除湿气。

（3）材料技术要求

涂饰工程应优先采用通过绿色环保认证产品的建筑涂料。

民用建筑工程室内装修所用的水性涂料必须有同批次产品的挥发性有机化合物（VOC）和游离甲醛含量检测报告、溶剂型涂料必须有同批次产品的挥发性有机化合物（VOC）苯、甲苯+二甲苯、游离甲苯二异氰酸酯（TDI）含量检测报告，并应符合设计及规范要求。

（4）施工工艺

1）乳胶漆施工

①工艺流程

基层处理→刮腻子→刷底漆→刷面漆。

②施工工艺

a. 基层处理：将墙面起皮及松动处清除干净，并用水泥砂浆将墙面磕碰处及坑洼、缝隙等处补抹、找平，干燥后用砂纸将凸出处磨掉，将残留灰渣铲干净，然后将墙面扫净。

b. 刮腻子：刮腻子遍数可由墙面平整程度决定，通常为三遍，第一遍用胶皮刮板横向满刮，干燥后打磨砂纸，将浮腻子及斑迹磨光，然后将墙面清扫干净。第二遍用胶皮刮板竖向满刮，所用材料及方法同第一遍腻子，干燥后用砂纸磨平并清扫干净。第三遍用胶皮刮板找补腻子或用钢片刮板满刮腻子，将墙面刮平刮光，干燥后用细砂纸磨平磨光，不得遗漏或将腻子磨穿。批刮的腻子层不宜过厚，且必须待第一遍干透后方可批刮第二遍。底层腻子未干透不得做面层。

c. 刷底漆：涂刷顺序是先刷顶棚后刷墙面，墙面是先上后下。将基层表面清扫干净。乳胶漆用排笔（或滚筒）涂刷，使用新排笔时，应将排笔上不牢固的毛清理掉。底漆使用前应加水搅拌均匀，待干燥后复补腻子，腻子干燥后再用砂纸磨光，并清扫干净。

d. 刷面漆（1~3遍）：操作要求同底漆，使用前充分搅拌均匀。刷第二至第三遍面漆时，需待前一遍漆膜干燥后，用细砂纸打磨光滑并清扫干净后再刷下一遍。

2）美术漆施工

①工艺流程

基层处理→刮腻子→打磨砂纸→刷封闭底漆→涂装质感涂料。

②施工工艺

a. 基层处理：将墙面起皮及松动处清除干净，并用水泥砂浆将墙面磕碰处及坑洼、缝隙等处补抹、找平，干燥后用砂纸将凸出处磨掉，将残留灰渣铲干净，然后将墙面扫净。

b. 刮腻子：刮腻子遍数可由墙面平整程度决定，通常为三遍，第一遍用胶皮刮板横向满刮，干燥后打磨砂纸，将浮腻子及斑迹磨光，然后将墙面清扫干净。第二遍用胶皮刮板竖向满刮，所用材料及方法同第一遍腻子，干燥后用砂纸磨平并清扫干净。第三遍用胶皮刮板找补腻子或用钢片刮板满刮腻子，将墙面刮平刮光，干燥后用细砂纸磨平磨光，不得遗漏或将腻子磨穿。批刮的腻子层不宜过厚，且必须待第一遍干透后方可批刮第二遍。底层腻子未干透不得做面层。

c. 刷封闭底漆：基层腻子干透后，涂刷一遍封闭底漆。涂刷顺序是先天花后墙面，墙面是先上后下。将基层表面清扫干净。使用排笔（或滚筒）涂刷，施工工具应保持清洁，使用新排笔时，应将排笔上不牢固的毛清理掉，确保封闭底漆不受污染。

d. 涂装质感涂料：待封闭底漆干燥后，即可涂装质感涂料。一般采用刮涂或喷涂等施工方法。刮涂（抹涂）施工是用铁抹子将涂料均匀刮涂到墙上，并根据设计图纸的要求，刮出各种造型，或用特殊的施工工具制作出不同的艺术效果。喷涂施工是用喷枪将涂料按设计要求喷涂于基层上，喷涂施工时应注意控制涂料的黏度、喷枪的气压、喷口的大小、喷射距离以及喷射角度等。

3）氟碳漆施工

①工艺流程

基层处理→铺挂玻纤网→分格缝切割→粗找平腻子施工→分格缝填充，细找平腻子施工→满批抛光腻子→喷涂底涂→喷涂中涂→喷涂面涂→罩光油→分格缝描涂。

②施工工艺

a. 基层处理：将墙面起皮及松动处清除干净，并用水泥砂浆将墙面磕碰处及坑洼、缝隙等处补抹、找干燥后用砂纸将凸出处磨掉，将残留灰渣铲干净，然后将墙面扫净。

b. 铺挂玻纤网：涂满批粗找平腻子一道，厚度1mm左右，然后平铺玻纤网，铁抹子压实，使玻纤网和基层紧密连接，再在上面涂满批粗找平腻子一道。铺挂玻纤网后，干燥12h以上，可进入下道工序。

c. 分格缝切割：依图纸或甲方要求给分格缝定位，宽度为2.0cm的分格缝，要求用墨线弹出宽度为 1.6cm 的定位线。用切割机沿定位线切割分格缝,切割深度为 1.5cm。切割后,用锤、凿等工具,将缝芯挖掉,将缝的两边修平。

d. 粗找平腻子施工:批刮。涂完第一遍满批腻子后,用刮尺对每一块由下至上刮平,稍待干燥后,进行砂磨,除去刮痕印。涂完第二遍满批腻子后,用刮尺对每一块由左至右刮平,以上打磨使用 80 号砂纸或砂轮片施工。涂完第三遍满批腻子后,用批刀收平,稍待干燥后,用 120 号以上砂纸仔细砂磨,除去批刀印和接痕。每遍腻子施工完成后,洒水养护 4 次,每次养护间隔 4h。

e. 分格缝填充:填充前,先用水润湿缝芯。将配好的浆料填入缝芯后,干燥约 5min,用直径 2.5cm(或稍大)的圆管在填缝料表面拖出圆弧状的造型。

f. 细找平腻子施工:批涂。满批后,用批刀收平,稍待干燥后,用 280 号以上砂纸仔细砂磨,除去批刀印和接痕。细腻子施工完成后,干燥发白时即可砂磨,洒水养护,两次养护间隔 4h,养护次数不少于 4 次。

g. 满批抛光腻子:批涂。满批后,用批刀收平。干燥后,用 300 号以上砂纸砂磨;砂磨后,用抹布除尘。

h. 喷涂底涂:腻子层表面形成可见涂膜,无漏喷现象。施工完成,至少干燥 24h(晴天),可进入下道工序。

i. 喷涂中涂:喷涂二遍。第一遍喷涂(薄涂)。充分干燥后进行第二遍喷涂(厚涂)。干燥 12h 以后,用 600 号以上的砂纸砂磨,砂磨必须认真彻底,但不可磨穿中涂。砂磨后,必须用抹布除尘。

j. 喷涂面涂:喷涂。两遍喷涂(薄涂)。第一遍充分干燥后进行第二遍。

k. 罩光油:施工方法同面涂。

l. 分格缝描涂:施工方法、刷涂。用美纹纸胶带沿缝两边贴好保护,刷涂两遍分格着色涂料。稍待干燥后,撕去美纹纸。

2.3.4 楼、地面工程

1. 楼地面工程概述

楼地面是建筑物地下室地面、底(首)层地面和楼层地面的总称。楼地面又称建筑地面,在装饰装修时称:楼地面工程或建筑地面工程。

楼地面按照不同的使用功能和安全要求,应具有耐磨、防潮、防水、防滑、防腐蚀、便于清洁等特点,有的地面还需具备弹性、吸声、隔声、通风、供暖、保温、抗静电和阻燃性能等;经装饰装修施工后的楼地面,应具有足够的强度、刚度和耐久性,能承受相应荷载(如家具、用具、人的活动等)带来的外力(如摩擦力、重力),能满足设计范围内的使用功能和安全要求,能达到设计要求的装饰效果,美观舒适感好;同时,对建筑结构和构件起到一定的保护作用。

楼地面工程按照不同的设计功能、施工方法、使用功能等有多种类型,通常按照所用材料和施工方法分类,有整体面层地面、板块面层地面、木竹面层地面、塑胶地面和热辐射供暖地面面层等。

(1)楼地面的基本构造与作用

楼地面的基本构造见图 2-5。

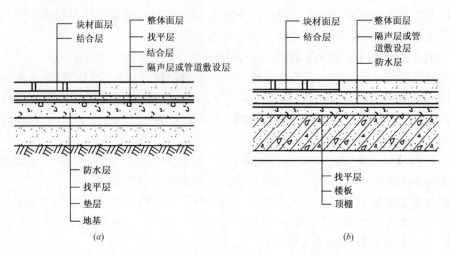

图 2-5　楼地面构造示意图

(a) 地面；(b) 楼面

底层地面的构造包括：基土、垫层、找平层、隔离层（防潮层）、结合层、面层。

楼层地面的构造包括：结构层、找平层、隔离层（防潮层）、结合层、面层。

有特殊要求的地面，因设计功能和使用要求的不同，其构造有所不同，例如底层热辐射供暖地面的构造包括：基土、垫层、找平层、隔离层（防潮层）、绝热层、保护层、填充层（有防水要求的地面还需做一道防水层）、找平层、结合层、面层等。

面层以下统称为基层，包括各构造层。

（2）各构造层的含义和作用

面层：能直接承受各种物理和化学作用的建筑地面表面层。

结合层：使面层与下一构造层相联结的中间层。

填充层：在建筑地面上起隔声、保温、找坡和暗敷管线等作用的构造层。

隔离层：防止建筑地面上各种液体或地下水、潮气渗透地面等作用的构造层；仅防止地下潮气透过地面时，可称作防潮层。

绝热层：用于地面阻挡热量传递的构造层。

找平层：在垫层、楼板上或填充层（轻质、松散材料）上起整平、找坡或加强作用的构造层。

垫层：能承受并传递地面荷载于基土上的构造层。

基土：底层地面的地基土层，严禁用淤泥、腐殖土、冻土、耕植土、膨胀土和含有有机物质大于8%的土作为地面工程的基土；基土应均匀密实，压实系数设计无要求时不应小于0.9，能够满足设计要求，承受垫层传来的上部荷载。

缩缝：防止各构造层在气温降低时产生不规则裂缝而设置的收缩缝。

伸缝：防止各构造层在气温升高时在缩缝边缘产生挤碎或拱起而设置的伸胀缝。

（3）施工基本要求

1）楼地面工程采用的材料或产品应符合设计要求和国家现行标准，各构造层施工时环境温度的控制应符合材料或产品的技术要求，并符合施工质量验收规范要求。

2）楼地面工程中的沟槽、管线、保温、隔热、隔声、供热等上道工序完成并经隐蔽验收合格后，方可进行下道工序施工。

3）有防水要求的建筑地面必须设置防水隔离层，防水隔离层严禁渗漏，排水的坡向应正确、排水通畅，装饰施工时严禁乱凿洞。浴厕、厨房和有排水（或其他液体）要求的地面面层与相邻各类面层的标高差应符合设计要求。

4）与浴厕、厨房等潮湿场所相邻的木、竹面层连接处应做防水、防潮处理。

5）楼梯踏步的宽度、高度应符合设计要求，允许偏差符合国家规范。

6）楼地面的变形缝除按设计要求设置外，并应符合下列规定：

①与建筑结构的留缝位置相对应，且应贯通各构造层。

②沉降缝和防震缝的宽度应符合设计要求，缝内清理干净，以柔性密封材料填嵌后用板封盖，并应与面层并齐。

7）楼地面工程的施工企业应有相应资质，施工人员应均经培训合格，并具备相应的资格证书；施工时有完备的质量管理体系和相应的施工工艺技术标准。

8）楼地面工程施工过程中，要根据所用材料、施工工艺的不同，抓好防触电、防临边洞口坠落、防机械伤害、防火、防中毒等为主要内容的安全生产。

2. 基层施工

基层施工主要包括：垫层、找平层、隔离层、填充层、绝热层、木基层、金属骨架基层等构造层的施工。

（1）基本要求

1）基层铺设的材料质量、密实度、强度等级、配合比、环境污染控制指标等应符合设计要求和国家现行规范规定。

2）埋设在基层各构造层中的管道管线、支架等均应按设计要求安装牢固，并在后道工序施工前通过隐蔽工程验收。

3）涉及使用易燃易爆材料的基层施工，应按照产品使用说明书和国家现行消防规定，做好材料的储运、保管及使用过程中的消防安全管理和安全防护。

4）基层施工的高程控制，应从设计基准标高（±0.000）引测室内地表面水平控制线（俗称：50线或1m线，本章以1m线作为控制各构造层面标高的基准线，图2-6），引至室内，分别在墙、柱面四周弹线并做好标记。

（2）垫层施工

垫层按所用材料分为：灰土垫层、砂垫层、砂石垫层、碎石垫层、碎砖垫层、三合土垫层、四合土垫层、炉渣垫层、水泥混凝土垫层和陶粒混凝土垫层等。各垫层施工，所用材料不同、施工工艺不同，但工艺流程基本相同，以下着重介绍装饰施工中常见的水泥混凝土垫层和陶粒混凝土垫层。

1）施工流程

材料准备→基层清理→测量与标高控制→混凝土搅拌→混凝土铺设振捣→养护→验收。

2）操作要点

①材料准备：水泥混凝土垫层宜用硅酸盐水泥、普通

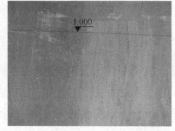

图 2-6　室内地面标高控制基准线

硅酸盐水泥、矿渣硅酸水泥；粗骨料采用碎石或卵石强度均匀的石料，最大粒径不应大于垫层厚度的2/3，含泥量不应大于3%；选用中砂或粗砂，含泥量不大于3%。陶粒混凝土粒径小于5mm的颗粒含量应小于10%；粉煤灰陶粒中大于15mm的颗粒含量不应大于5%；陶粒中不得混夹杂物或黏土块。陶粒宜选用粉煤灰陶粒、页岩陶粒等。混凝土强度等级应符合设计要求和国家现行标准；检验方法：观察和检查质量合格证明文件，检查配合比试验报告和强度等级检测报告；检查数量：同一工程、同一强度等级、同一配合比检查一遍。

②基层清理：铺设混凝土垫层前，应对粘结在基层上的杂物全部清除并打扫干净，检查基层平整度并洒水湿润。

③测量与标高控制：根据墙上1m线（地面设计标高向上1m的水平控制线，下同）及设计垫层厚度（如无设计规定，水泥混凝土垫层厚度不应小于60mm，陶粒混凝土垫层厚度不应小于80mm），往下量测出垫层面的水平标高，拉线做好标高墩，间距2m左右，有泛水要求的房间应先做最高与最低点的标高墩，然后拉线做出中间部分的标筋，用来控制垫层表面标高。

④混凝土搅拌：按照混凝土的设计配合比进行投料，现有些地区已禁止使用自拌混凝土，全部使用商品混凝土施工。

⑤混凝土铺设与振捣：铺设前将基层充分湿润，但不得有积水；混凝土铺设应从一端开始，由内向外铺设，并应连续浇筑，间歇时间不得超过2h；水泥混凝土垫层，应设置纵向缩缝和横向缩缝，纵向缩缝间距不得大于6m，横向缩缝不得大于12m，纵向缩缝应做平头缝，垫层厚度大于150mm时，可做企口缝，横向缩缝应做假缝。平头缝和企口缝的缝间不得放置隔离材料，浇筑时应互相紧贴。企口缝的尺寸应符合设计要求，假缝宽度为5～20mm，深度为垫层厚度的1/3，填缝材料应与地面变形缝的材料相一致；大面积混凝土垫层应分区段浇筑，分区段时应结合变形缝位置、不同类型的建筑地面连接处和设备基础的位置进行划分，并应与设置的纵向、横向缩缝的间距相一致。

⑥混凝土振实后，以1m线及标高墩和标筋为基准，检查平整度，用水平刮杠整平，然后用木抹子将表面搓平。有找坡要求时，其坡度应符合设计要求。

⑦养护：混凝土浇筑12h后可以用塑料薄膜覆盖或用草包覆盖保湿养护，养护时间尚应符合现行国家标准《混凝土结构工程施工质量验收规范》GB 50204有关规定。养护期内必须保持混凝土处于湿润状态。

⑧成品保护：

a. 铺设时，对垫层内的管道管线，包括通过地面的竖管要加以保护。

b. 铺完后24h内，尽量不在垫层上进行其他操作或行走；冬期施工需有保温措施。

（3）找平层施工

找平层有水泥砂浆找平层、混凝土找平层。胶结材料主要为水泥，材料习性基本相同。当找平层厚度＜30mm时，宜用水泥砂浆做找平层；当找平厚度≥30mm时，宜用细石混凝土做找平层，有的找平层内根据设计要求还应配置钢筋网。有防水要求的建筑地面工程，找平前必须对立管、套管和地漏与楼板节点之间进行吊模密封处理，并应进行隐蔽验收和蓄水试验，排水坡度应符合设计要求，达到规定后方可进行找平层施工。

1）施工流程

材料准备→基层清理→测量与标高控制→刷素水泥浆结合层→铺找平层→养护→验收。

2）操作要点

①材料准备。找平层宜用不低于 42.5 级普通硅酸盐水泥或 32.5 级矿渣硅酸盐水泥；碎石或卵石的粒径不应大于找平层厚度的 2/3，含泥量不应大于 2%；宜选用中粗砂，含泥量不大于 3%，有机杂质含量不大于 0.5%，级配良好，空隙率小；水应清洁无杂质，一般用自来水或可饮用水；混凝土中掺用外加剂的质量应符合国家现行标准规定。找平层的厚度、强度等级或配合比参见表 2-9。

水泥类找平层厚度、强度等级或配合比参考表　　　　　　　　表 2-9

找平层材料	强度等级或配合比	厚度（mm）
水泥砂浆	1:2～1:3	15～30
细石混凝土	C20	30～50

②基层清理：当基层为水泥混凝土垫层时，要洒水湿润，当表面光滑时要凿毛；有松散填充料时应予铺平压实；垃圾杂物应清扫干净；当基层为预制钢筋混凝土板时，应按国家现行规范规定进行板缝处理，填缝采用细石混凝土时，强度等级不得小于 C20，并加强养护。

③测量与标高控制：根据墙上 1m 线及设计规定的找平层厚度，往下量测找平层面的水平标高，做好灰饼和标筋，间距为 2m 左右，有泛水要求的房间应先做最高与最低点的灰饼，然后拉线做出中间部分的标筋，用来控制找平层表面标高。

④刷水泥浆结合层：基层清理后刷水灰比 0.4～0.5 的素水泥浆一道，随刷随铺找平层。

⑤铺找平层：找平层的基层为混凝土类时，必须待基层强度到达 1.2MPa 以上时，方可铺设找平。铺设水泥砂浆找平层或水泥混凝土找平层时，下层应湿润，铺设后要及时按灰饼和标筋的控制标高抹压平整。

⑥养护：找平层抹平压实后，在 24h 后浇水养护。

⑦成品保护：

a. 找平层强度未达到 1.2MPa 时，不准人员在上行走；未达到 5MPa 时，不准在上操作或堆放重物；不得在找平层上堆放杂物及粉末状材料，不得拌制和堆放砂浆、混凝土。

b. 冬期禁止洒水养护，施工需要有保温措施。

（4）隔离层施工

在水泥类找平层上铺设隔离层主要有卷材类、涂料类防水、防油渗隔离层，其表面应坚固、整洁、干燥。隔离层材料的防水、防油渗性能和隔离层的铺设层数（或道数）、上翻高度应符合设计要求，当采用掺有防水剂的水泥类找平层作为防水隔离层时，掺量和强度等级（或配合比）应符合设计要求。

（5）填充层施工

填充层按照所用材料的状态不同，主要有松散材料填充层、板块材料填充层和整体混凝土材料填充层。填充层主要是在地面、楼面上为隔声、保温、找坡和暗敷设管线等而设置的构造层，填充层的密度和配合比必须符合设计及国家规范要求。填充层厚度、强度等级或配合比见表2-10。

填充层厚度、强度等级或配合比参考表　　　　　　　　　　表 2-10

序　　号	填充层材料	强度等级或配合比	厚度（mm）
1	水泥炉渣	1:6	30~80
2	水泥石灰炉渣	1:1:8	30~80
3	轻骨料混凝土	C7.5	30~80
4	加气混凝土块	—	≥50
5	水泥膨胀珍珠岩块	—	≥50
6	沥青膨胀珍珠岩块	—	≥50

（6）绝热层施工

建筑物室内接触基土的首层地面应增设水泥混凝土垫层后方可铺设绝热层，垫层的厚度及强度等级应符合设计要求。有防水、防潮要求的地面，宜在防水、防潮隔离层施工完毕并验收合格后再铺设绝热层。

绝热层施工质量检验尚应符合国家现行标准《建筑节能工程施工质量验收规范》GB 50411 的有关规定。

3. 整体面层施工

铺设整体面层时，水泥类基层的抗压强度不得小于 1.2MPa；表面应粗糙、洁净、湿润并不得有积水。铺设前宜涂刷界面处理剂。硬化耐磨面层、涂料面层、自流平面层的基层处理应符合设计及产品要求。

整体面层施工后，养护时间不应小于 7d；抗压强度应达到 5MPa 后，方准上人行走；抗压强度应达到设计要求后，方可正常使用。

当采用掺有水泥拌合料做踢脚线时，不得用石灰浆打底。

整体面层的抹平工作应在水泥初凝前完成，压光工作应在水泥终凝前完成。

（1）水泥混凝土面层

水泥混凝土面层厚度和强度等级应符合设计要求，强度等级不小于 C20。铺设前必须对立管、套管和地漏与楼板节点之间密封处理，排水坡度应符合设计要求。水泥混凝土面层铺设不得留施工缝。施工间隙超过允许时间规定时，应对接槎处进行处理。面层与下一层应结合牢固，无空鼓和开裂。当出现空鼓时，空鼓面积不大于 400cm²，且每自然间或标准间不应多于 2 处。踢脚线与柱、墙面紧密结合，踢脚线高度和出柱、墙面厚度应符合实际要求且均匀一致。当出现空鼓时，局部空鼓长度不大于 300mm，且每自然间或标准间不应多于 2 处。

（2）水泥砂浆面层

水泥砂浆面层的体积比、强度等级和面层的厚度符合设计要求；设计无要求时，体积比应为 1∶2，强度等级不应小于 M15。有排水要求的水泥砂浆地面，坡度应符合设计要求，坡向正确、排水通畅，不得有倒泛水和积水现象；防水水泥砂浆面层不应渗漏。面层与基层应粘结牢固，无空鼓和开裂；当出现空鼓时，空鼓面积不大于 $400cm^2$，且每自然间或标准间不应多于 2 处。踢脚线与柱、墙面应紧密结合，踢脚线的高度和出柱、墙面厚度应符合实际要求且均匀一致。当出现空鼓时，局部空鼓长度不应大于 300mm，且每自然间或标准间不应多于 2 处。

（3）现浇水磨石面层施工

水磨石面层按色彩、图案分有普通水磨石（也称：本色水磨石）、彩色水磨石和美术水磨石。水磨石面层所用的图案分格条有玻璃条、铜条、铝合金条等，按设计要求选用。

水磨石面层采用白云石或大理石石粒，粒径 6～16（mm），水泥与石粒拌合后铺设。有防静电要求的拌合料内应按设计要求掺入导电材料。面层厚度按石粒粒径确定，除有特殊要求外，一般为 12～18（mm）。水磨石面层的结合层采用水泥砂浆时，强度等级应符合设计要求且不应小于 M10，水泥砂浆稠度（以标准圆锥体沉入度计）宜为 30～35（mm）。面层颜色和图案应符合设计要求，施工前应制作电脑排版图和做实样板块（图2-7），供设计师选择。普通水磨石面层磨光遍数不应少于 3 遍，高级水磨石面层的厚度和磨光遍数由设计确定。

水磨石面层拌合料的体积比应符合设计要求，设计无要求时宜为：1∶1.5～1∶2.5（水泥∶石粒）。

防静电水磨石面层应在施工前及施工完成表面干燥后进行接地电阻和表面电阻检测，并应做好记录。

踢脚线与柱、墙面应紧密结合，踢脚线的高度和出柱、墙面厚度应符合实际要求且均匀一致。当出现空鼓时，局部空鼓长度不应大于 300mm，且每自然间或标准间不应多于 2 处。防静电水磨石面层中采用导电金属分隔条时，分隔条应经绝缘处理，十字交叉处不得碰接。水磨石施工产生的污泥污水要做好沉淀排放，严禁直排城市下水道，防止污染环境。

（4）自流平地面施工（图2-8）

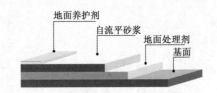

图 2-7　现浇水磨石地面试样板块示例图　　图 2-8　自流平地面构造示意图

自流平是一种高流动性、高塑性、能自动找平的材料。硬化快、收缩率小，耐水、耐碱性好，强度和韧性均好；经与水调和搅拌后形成易流动的无颗粒浆体，固化后形成密实、光滑、平整的面层。

地坪装饰饰面质量与基层的平整度密切相关，由于土建地坪找平层允许 5mm 的高差，在这样高差找平层上做装饰饰面，难以满足装饰面的平整度要求。水泥砂浆自流平层是一种利用材料的高流动性调整找平层高差的方法，所以大多数精装饰地坪饰面材料安装前必须对土建地坪找平层进行平整度处理，以达到平整度控制在1mm之内。

自流平面层可采用水泥基、石膏基、各种合成树脂基等拌合物铺设，常见的有环氧树脂自流平地面，除了找平功能之外，还有装饰效果。

1）施工流程

基层处理→涂刷界面剂→配制拌合料→铺涂→滚压→养护→验收。

2）操作要点

①基层处理：基层应平整坚实，残留的浮浆、积灰、垃圾、油渍应洗刷干净。表面如有凹凸不平、裂缝、起砂等缺陷，应经打磨、吸尘、修补处理。

②涂刷界面剂：均匀涂刷与自流平相容的界面剂，涂刷后要养护，成膜后才能进行自流平面层的铺涂。

③配制拌合料：应严格按照产品使用说明书规定的配比进行，在装有洁净水的容器中，缓缓放入自流平材料，用专用搅拌机边放料边充分搅拌，直至形成均匀无颗粒的拌合料（搅拌时间按照产品使用说明书）。

④铺涂：把搅拌均匀的自流平拌合料，从里往外倒入施工区域，用带齿刮板刮拖均匀。

⑤滚压：铺涂后即用带齿滚筒在同一水平方向上前后来回滚压，后次滚压应重叠前次滚压50%，消除不平痕迹，如有气泡溢出，则应再次滚压，直至光滑平整。

⑥养护：常温条件下，自然养护不少于7d；固化和养护期间采取防水、防污染和防踩踏等措施。

⑦成品保护：

a. 施工后应防止灰尘、杂物等污染，预防硬物刻划，硬化后打蜡保护涂膜表面。

b. 干燥后可用抛光机抛光保护地面。

（5）涂料地面饰面施工（图2-9）

1）施工流程

材料准备→基层处理→配置涂料→地面分格→刷底涂层→刷中涂层→刷罩面层→磨光磨平→打蜡养护→验收。

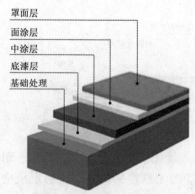

图2-9　涂料地面构造示意图

2）操作要点

①材料准备：地面面层可采用丙烯酸、环氧、酚醛、聚氨酯等树脂型涂料涂刷。

涂料应符合设计要求和国家现行有关标准的规定。油漆涂料是易引燃和易污染难清洗材料，施工时要防火和预防环境污染。

部分地面涂料性能特点及使用条件可参考表2-11，应以涂料生产厂家提供的产品使用说明书为准。

涂料进入施工现场时，应提供有害物质限量合格检测报告。

序号	名　称	性能特点	使用条件
1	多功能聚氨酯弹性彩色地面涂料	耐油，耐水，耐一般酸、碱，有弹性，粘结力强，基层发生微裂纹不会导致涂膜开裂	文体、旅游、机械工业、纺织化工、电子仪表等建筑地面，可采用刷涂施工
2	SH131-2 型超厚膜工业地坪	常温下固化，干膜厚度可达 1～5mm，硬度大，且有一定韧性，耐磨、耐油、耐热、防水渗、无毒、耐火、耐酸碱、抗冲击、粘结强	适于医院、食品加工厂等室内地面。底层刮涂，面层可用高压无气喷涂或刷涂施工。一般 7d 达到强度后才能承受负荷
3	BS707 地面涂料	能做各种图案，耐水，耐老化，耐一般酸、碱	新旧水泥砂浆地面，刮涂；表干：2h；实干：8h 左右；施工温度不低于 5℃
4	505 地面涂料	粘结力强，具有一定的耐水、耐酸、耐碱性	木质、水泥地面，三遍成活，施工温度不低于 5℃
5	RD-01 地坪涂料	流动性较好，耐水、耐磨	室内、施工温度不低于 10℃
6	DJQ-地面漆	有一定的弹性，无毒、耐水、耐磨，不耐酸碱	水泥地面，涂刷；施工时不能有明火，表干 2h，实干 24h
7	聚氨基甲酸酯清漆（聚氨酯地板清漆）	有良好的耐磨、耐水、耐溶剂性及洗净性，在室温下涂膜干燥迅速	防酸碱、防磨损木质表面及混凝土和金属表面，涂刷
8	塑料地板漆	涂膜坚韧耐磨，耐水性好，干燥快	水泥地面，木质地面，涂刷

②基层处理：应坚实平整，浮浆、垃圾、油渍应清理干净；凹凸不平、裂缝、起砂等缺陷，应提前 2～3d 用聚合物水泥砂浆修补。打底时用稀释胶粘剂或水泥胶粘剂腻子涂刷（刮涂）1～3 遍，干燥后，用 0 号砂纸打磨平整光滑，清除粉尘、晾干后，才能进行涂刷施工。

③配置涂料：按照设计要求颜色，将涂料、颜料、填料、稀释剂按照一定比例搅拌均匀；当天料宜当天施工完。

④地面分格：按照设计要求或按计划施工的顺序在地面上弹出分格线，按分格线进行施工（适用于凝固较快的涂料施工）。

⑤刷底涂层：操作顺序由房间里面往外涂刷，将搅拌好的涂料倒入小桶中，用小桶往擦干净的地面上徐徐倾倒，一边倒一边用橡皮刮板刮平，然后用铁抹子抹光。

⑥刷中涂层：底涂表干后方可刷下一遍，每遍的间隔时间，一般为 2～4h，涂刷 1～3 遍，厚度宜为 0.8～1.0mm。涂刷方向、距离长短应一致，勤沾短刷，干燥较快时应缩短刷距。或通过实验确定（如地面有刻花或图案要求，在主涂层打磨后可做刻花、图案处理）。

⑦刷罩面层：待中涂层干后可刷 1～2 遍罩面涂料（环氧树脂地面采用环氧树脂清漆罩面，过氯乙烯涂料地面采用过氧乙烯涂料罩面，彩色聚氨酯地面采用彩色聚酯涂料罩面）。

⑧磨平磨光：涂料刮完后，隔一天用 0 号砂纸或油石把所有涂料地面普遍磨一遍，使地面磨平磨光（适用于彩色水泥自流平涂料地面）。

⑨打蜡养护：罩面涂料干燥后，将掺有颜料和溶剂的地板蜡用棉丝均匀涂抹在面层上，然后用抛光机抛光处理。

⑩成品保护：面层施工完毕后，不准污染，不准上人，养护不少于7d。

（6）软质聚氯乙烯地板饰面施工

1）施工流程

材料准备→基层处理→测量分格→热水预热→下料预铺→涂胶粘贴→拼缝焊接→打蜡保护→验收。

2）操作要点

①材料准备：选用饰面材料需要注意：软质聚氯乙烯地板具有耐磨、耐腐蚀、防潮、隔声、施工方便、质量轻、表面美观、行走舒适等优点。软质聚氯乙烯地板有板材和卷材两种，主要规格：板材有300mm×300mm、400mm×400mm、600mm×600mm，厚度1.2~2.0（mm）；卷材长度20m，幅度1~2m，厚度2~3（mm）。

②基层处理：地面应坚实，必要时要进行打磨处理，铺贴前应保持基层洁净、干燥、含水率小于8%，底层地面应做防潮层。

③测量分格：平面测量弹线分格应从房间中央十字中心线向四周进行，使分格对称美观；高程测量，应从1.0m线向下测出地面的面标高。

④热水预热：粘贴前对板块预热处理，宜放入75℃热水中浸泡10~20min，待板面松软伸平后，取出晾干备用。整卷板材存放在室内不少于24h，温度18℃左右，铺贴前全部放开放平不少于3h。

⑤下料试铺：为了取得好的效果，下料后应先虚铺做试样，板的边缝裁割成平滑的坡口，拼缝的坡口角度为55°左右，调整尺寸符合要求后，才能实际粘贴。

⑥粘贴：用专用胶粘剂粘贴后，用滚筒从板中央四周来回滚压或用专用塑胶刮板来回赶压，排出板下空气，使板与基层粘贴牢固，再摆砂袋压实，板缝挤出的胶浆及时擦抹干净。

⑦拼缝焊接：粘贴后需养护2d，才能对拼缝施焊。施焊前，应对塑料焊条去污除油处理，先用热碱水（50~60℃）清洗干净，然后用清水冲洗晾干后备用；施焊前，检查压缩空气的纯度，压缩空气控制在0.05~0.10MPa，热气流温度控制在200~250℃时，进行施焊；应使焊条、拼缝同时均匀受热，焊枪喷嘴均匀上下摆动，摆动次数1~2次/s，幅度为10mm，凸出焊缝使用专用刀具削平，抛光。

⑧打蜡保护：板缝焊接3d以后，应对板面打蜡2~3遍，打蜡前板面应保持洁净。

⑨成品保护：完工后交付使用前，应防止硬物撞划。

（7）半硬质聚氯乙烯地板饰面施工

1）施工流程

材料准备→基层处理→涂刷底子胶→测量定位分格→试铺→铺贴→养护→验收。

2）操作要点

①材料准备：选用饰面材料需要注意：半硬质聚氯乙烯地板分为半硬质塑料地板砖和半硬质聚氯乙烯塑料（PVC）地板。

半硬质塑料地板砖，由聚氯乙烯—醋酸乙烯酯，加入大量石棉纤维与其他混合剂、颜料等混合，经塑化、压延成片、冲模而制成。

半硬质聚氯乙烯（PVC）地板主要为正方形，厚度0.8～1.5mm，也有卷材。具有耐油、耐腐蚀性、隔声、隔热、轻质、尺寸稳定、脚感舒适、耐久性好、装饰效果明显、施工方便等优点；添加阻燃剂的PVC板材，防火性能好。

半硬质塑料地板砖，具有轻质、耐磨、防滑、防腐、不助燃、吸水性小（24h/0.02%），色泽可选性好，使用寿命长，施工方便，表面平整、光洁、有弹性感等特点；规格有：305mm×305mm×1.2～1.3mm、333mm×333mm×1.5mm、500mm×500mm×3.0mm等。

②基层处理：要求基层地面坚实、干燥，必要时要进行打磨处理，铺贴前应保持基层洁净、干燥、含水率小于8%。

③涂刷底子胶：底子胶由非水溶性胶粘剂和醋酸乙酯按一定比例调制而成，涂刷要均匀，越薄越好，且不得漏刷，干燥后方可刮胶铺贴面层。

④测量分格定位：根据设计图案和板材尺寸，进行测量弹线定位分格。

⑤试铺：按定位线进行试铺，试铺合格后，按序编号。

⑥刮胶铺贴：铺贴用的胶粘剂，应根据不同场合照表选用（可参照表2-11）。

a. 铺贴前，除去板材的防粘隔离剂，宜采用丙酮：汽油混合液＝1:8，进行脱脂除蜡，待干、平整后再涂胶粘贴，并把板放置在与施工地点相同温度的地方不少于24h。

b. 铺贴时的施工温度应控制在10～32℃之间，晾置时间5～15min。

c. 使用乳液型胶粘剂，应在地面上刮胶的同时，在板材的背面也要涂胶，若用溶剂型胶粘剂，在地面上刮胶即可；使用聚醋酸乙烯溶剂胶粘剂、聚氨酯和环氧树脂胶粘剂，涂刮面不能太大，稍加晾置应立即铺贴。

d. 胶粘剂应涂刮满基层，控制厚度1.8～2.0mm之间，超过分格线不大于10mm；若板材背涂时，距边缘8mm左右不涂胶。

e. 铺贴时应边粘贴，边抹压，先将边角对齐粘合，正确就位后，用橡胶滚动轻轻压实板面并赶压，或用橡皮锤敲实赶气；接缝处理的搭接宽度不小于30mm。

⑦养护：铺贴完毕后，应及时清洁板面，擦去板缝中挤出来的余胶；根据气温一般自然养护时间为1～3d，养护期间禁止堆物和行走，禁止板面污染，禁止用水清洗板面；养护期满后打蜡保护。

⑧注意事项：胶粘剂使用过程中，要注意防火，余浆要按防火规定处理，使用后桶盖或瓶盖要盖紧，要远离火源，存放在阴凉处。

⑨胶粘剂选用：胶粘剂选用参考见表2-12，使用时应按设计要求和产品使用说明书的规定。

部分专用胶粘剂选用参考表 表2-12

名　称	性能特点	适用场合	注意事项
立时得胶	粘结速度快，效果好	干燥地面施工	
水乳性氯乙胶	不燃、无味、无毒、耐水性好，初贴时粘结力大	干燥，较潮湿基层也能施工	
6101环氧胶	粘结力强	地下室、地下人流量多的场合	粘贴时，要预防胺类固化剂对皮肤的刺激伤害

名 称	性能特点	适用场合	注意事项
405 聚氨酯胶	初贴时粘结力小，固化后有良好的粘结	防水、耐酸碱的工程	初贴时要防止位移
202 胶	粘结速度快，强度大	用于一般耐水、耐酸碱工程	使用双组分时，要拌合均匀

⑩成品保护：完工后交付使用前，应防止硬物撞划。

（8）氯化聚乙烯（CPE）卷材地板饰面施工

1）施工流程

材料准备→基层处理→弹线定位→裁剪→刷胶→铺贴→接缝处理→养护→验收。

2）操作要点

①材料准备：选用饰面材料需要注意：氯化聚乙烯（CFE）卷材，是聚乙烯与氯经取代反应制成，含氯量30%～40%，以聚氯乙烯树脂为面层，矿物纸和玻璃纤维毡作基层的卷材。

材料要具有良好的耐磨性，耐候性，耐老化性，耐臭氧性，耐油、耐化学药品、延性好等特点；色泽可选性强，仿真效果好，适用于公共建筑和住宅建筑的室内地面。主要规格有：卷长度10～20m，幅度800～2000（mm），厚度1.2～3.0（mm）。

②基层处理：要求基层地面坚实、干燥，必要时要进行打磨处理，铺贴前应保持基层洁净、干燥、含水率小于8%；可用专用胶粘剂涂刷基层，增加粘结效果。

③测量弹线定位：根据设计图案和板材尺寸，进行测量弹线定位合格。

④裁剪：粘贴前将卷材放开铺平试贴，裁剪时考虑搭接尺寸不小于20mm。

⑤刷胶：将专用胶（904胶粘剂）刷于基层和卷材背面晾干，以手触胶面不粘即可，晾干时间20min左右，刷胶厚度330～350g/m²。

⑥铺贴：应顺线铺贴，发现偏差，及时调整，铺正后，从中间往两边用手持辊筒进行滚压赶出气泡并铺平，若未赶出气泡，掀起前端，重新赶气铺贴，将接缝压实。铺贴时若胶污染板面，用200号溶剂汽油擦拭。

⑦养护：铺贴完毕后，应及时清洁板面，擦去板缝中挤出来的余胶；根据气温一般自然养护时间为1～3d，养护期间禁止堆物和行走，禁止板面污染，禁止用水清洗板面。

⑧成品保护：完工后交付使用前，应防止硬物撞划。

4. 板块面层施工

板块面层主要包括：天然石材、面砖、地毯、玻璃、活动地板等楼地面面层。

（1）地面天然石材施工面层

地面天然石材饰面主要有大理石、花岗石等。天然石材饰面基本构造见图2-10。地面石材可以根据设计要求铺设出各种图案（图2-11）。

1）施工流程

初始测量→电脑排版与深化设计→基层处理→测量与弹线定位→铺设结合层→铺设石材面层→灌浆、擦缝→养护→（高级地面石材打磨→抛光与晶面处理）→验收。

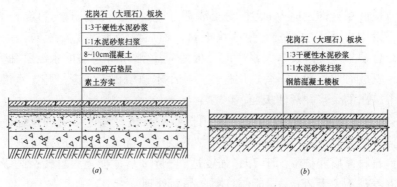

图 2-10　花岗石（大理石）板块楼地面构造示意图
(a) 一般地面石材板块贴面构造；(b) 一般楼层石材板块贴面构造

图 2-11　异形石材铺贴后实际效果示例图

2）操作要点

①初始测量：测量各室内地面的平面实际尺寸，结合设计图案要求，搞清各室内平面尺寸的实际相互关系。

②电脑排版与深化设计：根据实测数据，对设计图案进行电脑排版，出具电脑排版图，征得设计师同意，微调或全面调整设计方案；设计确认后进行定样加工。

③基层处理：当基层为水泥混凝土类时，要洒水湿润，残渣、浮浆、垃圾、杂物等均应清除干净；基层应坚实平整；铺设前必须对立管、套管和地漏与楼板节点之间进行密封处理，排水坡度应符合设计要求。

④测量与弹线定位：根据设计认定的排版图，首先定出房间中央十字中心线，再向四周延伸进行分格测量弹线，有特定拼装图案区域的在地面上弹线固定下来；根据墙上 1m 线（即地面面标高向上 1m 的水平控制线）及设计规定的板材面层厚度，往下量测面层表面的水平标高，沿墙根用砂拍实虚铺一排板材作为标高墩；有泛水要求的房间应先做最高与最低点的标高墩，然后拉线做出中间部分的标筋，用来控制面层表面标高；弹线定位后对照图案进行试铺编号。

⑤铺设结合层：基层处理湿润后，刷一道水灰比为 0.4～0.5 的素水泥浆，随刷随铺 1:2.5 干硬性砂浆结合层，根据标高墩，拉线控制砂浆结合层的厚度，干硬程度以手捏成团、指弹即散为宜，从里往外铺摊，铺好后用大杠刮平，再用抹子拍实，厚度宜高出大理石、花岗岩底面标高 3～4mm，每次铺摊面积以两排石板宽度为宜。

⑥铺设石板面层：铺设前24h，板材应清理干净，并做六面防护，防止返碱、返水和水锈；先行铺设中央十字中心线对角两块板材，然后沿着十字中心线向四周铺设。铺设时，干硬性结合层上应浇薄素水泥浆一道（板底应涂刮3mm左右的水泥胶粘料）；随浇随铺板块面层，安放时四角同时下落，用橡皮锤或小木锤填板击实夯平整，水准尺测平，及时清除板缝中挤出的余浆并清洁板面。

⑦擦缝：一般石板面层铺完2d后，采用机器对石材拼缝进行清理拉缝，用吸尘器清理完灰尘后，调制颜色与石材相近的云石胶填入缝中，待云石胶干透方可进行下步工序。

⑧养护：石材面层养护不少于7d，强度达到5MPa后才能上人打蜡；高级花岗石材面层常温条件下养护不少于28d，才能作打磨、晶面处理。

⑨石材打磨：高级花岗石地面养护达到强度后要打磨3遍。先用金刚粗砂轮打磨一遍，打磨完成后，清洗板面和清掏板缝，晾干后，用同色同品种石粉掺一定比例的环氧胶（或专用胶）搅拌均匀，批嵌板缝，同时对板面空隙修补，然后养护不少于3d；第二次打磨改用模数较大（模数越大越细）的细磨片，打磨后清洗板面，晾干后对板缝补浆，再养护不少于3d；第三次打磨选用更大模数的细磨片打磨，打磨完成后清洗板面，晾干，并作成品保护，不得污染板面。

⑩抛光与晶面处理：在充分晾干、洁净的地面上，均匀布洒"花岗石晶面保护液"，用1号钢丝绒贴在磨机底面打磨不少于5遍，直至光亮如镜；远视（5m外）犹如无缝地面。

⑪成品保护：

a. 成品地面应防止尖锐铁器等物撞击和刻划。

b. 防止有腐蚀性的污水浸入。

（2）地面石材整体打磨和晶面处理施工

石材打磨是指新铺设后的成品石材（大理石、花岗石）地面或原有的石材地面，为了达到"无缝"和镜面状态，取得更好的装饰效果，采用机械打磨和晶面保护工艺进行处理的方法。

1）施工流程

设备准备→第一遍打磨→清洗板面→清掏板缝→批嵌板缝和修补板面→养护→第二遍打磨→清洗板面→局部批嵌板缝和修补板面→养护→第三次打磨、清洗板面、养护→抛光与晶面处理。

2）操作要点

①设备准备：用于打磨的金刚石软磨片应根据不同石材性质选用号数，号数越小、打磨越粗糙，号数越大、打磨越精细；因此，打磨程序先粗后细，对应的金刚石选号原则由小到大，见表2-13。

金刚石软磨片号数参考表　　　　　　　　　　　　表2-13

30	50	60	100
150	200	300	400
500	600	800	1000
1500	2000	3000	

常用石材打磨机械有单头机、双头机、三头机和手持式角磨机，双头机、三头机主要用于大面积部位，单头机和角磨机用于地面的边角部位；打磨机械转速宜选用2800～4500r/min，打磨时需有充足的冷却水。配套机械有切缝机（若切缝时要用）、吸尘机、专用抛光机、专用晶面机以及中水回收的吸水机。

②第一遍打磨：新铺设的成品石材地面必须经养护达到设计强度后才能打磨，宜选用号数较小的金刚石砂轮片；打磨时需有充足的冷却水。

③清洗板面：经打磨后的石材地面用清水及时清洗。

④清掏板缝：对石材地面板缝内的原有擦缝材料、水泥砂浆、垃圾、杂物等必须清掏出来，并完全清理干净。

⑤批嵌板缝和修补板面：板面和板缝经晾干后，花岗石地面宜用同色同品种石粉掺一定比例的环氧胶（或专用胶）搅拌均匀，批嵌板缝，同时修补板面空隙；大理石地面宜用同色"云石胶"配固化剂批嵌板缝，以及修补板面空隙。

⑥养护：常温条件下，养护不少于3d。

⑦第二次打磨：改用号数较大（号数越大越细）的细磨片打磨，同样需要带冷却水打磨。

⑧清洗板面：用清水及时清洗。

⑨局部批嵌板缝和修补板面：板面晾干后，对局部需要修补的板面和板缝进行补浆。

⑩养护：常温条件下，养护不少于3d。

⑪第三次打磨：选用更大号数的细磨片打磨，打磨完成后清洗板面，晾干，并作成品保护，不得污染板面。

若经三次打磨，仍有磨痕或达不到理想效果，仍需更换更大号数的磨片，继续打磨，此时，对于花岗石地面宜选用2000～3000号的磨片打磨。

⑫抛光与晶面处理

石材打磨达到效果后应换上抛光磨块或专用抛光机，进行抛光打磨，打磨需要很少的冷却水，打磨后应清洗干净；在充分晾干、洁净的地面上，均匀布洒"花岗石晶面保护液"或"大理石晶面保护液"，花岗石地面宜用1号钢丝绒贴在磨机底面打磨不少于5遍，或专用晶面机打磨处理，直至光亮如镜；远视（5m外）犹如无缝地面（图2-12）。

（3）地面面砖饰面施工

1）施工流程

材料准备→初始测量→电脑排版与深化设计→基层处理→测量与弹线定位→铺设结合层→铺砖→勾缝、擦缝→养护→踢脚板安装→验收。

2）操作要点

①材料准备：选用饰面材料需要注意：从表现效果上可分为单色、纹理、仿石材、仿木材、拼花等多种形式；按挤压成型方法有挤压砖，又称为劈离砖和方砖，干压砖和其他方法成型砖；按表面处理方式分有釉（GL）及无釉（UGL）两类，陶瓷砖多为有釉面的，而无釉砖中，又有平面、麻面、磨光面、抛光面等多种品种。

图2-12 打磨和晶面处理后的大理石地面

地砖饰面效果要根据设计要求选择。地砖质量应符合现行产品标准的规定。

水泥采用强度等级不低于42.5级的硅酸盐水泥、普通硅酸盐水泥或32.5级矿渣硅酸盐水泥。砂采用中、粗砂。胶粘剂应符合防水、防菌和相容性要求。

目前，已经有地砖专用胶粘剂，采用胶粘剂作粘结层，胶粘剂必须符合产品标准。

②初始测量：测量各室内地面的平面实际尺寸，结合设计图案要求，搞清各室内平面尺寸的实际相互关系。

③电脑排版与深化设计：根据实测数据，对设计图案进行电脑排版，出具电脑排版图，征得设计师同意，微调或全面调整设计方案；设计确认后进行定样加工。排版应尽量对称（图2-13），视觉效果好。

图2-13　对称排版示例图

④基层处理：当基层为水泥混凝土类时，要洒水湿润，残渣、浮浆、垃圾、杂物等均应清除干净；基层应坚实平整。铺设前必须对立管、套管和地漏与楼板节点之间进行密封处理，排水坡度应符合设计要求。

⑤测量与弹线定位：根据设计认定的排版图，首先定出房间中央十字中心线，再向四周延伸进行分格测量弹线，有特定拼装图案区域的在地面上弹线固定下来；根据墙上1m线（即地面面标高向上1m的水平控制线）及设计规定的板材面层厚度，往下量测面层面的水平标高，沿墙根用砂拍实虚铺一排地砖作为标高墩；有泛水要求的房间应先做最高与最低点的标高墩，然后拉线做出中间部分的标筋，用来控制面层表面标高；弹线定位后对照图案进行试铺编号。

⑥铺设结合层：基层处理湿润后，刷一道水灰比为0.4～0.5的素水泥浆，随刷随铺1:2干硬性砂浆结合层15～20mm，干硬程度以手捏成团、指弹即散为宜，根据铺砖顺序铺摊，铺好后用大杠刮平，再用抹子拍实，每次铺摊面积以2～3排砖宽为宜，初凝前用完。

⑦铺砖面层：陶瓷地砖应提前浸水湿润、晾干备用。铺贴时，密铺缝宽不大于1mm，虚缝铺贴缝隙宽度按排版图（一般为8～10mm）；小型房间铺贴时，从门口开始，按排版图先纵向铺2～3行砖作为标筋，然后与墙根标高砖拉纵、横控制线，再从里到外退着铺贴；大堂、会议室等大面积房间，应先行铺设中央十字中心线对角两块板材，然后沿着十字中心线向四周铺设。铺设时，板底应涂刮5mm左右的水泥胶粘料；安放时四角同时下落，用橡皮锤或小木锤填板击实夯平整，水准尺测平，及时清除板缝中挤出的余浆和清洁板面；每铺2～3行应拉线检查缝格平直度，如超出规定应立即修整，将缝拨直，并用橡皮锤拍实，在结合层终凝前完成。若用胶粘剂结合层，铺贴砖面层时应在坚实、干净的基层表面刷一层薄而匀的底子胶，待其干燥后即铺砖，铺贴应一次就位准确，粘贴密实。

⑧擦缝、勾缝：地砖铺贴后，应在24h内进行擦缝、勾缝。缝宽小于3mm的擦缝，采用相近颜色的专用填缝剂填缝。缝宽在8mm以上的采用勾缝，勾缝用1:1水泥和细砂浆勾缝，嵌缝要密实、平整、光滑，缝成圆弧形，凹进面砖外表面2mm。

⑨成品保护：

a. 铺设后应及时围护，养护期满后，应用锯末或包装纸等材料进行覆盖保护。

b. 成品地面应防止尖锐铁器或重物等撞击和刻划。

c. 防止有腐蚀性的污水浸入。

（4）地毯饰面施工

1）施工流程

材料准备→初始测量→电脑排版与深化设计→基层处理→测量与弹线定位→铺设地毯→成品保护→验收。

2）操作要点

①材料准备：材料品种、图案必须按照设计要求选用。材料质量需要符合产品质量要求。

②初始测量：测量各室内地面的平面实际尺寸，结合地毯设计图案要求，搞清室内平面尺寸的实际相互关系。

③电脑排版与深化设计：根据实测数据，对设计图案进行电脑排版，出具电脑排版图，征得设计师同意，微调或全面调整设计方案；设计确认后进行定样加工。

④基层处理：地毯的基层有木地板、陶瓷地砖、水泥砂浆地面、混凝土地面和水磨石地面等，应根据不同基层情况进行处理，残渣、浮浆、垃圾、杂物、油垢、钉头、突出物、毛刺等均应清除干净；基层应结实、平整。

⑤测量与弹线定位：根据设计认定的排版图，首先定出房间中央十字中心线，再向四周延伸进行分格测量弹线，有特定拼装图案区域的在地面上弹线固定下来。弹线定位后根据排版图对地毯图案进行试铺、对花、编号。

⑥铺设地毯：地毯按铺设方法分有固定式和不固定式。地毯面固定式铺设：铺设地毯的房间、走道等应事先做好踢脚板，踢脚板下口均应高于地面10mm左右，以便将地毯毛边掩入踢脚板下。

⑦裁剪地毯：裁剪尺寸每段地毯的长度应比房间长度长20～30mm，宽度应以裁去地毯边缘后的尺寸计算，裁剪前弹线标明裁掉的边缘部分，随后用裁边机从长卷地毯上裁下所需部分；切口整齐顺直，便于拼缝。裁剪带有花纹、条格的地毯时，必须将缝口处的花纹、条格对准吻合。簇绒和植绒类地毯裁剪时，相邻两裁口边应呈八字形，便于铺后绒毛紧密对接。采用卡条固定地毯时，应沿房间的四周靠墙壁脚10～20mm处将卡条固定于基层上；在门槛处应用铝合金压条等固定。卡条和压条，可用水泥钉、木螺钉固定在基层，钉距为300mm左右；铺设弹性衬垫应将胶粒或波形面朝下，四周与木（或金属）卡条相接处宜离开10mm左右，拼缝处用纸胶带全部或部分粘合，防止滑移；经常移动的地毯在基层上先铺一层纸毡以免造成衬垫与基层粘连。

将预配、裁剪好的地毯铺平，一端固定在木（或金属）卡条上，用压毯铲将毯边塞入卡条与踢脚之间的缝隙内或卡条下端。铺设时注意用张紧器将地毯在纵横方向逐段推移伸展，以保证地毯在使用过程中平直面不隆起，用张紧器张紧后，地毯四周应挂在卡条或铝合金压条上。

⑧地毯接缝：一般是对缝拼接，即铺完一幅地毯后，在拼缝一侧弹通线，作为第二幅地毯铺设张紧的标准线，按标准线依次铺设第二幅，第二幅经张紧后，要求在拼缝处花纹、条格达到对齐、吻合、自然，随后用钢钉临时固定。对于薄型地毯可搭接裁割，即在前一幅地毯铺设张紧后，后一幅搭盖前幅30～40mm，在接缝处弹线，将直尺靠线用刀同时裁割两层地毯，扯去多余的边条后，合拢严密，不显拼缝。

地毯的接缝一般在背面采用线缝拉或用胶带粘贴方法。纯毛地毯铺设，用线缝拉接缝时，一般用线缝接结实扣，刷白胶，贴上牛皮纸；麻布衬底的化纤地毯铺设，用胶粘剂粘贴麻布窄条，沿直线（可在地面上弹线）放在接缝处的地面上，将地毯胶粘剂刮在麻布带上，然后将地毯对好后粘牢。胶带接缝：可先将胶带按地面上的弹线铺好，两端固定，将两侧地毯的边缘压在胶带上，然后用电熨斗在胶带上碾压平实，使之牢固地连在一起。

⑨收口处理：如地毯与大理石地面相接处标高近似，应镶铜条或者用不锈钢条，起到衔接与收口的作用；走道、卫生间地面标高不一致时，在门口应设收口条，用收口条压住地毯边缘。

⑩修整清洁：地毯铺好后，用裁剪刀裁去多余部分，并用扁铲将边缘塞入卡条和墙壁之间的缝中，用吸尘器吸去灰尘，清扫干净即可。

⑪地毯地面不固定式铺装：裁割与铺贴：如卷材地毯，裁剪和接缝与固定式铺设相同，但与地面的连接不同；地毯拼成整块后直接干铺在洁净的地面上，不与地面粘结。铺设踢脚板下的地毯边塞边压平；不同材质的地面交接处，应选用合适的收口条收口，同一标高的地面宜采用铜条或不锈钢条衔接收口；两种地面有高差时，应用"L"形铝合金收口条收口。

小方块地毯，铺设时应在地面弹出方格线，从房间中央开始铺设，块与块之间相互挤紧服帖，不得卷起。

⑫楼梯地毯铺设：先将倒刺板钉在踏步板和挡脚板的阴角两边，两条倒刺板顶角之间应留出地毯塞入的间隙，一般约15mm，钉应倾向阴角面。

海绵衬超出踏步板转角应不小于50mm，将角包住。地毯下料长度，应量出每级踏步的宽度和高度之后，宜预留一定长度。

地毯铺设由上而下，逐级进行，顶级地毯必须用压条钉固定于平台上；每级阴角处用扁铲将地毯绷紧后压入两根倒刺板之间的缝隙内，加长部分可叠钉在最下一级踏步的竖板上。防滑条应铺设在踏步板阳角边缘，然后用不锈钢膨胀螺钉固定，钉距150~300mm。

⑬成品保护：地毯铺设后、交付使用前宜用塑料薄膜覆盖，防尘、防垃圾、防污染；及时围护，禁止烟火。

（5）地面镭射钢化夹层玻璃饰面施工

1）施工流程

材料准备→初始测量→电脑排版与深化设计→基层处理→铺木基层板→测量与弹线定位→铺设玻璃面层→贴保护胶带→板缝注胶→揭保护胶带→养护→验收。

2）操作要点

①材料准备：选用饰面材料需要注意：镭射钢化夹层玻璃其抗冲击、耐磨、硬度指标与同档花岗石相仿；可按相关工序铺设在强度不低于C20的细石混凝土垫层或楼板上。镭射钢化夹层玻璃砖常用规格为400mm×400mm×10mm、500mm×500mm×12mm、600mm×600mm×15mm三种。根据设计装饰要求，特殊规格的尺寸还有1000~2000mm范围内的玻璃。

②初始测量：测量室内地面的平面实际尺寸，结合玻璃地面平面布局和图案要求，搞清室内平面尺寸的实际相互关系。

③电脑排版与深化设计：根据实测数据，对设计图案进行电脑排版，出具电脑排版

图，征得设计师同意，微调或全面调整设计方案；设计确认后进行定样加工。

④基层处理：水泥混凝土类面层表面的残渣、浮浆、垃圾、杂物等清除干净，表面坚实、干燥、平整。

⑤铺木基层板：水泥类地面上按设计要求满铺9~15mm厚的木夹板（多层板），与水泥地面固定；木基层板表面应洁净、平整。

⑥测量与弹线定位：根据设计认定的排版图，首先定出房间中央十字中心线，再向四周延伸测量定位，并在木板上弹线；有特定拼装图案区域的要在木板上弹线固定下来；用水准仪测量玻璃层面标高，并在墙上弹线。定位后根据排版图对玻璃地面图案试铺、编号。

⑦铺设玻璃面层：将待贴的镭射钢化夹层玻璃砖背面，在离四周边沿20mm左右的地方打上玻璃胶，玻璃胶面积占玻璃砖面积的5%~8%；按已弹分格线将玻璃砖安放，四角应同时落下，用木锤或橡皮锤垫木轻击平整，用水平尺测平；板缝控制在2~3mm之间，用长40mm的定位条块夹在板缝之间。

⑧贴保护胶带：玻璃砖全部贴完后5~8h，取下定位条块，在玻璃砖四周边沿贴上20mm宽的保护胶带。

⑨注胶：在镭射钢化夹层玻璃砖缝隙中注满玻璃胶，高于砖面平，溢出的浆应及时清除；也可将彩色有机塑料条或铜条加玻璃胶嵌入缝隙中。

⑩揭保护胶带：打胶后次日揭去保护胶带纸，并清理砖面。

⑪养护：打胶次日应围挡养护，常温条件下自然养护不少于3d。

⑫成品保护：打胶完毕即应围挡，禁止行走和堆物。

（6）地面金属弹簧玻璃饰面施工

1）施工流程

材料准备→初始测量→电脑排版与深化设计→基层处理→测量与弹线定位→安装弹簧基座→钢架格栅制作安装→受力试验→安装厚层木板→铺设玻璃面层→贴保护胶带→板缝注胶→揭保护胶带→养护→验收。

2）操作要点

①材料准备：材料主要有金属弹簧、钢架格栅、厚木板、中密度板及镭射钢化玻璃。

②初始测量：测量室内地面的平面实际尺寸，结合玻璃地面平面布局和图案要求，搞清室内平面尺寸的实际相互关系。

③电脑排版与深化设计：根据实测数据，对设计图案进行电脑排版，出具电脑排版图，征得设计师同意，微调或全面调整设计方案；设计确认后进行定样加工。

④基层处理：表面的残渣、浮浆、垃圾、杂物等清除干净，表面坚实、干燥、平整。

⑤测量与弹线定位：按设计要求的弹簧规格、数量及分布间距，在处理后的基层上弹线，确定弹簧基座位置。

⑥安装弹簧支座：按设计规定把弹簧支座安装在钢筋混凝土梁上。

⑦钢架格栅制作安装：钢架格栅的规格、尺寸，按照设计要求，一般用槽钢作为地板格栅，通长设置，间隔不大于1000mm；横向间隔1000mm用角钢与槽钢焊接相连，形成一个地板基层平面骨架，骨架支撑在全部弹簧上。

⑧受力试验：骨架完成后，按设计要求进行受力试验，合格后才能进行后续工序

施工。

⑨安装木垫板：由一层厚毛木板和双层中密度板组成，先铺装厚毛木板，再铺装中密度板，两层中密度板的铺设方向应相反，注意错缝；铺设后用水平尺检查平整度。

⑩铺设玻璃面层：将待贴的镭射钢化夹层玻璃砖背面，在离四周边沿20mm左右的地方打上玻璃胶，玻璃胶面积占玻璃砖面积的5%～8%；按已弹分格线将玻璃砖安放，四角应同时落下，用木锤或橡皮锤垫木轻击平整，用水平尺测平；板缝控制在2～3mm之间，用长40mm的定位条块夹在板缝之间。

⑪贴保护胶带：玻璃砖全部贴完后5～8h，取下定位条块，在玻璃砖四周边沿贴上20mm宽的保护胶带。

⑫注胶：在镭射钢化夹层玻璃砖缝隙中注满玻璃胶，高于砖面平，溢出的胶应及时清除；也可将彩色有机塑料条或铜条加玻璃胶嵌入缝隙中。

⑬揭保护胶带：打胶后次日揭去保护胶带纸，并清理砖面。

⑭养护：打胶次日应围挡养护，常温条件下自然养护不少于3d。

⑮成品保护：打胶完毕即应围挡，禁止行走和堆物。

（7）活动地板面层

选用饰面材料需要注意：活动地板按作用分为三种：一种是用于智能化布线系统的活动地板，统称网络地板；另一种用于防尘和防静电要求的专业用房活动地板；还有地下有通风要求的通风地板。

按结构体系分有梁式和无梁式两种，无梁式即活动地板直接搁置在可调式金属支架上（图2-14）；有梁式：以横梁、橡胶垫条和可供调节高度的金属支架组装成架空板系统。

铺设在水泥类地面（或基层）上；无梁式：以活动地板、橡胶垫条和可供调节高度的金属支架组装成架空板系统，铺设在水泥类地面（或基层）上。当房间防静电要求较高，需要接地时，应将活动地板面层的金属支架、金属横梁连通跨接，并与接地体相连，接地方法应符合设计要求。

图2-14　无梁式可调金属支架

1）施工流程

材料准备→基层处理→测量与弹线定位→安装金属架支座→安放横梁及胶垫→供线系统桥架铺设→活动地板铺设→成品保护→验收。

2）操作要点

①材料准备：活动地板面层具有防尘和防静电作用，安装方便。按构造成型分其特性有所不同：主要有采用特制的平压刨花板为基材，表面饰以装饰板和底层用镀锌板经粘结胶合而成的活动地板块；采用全钢组合结构，静电喷涂处理扣槽式网络地板；采用优质钢板拉伸成型的智能化网络全钢高架活动地板、内腔填充发泡水泥填充料，支架为镀锌铝合金构件，高度可调节并能自锁，地板四周成型有切边和铆接两种，安装采用无梁角锁，具有牢靠、稳定、调方便的特点；防静电全钢架空活动地板及扣槽式中空网络地板，中间不灌水泥，重量轻，环保，安装轻便；通风活动地板结构与防静电全钢架空活动地板相似，能与之互换、配套使用，但内腔是空的、无发泡填料，地板上下钢板及贴面均冲制有

通风孔，通风率达 17% ~ 36%。常用规格有：500mm × 500mm × 25 ~ 28mm、600mm × 600mm × 30 ~ 35 ~ 38 ~ 40mm、610mm × 610mm × 35 ~ 38 ~ 40mm。

用于电子信息系统机房的活动地板面层，其施工质量检验尚应符合现行国家标准《电子信息系统机房施工及验收规范》GB 50462 的有关规定。活动地板应符合设计要求和国家现行有关标准的规定，且应具有耐磨、防潮、阻燃、耐污染、耐老化和导静电等性能。

②基层处理：水泥混凝土类面层表面的残渣、浮浆、垃圾、杂物等清除干净，表面坚实、干燥、平整。

③测量与弹线定位：按照 1m 线量出活动地板面标高，并在四周墙上弹出基准控制线；按设计图纸要求，在地面上测量出十字中心线，线槽走向及位置线，以及活动地板的金属支架位置，并进行弹线。

④安装金属支架：一般应从十字中心线开始向四周安装，有横梁的应同时安装；或根据弹线分格位置从一端向另一端进行，相邻有线槽的金属支架应先行安装。活动地板所有的支座和横梁应构成框架一体，并与基层连接牢固；支架抄平后高度应符合设计要求。

⑤面层活动板安装：应跟随支架及时跟进安装，同时从基准线拉线控制面标高，用金属支架调节螺栓及时调节。活动地板在门口处或预留洞口处构造设置应符合设计要求，四周侧边应用耐磨硬质板材封闭或用镀锌钢板包裹，胶条封边应符合耐磨要求。活动地板与柱、墙面接缝处的处理应符合设计要求，设计无要求时应做木踢脚线，通风口处应选用异形活动地板铺贴。活动地板铺设后应排列整齐、接缝均匀、周边顺直。

⑥成品保护：安装后应及时清理板面，保持洁净、色泽一致。

5. 木竹面层施工

木、竹地板铺装应在室内其他装饰工程基本结束后进行。有防水要求的地面，已做好地面防水，铺装前应对面层以下水、电管线等隐藏工程验收。按铺装方法分有钉接法和粘贴法，实铺法和空铺法等。

（1）实木地板饰面施工

1）实木地板空铺施工流程

材料准备→基层处理→测量与放线定位→砌地垄墙→安装垫木或压沿木→安装木格栅和撑木→钉毛地板（仅双层时有）→铺钉硬木面板→刨平与打磨→钉踢脚板→养护（油漆、打蜡、保护）→验收。

2）实木地板空铺操作要点

①材料准备：选用饰面材料需要注意：面层按组合方式分，有条板地板和拼花地板；按层数分，有单层（面板直接钉在木格栅上）和双层（面板钉在毛板上，毛板下是木格栅）地板；按形状分有榫接实木地板、平接实木地板和仿古实木地板三类。条板面层常用规格为 800mm 及以上，宽 50 ~ 80mm，厚 18 ~ 23mm；拼花地板规格和图案按设计要求，常用的厚度为 18 ~ 25mm，宽度有 50 ~ 100mm，长度有：300mm、400mm、500mm、600mm、800mm、900mm 等。

实木踢脚板如采用硬木，设计无要求时，宽 150mm、厚 20mm，加工时背面满涂防腐剂。

施工前应对进场的木地板按设计方案进行电脑排版，预选和试拼，要求同一房间所用地板的品种、花纹和色调一致。

实木地板宜采用耐磨、纹理清晰、有光泽、不易腐朽、不易变形并经干燥处理、加工而成的优质木材，一般选用松木、杉木、水曲柳、柞木、柚木和榆木等材质。实木地板按外观、尺寸偏差和含水率、耐磨、附着力和硬度等物理性能分为优等品、一等品和合格品三个等级。含水率应不大于12%。

②基层处理：底层地面混凝土等基层已按要求施工完毕，地面无垃圾、杂物，坚实、平整。

③测量与放线定位：根据墙面上1m水平控制线，在房间四周墙上弹出用于控制地板面层标高的基准线；根据设计图纸放出地垄墙的平面位置。

④砌地垄墙：间距、砌筑砂浆强度等级均按设计，无要求时，采用M5水泥砂浆砌，墙高度低于60cm时砌120厚，超过60cm时，应砌240厚地垄墙，上留120mm×120mm的通风口；地垄墙长度超过4m时，应隔4m在墙两侧各设出墙120厚的墙墩。

⑤安装垫木或压沿木：用100mm×50mm压沿缘木满涂防腐剂，用8号镀锌铁丝两道绑牢在地垄墙上（也可钉在预埋在地垄墙的木砖上）；地垄墙顶面抹20厚1:2水泥砂浆找平层，垫木或压沿木应显露表面。

⑥安装木格栅和撑木：砌体强度达到设计强度75%以上；设计无要求时，木格栅与地垄墙垂直布置，龙骨与墙间距应留出不小于30mm的间隙，接头应采用平接头，用双面木夹板，每面钉牢，接头位置应错开。木格栅龙骨的断面选择应根据设计要求，设计无要求时，安装断面为50mm×70mm的通长木龙骨，间距（中-中）400mm，用断面50×50mm横撑，间距800mm（中-中），剪刀撑主要用于增加木格栅的稳定性，断面一般为400mm×400mm，中距1500mm，以上均需满涂防腐剂。

⑦钉毛地板：应将地垄墙之间的木屑、刨花、碎木块清干净后才能铺毛地板。30°或45°斜铺、铺钉松木毛地板（背面刷防腐剂），板厚不少于22mm，板面需刨平、清扫洁净，并经防腐、防蛀和防火处理。

⑧铺设面层地板：一般铺设硬木企口长条地板，板缝铺设方向应满足设计图案，铺钉前先将毛地板面清扫干净，在毛地板上弹直条铺钉线。木地板的铺钉线对于走道应顺行走道方向，对于房间应顺光线方向。木地板钉接是用地板钉从板侧的凸榫边倾斜钉入，钉长为板厚度的2～2.5倍，钉帽要砸扁冲入地板表面2mm，不可以露头。板缝不应大于0.5mm，靠四周墙端必须留有8～12mm的空隙，用踢脚板或踢脚条封盖，每块企口地板的接头必须设置在格栅上，并间隔错开；钉到最后一块企口地板，因无法斜面钉，可用明钉钉牢。

⑨刨平与打磨（如果采用漆板无此道工序）：可顺木纹方向用地板刨光机刨光，地板打磨机打磨。一般应经粗刨、细刨和打磨，木纹全部显现，光滑、平整为止。

⑩安装踢脚板：一般采用成品踢脚板安装。

⑪养护（如果采用漆板只有打蜡这道工序）：木地板面层经刨平、打磨后应及时围挡保护；并及时油漆、打蜡上光。

⑫成品保护：完工后既要开窗通风，又要防太阳直接照射和窗开风雨淋。

（2）实木复合地板饰面施工

1）施工流程

材料准备→基层处理→测量弹线→铺衬垫→铺设面板→粘贴收边、封口条→钉踢脚板→成品保护→验收。

2）操作要点

①材料准备：选用饰面材料需要注意：实木复合地板是以实木拼板或单板为面层、实木条为芯层、单板为底层，制成的企口地板和以单板为面层、胶合板为基材制成的企口地板合称，常以面层的树种来确定地板树种名称，有水曲柳、山毛榉、柞木和樱桃木等。结构为三层板材的规格有长 2100mm、2200mm × 宽 180mm、189mm、205mm × 厚 14mm、15mm 等，以胶合板为基材的实木复合地板规格有长 1818mm、2200mm × 宽 180mm、189mm、225mm、303mm × 厚 8mm、12mm 和 15mm。

实木复合地板遇水不及时清理会起拱、起泡。按外观、尺寸偏差和含水率、耐磨、附着力和硬度等物理性能分为优等品、一等品和合格品三个等级。

②基层处理：要求基层洁净、平整、光滑、干燥；必要时水泥地面基层要做自流平，毛地板面层要刨光，确保达到平整度标准。

③测量弹线：按设计确认的电脑排版图在基层上实测，确定收边、收口位置并弹线定位。

④铺衬垫：在平整、洁净、干燥的基层铺设 1～2 层聚氯乙烯泡沫塑料衬垫，起防潮隔离作用。

⑤铺设面板：在衬垫纸上铺设，干缝榫接，使两板的凹凸缝挤紧；板缝走向：对于走道应顺行走方向，对于房间应顺光线方向。靠四周墙端必须留有 8～12mm 的空隙，铺第一条板时应在墙根嵌入木塞或橡胶垫块，密缝铺设、板缝不应大于 0.3mm。

⑥粘贴收边、收口条：门口及相邻房间接界处等，用专用胶粘剂粘贴铜条或铝合金条收边、收口。

⑦成品保护：成品复合地板铺设后，首要的是防水，遇水不及时清理，渗入板缝后会起拱破坏。

（3）实木拼花木地板饰面施工

实木拼花木地板面层施工工艺流程，在钉毛地板之前基本与实木地板面层施工相同，从钉毛地板开始施工工艺、工艺流程有所不同。

1）施工流程

钉毛地板（仅双层时有）→测量、弹线定位→试铺→拼花地板面板铺设→刨平和打磨→油漆→打蜡→成品保护→验收。

2）操作要点

①钉毛地板：当面板采用席纹拼花地板，毛板宜与木格栅成 30°或 45°方向铺设；当面板采用人字纹拼花地板时，毛板宜与木格栅成 90°方向铺设。

②测量、弹线定位：在毛地板上实测室内地面净尺寸，然后量出地面中心点，弹出定位十字线，根据设计确认的电脑排版图案，左右前后对称分格弹线，并确定镶边。

③试铺：铺装拼花木地板前，对照设计图案，按定位线试铺并微调。

④拼花地板面板铺设：铺装顺序采用，先铺装镶边，后从地面的中心点开始，由内向外进行铺装。铺装可采用钉接式或粘贴式铺装方法。

a. 钉接式铺装：钉接式拼花木地板铺装需铺装在毛地板上。铺装按图案墨线，从中央向四边铺钉，首先用有企口的硬木套于木地板企口上，然后用锤敲击使拼缝严密，要求拼缝小于0.3mm，再后用长度为板厚2~2.5倍的钉子从侧面斜向钉入毛地板中，钉头不应露出，当拼花木地板的长度小于300mm时，用两根钉固定，长度大于300mm时，用三根钉固定，顶端均应钉一根钉。

b. 粘贴式铺装：粘贴式拼花木地板的铺装，可做在毛地板上，又可直接铺在细石混凝土基层上。在铺贴前，应用2m靠尺，检查基层的平整度，空隙不得大于2mm（必要时应对地面打磨或自流平）。粘贴按图案墨线，从中央向四边粘贴。铺贴时先在基层上涂刷一层厚约1mm左右的胶粘剂，再在拼木地板背面涂刷一层厚约0.5mm的胶粘剂。静置一定时间，待涂胶粘剂不沾手时，将拼木地板铺贴。粘贴时，使拼花板呈水平状态就位，同时用力与相邻拼花木板挤压严密，缝宽不大于0.3mm。在此过程中，可用小木锤垫木块敲打，溢出板面的胶粘剂要及时清理干净。固定后的拼花木地板面层可用重物加压，防止空鼓翘曲。

⑤刨光和打磨：钉接式和粘贴式拼花木地板铺装后，刨光、磨光三次，刨去厚度小于1.5mm，应无刨痕，细刨后木纹应全部显露；打磨（用砂纸磨光）后，表面应平整、光滑。

⑥~⑧：油漆→打蜡→成品保护等同实木地板面层。

（4）强化复合地板饰面施工

1）施工流程

材料准备→基层清理→测量、弹线→铺衬垫→试铺→铺中密度（强化）复合木地板面层→安装踢脚板→验收。

2）操作要点

①材料准备：选用饰面材料需要注意：中密度（强化）复合地板分类：按装饰层分为单层浸渍纸层压木质地板、多层浸渍纸层压木质地板和热固性树脂装饰层压板层压木质地板；按表面图案分为浮雕浸渍纸层压木质地板和光面浸渍纸层压木质地板；按甲醛释放量分为A类浸渍纸层压木质地板和B类浸渍纸层压木质地板。中密度（强化）复合地板一般铺设在水泥地面或毛地板上。

中密度（强化）复合地板（浸渍纸层压木质地板）是以一层或多层专用纸浸渍热固型氨基树脂，铺装在刨花板、中密度纤维板、高密度纤维板等人造板基材表面，背面加平衡层，正面加耐磨层，经热压而成的地板。中密度（强化）复合地板按外观、尺寸偏差和含水率、耐磨、附着力和硬度等物理性能分为优等品、一等品和合格品三个等级。

②基层处理：要求水泥类地面表面洁净、平整、光滑（必要时应做自流平），毛地板平整，表面刨光。

③测量、弹线定位：按设计确认的电脑排版图在基层上实测，确定收边、收口位置并弹线定位。

④铺衬垫：采用3mm左右聚氯乙烯泡沫塑料衬垫，铺在水泥砂浆、混凝土或毛地板上，在门口位置或与浴厕房间相邻部位应多设一层。

⑤试铺：试铺时，在地板与墙间放入木楔控制两者间距，地板的凹槽面向墙内。先试三排，采用不施胶铺装，铺装方向按照设计要求，按"顺光、顺行"自左向右逐排铺装。达到效果后再续铺。

⑥铺中密度（强化）复合木地板面层：地板条铺成与光线平行方向，在走廊或较小房间应将地板与较长的墙面平行铺设。排与排之间的长边接缝必须保持一条直线，相邻条板

错缝铺接，端头应错开不小于 300mm。铺设房间长度或宽度达 8m 时，宜在适当位置设置伸缩缝，放置铝合金条，防止整体面层受压变形。

铺装的方法有两种，一种是干缝榫接，使两板的凹凸缝之间挤紧，不作任何胶接；另一种是用胶贴剂胶接，铺贴时，第一排板每块只需在短头接尾凸榫上部涂足量的胶，使地板块榫槽粘结到位，结合严密。第二排板块需在短边和长边的凹榫内涂胶，与第一排凸榫粘结，用小锤隔着垫木向里轻轻敲打，使两块结合严密、平整，不留缝隙；拉线检查，保证平直，按上述方法逐块铺设挤紧。溢出的胶液用湿布及时擦净。

铺设最后一块木板时，应用专用拉钩，用铁锤、轻轻敲击拉钩上的凸块，使其头缝挤密。

地板与墙面相接处，应留出 10mm 左右缝隙，用木楔塞紧，在胶干透后（8～24h），应拆除木楔。

⑦安装踢脚板：铺装完地板，即可安装踢脚板，铺装时，先将地板和墙间隙内的木楔和杂物清理干净，然后将基层板钉在防腐木砖（预先在墙内每隔 300mm 砌入）或防腐木楔上（事后打入），随后将踢脚板用胶粘在基层板上，踢脚板与踢脚板的接缝用钉从侧口固定。踢脚板板面应垂直，上口呈水平线，出墙厚度控制在 10～20mm 范围，下口不得与地板粘连。

⑧成品保护：复合地板铺设后，首要是防水，遇水不及时清理，渗入板缝后会起拱破坏。

（5）竹地板饰面施工

1）施工流程

材料准备→基层清理→安装木格栅龙骨、横撑→钉毛地板（仅双层时有），铺衬垫（水泥类地面所需）→竹地板铺设→弹线，钉踢脚板。

2）操作要点

①材料准备：选用饰面材料需要注意，按结构分有多层胶合竹地板和单层胶合竹地板；按表面颜色分为本色竹地板、漂白竹地板和炭花竹地板。踢脚板的材质同木、竹楼地面，其宽度、厚度应按设计尺寸加工，背面涂防腐剂。一般安装在水泥类地面或毛地板上。

所用材料，应经严格选材、硫化、防腐、防蛀处理。竹地板按外观、尺寸偏差和含水率、耐磨、附着力和硬度等物理性能分为优等品、一等品和合格品三个等级。

②基层处理：要求水泥类地面表面洁净、平整、光滑，毛地板平整，表面刨光。

③安装木格栅龙骨、横撑：在水泥类基层上铺设竹地板面层时，木龙骨的间距一般为 250mm，用钢钉或膨胀螺栓固定并找平；在铺设竹地板面层前，应在木龙骨间撒防虫配料，每平方为 0.5kg。横撑间距宜 600mm 左右。

④钉毛地板（仅双层时有），铺衬垫（水泥类地面所需）：毛地板铺在龙骨上，设计无要求时，铺设角度宜为 45°，并按要求刨光、平整；直接在水泥类地面上铺设地板时，在地面上满铺厚 2～3mm 聚合物地垫。

⑤竹地板铺设：拼装竹地板，第一块板应离开墙面 8～12mm，用木楔塞紧，企口内采用胶粘；将竹地板逐块排紧，挤出的胶液用净布擦净。

⑥安装踢脚线：竹地板安装完成后，拆除墙边的木楔，并清理干净，然后安装木踢脚板。

⑦成品保护：竹地板安装完成后，要及时围护，要防火、防水、防污染。

6. 热辐射供暖地面施工

热辐射供暖地面是以热水为热媒的低温热水地面辐射供暖地面或以发热电缆为加热元件的地面辐射供暖地面，简称热辐射供暖地面。

低温热水地面辐射供暖：以温度不高于60℃的热水为热媒，在加热管内循环流动，加热地板，通过地面以辐射和对流的传热方式向室内供热的供暖方式。

发热电缆地面辐射供暖：以低温发热电缆为热源，通过地面以辐射和对流的传热方式向室内供热的供暖方式。

热辐射供暖地面工程是一项系统工程，涉及土建、水暖管道安装专业、电器管线安装专业和装饰专业等多专业的施工质量和配合协调，地面各构造层的施工在前面章节已作了相应介绍，由于热辐射供暖地面的特殊性，对有关构造层的施工再作如下补充，但土建、水暖管道安装专业、电器管线安装专业的施工不属于本章范围。

热辐射供暖地面的基本构造做法，参见图2-15～图2-19。

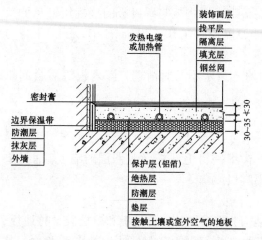

图2-15　与土壤接触且地面有防水
　　　　要求的基本构造

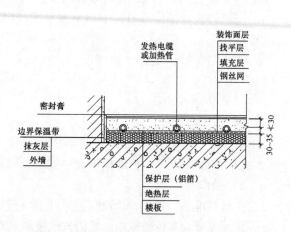

图2-16　一般楼层热辐射供暖地面的基本构造

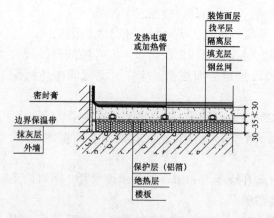

图2-17　楼层有防水要求的热辐射供暖地面构造

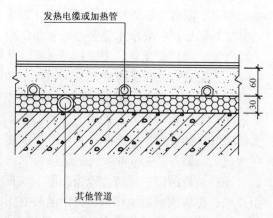

图2-18　有其他管线的基本构造示意图（一）

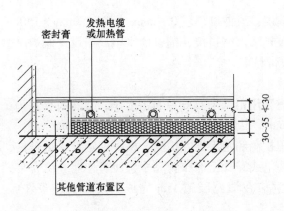

图 2-19　有其他管线的基本构造示意图（二）

（1）施工流程

施工准备→基层清理→设置防潮层→敷设边界保温层→铺设绝热层→敷设低温热水加热管系统管道设施或敷设低温发热电缆系统管线设施→填充层→结合层和面层装饰施工。

（2）操作要点

1）绝热层：

①绝热材料应采用导热系数小、难燃或不燃，具有足够承载能力的材料。绝热层厚度、材料物理性能及铺设应符合设计要求。采用聚苯乙烯泡沫塑料时，技术指标应符合表2-14的规定；采用其他绝热材料时，应符合同等效果原则。

聚苯乙烯泡沫塑料主要技术指标　　　　　　　　　　　　　表 2-14

项　　目	单　　位	性能指标
表观密度	kg/m^3	≥20.0
导热系数	W/（m·K）	≤0.041
压缩强度（即在10%形变下的压缩应力）	kPa	≥100
吸水率（体积分数）	%（v/v）	≤4
尺寸稳定性	%	≤3
水蒸气透过系数	kg/（Pa·m·s）	≤4.5
熔结性（弯曲变形）	mm	≥20
氧指数	%	≥30
燃烧分级	达到 B 级	

②施工前底层地面或楼层有防水要求的地面，必须做防水隔离层；做完蓄水试验并经过验收。

③绝热层使用聚苯乙烯泡沫塑料时，为便于加热管固定，绝热板上方可粘接一层纺粘

法非织造布/PE 镀铝膜层；或铺设一层 0.8mm，网眼 150mm×150mm 的氩弧焊钢丝网。

④绝热层应错缝铺设、严密拼接，铺设应平整。当设置保护层时，保护层搭接处至少重叠 80mm，并宜用胶带粘牢。

2）填充层：

①填充层的材料宜采用不低于 C20 豆石混凝土，豆石粒径宜为 5～12mm，加热管的填充层厚度不宜小于 50mm，发热电缆填充层厚度不小于 35mm。

②发热电缆经电阻检测和绝缘性能检测合格，加热管水试合格、处于有压状态，温控器的安装盒和发热电缆电线穿管已经布置完毕，所有伸缩缝已安装完毕，且已通过隐蔽工程验收，所有地面留洞应在填充层施工前完成。具备上述条件后，方能进行填充层的施工。

③施工过程中，应防止油漆、沥青或其他化学溶剂接触污染加热管或发热电缆的表面；严禁人员踩踏加热管和发热电缆；严禁在加热管或发热电缆铺设区域穿凿、钻孔和射钉作业。

④混凝土填充层施工中，加热管内的水压不应低于 0.6MPa；填充层养护过程中，系统水压不应低于 0.4MPa。

⑤混凝土填充层宜掺入适量防止开裂的外加剂，对管线集中处，尚应铺设钢丝网以防裂缝。

⑥混凝土填充层施工中，应手工铺平、压实混凝土，严禁使用机械振捣设备；避免混凝土浆进入绝热层及边界保温带的接缝处；施工人员穿软底鞋，采用平头铁锹，防止管线移动。

⑦系统初始加热前，混凝土填充层的养护期不应少于 21d。施工中，应对地面采取保护措施，不得在地面上加以重载、高温烘烤、直接放置高温物体和高温加热设备。

⑧填充层施工完毕，应对发热电缆的标称电阻和绝缘电阻检测，验收并做好记录。

3）边界保温带：在供暖房间所有墙、柱与地板相交位置敷设边界保温带。边界保温带应高出精装修地面，待精装修地面施工完成后，切除高于地面表面以上的边界保温带。

4）伸缩缝设置应符合下列规定：

①在与内外墙、柱等垂直构件交接处应留不间断的伸缩缝，伸缩缝填充材料应采用搭接方式连接，搭接宽度不应小于 10mm；伸缩缝填充材料与墙、柱应有可靠的固定措施，与地面绝热层连接应紧密，伸缩缝宽度不宜小于 10mm。伸缩缝填充材料宜采用高发泡聚乙烯泡沫塑料。

②在各房间门口处、边长超过 6m 或地面面积超过 30m² 时，应按不大于 6m 间距设置伸缩缝，伸缩缝宽度不应小于 8mm。伸缩缝宜采用高发泡聚乙烯泡沫塑料或内满填弹性膨胀膏。

③伸缩缝应从绝热层的上边缘做到填充层的上边缘。

5）热辐射供暖地面面层：

地面面层采用的材料或产品应符合设计要求和国家规定，宜采用下列材料：水泥砂浆、混凝土地面；地面砖、大理石、花岗石等板块地面；符合国家标准的复合木地板、实木复合地板及耐热实木地板，应具有耐热性、热稳定性、防水、防潮、防霉变等特点。

①主要施工工艺流程：基层处理→测量弹线定位→铺设结合层→铺设面层→养护→成

94

品保护→验收。

②施工重点注意事项：施工要点基本同整体面层、板块面层和木板楼地面面层的铺设，需重点注意事项如下：

a. 基层处理：要求表面洁净、干燥、平整；但不可对基层作打磨处理；面层施工，应在填充层达到设计强度后才能进行，且表面不得有明显裂缝。

b. 施工面层时，不得剔、凿、割、钻和钉填充层，不得向填充层内楔入任何物件。

c. 以木地板作为面层时，木材应经过干燥处理，且应在填充层和找平层完全干燥后，才能进行木地板施工。

d. 石材、面砖在与内外墙、柱等垂直构件交接处，应留10mm宽伸缩缝；木地板铺设时，应留不小于14mm的伸缩缝；伸缩缝从填充层的上边缘做到高出装饰层上表面10～20mm，装饰层敷设完毕后，裁去多余部分。伸缩缝填充材料宜采用高发泡聚乙烯泡沫塑料。地砖、大理石、花岗岩面层施工时，在伸缩缝处应采用干贴。

e. 木地板面层可采用空铺法或胶粘法（满粘或点粘）铺设。当面层设置垫层地板时，垫层地板的材料和厚度应符合设计要求；与填充层接触的龙骨、垫层地板、面层地板等应采用胶粘法铺设。铺设时填充层的含水率应符合胶粘剂的技术要求；木地板面层采用无龙骨的空铺法铺设时，应在填充层上铺设一层耐热防潮纸（布）。防潮纸（布）应采用胶粘搭接，搭接尺寸应合理，铺设后表面应平整、无皱褶。

f. 板块面层采用胶结材料粘贴铺设时，填充层的含水率应符合胶结材料的技术要求。

g. 施工结束后应绘制竣工图，会同管线专业安装单位，准确标注加热管或发热电缆敷设的正确位置。

③成品保护：不宜与其他施工作业同时进行；混凝土现浇层浇捣和养护过程中，不得进入踩踏；在混凝土现浇层养护期满后，加热管或发热电缆敷设后的地面，应设置明显标识，加以妥善保护，不得在地面上运行重荷载或放置高温物体；施工后地板辐射供暖地面严禁大力敲打、冲击；不得在地面上开孔、剔凿或嵌入任何物件。

④允许偏差应符合表2-15的规定。

原始地面、填充层、面层施工要求及允许偏差　　　　　　　　　　表2-15

序号	项目	条　件	施工要求	允许偏差（mm）
1	原始地面	铺绝热层前	平整	±8
2	填充层	骨料	直径≤12	−2
		厚度	按设计要求	±4
		门口、面积大于30m² 或长度大于6m	留8mm伸缩缝	+2
		与内外墙、柱等垂直部件	留10mm伸缩缝	+2
3	面层	与内外墙、柱等垂直部件	面层为木地板时，留不小于14mm伸缩缝	+2

7. 楼地面工程质量标准

楼地面工程质量应符合设计要求，满足使用功能和安全要求，按照《建筑工程施工质量验收统一标准》GB 50300-2013、《建筑地面工程施工质量验收规范》GB 50209—2010、《建筑装饰装修工程质量验收规范》GB 50210—2001 等相关标准要求,通过工程质量验收。楼地面施工应按照事前、事中、事后控制的原则,从人、机、料、环、法、测六个方面抓好过程质量控制,从严控制质量偏差。

(1)整体面层施工质量控制要点和质量标准

1)面层以下各构造层(包括各类管线)都经隐蔽验收合格;基层表面洁净,平整度、强度等达到面层施工的条件。

2)所用材料都按规定验收合格。

3)施工人员已经操作培训合格,工艺流程和操作要点经技术交底,按施工方案执行。

4)主控项目按规范要求全部合格,允许偏差项目符合表 2-16 的规定。

整体面层的允许偏差和检验方法   表 2-16

项次	项目	允许偏差									检验方法
		水泥混凝土面层	水泥砂浆面层	普通水磨石面层	高级水磨石面层	水泥钢(铁)屑面层	防油渗混凝土和不发火(防爆)面层	自流平面层	涂料面层	塑胶面层	
1	表面平整度	5	4	3	2	4	5	2	2	2	用2m靠尺和楔形塞尺检查
2	踢脚线上口平直	4	4	3	3	4	4	3	3	3	拉5m线和用钢尺检查
3	缝格平直	3	3	3	2	3	3	2	2	2	

(2)石材地面施工质量控制要点和标准

第1)~3)条同(1)。

4)大理石、花岗岩面层表面应洁净、平整、无磨损,且图案清晰,色泽一致,接缝均匀,周边顺直,镶嵌正确,板块无裂纹、掉角和缺楞等缺陷。

5)面层邻接处镶边用料及尺寸应符合设计要求,边角整齐、光滑。

6)踢脚线表面应洁净、高度一致、结合牢固、出墙厚度一致。

7)楼梯踏步和台阶板块缝隙宽度应一致、棱角整齐;楼层梯段相邻踏步高差不大于10mm;防滑条顺直、牢固。

8)面层表面的坡度符合设计要求,不倒泛水、无积水;与地漏、管道结合处严密牢固,无渗漏。

9)饰面板嵌缝密实、平直,宽度和深度应符合设计要求,嵌填材料色泽应一致。

10)墙面湿贴施工,石材应进行防碱背涂处理。饰面板与基体之间的灌注材料应饱满、密实。

11)主控项目按规范验收全部合格,面层允许偏差符合表 2-17 规定。

项次	项　目	允许偏差		检验方法
		大理石面层和花岗石面层	碎拼大理石、碎拼花岗石面层	
1	表面平整度	1.0	3.0	用2m靠尺和楔形塞尺检查
2	缝格平直	2.0	—	拉5m线和用钢尺检查
3	接缝高低差	0.5	—	用钢尺检查和楔形塞尺检查
4	踢脚线上口平直	1.0	1.0	拉5m线和用钢尺检查
5	板块间隙	1.0	—	用钢尺检查

（3）地面面砖施工质量控制要点和质量标准

第1）~3）条同（1）。

4）面层所用的板块的品种、质量必须符合设计要求。

5）面层与下一层的结合层（粘结）应牢固，无空鼓。

6）表面应洁净、图案清晰，色泽一致，接缝平整，深浅一致，周边顺直。板块无裂纹、掉角和缺楞等缺陷。

7）面层邻接处的镶边用料及尺寸应符合设计要求，边角整齐、光滑。

8）踢脚线表面应洁净、高度一致、结合牢固、出墙厚度一致。

9）楼梯踏步和台阶板块的缝隙宽度应一致、棱角整齐；楼层梯段相邻踏步高差不应大于10mm；防滑条顺直。

10）面层表面的坡度应符合设计要求，不倒泛水、无积水；与地漏、管道结合处严密牢固，无渗漏。

11）主控项目按规范验收全部合格，砖面层的允许偏差应符合《建筑地面工程施工质量验收规范》GB 50209—2010表6.1.8的规定。

（4）地毯施工质量控制要点和质量标准

第1）~3）条同（1）。

4）地毯的品种、规格、颜色、花色、胶料和辅料及其材质必须符合设计要求和国家现行地毯产品标准的规定。

5）地毯表面应平服、拼缝处粘贴牢固、严密平整、图案吻合。

6）地毯表面不应起鼓、起皱、翘边、卷边、显拼缝、露线和无毛边，绒面毛顺光一致，毯面干净，无污染和损伤。

7）地毯同其他面层连接处、收口和墙边、柱子周围应顺直、压紧。

8）工程质量按照设计要求和相关标准验收合格。

（5）地板施工质量控制要点和质量标准

第1）~3）条同（1）。

4）地板面层所采用的材料，品种、规格、技术等级和质量要求应符合设计要求，木格栅、毛地板和垫木等应作防腐、防蛀和防火处理。

5）木格栅安装应牢固、平直。

6）面层铺设牢固；粘结无空鼓。

7）面层缝隙应严密；接头位置应错开、表面洁净。

8）踢脚线表面应光滑，接缝均匀，高度一致。

9）主控项目按规范验收全部合格，面层的允许偏差应符合验收规范偏差表的规定。

（6）塑料板面层施工质量控制要点和质量标准

第1）~3）条同（1）。

4）胶粘剂应按基层材料和面层材料使用的相容性要求，通过试验确定，质量符合国家现行标准规定。

5）焊条成分和性能与被焊的板相同，质量符合有关技术标准的规定，并应有出厂合格证。

6）塑料板及配套材料的防静电性能和施工完成后的静止时间应符合产品技术标准要求。

7）主控项目按规范验收全部合格，偏差项目符合验收规范表的要求。

（7）热辐射供暖地面施工质量控制要点和质量标准

第1）~3）条同（1）。

4）板块面层采用胶结材料粘贴铺设时，填充层的含水率应符合胶结材料的技术要求。

5）面层铺设时不得扰动填充层，不得向填充层内楔入任何物件。

6）主控项目按规范验收全部合格，一般项目符合规范要求，允许偏差项目符合的规定。

2.3.5 装饰装修水电工程

1. 概述

建筑安装工程是个庞大完整的系统，专业性非常强，需要专业承包商完成。但是，国内有很多工程，考虑到安装末端与装饰关系密切，有些内容由装饰承包商完成更有利于工程管理和工程质量，因此，整个系统由安装专业承包商完成，安装末端，与装饰工程紧密相关的那部分，诸如给水排水与末端用水器连接部分；末端风管与出风、进风部分；电气末端与用电器，开关面板相连部分等，由装饰承包商完成。

针对这种现状，装饰装修施工员需要掌握一部分建筑安装技术管理知识，但是，这些知识又有别于完整的建筑安装知识。因此，本章有选择地介绍一些与建筑装饰工程密切相关的建筑安装知识，重点帮助装饰装修施工员掌握与自身工作直接相关的知识。

2. 室内给水排水支管施工

（1）室内给水支管施工

室内给水系统按照供水对象分为生产给水系统、消防给水系统和生活给水系统。

1）室内给水工程安装的一般要求

①给水管道必须采用与管材相适应的管件，生活给水系统所涉及的材料必须达到饮用水卫生标准。

②管径≤100mm 的镀锌钢管应采用螺纹连接，套丝扣时破坏的镀锌层表面及外露螺纹部分应做防腐处理。管径＞100mm 的应采用法兰或卡套式专用管件连接，镀锌钢管与法兰的焊接处应二次镀锌。目前，镀锌钢管在给水工程中已较少使用。

③给水塑料管和复合管可以采用橡胶圈接口、粘接接口、热熔连接、专用管件连接及法兰连接等形式。塑料管和复合管与金属管件、阀门等的连接应使用专用管件连接，不得在塑料管上套丝。

④铜管连接可采用专用接头或焊接，当管径＜22mm 时，宜采用承插或套管焊接，承口应迎介质流向安装。当管径＞22mm 时，宜采用对口焊接。

⑤冷热水管道同时安装：上、下平行安装时热水管应在冷水管上方，垂直平行安装时热水管应在冷水管左侧，冷热水管道净距应大于 100mm。

2）给水管道及配件安装施工控制要点

冷水给水系统的管道应采用镀锌钢管、PPR 管、不锈钢钢管和复合管材，见图 2-20。

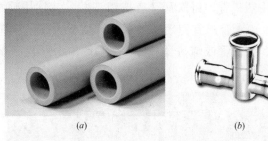

(a)　　　　　　　　　(b)

图 2-20　冷水给水系统管材

(a) PPR 管；(b) 不锈钢管配件

①管道及管件焊接的焊缝表面质量应符合下列要求。

a. 焊缝外形尺寸应符合图纸和工艺文件的规定，焊缝高度不得低于母材表面，焊缝与母材应圆滑过渡。

b. 焊缝及热影响区表面应无裂纹、未熔合、未焊透、夹渣、弧坑和气孔等缺陷。

②给水水平管道应有 2‰~5‰的坡度坡向泄水装置。

③管道的支、吊架安装应平整牢固，其间距应符合规范规定。

④水表应安装在便于检修，不受曝晒、污染和冻结的地方。安装螺翼式水表，表前与阀应有不小于 8 倍水表接口直径的直线管段。表外壳距墙表面净距为 10~30mm。水表进水口中心标高应按设计要求，允许偏差为 ±10mm。

⑤管道试压：室内给水管道的水压试验必须符合设计要求。当设计未注明时，各种材质的给水管道系统试验压力均为工作压力的 1.5 倍，但不得小于 0.6MPa。铺设、暗装、保温的给水管道在隐蔽前做好水压试验。管道系统安装完后要进行整件水压试验。水压试验时放净空气，充满水后进行加压，当压力升到规定要求时停止加压，进行检查，如各接口和阀门均无渗漏，持续到规定时间，观察其压力下降在允许范围内，通知有关人员验收。然后把水泄净，遭破损的镀锌层和外露丝扣处做好防腐处理，再进行隐蔽工作。

⑥管道冲洗、消毒：管道在试压完成后即可冲洗。冲洗应用自来水连续进行，应保证有充足的流量，并应进行消毒，经有关部门取样检验，符合《生活饮用水卫生标准》GB 5749 方可使用。

⑦管道保温：给水管道明装、暗装的保温形式有三种形式：管道保温防冻、管道防热损失保温、管道防结露保温。其保温材质及厚度均按设计要求，质量应达到国家验收规范

标准。

（2）室内排水支管施工

1）室内排水系统设置的一般原则

①生活粪便污水不可与雨水合流。

②冷却系统的废水可与雨水合流。

③被有机杂质污染的生产污水可与生活粪便污水合流。

④含大量固体杂质的污水、浓度大的酸性和碱性污水以及含有毒物质或油脂的污水，应设置独立的排水系统，且应经局部处理达到国家规定的排放标准后，方允许排入室外排水管网。

⑤生活污水管道应使用塑料管、铸铁管（有成组洗脸盆或饮用喷水器具的排水短管，可使用钢管），见图 2-21。雨水管道宜使用塑料管、铸铁管、镀锌钢管或混凝土管等。悬吊式雨水管道应选用钢管、铸铁管或塑料管。易受振动的雨水管道（如锻造车间等）应使用钢管。

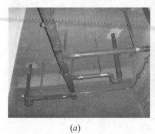

(*a*)　　　　　　　　　　(*b*)

图 2-21　室内排水系统管材

(*a*) 铸铁管；(*b*) PVC 管

2）排水管道布置与安装施工控制要点

①为满足管道工作时的最佳水力条件，排水立管应设在污水水质最差、杂质最多的排水点附近。管道要尽量减少不必要的转角，宜作直线布置，并以最短的距离排出室外。

②为使管道不易受损，排水管道不得穿过建筑物的沉降缝、烟道和风道，并避免穿过伸缩缝，否则要采取保护措施。埋地管不得布置在可能受到重物压坏处或穿越设备基础。特殊情况需要穿过以上部位时，则应采取保护措施。

③排水塑料管必须按设计要求及位置装设伸缩节。如设计无要求时，伸缩节间距不得大于 4m。高层建筑中明设的排水塑料管道应按设计要求设置阻火圈或防火套管。

④生活污水铸铁管道和塑料管道的坡度必须符合设计或《建筑给水排水及采暖工程施工质量验收规范》GB 50242 中的规定。

3）排水管道配件安装施工控制要点

①在生活污水管道上设置的检查口或清扫口，当设计无要求时应符合下列规定。

a. 在立管上应每隔一层设置一个检查口，但在最底层和有卫生器具的最高层必须设置。如为两层建筑时，可仅在底层设置立管检查口。如有乙字弯管时，则在该层乙字弯管的上部设置检查口。检查口中心高度距操作地面一般为 1m，允许偏差 ±20mm。检查口的朝向应便于检修。暗装立管，在检查口处应安装检修门。

b. 在连接 2 个及以上大便器或 3 个及以上卫生器具的污水横管上应设置清扫口。当污水管在楼板下悬吊敷设时，可将清扫口设在上一层楼地面上，污水管起点的清扫口与管道相垂直的墙面距离不得小于 200mm。若污水管起点设置堵头代替清扫口时，与墙面距离不得小于 400mm。

c. 在转角小于 135° 的污水横管上，应设置检查口或清扫口。

d. 污水横管的直线管段，应按设计要求的距离设置检查口或清扫口。

e. 金属排水管道上的吊钩或卡箍应固定在承重结构上，固定件间距：横管不大于 2m；立管不大于 3m。楼层高度小于或等于 4m，立管可安装 1 个固定件。立管底部的弯管处应设支墩或采取固定措施。

f. 排水塑料管道支、吊架间距应符合表 2-18 的规定。

排水塑料管道支吊架最大间距（m）   表 2-18

管径（mm）	50	75	110	125	160
立管	1.2	1.5	2.0	2.0	2.0
横管	0.5	0.75	1.10	1.30	1.6

②通气管不得与风道或烟道连接，且应符合下列规定。

a. 通气管应高出屋面 300mm，但必须大于最大积雪厚度。

b. 在通气管出口 4m 以内有门、窗时，通气管应高出门、窗顶 600mm 或引向无门、窗一侧。

c. 在经常有人停留的平屋顶上，通气管应高出屋面 2m，并应根据防雷要求设置防雷装置。

d. 屋顶有隔热层应从隔热层板面算起。

③室内排水的水平管道与水平管道、水平管道与立管的连接，应采用 45° 三通或 45° 四通和 90° 斜三通或 90° 斜四通。立管与排出管端部的连接，应采用两个 45° 弯头或曲率半径不小于 4 倍管径的 90° 弯头。

4）排水管道灌水、通球试验

①灌水试验：为防止排水管道堵塞和渗漏，确保建筑物的使用功能，室内排水管道应进行试漏的灌水试验。隐蔽或埋地的排水管道在隐蔽前必须做灌水试验，其灌水高度应不低于底层卫生器具的上边缘或底层地面高度。试验时，管道满水 15min 水面下降后，再灌满观察 5min，液面不降，管道及接口无渗漏为合格。安装在室内的雨水管道安装后也应做灌水试验，灌水高度必须到每根立管上部的雨水斗。试验时，灌水试验持续 1h，不渗不漏为合格。

②通球试验：排水主立管及水平干管管道，安装后应作通球试验。通球球径为不小于管内径 2/3 的皮球，从立管顶端投入，球在排出管内不能滚动时，可注入一定量的水到管内，使球顺利随水流出为合格。通球过程中如有堵塞，应查明位置进行疏通，并重新作通球试验，直至球能随水流出为合格。

5）应注意的质量问题

①室内排水管容易堵塞，施工期间应封闭排水管管口。防治措施如下：接口时严格清理管内的泥土及污物，管口应封好堵严。卫生器具的排水口在未通水前应堵好，存水弯的排水丝堵可以后安装。施工排水横管及水平干管应满足或大于最小坡度要求。管件安装时应尽量采用阻力小的 Y 型或 TY 型三通等。

②冬期施工接口必须采取防冻措施。

（3）卫生器具安装

卫生器具不论档次高低，基本质量要求必须是：内表面光滑、不渗水、耐腐蚀、耐冷热、便于洗刷清洁和经久耐用。除大便器外，卫生器具在排水口处，均应设十字形排水栅，以防止较粗大的杂物进入管内，造成管道阻塞。每一卫生器具下面均应设置存水弯，以阻止臭气逸出。

1）卫生器具及给水配件安装施工控制要点

①卫生器具的安装应采用预埋螺栓或膨胀螺栓安装固定。

②固定洗脸盆、洗手盆、洗涤盆和浴缸等排水口接头，应通过旋紧螺母来实现，不得强行旋转落水口，落水口与盆底相平或略低于盆底。

③卫生器具的冷热水给水阀门和水龙头，必须面向使用人的右冷左热习惯安装。连接给水配件小铜管的位置、形状均须左右对称一致。

④安装镀铬的卫生器具给水配件应使用扳手，不得使用管子钳，以保护镀铬表面完好无损。接口应严密、牢固、不漏水。

⑤卫生设备的塑料和铜质部件安装时不得使用管子钳夹紧，有六角和八角形菱角面的，应用扳手夹持旋动，无棱角面的应制作专用工具夹持旋动。

⑥给水配件应安装端正，表面洁净并清除外露油渍。

⑦浴缸软管淋浴器挂钩的高度，如设计无要求，应距地面 1.8m。

⑧给水配件的启闭部分应灵活，必要时应调整阀杆压盖螺母及填料。

⑨地漏安装，应符合如下要求。

a. 核对地面标高，按地面水平线采用 2% 的坡度，在低 5～10mm 处为地漏表面标高；

b. 安装后应封堵，防止建筑垃圾进入排水管；

c. 地漏安装后，用 1:2 水泥砂浆将其固定。

⑩小便槽冲洗管，应采用镀锌钢管或硬质塑料管。冲洗孔应斜向下方安装，冲洗水流同墙面成 45°角。镀锌钢管钻孔后应进行二次镀锌。

⑪卫生器具安装的共同要求，就是平、稳、准、牢、不漏，使用方便，性能良好。平，就是同一房间同种器具上口边缘要水平，垂直度的偏差不得超过 3mm；稳，就是器具安装好后无摆动现象；牢，就是安装牢固，无脱落松动现象；准，就是卫生器具平面位置和高度尺寸准确，在设计图纸无明确要求时，特别是同类器具要整齐美观；不漏，即卫生器具上、下水管接口连接必须严格不漏；使用方便，即零部件布局合理，阀门及手柄的位置朝向合理；性能良好，就是阀门、水嘴使用灵活，管内畅通。

⑫卫生器具交工前应做满水和通水试验。

2）施工注意事项

①搬运和安装陶瓷、搪瓷卫生器具时，应注意轻拿轻放，避免损坏。

②若需动用气焊时，对已做完装饰的房间墙面、地面，应用铁皮遮挡。

③卫生设备安装前，要将上、下水接口临时堵好。卫生设备安装后要将各进入口堵塞好，并且要及时关闭卫生间。

④工程竣工前，须将瓷器表面擦拭干净。

（4）建筑给水排水工程质量验收

1）基本规定

①建筑给水、排水工程施工现场应具有必要的施工技术标准、健全的质量管理体系和工程质量检测制度，实现施工全过程质量控制。

②建筑给水、排水工程施工应按照批准的工程设计文件和施工技术标准进行施工。修改设计应有设计单位出具的设计变更通知单。

③建筑给水、排水工程施工应编制施工组织设计或施工方案，经批准后方可实施。

④建筑给水、排水工程的分项工程，应按系统、区域、施工段或楼层等划分，分项工程应划分成若干个检验批进行验收。

⑤建筑给水、排水工程的施工单位应当具有相应的资质，工程质量验收人员应具备相应的专业技术资格。

2）验收要求

①检验批、分项工程、分部工程质量的验收，均应在施工单位自检合格的基础上进行，并应按检验批、分项、分部、单位工程的顺序进行验收，同时做好记录。检验批、分项工程的质量验收应全部合格，分部工程的验收，必须在分项工程验收通过的基础上，对涉及安全、卫生和使用功能的重要部位进行抽样检验和检测。

②建筑给水、排水及供暖工程的检验和检测应包括下列主要内容。

a. 承压管道系统和设备及阀门水压试验；

b. 排水管道灌水、通球及通水试验；

c. 雨水管道灌水及通水试验；

d. 给水管道通水试验及冲洗、消毒检测；

e. 卫生器具通水试验，具有溢水功能的器具满水试验；

f. 地漏及地面清扫口排水试验；

g. 供暖系统冲洗与测试；

③工程质量验收文件和记录中应包括下列主要内容。

a. 开工报告；

b. 图纸会审记录、设计变更及洽商记录；

c. 施工组织设计或施工方案；

d. 主要材料、成品半成品、配件、器具和设备出厂合格证及进场验收单；

e. 隐蔽工程验收及中间试验记录；

f. 设备试运转记录；

g. 安全、卫生和使用功能检验和检测记录；

h. 检验批、分项工程、分部工程质量验收记录；

i. 竣工图。

3. 室内电气施工（配电箱后部分）

通常，装饰承包商承担小机电安装部分，即楼层配电箱出线以后部分的电气安装施工内容，配电箱以及配电箱进线前面部分的电气系统安装内容，大多由大机电承包商完成。

（1）电缆施工要点

1）材料质量

①凡所使用的电缆及附件，均应符合国家颁布的现行技术标准，并有合格证件。

②电缆及其附件在安装时用的紧固件，除地脚螺栓外，应用镀锌制品。

③电缆及其附件到达现场后，应进行下列检查：产品的技术文件是否齐全；电缆规格、绝缘材料是否符合要求，附件是否齐全；电缆封端是否严密，当电缆经外观检查有怀疑时，应进行潮湿判断与试验。

2）电缆敷设施工质量控制要点

电缆沿桥架敷设前，应防止电缆排列不整齐，出现严重交叉现象。必须事先就将电缆敷设位置排列好，规划出排列图表，按图表进行施工。施放电缆时，对于单端固定的托臂可以在地面上设置滑轮施放，放好后拿到托盘或梯架内。双吊杆固定的托盘或梯架内敷设电缆，应将电缆直接在托盘或梯架内安放滑轮施放，电缆不得直接在托盘或梯架内拖拉。电缆沿桥架敷设时，应单层敷设，电缆与电缆之间可以无间距敷设。电缆在桥架内应排列整齐，不应交叉，应敷设一根，整理一根，卡固一根。垂直敷设的电缆每隔 1.5～2m 处应加以固定。水平敷设的电缆，在电缆的首尾两端、转弯及每隔 5～10m 处进行固定，对电缆在不同标高的端部也应进行固定。电缆固定可以用尼龙卡带、绑线或电缆卡子进行固定。

在桥架内电力电缆的总截面（包括外护层）不应大于桥架有效横断面的 40%，控制电缆不应大于 50%。室内电缆桥架布线时，为了防止发生火灾时火焰蔓延，电缆不应有黄麻或其他易燃材料外护层。电缆桥架内敷设的电缆，应在电缆的首端、尾端、转弯及每隔 50m 处，设有编号、型号及起止点等标记，标记应清晰齐全，挂装整齐无遗漏。桥架内电缆敷设完毕后，应及时清理杂物，有盖的可盖好盖板，并进行最后调整。

（2）供电部分施工及注意事项

1）电缆桥架施工及桥架内电缆敷设注意事项

根据施工图，对预埋件或固定点进行定位，沿建筑物敷设吊架或支架。直线段电缆桥架安装，在直线端的桥架相互接茬处，可用专用的连接板进行连接，接茬处要求缝隙平密平齐，在电缆桥架两边外侧面用螺母固定。电缆桥架在十字交叉、丁字交叉处施工时，可采用定型产品（水平四通、水平三通、垂直四通、垂直三通），进行连接，应以接茬边为中心向两端各≥300mm 处，增加吊架或支架进行加固处理。电缆桥架在上、下、左、右转弯处，应使用定型的水平弯通、转动弯通和垂直凹凸弯通。上、下弯通进行连接时，其接茬边为中心两边各≥300mm 处，连接时须增加吊架或支架并进行加固。对于表面有坡度的建筑物，桥架敷设应随其坡度变化，可采用倾斜底座，或调角片进行倾斜调节。电缆桥架与盒、箱、柜、设备接口，应采用定型产品的引下装置进行连接，要求接口处平齐，缝隙均匀严密。电缆桥架的始端与终端应堵封牢。电缆桥架安装时，必须待整体电缆桥架调整符合设计图和规范规定后，再进行固定。电缆桥架整体与吊（支）架的垂直度与横档的水平度，应符合规范要求。待垂直度与水平度合格，电缆桥架上、下各层都对齐后，最后将吊（支）架固定牢固。电缆桥架敷设安装完毕后，经检查确认合格并将电缆桥架内外清扫后，进行电缆线路敷设。

电缆桥架应装置可靠的电气接地保护系统。外露导电系统必须与保护线连接在接地孔处，应将任何不导电涂层和类似的表层清理干净。为保证桥架的电气通路，在电缆桥架的伸缩缝或软连接处需采用编织铜线连接。对于多层电缆桥架，当利用桥架的接地保护干线时，应将各层桥架的端部用 16mm^2 的软铜线并连接起来，再与总接地干线相通。长距离电缆桥架每隔 30~50m 距离接地一次。在具有爆炸危险场所安装的电缆桥架，如无法与已有的接地干线连接时，必须单独敷设接地干线进行接地。沿桥架全长敷设接地保护干线时，每段（包括非直线段）托盘、梯架应至少有一点与接地保护干线可靠连接。在有振动的场所，接地部位的连接处应装置弹簧垫圈，防止因振动引起连接螺栓松动，中断接地通路。

2）配管配线施工注意事项

①明暗配管

a. 明配导管应用离墙码固定或支、吊架固定，不得用 Ω 形卡件直接固定在墙上或梁上。管进箱柜时，要求一管一孔不得开长孔。铁制盒、箱严禁用电气焊开孔。水平或垂直敷设明配管允许偏差值，管路在 2m 以内时为 3mm，全长不应超过管子内径的 1/2。

多管敷设见图 2-22、图 2-23。

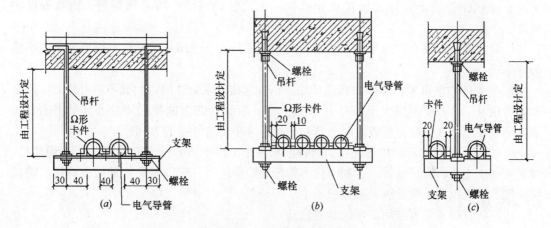

图 2-22　多管在吊架上敷设

图 2-23　电气导管成排敷设应横平竖直、弯曲一致整齐

b. 管道超过一定的长度应增加过线盒，便于穿线。如直线管，长度应在 30m 以内；有一个转弯处，导管长度应在 20m 以内；有两个转弯处的导管长度应控制在 15m 以内。

c. 砌体墙内剔槽配管，宜用专用机械进行，槽宽应大于管子外径的 1.2 倍，深度应考虑为管径加 15mm 的保护层厚度，保护层采用强度等级不小于 M10 的水泥砂浆抹面。暗管敷设见图 2-24。

　　d. 配管通过伸缩缝或沉降缝时，应设补偿装置（过路箱），两箱之间可用软管连接，以防止基础下沉不均，损坏管子和导线。金属导管穿过伸缩缝或沉降缝时应设有电气连通补偿装置，采用跨接方法连接。

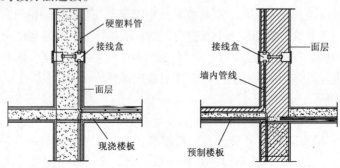

图 2-24　暗配管示意图

　　e. 电线保护管不宜穿过设备或建筑物、构筑物的基础，当必须穿过，应采取保护措施。

　　f. 埋入墙或混凝土内的导管，离表面的净距不应小于 15mm。配管不得出现半明半暗的现象。

　　g. 钢管的弯曲可采用冷揻法或热揻法。钢管弯曲要求钢管的弯曲处不应有褶皱、凹陷和裂缝现象，弯曲度不应大于管外径的 0.1 倍。暗配管的弯曲半径不应小于管外径的 6 倍。埋设于地下或混凝土楼板内时，弯曲半径不应小于管外径的 10 倍。

　　h. 金属钢管严禁对口熔焊连接，镀锌和壁厚小于等于 2mm 的钢管不得套管熔焊连接，应采用螺纹连接。镀锌钢管、普利卡管不得熔焊跨接地线，应以专用接地线卡跨接，跨接线采用黄绿双色铜芯软导线，截面积不小于 4mm²。

　　i. 塑料管的弯曲可采用冷弯法和热弯法。

　　j. 暗配管应尽量减少交叉，如交叉时，大口径管应放在小口径管下面，成排暗配管间距间隙应大于或等于 25mm。进入落地式配电箱的管路，排列应整齐，管口应高出基础面不小于 50mm。

　　②配线工艺

　　a. 穿在管内的绝缘导线额定电压不应低于交流电压 500V。

　　b. 在穿线前，应先清扫管路，将管中积水及杂物清除干净。

　　c. 为保证散热空间，管内导线总截面不得大于管内空截面积的 40%。

　　d. 同一交流回路的导线应穿在同一金属导管内，不得一根导线穿一根管子。不同回路、不同电压和交流与直流的导线，不得穿入同一根管子内，但下列情况除外：电压为 50V 以下的回路；同一台设备的电机回路和无抗干扰要求的控制回路；同一花灯的几个回路；同类照明的几个回路，但管内导线不应多于 8 根；各种电气、电机和用电设备的信号回路。

　　e. 电线导管管口应有保护措施，在不进入盒（箱）内的垂直管口，穿入导线后，应将管口作密封处理。

　　f. 当配线采用多相导线时，其相线的颜色应易于区分，相线、N 线、保护线（PE）的颜色应不同。同一建筑物内的导线，其绝缘层颜色选择应一致，保护线（PE线）应采用黄绿相间色；N线用淡蓝色；相线用：L1（A）相黄色、L2（B）相绿色、L3（C）相红色。

g. 金属线槽应进行可靠的接地和接零，全长不少于2处与接地或接零联接。金属线槽不得熔焊跨接接地线，非镀锌线联接板的两端跨接铜芯软导线，截面积不小于10mm²。镀锌线槽间联接板的两端不跨接接地线，但联接板两端不少于2个有防松螺母或防松垫圈的联接固定螺栓。

h. 配线用的钢索，应采用镀锌钢索，不应采用含油芯的钢索。钢索的最小截面不宜小于10mm²，钢索的钢丝直径应小于0.5mm，钢绞线不得有扭曲和断股现象。

i. 易燃易爆危险场所使用的电缆和绝缘导线，其额定电压不应低于线路的额定电压，且不低于500V，绝缘导线必须敷设在钢管内。

j. 电源线管暗埋时，应与弱电光线保持500mm以上距离，电线管与热水管、燃气管之间的平行距离不小于300mm。

k. 音响、电视、电话、多媒体、宽带网等弱电线路的铺设方法及要求与电源线的铺设方法相同，其插座或线盒与电源插座并列安装，但强弱电线路不允许共用同一套管。

（3）低压配电箱安装

1）低压配电箱安装用膨胀螺丝固定，箱体接地端子通过接地线与接地角钢可靠焊接。配电箱安装前进行检查，规格型号与设计相符，内部元件完好，配线美观整齐，箱体外观检查完好，安装后可靠接地，采用螺栓连接

2）检查箱内配电装置容量是否满足要求，同时复核控制电缆位置编号、芯线是否符合设计。确认无误后，剥切电缆制作电缆头并进行绑扎固定。

3）把同一束电缆头绑扎后，将各电缆的芯线按自然顺序理顺，核对芯线编号，然后把所有芯线在距电缆头上30～50mm处绑扎成束。

4）把理顺的芯线全部整齐地装入线槽中，在芯线全长的中部和上部用绝缘绑线作几圈临时绑扎，防止芯线从线槽中脱落。

5）自上而下分别将电缆芯线按编号镶入与端子排位置相对应的线槽孔中，其预留长度也暂时留在线槽的槽孔外。从线束绑扎位置向上，每隔400mm对芯线绑扎一道。

6）确定预留长度及线端绝缘剥除长度，切断多余芯线长度，并按芯线需外露长度剥除其绝缘层。从切断的芯线上取下标号牌，套在刚剥除绝缘层的芯线上。弯曲预留长度段，自端子排最下端开始向上顺序按搣线环或压接线端子方式进行接线，把芯线接到端子排上，直至全部完成。

配电管安装示例见图2-25、图2-26。

（4）照明器具和一般电器安装

照度的概念：照度的高低决定了照明空间的感官亮度。用总的光通量［光通量，简单说就是光源在单位时间（通常是1s）里发出的光的总能量。单位是流明（lm）］，除以照明面积就是照度，单位是勒克斯（lx）。不同的使用区域要求有不同的照度。如办公室要求500lx、会议室要求600～800lx、商场800～1000lx、制图要求5000～8000lx、卫生间和淋浴间150lx、一般生产车间300lx、仓库200lx，等等。

常用灯具的种类有日光灯、直付式荧光灯、嵌入式荧光灯、吸顶灯、筒灯、高压汞灯、金属卤素灯和花灯等，应用于特殊场合的专用灯具有低压安全灯、应急灯、疏散指示

灯和防爆灯等。

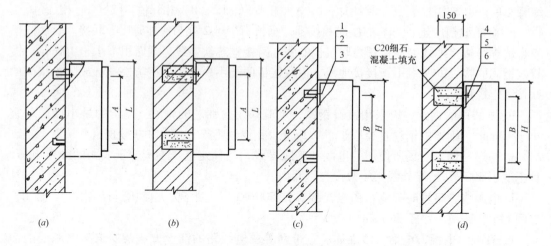

图 2-25　配电箱在墙上用螺栓安装

(a) 方案Ⅰ平面；(b) 方案Ⅱ平面；(c) 方案Ⅰ立面；(d) 方案Ⅱ立面

1—膨胀螺栓；2—螺母；3—垫圈；4—螺栓；5—螺母；6—垫圈

注：1. 本图适用于悬挂式配电箱、起动器、电磁起动器、HH 系列负荷开关及按钮等安装；

2. 图中尺寸 A、B、H、L 见设备产品样本；

3. 方案Ⅰ适用于混凝土墙，方案Ⅱ适用于实心砖墙。

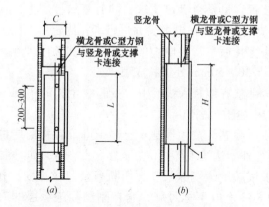

图 2-26　配电箱在轻钢龙骨内墙上暗装

(a) 平面；(b) 立面

注：1. 本图适合于重量较轻的配电箱、起动器、电磁起动器、HH 系列负荷开关及按钮等安装；

2. 图中尺寸 H、L、C 见设备产品样本；

3. 箱体厚度应小于墙板厚度，箱体宽度应不大于 500mm。

1）普通灯具施工质量控制要点

①灯具固定要牢固可靠，不使用木楔。每个灯具固定用螺钉或螺栓不少于 2 个。当灯具绝缘台直径大于 75mm 时，应使用 2 个以上的螺钉或螺栓固定。灯具应在绝缘台中心，偏差不应大于 2mm。不能用钉子固定绝缘台或灯具。

②灯具重量大于 3kg 时，应固定在螺栓或预埋吊钩上。软线吊灯，当灯具重量在

0.5kg 及以下时，采用软电线自身吊装；大于 0.5kg 的灯具采用吊链，且软电线编叉在吊链内，使电线不受力，见图 2-27。连接灯具的软线盘扣、搪锡压线，当采用螺口灯头时，相线接于螺口灯头中间的端子上。

图 2-27　灯具

(a) 大型灯具；(b) 筒灯（不得裸线）

③当灯具距地面高度小于 2.4m 时，灯具的可接近裸露导体必须接地或接零可靠，并应有专用接地螺栓，且有标识。

④每一接线盒应供应一具灯具，门口第一个开关应开门口的第一只灯具，灯具与开关应相对应。事故照明灯具应有特殊标志，并有专用供电电源，见图 2-28。每个照明回路均应通电校正，做到灯亮，开启自如。

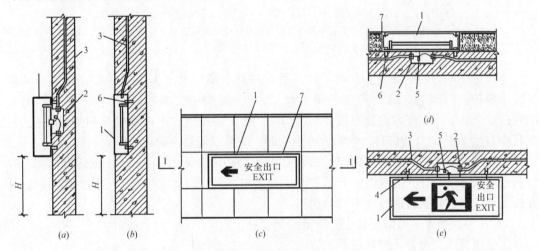

图 2-28　应急疏导标志灯安装

(a) 墙壁明装；(b) 墙壁暗装；(c) 地面安装；(d) 1-1 剖面；(e) 面板安装

1—灯具；2—接线盒；3—金属管；4—膨胀螺栓；5—接线帽；6—膨胀螺钉；7—封堵材料

⑤当灯杆为钢管时，钢管内径不应小于 10mm，钢管厚度不应小于 1.5mm。安装在重要场所的大型灯具的玻璃罩，应采取防止玻璃罩碎裂后向下溅落的措施。

⑥花灯吊钩圆钢直径不应小于灯具挂销直径，且不应小于 6mm。大型花灯的固定及悬吊装置，应按灯具重量的 2 倍做过载试验。

⑦装有白炽灯泡的吸顶灯具，灯泡不应紧贴灯罩。当灯泡与绝缘台间距离小于 5mm 时，灯泡与绝缘台间应采取隔热措施。

2）专用灯具施工质量控制要点

①36V 及以下行灯变压器外壳、铁芯和低压侧的任意一端或中性点，接地或接零应可靠。行灯灯体及手柄绝缘要良好，要坚固、耐热、耐潮湿。

②手术台上无影灯的供电方式由设计选定，通常由双回路引向灯具。其专用控制箱由多个电源供电，以确保供电绝对可靠。配电箱内装有专用的总开关及分路开关，电源分别接在两条专用的回路上，开关至灯具的电线采用额定电压不低于 750V 的铜芯多股绝缘电线。施工中要注意多电源的识别和连接，如有应急直流供电的话，要区别标识。

③游泳池及类似场所灯具（水下灯及防水灯具）的局部等电位联结应可靠，且有明显标识，其电源的专用漏电保护装置应全部检测合格。自电源引入灯具的导管必须采用绝缘导管，严禁采用金属或有金属保护层的导管。见图 2-29。

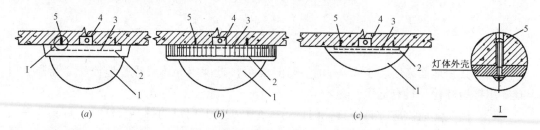

图 2-29　防水、防尘灯具安装示意图

（a）半圆防潮、防尘型吸顶灯；（b）半圆宽边防潮、防尘型吸顶灯；（c）单、双环管防潮型吸顶灯

1—灯罩；2—灯罩连接饰圈；3—灯具底座；4—灯头盒；5—塑料胀塞及自攻螺钉

注：本图为一般性防护灯具，由塑料胀塞及自攻螺钉借助灯壳体内底部安装孔固定在顶部，本灯具在安装时正确上好防护垫，以免失去防护性能。

④应急照明灯的电源除正常电源外，另有一路电源供电。应急照明在正常电源断电后，电源转换时间为：疏散和备用照明≤15s（金融商店交易所≤1.5s）；安全照明≤0.5s；安全出口标识灯距地面高度不低于 2m，且安装在疏散出口和楼梯口里侧的上方。运行中温度大于 60℃的灯具，当靠近可燃物时，应采取隔热、散热等防火措施。

⑤防爆灯具必须符合防爆要求，必须有出厂合格证。无出厂合格证的不得进行安装。灯具吊管及开关与接线盒螺纹啮合扣数不少于 5 扣，螺纹加工应光滑、完整、无锈蚀，并在螺纹上涂以电力复合脂或导电性防锈脂。

3）开关、插座、风扇安装施工质量控制要点

①插座接线应符合下列规定：

a. 对于单相两孔插座，面对插座的右孔或上孔应与相结连接，左孔或下孔应与中性导体（N）连接；对于单相三孔插座，面对插座的右孔应与相结连接，左孔应与中性导体（N）连接。

b. 单相三孔、三相四孔及三相五孔插座的保护接地导体（PE）应接在上孔；插座的保护接地导体端子不得与中性导体端子连接；同一场所的三相插座，其接线的相序应一致。

c. 保护接地导体（PE）在插座之间不得串联连接。

d. 相结与中性导体（N）不应利用插座本体的接线端子转接供电。

②开关安装位置应便于操作，开关边缘距门框边缘的距离为 0.15～0.2m，开关距地面高度为 1.3m。拉线开关距地面高度为 2～3m，层高小于 3m 时，拉线开关距顶板不小于

100mm，拉线出口垂直向下。相同型号并列安装及同一室内开关安装高度应一致，且应控制有序，不错位。并列安装的拉线开关的相邻间距不小于 20mm。

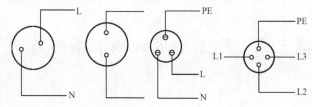

图 2-30　插座接线示意图

③吊扇挂钩应安装牢固，吊扇挂钩直径不小于吊扇挂销直径，且不小于 8mm。有防震橡皮垫。吊扇扇叶距地面高度不小于 2.5m。壁扇底座采用尼龙塞或膨胀螺栓的数量不少于 2 个，且直径不小于 8mm，固定牢固可靠。

4）建筑物照明通电试运行的要求

①电线绝缘电阻测试前电线的接线要完成。

②照明箱（盘）、灯具、开关和插座的绝缘电阻的测试在就位前或接线前要完成。

③备用电源或事故照明电源作空载自动投切试验前应拆除负荷，空载自动投切试验应合格，才能做有载自动投切试验。

④电气器具及线路绝缘电阻测试合格才能通电试验。

⑤照明全负荷试验必须在上列第①、②、④项完成后进行。

⑥检查灯具回路控制应与照明箱内回路的标识一致，开关控制应与灯具顺序相对应。

⑦照明系统通电连续试运行时间，公用建筑为 24h，民用住宅为 8h。所有照明灯具应全部开启，且每 2h 记录运行状态一次。

⑧连续试运行时间内应无线路过载、线路过热等故障。

质量验收时应提供以下文件：制造厂产品合格证及产品说明书；隐蔽工程记录表；过载试验记录；安装记录；线路绝缘测试记录；通电试运行记录。

（5）建筑电气工程质量验收

1）当验收建筑电气工程时，应核查下列各项质量控制资料，且检查分项工程质量验收记录和分部（子分部）质量验收记录，应正确无误，责任单位和责任人的签章应齐全。

①建筑电气工程施工图设计文件和图纸会审记录及洽商记录；

②主要设备、器具、材料的合格证和进场验收记录；

③隐蔽工程记录；

④电气设备交接试验记录；

⑤接地电阻、绝缘电阻测试记录；

⑥空载试运行和负荷试运行记录；

⑦建筑照明通电试运行记录；

⑧工序交接合格等施工安装记录。

2）根据单位工程实际情况，检查建筑电气分部（子分部）工程所含分项工程的质量验收记录应无遗漏缺项。核查各类技术资料应齐全，且符合工序要求，有可追溯性。各责任人均应签章确认。

第 3 章　施工进度计划的编制方法

3.1　施工进度计划的内容及其作用

施工进度计划应包括下列内容：编制说明、进度计划表、开竣工日期及工期一览表、资源需要量及供应平衡表。

施工进度计划的作用：作为施工进度目标进度分解实施和检查对照的依据。

3.1.1　施工进度计划的类型

施工进度计划按编制对象的不同可分为：施工总进度计划、单位工程进度计划、分阶段（或专项工程）工程进度计划、分部分项工程进度计划四种。

施工进度计划按编制主体、编制阶段和使用功能的不同可分为：控制性施工进度计划和实施性施工计划。

（1）控制性施工进度计划：由建设单位在项目实施前编制，主要用于控制阶段性施工进度目标。

（2）实施性施工计划：由施工单位在项目施工时根据工程实际情况编制，主要用于施工期间各项资源配置落实，并对工程实体组织实施的计划依据。

3.1.2　控制性施工进度计划的作用

控制性施工进度计划的主要作用如下：

（1）论证施工总进度目标；

（2）施工总进度目标的分解，确定里程碑事件的进度目标；

（3）是编制实施性进度计划的依据；

（4）是编制与该项目相关的其他各种进度计划的依据或参考依据（如子项目施工进度计划、单体工程施工进度计划；项目施工的年度施工计划、项目施工的季度施工计划等）；

（5）是施工进度动态控制的依据。

3.1.3　实施性施工进度计划的作用

实施性施工进度计划的主要作用如下：

（1）确定施工作业的具体安排；

（2）确定（或据此可计算）一个月度或一个阶段的人工需求（工种和相应的数量）；

（3）确定（或据此可计算）一个月度或一个阶段的施工机械的需求（机械名称和数量）；

（4）确定（或据此可计算）一个月度或一个阶段的建筑材料（包括成品、半成品和辅助材料等）的需求（建筑材料的名称和数量）。

3.2 施工进度计划的表达方法

施工进度计划可采用网络图或横道图表示，并附必要说明，宜优先采用网络计划。

单位工程施工进度计划一般采用横道图即可。对于工程规模较大、工序比较复杂的工程采用网络图表示。

3.2.1 横道图进度计划的编制方法

横道图是一种传统的进度计划表示方法，又称条线图或甘特图，是一个二维的平面图，直观、简单、容易操作、便于理解，横道图中的横道线条表示与时间相对应的进度，纵向表示工作内容。每一水平横道线的起点和终点代表每项工作的开始和结束时间，每一横道的长度表示该项工作的持续时间。在表示时间的横向线上，根据项目计划的需要，度量项目进度的时间单位按工期长短可选用月、旬、周或天表示。

横道图进度计划的编制方法

横道图是一种最简单、运用最广泛的传统的进度计划方法，尽管有许多新的计划技术，横道图在建设领域中的应用仍非常普遍。

通常横道图的表头为工作及其简要说明，项目进展表示在时间表格上，如图3-1所示。按照所表示工作的详细程度，时间单位可以为小时、天、周、月等。这些时间单位经常用日历表示，此时可表示非工作时间，如停工时间、公众假日、假期等。根据此横道图使用者的要求，工作可按照时间先后、责任、项目对象、同类资源等进行排序。

	工作名称	持续时间	开始时间	完成时间	紧前工作
1	基础	0d	1993-12-28	1994-12-28	
2	预制柱	35d	1993-12-28	1994-2-14	1
3	预制屋架	20d	1993-12-28	1994-1-24	1
4	预制楼梯	15d	1993-12-28	1994-1-17	1
5	吊装	30d	1994-2-15	1994-3-28	2, 3, 4
6	砌砖墙	20d	1994-3-29	1994-4-25	5
7	屋面找平	5d	1994-3-29	1994-4-4	5
8	钢窗安装	4d	1994-4-19	1994-4-22	6SS+15d
9	二毡三油一砂	5d	1994-4-5	1994-4-11	7
10	外粉刷	20d	1994-4-25	1994-5-20	8
11	内粉刷	30d	1994-4-25	1994-6-3	8, 9
12	油漆、玻璃	5d	1994-6-6	1994-6-10	10, 11
13	竣工	0d	1994-6-10	1994-6-10	12

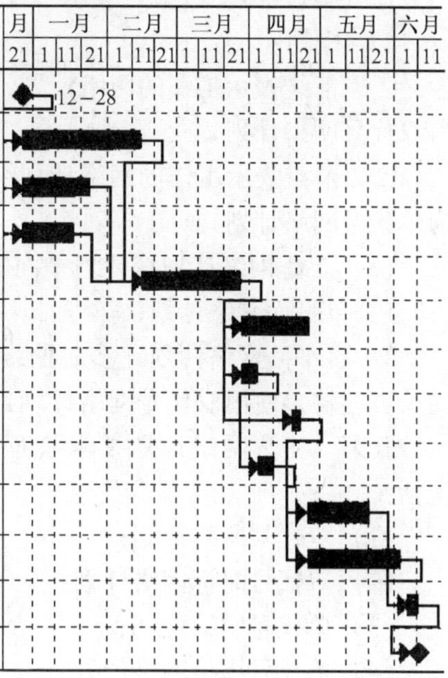

图3-1 横道图

横道图也可将工作简要说明直接放在横道上。横道图可将最重要的逻辑关系标注在内，但是，如果将所有逻辑关系均标注在图上，则横道图简洁性的最大优点将丧失。

横道图用于小型项目或大型项目的子项目上，或用于计算资源需要量和概要预示进度，也可用于其他计划技术的表示结果。

横道图计划表中的进度线（横道）与时间坐标相对应，这种表达方式较直观，易看懂计划编制的意图。但是，横道图进度计划法也存在一些问题，如：

（1）工序（工作）之间的逻辑关系可以设法表达，但不易表达清楚；

（2）适用于手工编制计划；

（3）没有通过严谨的进度计划时间参数计算，不能确定计划的关键工作、关键路线与时差；

（4）计划调整只能用手工方式进行，其工作量较大；

（5）难以适应大的进度计划系统。

3.2.2 网络计划的基本概念与识读

国际上，工程网络计划有许多名称，如 CPM、PERT、CPA、MPM 等。工程网络计划的类型有如下几种不同的划分方法。

（1）工程网络计划按工作持续时间的特点划分为：

1）肯定型问题的网络计划；

2）非肯定型问题的网络计划；

3）随机网络计划等。

（2）工程网络计划按工作和事件在网络图中的表示方法划分为：

1）事件网络：以节点表示事件的网络计划；

2）工作网络：

①以箭线表示工作的网络计划（我国《工程网络计划技术规程》JGJ/T 121—2015 称为双代号网络计划）。

②以节点表示工作的网络计划（我国《工程网络计划技术规程》JGJ/T 121—2015 称为单代号网络计划）。

（3）工程网络计划按计划平面的个数划分为：

1）单平面网络计划；

2）多平面网络计划（多阶网络计划，分级网络计划）。

美国较多使用双代号网络计划，欧洲则较多使用单代号搭接网络计划。

我国《工程网络计划技术规程》JGJ/T 121—2015 推荐的常用的工程网络计划类型包括：

（1）双代号网络计划；

（2）双代号时标网络计划；

（3）单代号网络计划；

（4）单代号搭接网络计划。

1. 双代号网络计划

（1）基本概念

双代号网络图是以箭线及其两端节点的编号表示工作的网络图，如图3-2所示。

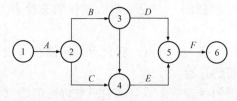

图 3-2　双代号网络图

1）箭线（工作）

工作是泛指一项需要消耗人力、物力和时间的具体活动过程，也称工序、活动、作业。双代号网络图中，每一条箭线表示一项工作。箭线的箭尾节点 i 表示该工作的开始，箭线的箭头节点 j 表示该工作的完成。工作名称可标注在箭线的上方，完成该项工作所需要的持续时间可标注在箭线的下方，如图3-3所示。由于一项工作需用一条箭线和其箭尾与箭头处两个圆圈中的号码来表示，故称为双代号网络计划。

在双代号网络图中，任意一条实箭线都要占用时间，并多数要消耗资源。在建设工程中，一条箭线表示项目中的一个施工过程，它可以是一道工序、一个分项工程、一个分部工程或一个单位工程，其粗细程度和工作范围的划分根据计划任务的需要确定。

在双代号网络图中，为了正确地表达图中工作之间的逻辑关系，往往需要应用虚箭线。虚箭线是实际工作中并不存在的一项虚设工作，故它们既不占用时间，也不消耗资源，一般起着工作之间的联系、区分和断路三个作用：

①联系作用是指应用虚箭线正确表达工作之间相互依存的关系；

②区分作用是指双代号网络图中每一项工作都必须用一条箭线和两个代号表示，若两项工作的代号相同时，应使用虚工作加以区分，如图3-4所示；

③断路作用是用虚箭线断掉多余联系，即在网络图中把无联系的工作连接上时，应加上虚工作将其断开。

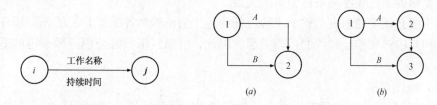

图 3-3　双代号网络图工作的表示方法　　　　图 3-4　虚箭线的区分作用

在无时间坐标的网络图中，箭线的长度原则上可以任意画，其占用的时间以下方标注的时间参数为准。箭线可以为直线、折线或斜线，但其行进方向均应从左向右。在有时间坐标的网络图中，箭线的长度必须根据完成该工作所需持续时间的长短按比例绘制。

在双代号网络图中，通常将工作用 Z－J 工作表示。紧排在本工作之前的工作称为紧前工作。紧排在本工作之后的工作称为紧后工作。与之平行进行的工作称为平行工作。

2）节点（又称结点、事件）

节点是网络图中箭线之间的连接点。在时间上节点表示指向某节点的工作全部完成后该节点后面的工作才能开始的瞬间，它反映前后工作的交接点。网络图中有三个类型的节点。

①起点节点。即网络图的第一个节点，它只有外向箭线（由节点向外指的箭线），一般表示一项任务或一个项目的开始。

②终点节点。即网络图的最后一个节点，它只有内向箭线（指向节点的箭线），一般表示一项任务或一个项目的完成。

③中间节点。即网络图中既有内向箭线，又有外向箭线的节点。

双代号网络图中，节点应用圆圈表示，并在圆圈内标注编号。一项工作应当只有唯一的一条箭线和相应的一对节点，且要求箭尾节点的编号小于其箭头节点的编号，即 $i < j$。网络图节点的编号顺序应从小到大，可不连续，但不允许重复。

3）线路

网络图中从起始节点开始，沿箭头方向顺序通过一系列箭线与节点，最后达到终点节点的通路称为线路。在一个网络图中可能有很多条线路，线路中各项工作持续时间之和就是该线路的长度，即线路所需要的时间。一般网络图有多条线路，可依次用该线路上的节点代号来记述，例如网络图 3-2 中的线路有三条线路：①—②—③—⑤—⑥、①—②—④—⑤—⑥、①—②—③—④—⑤—⑥。

在各条线路中，有一条或几条线路的总时间最长，称为关键路线，一般用双线或粗线标注。其他线路长度均小于关键路线，称为非关键线路。

4）逻辑关系

网络图中工作之间相互制约或相互依赖的关系称为逻辑关系，它包括工艺关系和组织关系，在网络中均应表现为工作之间的先后顺序。

①工艺关系。生产性工作之间由工艺过程决定的，非生产性工作之间由工作程序决定的先后顺序称为工艺关系。

②组织关系。工作之间由于组织安排需要或资源（人力、材料、机械设备和资金等）调配需要而确定的顺序关系称为组织关系。

网络图必须正确地表达整个工程或任务的工艺流程和各工作开展的先后顺序，以及它们之间相互依赖和相互制约的逻辑关系。因此，绘制网络图时必须遵循一定的基本规则和要求。

（2）绘图规则

1）双代号网络图必须正确表达已确定的逻辑关系。网络图中常见的各种工作逻辑关系的表示方法见表 3-1。

网络图中常见的各种工作逻辑关系的表示方法　　　　　　　表 3-1

序号	工作之间的逻辑关系	网络图中的表示方法
1	A 完成后进行 B 和 C	

序号	工作之间的逻辑关系	网络图中的表示方法
2	A、B 均完成后进行 C	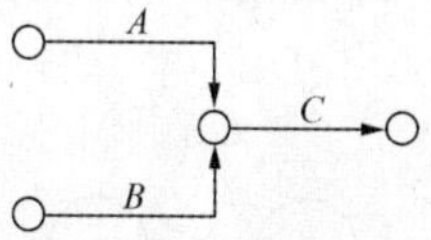
3	A、B 均完成后同时进行 C 和 D	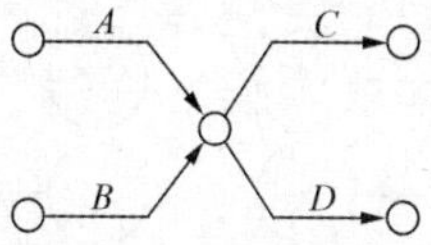
4	A 完成后进行 C A、B 均完成后进行 D	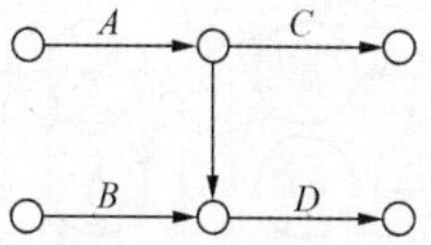
5	A、B 均完成后进行 D A、B、C 均完成后进行 E D、E 均完成后进行 F	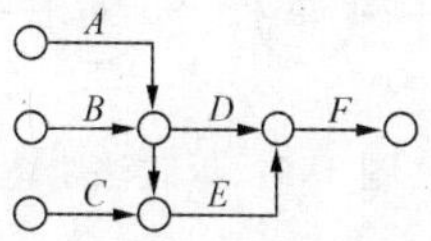
6	A、B 均完成后进行 C B、D 均完成后进行 E	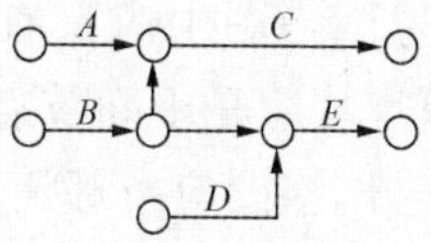
7	A、B、C 均完成后进行 D B、C 均完成后进行 E	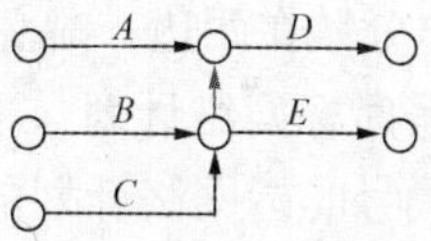
8	A 完成后进行 C A、B 均完成后进行 D B 完成后进行 E	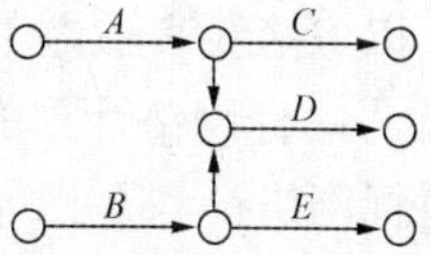
9	A、B 两项工作分成三个施工段，分段流水施工；A_1 完成后进行 A_2、B_1，A_2 完成后进行 A_3、B_2，A_2、B_1 均完成后进行 B_2，A_3、B_2 均完成后进行 B_3	有两种表示方法 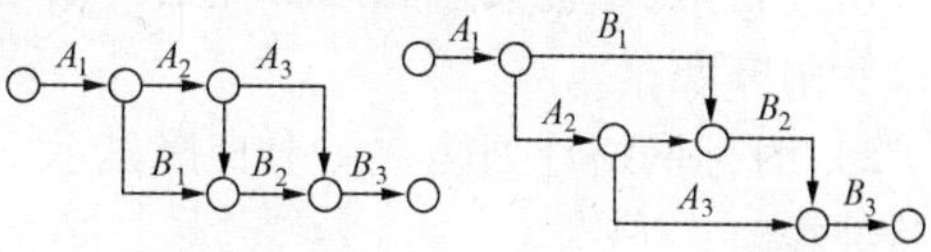

2）双代号网络图中，不允许出现循环回路。所谓循环回路是指从网络图中的某一个节点出发，顺着箭线方向又回到了原来出发点的线路。

3）双代号网络图中，在节点之间不能出现带双向箭头或无箭头的连线。

4）双代号网络图中，不能出现没有箭头节点或没有箭尾节点的箭线。

5）当双代号网络图的某些节点有多条外向箭线或多条内向箭线时，为使图形简洁，可使用母线法绘制（但应满足一项工作用一条箭线和相应的一对节点表示），如图 3-5 所示。

6）绘制网络图时，箭线不宜交叉。当交叉不可避免时，可用过桥法或指向法，如 3-6 所示。

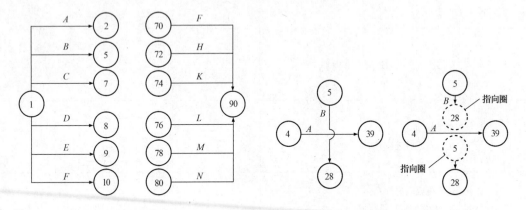

图 3-5　母线法绘图　　　　　　　　图 3-6　箭线交叉的表示方法

7）双代号网络图中应只有一个起点节点和一个终点节点（多目标网络计划除外），而其他所有节点均应是中间节点。

8）双代号网络图应条理清楚，布局合理。例如，网络图中的工作箭线不宜画成任意方向或曲线形状，尽可能用水平线或斜线；关键线路、关键工作尽可能安排在图面中心位置，其他工作分散在两边；避免倒回箭头等。

2. 双代号时标网络计划

（1）双代号时标网络计划的定义

双代号时标网络计划是以时间坐标为尺度编制的网络计划。时标网络计划中应以实箭线表示工作，以虚箭线表示虚工作，以波形线表示工作的自由时差。

（2）双代号时标网络计划的特点

双代号时标网络计划是以水平时间坐标为尺度编制的双代号网络计划，其主要特点如下：

1）时标网络计划兼有网络计划与横道计划的优点，它能够清楚地表明计划的时间进程，使用方便；

2）时标网络计划能在图上直接显示出各项工作的开始与完成时间、工作的自由时差及关键线路；

3）在时标网络计划中可以统计每一个单位时间对资源的需要量，以便进行资源优化和调整；

4）由于箭线受到时间坐标的限制，当情况发生变化时，对网络计划的修改比较麻烦，往往要重新绘图。但在使用计算机以后，这一问题已较容易解决。

（3）双代号时标网络计划的一般规定

1）双代号时标网络计划必须以水平时间坐标为尺度表示工作时间。时标的时间单位应根据需要在编制网络计划之前确定，可为时、天、周、月或季。

2）时标网络计划中所有符号在时间坐标上的水平投影位置，都必须与其时间参数相对应。节点中心必须对准相应的时标位置。

3）时标网络计划中虚工作必须以垂直方向的虚箭线表示，有自由时差时加波形线表示。

4）时标网络计划的编制。时标网络计划宜按各个工作的最早开始时间编制。在编制时标网络计划之前，应先按已确定的时间单位绘制出时标计划表，见表3-2。

时标计划表　　　　　　表3-2

日历																	
（时间单位）	1	2	3	4	5	6	7	8	9	10	11	12	13	14	15	16	17
网络计划																	
（时间单位）	1	2	3	4	5	6	7	8	9	10	11	12	13	14	15	16	17

双代号时标网络计划的编制方法有两种。

①间接法绘制。先绘制出时标网络计划，计算各工作的最早时间参数，再根据最早时间参数在时标计划表上确定节点位置产连线完成，某些工作箭线长度不足以到达该工作的完成节点时，用波形线补足。

②直接法绘制。根据网络计划中工作之间的逻辑关系及各工作的持续时间，直接在时标计划表上绘制时标网络计划。绘制步骤如下：

a. 将起点节点定位在时标计划表的起始刻度线上；

b. 按工作持续时间在时标计划表上绘制起点节点的外向箭线；

c. 其他工作的开始节点必须在其所有紧前工作都绘出以后，定位在这些紧前工作最早完成时间最大值的时间刻度上，某些工作的箭线长度不足以到达该节点时，用波形线补足，箭头画在波形线与节点连接处；

d. 用上述方法从左至右依次确定其他节点位置，直至网络计划终点节点定位，绘图完成。

【例3-1】已知网络计划的资料见表3-3，试用直接法绘制双代号时标网络计划。

某网络计划工作逻辑关系及持续时间表　　　　　　表3-3

工作	紧前工作	紧后工作	持续时间（d）
A_1	—	A_2、B_1	2
A_2	A_1	A_3、B_2	2
A_3	A_2	B_3	2
B_1	A_1	B_2、C_1	3

工作	紧前工作	紧后工作	持续时间（d）
B_2	A_2、B_1	B_3、C_2	3
B_3	A_3、B_2	D、C_3	3
C_1	B_1	C_2	2
C_2	B_2、C_1	C_3	4
C_3	B_3、C_2	E、F	2
D	B_3	G	2
E	C_3	G	1
F	C_3	I	2
G	D、E	H、I	4
H	G	—	3
I	F、G	—	3

【解】

1. 将起始节点①定位在时标计划表的起始刻度线上，如图3-7所示。

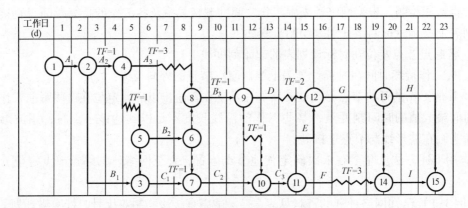

图3-7　时标网络计划示例

2. 按工作的持续时间绘制①节点的外向箭线①—②，即按 A_1 工作的持续时间，画出无紧前工作的 A_1 工作，确定节点②的位置。

3. 自左至右依次确定其余各节点的位置。如②、③、④、⑥、⑨、⑩节点之前只有一条内向箭线，则在其内向箭线绘制完成后即可在其末端将上述节点绘出。⑤、⑦、⑧、⑩、⑫、⑬、⑭、⑮节点则必须待其前面的两条内向箭线都绘制完成后才能定位在这些内向箭线中最晚完成的时刻处。其中，⑤、⑦、⑧、⑩、⑫、⑭各节点均有长度不足以达到该节点的内向实箭线，故用波形线补足。

4. 用上述方法自左至右依次确定其他节点位置，直至画出全部工作，确定终点节点⑮的位置，该时标网络计划即绘制完成。

3. 单代号网络计划

单代号网络图是以节点及其编号表示工作，以箭线表示工作之间逻辑关系的网络图，并在节点中加注工作代号、名称和持续时间，以形成单代号网络计划，如图3-8所示。

（1）单代号网络图的特点

单代号网络图与双代号网络图相比，具有以下特点：

1）工作之间的逻辑关系容易表达，且不用虚箭线，故绘图较简单；

2）网络图便于检查和修改；

3）由于工作持续时间表示在节点之中，没有长度，故不够直观；

4）表示工作之间逻辑关系的箭线可能产生较多的纵横交叉现象。

（2）单代号网络图的基本符号

1）节点

单代号网络图中的每一个节点表示一项工作，节点宜用圆圈或矩形表示。节点所表示的工作名称、持续时间和工作代号等应标注在节点内，如图3-9所示。

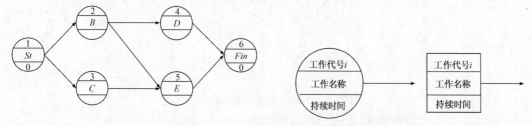

图3-8　单代号网络计划图

图3-9　单代号网络图工作的表示方法

单代号网络图中的节点必须编号，编号标注在节点内，其号码可间断，但严禁重复。箭线的箭尾节点编号应小于箭头节点的编号。一项工作必须有唯一的一个节点及相应的一个编号。

2）箭线

单代号网络图中的箭线表示紧邻工作之间的逻辑关系，既不占用时间，也不消耗资源。箭线应画成水平直线、折线或斜线。箭线水平投影的方向应自左向右，表示工作的行进方向。工作之间的逻辑关系包括工艺关系和组织关系，在网络图中均表现为工作之间的先后顺序。

3）线路

单代号网络图中，各条线路应用该线路上的节点编号从小到大依次表述。

（3）单代号网络图的绘图规则

1）单代号网络图必须正确表达已确定的逻辑关系。

2）单代号网络图中，不允许出现循环回路。

3）单代号网络图中，不能出现双向箭头或无箭头的连线。

4）单代号网络图中，不能出现没有箭尾节点的箭线和没有箭头节点的箭线。

5）绘制网络图时，箭线不宜交叉，当交叉不可避免时，可采用过桥法或指向法绘制。

6）单代号网络图中只应有一个起点节点和一个终点节点。当网络图中有多项起点节点或多项终点节点时，应在网络图的两端分别设置一项虚工作，作为该网络图的起点节点（S_t）和终点节点（Fin）。

单代号网络图的绘图规则大部分与双代号网络图的绘图规则相同，故不再进行解释。

4. 单代号搭接网络计划

（1）基本概念

在普通双代号和单代号网络计划中，各项工作依次顺序进行，即任何一项工作都必须在它的紧前工作全部完成后才能开始。

图 3-10（a）以横道图表示相邻的 A、B 两工作，A 工作进行后 B 工作即可开始，而不必要等 A 工作全部完成。这种情况若按依次顺序用网络图表示就必须把 A 工作分为两部分，即 A_1 和 A_2 工作，以双代号网络图表示，如图 3-10 所示，以单代号网络图表示则如图 3-10（c）所示。

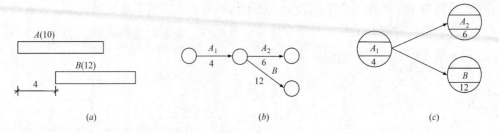

图 3-10　A、B 两工作搭接关系的表示方法
（a）用横道图表示；（b）用双代号网络图表示；（c）用单代号网络图表示

但在实际工作中，为了缩短工期，许多工作可采用平行搭接的方式进行。为了简单直接地表达这种搭接关系，使编制网络计划得以简化，于是出现了搭接网络计划方法。单代号搭接网络图如图 3-11 所示，其中起点节点 S_t 和终点节点 Fin 为虚拟节点。

1）单代号搭接网络图中每一个节点表示一项工作，宜用圆圈或矩形表示。节点所表示的工作名称、持续时间和工作代号等应标注在节点内。节点最基本的表示方法应符合图 3-12 的规定。

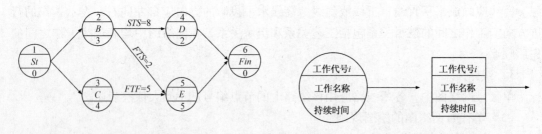

图 3-11　单代号搭接网络计划　　　　图 3-12　单代号搭接网络图工作的表示方法

2）单代号搭接网络图中，箭线及其上面的时距符号表示相邻工作间的逻辑关系，如图 3-13 所示。箭线应画成水平直线、折线或斜线。箭线水平投影的方向应自左向右，表

122

示工作的进行方向。

工作的搭接顺序关系是用前项工作的开始或完成时间与其紧后工作的开始或完成时间之间的间距来表示，具体有四类：

$FTS_{i,j}$——工作 t 完成时间与其紧后工作 j 开始时间的时间间距；

$FTF_{i,j}$——工作 i 完成时间与其紧后工作 j 完成时间的时间间距；

$STS_{i,j}$——工作 i 开始时间与其紧后工作 j 开始时间的时间间距；

$STF_{i,j}$——工作 i 开始时间与其紧后工作 j 完成时间的时间间距。

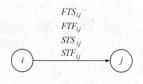

图 3-13 单代号搭接网络图箭线的表示方法

3）单代号网络图中的节点必须编号，编号标注在节点内，其号码可间断，但不允许重复。箭线的箭尾节点编号应小于箭头节点编号。一项工作必须有唯一的一个节点及相应的一个编号。

4）工作之间的逻辑关系包括工艺关系和组织关系，在网络图中均表现为工作之间的先后顺序。

5）单代号搭接网络图中，各条线路应用该线路上的节点编号自小到大依次表述，也可用工作名称依次表述。如图 3-11 所示的单代号搭接网络图中的一条线路可表述为 $1\to2\to5\to6$，也可表述为 $S_t\to B\to E\to Fin$。

6）单代号搭接网络计划中的时间参数基本内容和形式应按图 3-14 所示方式标注。工作名称和工作持续时间标注在节点圆圈内，工作的时间参数（如 ES，EF，LS，LF，TF，FF）标注在圆圈的上下。而工作之间的时间参数（如 STS，FTF，STF，FTS 和时间间隔 $LAG_{i,j}$）标注在联系箭线的上下方。

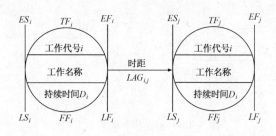

图 3-14　单代号搭接网络计划时间参数标注形式

（2）绘图规则

1）单代号搭接网络图必须正确表述已定的逻辑关系。

2）单代号搭接网络图中，不允许出现循环回路。

3）单代号搭接网络图中，不能出现双向箭头或无箭头的连线。

4）单代号搭接网络图中，不能出现没有箭尾节点的箭线和没有箭头节点的箭线。

5）绘制网络图时，箭线不宜交叉。当交叉不可避免时，可采用过桥法或指向法绘制。

6）单代号搭接网络图只应有一个起点节点和一个终点节点。当网络图中有多项起点节点或多项终点节点时，应在网络图的相应端分别设置一项虚工作，作为该网络图的起点节点（S_t）和终点节点（Fin）。

（3）单代号搭接网络计划中的搭接关系

搭接网络计划中搭接关系在工程实践中的具体应用，简述如下。

1）完成到开始时距（$FTS_{i,j}$）的连接方法

图3-15表示紧前工作i的完成时间与紧后工作j的开始时间之间的时距和连接方法。

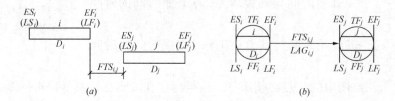

图 3-15　时间 FTS 的表示方法

（a）从横道图看 FTS 时距；（b）用单代号搭接网络计划方法表示

例如修一条堤坝的护坡时，一定要等土堤自然沉降后才能修护坡，这种等待的时间就是 FTS 时距。

当 $FTS=0$ 时，即紧前工作i的完成时间等于紧后工作j的开始时间，这时紧前工作与紧后工作紧密衔接，当计划所有相邻工作的 $FTS=0$ 时，整个搭接网络计划就成为一般的单代号网络计划。因此，一般的依次顺序关系只是搭接关系的一种特殊表现形式。

2）完成到完成时距（$FTF_{i,j}$）的连接方法

图3-16表示紧前工作i完成时间与紧后工作j完成时间之间的时距和连接方法。

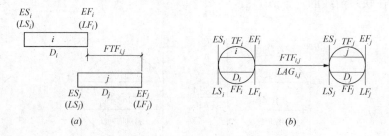

图 3-16　时距 FTF 的表示方法

（a）从横道图看 FTF 时距；（b）用单代号搭接网络计划方法表示

例如相邻两工作，当紧前工作的施工速度小于紧后工作时，则必须考虑为紧后工作留有充分的工作面，否则紧后工作就将因无工作面而无法进行。这种结束工作时间之间的间隔就是 FTF 时距。

3）开始到开始时距（$STS_{i,j}$）的连接方法

图3-17表示紧前工作i的开始时间与紧后工作j的开始时间之间的时距和连接方法。

例如道路工程中的铺设路基和浇筑路面，待路基开始工作一定时间为路面工程创造一定工作条件之后，路面工程即可开始进行，这种开始工作时间之间的间隔就是 STS 时距。

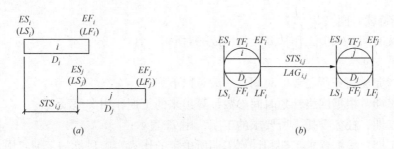

图 3-17 时距 STS 的表示方法

（a）从横道图看 STS 间距；（b）用单代号搭接网络计划方法表示

4）开始到完成时距（$STF_{i,j}$）的连接方法

图 3-18 表示紧前工作 i 的开始时间与紧后工作 j 的结束时间之间的时距和连接方法，这种时距以 $STF_{i,j}$ 表示。

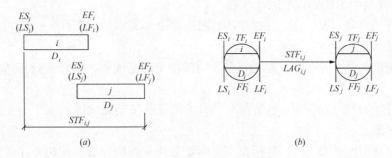

图 3-18 时距 STF 的表示方法

（a）从横道图看 STF 间距；（b）用单代号搭接网络计划方法表示

例如要挖掘带有部分地下水的土壤，地下水位以上的土壤可以在降低地下水位工作完成之前开始，而在地下水位以下的土壤则必须要等降低地下水位之后才能开始。降低地下水位工作的完成与何时挖地下水位以下的土壤有关，至于降低地下水位何时开始，则与挖土没有直接联系。这种开始到结束的限制时间就是 STF 时距。

5）混合时距的连接方法

在搭接网络计划中，两项工作之间可同时由四种基本连接关系中两种以上来限制工作间的逻辑关系，例如 i、j 两项工作可能同时由 STS 与 FTF 时距限制，或 STF 与 FTS 时距限制等。

3.2.3 网络计划有关时间参数的计算

1. 双代号网络计划时间参数的计算

双代号网络计划时间参数计算的目的在于通过计算各项工作的时间参数，确定网络计划的关键工作、关键线路和计算工期，为网络计划的优化、调整和执行提供明确的时间参数。双代号网络计划时间参数的计算方法很多，一般常用的有按工作计算法和按节点计算法进行计算。以下只讨论按工作计算法在图上进行计算的方法。

（1）时间参数的概念及其符号

1）工作持续时间（D_{i-j}）

工作持续时间是一项工作从开始到完成的时间。

2）工期（T）

工期泛指完成任务所需要的时间，一般有以下三种：

①计算工期，根据网络计划时间参数计算出来的工期，用 T_c 表示；

②要求工期，任务委托人所要求的工期，用 T_r 表示；

③计划工期，根据要求工期和计算工期所确定的作为实施目标的工期，用 T_p 表示。

网络计划的计划工期 T_p 应按下列情况分别确定：

当已规定了要求工期 T_r 时，

$$T_p \leqslant T_r \tag{3-1}$$

当未规定要求工期时，可令计划工期等于计算工期，

$$T_p = T_c \tag{3-2}$$

3）网络计划中工作的六个时间参数

①最早开始时间（ES_{i-j}），是指在各紧前工作全部完成后，工作 $i-j$ 有可能开始的最早时刻。

②最早完成时间（EF_{i-j}），是指在各紧前工作全部完成后，工作 $i-j$ 有可能完成的最早时刻。

③最迟开始时间（LS_{i-j}），是指在不影响整个任务按期完成的前提下，工作 $i-j$ 必须开始的最迟时刻。

④最迟完成时间（LF_{i-j}），是指在不影响整个任务按期完成的前提下，工作 $i-j$ 必须完成的最迟时刻。

⑤总时差（TF_{i-j}），是指在不影响总工期的前提下，工作 $i-j$ 可以利用的机动时间。

⑥自由时差（FF_{i-j}），是指在不影响其紧后工作最早开始的前提下，工作 $i-j$ 可以利用的机动时间。

按工作计算法计算网络计划中各时间参数，其计算结果应标注在箭线之上，如图 3-19 所示。

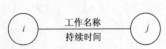

图 3-19　按工作计算法的标注内容

（2）双代号网络计划时间参数计算

按工作计算法在网络图上计算六个工作时间参数，必须在清楚计算顺序和计算步骤的基础上，列出必要的公式，以加深对时间参数计算的理解。时间参数的计算步骤如下。

1）最早开始时间和最早完成时间的计算

工作最早时间参数受到紧前工作的约束，故其计算顺序应从起点节点开始，顺着箭线方向依次逐项计算。

以网络计划的起点节点为开始节点的工作最早开始时间为零。如网络计划起点节点的编号为 1，则：

$$ES_{i-j} = 0 \quad (i=1) \tag{3-3}$$

最早完成时间等于最早开始时间加上其持续时间：

$$EF_{i-j} = ES_{i-j} + D_{i-j} \tag{3-4}$$

126

最早开始时间等于各紧前工作的最早完成时间 EF_{h-i} 的最大值：

$$ES_{i-j} = \max \{EF_{h-j}\} \tag{3-5}$$

$$或\ ES_{i-j} = \max \{ES_{h-i} + D_{h-i}\} \tag{3-6}$$

2）确定计算工期 T_c

计算工期等于以网络计划的终点节点为箭头节点的各个工作的最早完成时间的最大值。当网络计划终点节点的编号为 n 时，计算工期：

$$T_c = \max \{EF_{i-n}\} \tag{3-7}$$

当无要求工期的限制时，取计划工期等于计算工期，即取 $T_p = T_c$。

3）最迟开始时间和最迟完成时间的计算

工作最迟时间参数受到紧后工作的约束，故其计算顺序应从终点节点起，逆着箭线方向依次逐项计算。

以网络计划的终点节点（$j = n$）为箭头节点的工作的最迟完成时间等于计划工期，即：

$$LF_{i-n} = T_p \tag{3-8}$$

最迟开始时间等于最迟完成时间减去其持续时间：

$$LS_{i-j} = LF_{i-j} - D_{i-j} \tag{3-9}$$

最迟完成时间等于各紧后工作的最迟开始时间 LS_{j-k} 的最小值：

$$LF_{i-j} = \min \{LS_{j-k}\} \tag{3-10}$$

$$或\ LF_{i-j} = \min \{LF_{j-k} - D_{j-k}\} \tag{3-11}$$

4）计算工作总时差

总时差等于其最迟开始时间减去最早开始时间，或等于最迟完成时间减去最早完成时间，即：

$$TF_{i-j} = LS_{i-j} - ES_{i-j} \tag{3-12}$$

$$TF_{i-j} = LF_{i-j} - EF_{i-j} \tag{3-13}$$

5）计算工作自由时差

当工作 $i-j$ 有紧后工作 $j-k$ 时，其自由时差应为：

$$FF_{i-j} = ES_{j-k} - EF_{i-j} \tag{3-14}$$

$$或\ FF_{i-j} = ES_{j-k} - ES_{i-j} - D_{i-j} \tag{3-15}$$

以网络计划的终点节点（$j = n$）为箭头节点的工作，其自由时差 FF_{i-n} 应按网络计划的计划工期 T_p 确定，即：

$$FF_{i-n} = T_p - EF_{i-n} \tag{3-16}$$

（3）关键工作和关键线路的确定

1）关键工作

网络计划中总时差最小的工作是关键工作。

2）关键线路

自始至终全部由关键工作组成的线路为关键线路，或线路上总的工作持续时间最长的线路为关键线路。网络图上的关键线路可用双线或粗线标注。

【例3-2】已知网络计划的资料见表3-3，试绘制双代号网络计划。若计划工期等于计算工期，试计算各项工作的六个时间参数及确定关键线路，并标注在网络图上。

【解】

1. 根据表3-3中网络计划的有关资料，按照网络图的绘图规则，绘制双代号网络图如图3-20所示。

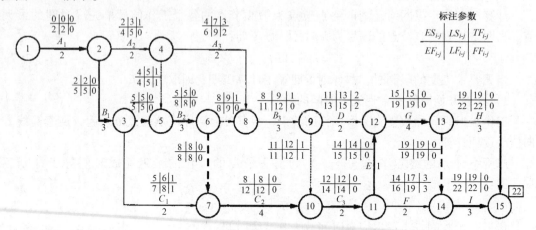

图3-20　双代号网络图示例

2. 计算各项工作的时间参数，并将计算结果标注在箭线上方相应的位置。

（1）计算各项工作的最早开始时间和最早完成时间

从起点节点（①节点）开始顺着箭线方向依次逐项计算到终点节点（⑮节点）。

1）以网络计划起点节点为开始节点的各工作的最早开始时间为零。

工作1-2的最早开始时间ES_{1-2}从网络计划的起点节点开始，顺着箭线方向依次逐项计算，因未规定其最早开始时间ES_{1-2}，故按式（3-3）确定：

$$ES_{1-2}=0$$

2）计算各项工作的最早开始和最早完成时间。

工作的最早开始时间ES_{i-j}按式（3-5）和式（3-6）计算，如：

$$ES_{2-3}=ES_{1-2}+D_{1-2}=0+2=2$$

$$ES_{2-4}=ES_{1-2}+D_{1-2}=0+2=2$$

$$ES_{3-5}=ES_{2-3}+D_{2-3}=2+3=5$$

$$ES_{4-5}=ES_{2-4}+D_{2-4}=2+2=4$$

$$ES_{5-6}=\max\{ES_{3-5}+D_{3-5},ES_{4-5}+D_{4-5}\}=\max\{5+0,4+0\}=\max\{5,4\}=5$$

工作的最早完成时间就是本工作的最早开始时间ES_{i-j}与本工作的持续时间D_{i-j}之和，按式（3-4）计算，如：

$$EF_{1-2}=ES_{1-2}+D_{1-2}=0+2=2$$

$$EF_{2-4}=ES_{2-4}+D_{2-4}=2+2=4$$

$$EF_{5-6}=ES_{5-6}+D_{5-6}=5+3=8$$

（2）确定计算工期T_c及计划工期T_p

已知计划工期等于计算工期，即网络计划的计算工期T_c取以终节点⑮为箭头节点的工作 13－15 和工作 14－15 的最早完成时间的最大值，按式（3-7）计算：

$$T_c = \max \{EF_{13-15}, EF_{14-15}\} = \max \{22, 22\} = 22$$

（3）计算各项工作的最迟开始时间和最迟完成时间

从终点节点（⑮节点）开始逆着箭线方向依次逐项计算到起点节点（①节点）。

1）以网络计划终点节点为箭头节点的工作的最迟完成时间等于计划工期。

网络计划结束工作 $Z-J$ 的最迟完成时间按式（3-8）计算，如：

$$LF_{13-15} = T_p = 22$$

$$LF_{14-15} = T_p = 22$$

2）计算各项工作的最迟开始和最迟完成时间。

依次类推，算出其他工作的最迟完成时间，如：

$$LF_{13-14} = \min \{LF_{14-15} - D_{14-15}\} = 22 - 3 = 19$$

$$LF_{12-13} = \min \{LF_{13-15} - D_{13-15}, LF_{13-14} - D_{13-14}\} = \min \{22 - 3, 19 - 0\} = 19$$

$$LF_{11-12} = \min \{LF_{12-13} - D_{12-13}\} = 19 - 4 = 15$$

网络计划所有工作 $i{\rightarrow}j$ 的最迟开始时间均按式（3-9）计算，如：

$$LS_{14-15} = LF_{14-15} - D_{14-15} = 22 - 3 = 19$$

$$LS_{13-15} = LF_{13-15} - D_{13-15} = 22 - 3 = 19$$

$$LS_{12-13} = LF_{12-13} - D_{12-13} = 19 - 4 = 15$$

（4）计算各项工作的总时差

可以用工作的最迟开始时间减去最早开始时间或用工作的最迟完成时间减去最早完成时间。

$$TF_{1-2} = LS_{1-2} - ES_{1-2} = 0 - 0 = 0$$

$$TF_{2-3} = LS_{2-3} - ES_{2-3} = 2 - 2 = 0$$

$$TF_{5-6} = LS_{5-6} - ES_{5-6} = 5 - 5 = 0$$

（5）计算各项工作的自由时差

网络中工作 $i-j$ 的自由时差等于紧后工作的最早开始时间减去本工作的最早完成时间，可按式（3-14）计算，如：

$$FF_{1-2} = ES_{2-3} - EF_{1-2} = 2 - 2 = 0$$

$$FF_{2-3} = ES_{3-5} - EF_{2-3} = 5 - 5 = 0$$

$$FF_{5-6} = ES_{6-8} - EF_{5-6} = 8 - 8 = 0$$

网络计划中的结束工作 $i-j$ 的自由时差按式（3-16）计算。

$$FF_{13-15} = T_p - EF_{13-15} = 22 - 22 = 0$$

$$FF_{14-15} = T_p - EF_{14-15} = 22 - 22 = 0$$

将以上计算结果标注在图中的相应位置。

3. 确定关键工作及关键线路。

在图中，最小的总时差是 0，所以凡是总时差为 0 的工作均为关键工作。

该例中的关键工作是 A_1、B_1、B_2、C_2、C_3、E、G、H、I。

在图中，自始至终全由关键工作组成的关键线路用粗箭线进行标注。

2. 单代号网络计划时间参数的计算

单代号网络计划时间参数的计算应在确定各项工作的持续时间之后进行。时间参数的计算顺序和计算方法基本上与双代号网络计划时间参数的计算相同。单代号网络计划时间参数的标注形式如图 3-21 所示。

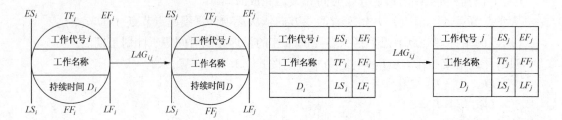

图 3-21 单代号网络计划时间参数的标注形式

单代号网络计划时间参数的计算步骤如下。

计算最早开始时间和最早完成时间：

网络计划中各项工作的最早开始时间和最早完成时间的计算应从网络计划的起点节点开始，顺着箭线方向依次逐项计算。

网络计划的起点节点的最早开始时间为零。如起点节点的编号为 1，则：

$$ES_i = 0 \quad (i = 1) \tag{3-17}$$

工作最早完成时间等于该工作最早开始时间加上其持续时间，即：

$$EF_i = ES_i + D_i \tag{3-18}$$

工作最早开始时间等于该工作的各个紧前工作的最早完成时间的最大值，如工作 j 的紧前工作的代号为 i，则：

$$ES_j = \max \{EF_i\}$$

$$或 \quad ES_j = \max \{ES_i + D_i\} \tag{3-19}$$

式中 ES_i——工作 j 的各项紧前工作的最早开始时间。

3.3 施工进度计划的检查与调整

施工进度的检查应包括以下内容：各预定时间节点工程量的完成情况、资源使用及进度的匹配情况、上次检查提出问题的整改情况。

施工进度计划的调整应包括以下内容：工程量、起止时间、工作关系、资源提供、目标调整。

3.3.1 施工进度计划的检查方法

施工进度计划检查常用对比法，即按照进度控制方法，定期地、经常地对现场建设工程的实际进展进度数据和计划目标数据进行分析比较，确定施工进度计划的偏差及其大小，进而分析产生偏差原因，制订纠偏措施，确保计划目标实现。

（1）横道图比较法

横道图比较法是指将在项目实施中检查实际进度收集的信息，经整理后直接用横道线并标于原计划的横道线处，进行直观比较的方法。通过这种简单而直观的比较，为进度控制者提供了实际进度与计划进度之间的偏差，为采取调整措施提供了明确的证据。

完成任务量可以用实物工程量、劳动消耗量和工作量三种量来表示，为了比较方便，一般用它们实际完成量的累计百分比与计划应完成量的累计百分比进行比较。

根据工程项目实施中各项工作的速度，以及进度控制要求和提供的进度信息的不同，可以采用以下几种方法。

1）匀速进展横道图比较法

匀速进展是指工程项目中每项工作的实际进展速度都是均匀的，即在单位时间内完成的任务都是相等的。

其比较方法的步骤如下：

①编制横道图进度计划。

②在进度计划上标出检查日期。

③将检查收集的实际进度数据，按比例用涂黑的粗线标于计划进度线的下方，如图3-22所示。

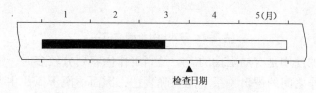

图3-22　均匀施工横道图比较图

④比较分析实际进度与计划进度。

a. 涂黑粗线右端与检查日期重合，表明实际进度与计划进度相一致。

b. 涂黑的粗线右端在检查日期左侧，表明实际进度比计划进度拖后。

c. 涂黑的粗线右端在检查日期右侧，表明实际进度比计划进度超前。

2）双比例单侧横道图比较法

双比例单侧横道图比较法是适用于工作的进度按变速进展的情况下，实际进度与计划进度进行比较的一种方法。该方法在表示工作实际进度的涂黑粗线同时，并标出其对应时刻完成任务的累计百分比，将该百分比与其同时刻计划完成任务的累计百分比相比较，从而判断工作的实际进度与计划进度之间的关系。

比较方法的步骤如下：

①编制横道图进度计划。

②在横道线上方标出各主要时间工作的计划完成任务累计百分比。

③在横道线下方标出相应日期工作的实际完成任务累计百分比。

④用涂黑粗线标出实际进度线，由开工日标起，同时反映出实际过程中的连续与间断情况。

⑤对照横道线上方计划完成任务累计量与同时刻的下方实际完成任务累计量，比较出实际进度与计划进度之间的偏差。

a. 同一时刻上下两个累计百分比相等，表明实际进度与计划进度一致。

b. 同一时刻上面的累计百分比大于下面的累计百分比，表明该时刻实际进度比计划进度拖后，拖后的量为两者之差。

c. 同一时刻上面的累计百分比小于下面的累计百分比，表明该时刻实际进度比计划进度超前，超前的量为两者之差。

这种比较法，不仅适合于进展速度是变化情况下的进度比较，同样，除标出检查日期进度比较情况外，还能提供某一指定时间两者比较的信息。当然，这是在实施部门按规定的时间记录当时的任务完成情况的前提下。

从图 3-23 中可以看出，实际开始时间比计划时间晚一段时间，进程中连续工作，在检查日工作是超前的，第一天比实际进度超前 1%，以后各天分别为 2%、2%、5%。

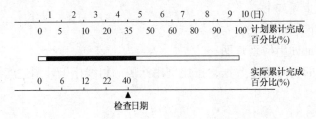

图 3-23 双比例单侧横道图

但是，横道图的使用是有局限性的。一是当工作内容划分较多时，进度计划的绘制比较复杂；二是各工作之间的逻辑关系不能明确表达，因而不便于抓住主要矛盾；三是当某项工作的时间发生变化时，难于借此对后续工作以及整个进度计划的影响进行预测。因此，横道图作为进度控制的工具，在某种程度上有一定的局限性。

（2）S 型曲线比较法

S 型曲线比较法是先以横坐标表示进度时间，纵坐标表示累计完成任务量，绘制出一条按计划时间累计完成任务量的 S 型曲线，然后将工程项目的各检查时间实际完成的任务量也绘制在 S 型曲线上，进行实际进度与计划进度比较的一种方法。在工程项目的进展全过程中，一般是开始和收尾时单位时间投入的资源量较少，中间阶段单位时间投入的资源量较多，所以与其相对应的单位时间完成的任务量也是呈相同趋势的变化。

1）S 型曲线绘制方法

①确定工程进展速度曲线。

根据单位时间内完成的实物工程量、投入的劳动力或费用，计算出各单位时间计划完成的任务量 q_i，如图 3-24（a）所示。

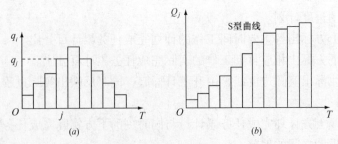

图 3-24 实际工程中时间与完成任务量关系曲线

②计算规定时间 i 累计完成的任务量。

将各单位时间完成的任务量累加求和，即可求出 j 时间累计完成的任务量 Q_j，即

$$Q_j = \Sigma Q_{ji} = 1 q_i$$

式中　Q_j——j 时刻时计划累计完成的任务量；

　　　q_i——单位时间内计划完成的任务量。

③绘制 S 型曲线。

按各规定的时间 j 及其对应的累计完成任务量 Q_j 绘制 S 型曲线，如图 3-24（b）所示。

2）S 型曲线比较法

一般情况下，进度控制人员在计划实施前绘制出计划 S 型曲线，在项目实施过程中，按规定时间将检查的实际完成任务情况与计划 S 型曲线绘制在同一张图上，如图 3-25 所示。比较两条 S 型曲线可以得到如下信息。

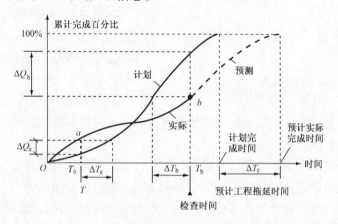

图 3-25　S 型曲线比较图

①工程项目实际进度与计划进度比较情况。

实际进度点落在计划 S 型曲线左侧，表示此时实际进度比计划进度超前；若刚好落在其上，则表示二者一致；若落在其右侧，则表示实际进度比计划进度拖后。

②工程项目实际进度比计划进度超前或拖后的时间。

如图 3-25 所示，ΔT_a 表示 T_a 时刻实际进度超前的时间；ΔT_b 表示 T_b 时刻实际进度拖后的时间。

③工程项目实际进度比计划进度超额或拖欠的任务量。

如图 3-25 所示，ΔQ_a 表示 T_a 时刻超额完成的任务量；ΔQ_b 表示在 T_b 时刻拖欠的任务量。

④预测工程进度。

后期工程按原计划速度进行，则工期拖延预测值为 ΔT_c。

（3）香蕉型曲线比较法

1）香蕉型曲线的绘制

香蕉型曲线是由两条 S 型曲线组合而成的闭合曲线。由 S 型曲线比较法可知，任一工程项目，其计划时间和累计完成任务量之间的关系，都可以用一条 S 型曲线表示。而在网

络计划中，任一工程项目在理论上可以分为最早和最迟两种开始与完成时间。因此，任一工程项目的网络计划都可绘制出两条曲线：一条是以各项工作的计划最早开始时间安排进度绘制而成的S型曲线，称为ES曲线；另一条是以各项工作的计划最迟开始时间安排进度绘制而成的S型曲线，称为LS曲线。由于两条S型曲线都是从计划的开始时刻开始，在计划完成时刻结束，因此两条曲线是闭合的。一般情况下，ES曲线上的其余时刻各点均应落在LS曲线相应点的左侧，形成一个形如香蕉的曲线，所以称为香蕉型曲线，如图3-26所示。

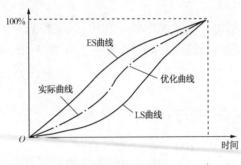

图3-26 香蕉型曲线比较图

在项目的实施过程中，进度控制的理想状况是任一时刻按实际进度绘出的点落在该香蕉型曲线的区域内，如图3-27中的实际进度线。

2）香蕉型曲线比较法的用途

①对进度进行合理安排。

②进行工程实际进度与计划进度的比较。

③确定在检查状态下后期工程的ES曲线与LS曲线的发展趋势。

（4）前锋线比较法

当施工项目的进度计划用时标网络计划表达时，可采用实际进度前锋线法进行实际进度与计划进度的比较。

前锋线比较法是从检查时刻的时标点出发，自上而下地用直线段依次连接各项工作的实际进度点，最后到达计划检查时刻的时间刻度线为止，由此组成一条一般为折线的前锋线。通过比较前锋线与箭线交点的位置判定工程实际进度与计划进度的偏差。

用前锋线比较实际进度与计划进度，可反映出本检查日有关工作实际进度与计划进度的关系。其主要有以下三种情况。

①工作实际进度点位置与检查日时间坐标相同，则该工作实际进度与计划进度一致。

②工作实际进度点位置在检查日时间坐标右侧，则该工作实际进度比计划进度超前，超前天数为二者之差。

③工作实际进度点位置在检查日时间坐标左侧，则该工作实际进度比计划进度拖后，拖后天数为二者之差。

3.3.2 施工进度计划的纠偏方法

在项目进度监测过程中，一旦发现实际进度与计划进度不符，即出现进度偏差时，必须认真寻找产生进度偏差的原因，分析进度偏差对后续工作产生的影响，并采取必要的纠偏措施，以确保施工进度目标的实现。

通过检查分析，如果发现原有施工进度计划不能适用实际情况时，为确保施工进度控制目标的实现或确定新的施工进展计划目标，需要对原有计划进行调整，并以调整后的计划作为施工进度控制的新依据。具体的过程如图3-27所示。

进度计划实施中的调整方法：

先要分析偏差对后续工作及总工期的影响，根据对实际进度与计划进度的比较，能显示出实际进度与计划进度之间的偏差。当这种偏差影响到工期时，应及时对施工进度进行调整，以实现通过对进度的检查达到对进度控制的目的，保证预定工期目标的实现。偏差的大小及其所处的位置，对后续工作和总工期的影响程度是不同的。

用网络计划中总时差和自由时差的概念进行判断和分析，如分析出现进度偏差的工作是否为关键工作；分析进度偏差是否大于总时差；分析进度偏差是否大于自由时差。通过分析，可以确定需要调整的工作和调整偏差的大小，以便采取调整措施，获得符合实际进度情况和计划目标的新进度计划。

在对实施进度计划分析的基础上，确定调整原计划的方法主要有以下两种。

（1）改变某些工作的逻辑关系

通过以上分析比较，如果进度产生的偏差影响了总工期，并且有关工作之间的逻辑关系允许改变，可以改变关键线路和超过计划工期的非关键线路上的有关工作之间的逻辑关系，以达到缩短工期的目的。

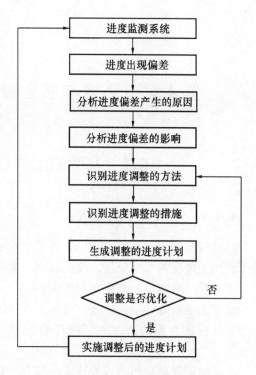

图 3-27　项目进度调整系统过程

这种方法不改变工作的持续时间，而只是改变某些工作的开始时间和完成时间。对于大中型建设项目，因其单位工程较多且相互制约比较少，可调整的幅度比较大，所以容易采用平行作业的方法来调整施工进度计划。而对于单位工程项目，由于受工作之间工艺关系的限制，可调整的幅度比较小，所以通常采用搭接作业的方法来调整施工进度计划。

（2）改变某些工作的持续时间

不改变工作之间的先后顺序关系，只是通过改变某些工作的持续时间来解决所产生的工期进度偏差，使施工进度加快，从而保证实现计划工期。但应注意，这些被压缩持续时间的工作应是位于因实际施工进度的拖延而引起总工期延长的关键线路和某些非关键线路上的工作，且这些工作又是可压缩持续时间的工作。具体措施如下：

1）组织措施：增加工作面，组织更多的施工队伍；增加每天的施工时间；增加劳动力和施工机械的数量。

2）技术措施：改进施工工艺和施工技术，缩短工艺技术间歇时间；采用更先进的施工方法，加快施工进度；采用更先进的施工机械。

3）经济措施：实行包干激励，提高奖励金额；对所采取的技术措施给予相应的经济补偿。

4）其他配套措施：改善外部配合条件，改善劳动条件，实施强有力的调度等。

一般情况下，不管采取哪种措施，都会增加费用。因此，在调整施工进度计划时，应利用费用优化的原理选择费用增加最少的关键工作作为压缩对象。

第4章　环境与职业健康安全管理的基本知识

4.1　文明施工与现场环境保护的要求

4.1.1　文明施工的要求

在建筑装饰工程施工过程中，施工企业不仅要做到科学管理、安全生产，还要保证建筑工程施工现场的干净整洁、文明有序。文明生产不只是一个企业的对外展示的"窗口"，更关系到整个城市文明与形象的展现。

文明施工检查评定保证项目包括：现场围挡、封闭管理、施工场地、材料管理、现场办公与住宿、现场防火等。一般项目包括：综合治理、公示标牌、生活设施、社区服务等。

文明施工保证项目的检查评定应符合下列规定：

1. 现场围挡

（1）市区主要路段的工地应设置高度不小于 2.5m 的封闭围挡；

（2）一般路段的工地应设置高度不小于 1.8m 的封闭围挡；

（3）围挡应坚固、稳定、整洁、美观。

2. 封闭管理

（1）施工现场进出口应设置大门，并应设置门卫值班室；

（2）应建立门卫值守管理制度，并应配备门卫值守人员；

（3）施工人员进入施工现场应佩戴工作卡；

（4）施工现场出入口应标有企业名称或标识，并应设置车辆冲洗设施。

3. 施工场地

（1）施工现场的主要道路及材料加工区地面应进行硬化处理；

（2）施工现场道路应畅通，路面应平整坚实；

（3）施工现场应有防止扬尘措施；

（4）施工现场应设置排水设施，且排水通畅无积水；

（5）施工现场应有防止泥浆、污水、废水污染环境的措施；

（6）施工现场应设置专门的吸烟处，严禁随意吸烟；

（7）温暖季节应有绿化布置。

4. 材料管理

（1）建筑材料、构件、料具应按总平面布局进行码放；

（2）材料应码放整齐，并应标明名称、规格等；

（3）施工现场材料码放应采取防火、防锈蚀、防雨等措施；

（4）建筑物内施工垃圾的清运，应采用器具或管道运输，严禁随间抛掷；

（5）易燃易爆物品应分类储藏在专用库房内，并应制定防火措施。

5. 现场办公与住宿

（1）施工作业、材料存放区与办公、生活区应划分清晰，并应采取相应的隔离措施；

（2）在建工程内、伙房、库房不得兼作宿舍；

（3）宿舍、办公用房的防火等级应符合规范要求；

（4）宿舍应设置可开启式窗户，床铺不得超过2层，通道宽度不应小于0.9m；

（5）宿舍内住宿人员人均面积不应小于$2.5m^2$，且不得超过16人；

（6）冬季宿舍内应有采暖和防一氧化碳中毒措施；

（7）夏季宿舍内应有防暑降温和防蚊蝇措施；

（8）生活用品应摆放整齐，环境卫生应良好。

6. 现场防火

（1）施工现场应建立消防安全管理制度，制定消防措施；

（2）施工现场临时用房和作业场所的防火设计应符合规范要求；

（3）施工现场应设置消防通道、消防水源，并应符合规范要求；

（4）施工现场灭火器材应保证可靠有效，布局配置应符合规范要求；

（5）明火作业应履行动火审批手续，配备动火监护人员。

文明施工一般项目的检查评定应符合下列规定：

1. 综合治理

（1）生活区内应设置供作业人员学习和娱乐的场所；

（2）施工现场应建立治安保卫制度，责任分解落实到人；

（3）施工现场应制定治安防范措施。

2. 公示标牌

（1）大门口处应设置公示标牌，主要内容应包括：工程概况牌、消防保卫牌、安全生产牌、文明施工牌、管理人员名单及监督电话牌、施工现场总平面图；

（2）标牌应规范、整齐、统一；

（3）施工现场应有安全标语；

（4）应有宣传栏、读报栏、黑板报。

3. 生活设施

（1）应建立卫生责任制度并落实到人；

（2）食堂与厕所、垃圾站、有毒有害场所等污染源的距离应符合规范要求；

（3）食堂必须有卫生许可证，炊事人员必须持身体健康证上岗；

（4）食堂使用的燃气罐应单独设置存放间，存放间应通风良好，并严禁存放其他物品；

（5）食堂的卫生环境应良好，且应配备必要的排风、冷藏、消毒、防鼠、防蚊蝇等设施；

（6）厕所内的设施数量和布局应符合规范要求；

（7）厕所必须符合卫生要求；

（8）必须保证现场人员卫生饮水；

（9）应设置淋浴室，且能满足现场人员需求；

（10）生活垃圾应装入密闭式容器内，并应及时清理。

4. 社区服务

（1）夜间施工前，必须经批准后方可进行施工；

（2）施工现场严禁焚烧各类废弃物；

（3）施工现场应制定防粉尘、防噪声、防光污染等措施；

（4）应制定施工不扰民措施。

文明施工除应满足上述要求，还应满足现行国家标准《建设工程施工现场消防安全技术规范》GB 50720、《建筑施工现场环境与卫生标准》JGJ 146、《施工现场临时建筑物技术规范》JGJ/T 188 的相关规定。同时，针对上述要求，定期对施工现场文明施工情况进行检查，科学管理，有效组织，保证文明施工的顺利执行。

4.1.2 施工现场环境保护的措施

《建设工程施工现场环境与卫生标准》JGJ 146—2013 第 3.0.1 条规定："建设工程施工总承包单位应对施工现场的环境与卫生负总责，分包单位应服从总承包单位的管理。参建单位及现场人员应有维护施工现场环境与卫生的责任和义务。"施工现场常见的环境保护问题包括：资源浪费、大气污染、水土污染、施工噪声及光污染等。针对这些环境问题，建设工程施工单位应制定相应的措施，提高环境保护意识，保证人与自然的和谐发展。

通常情况下，建筑工程施工现场环境保护的措施有：

（1）施工现场必须建立环境保护、环境卫生管理和检查制度，并应做好检查记录。对施工现场作业人员的教育培训、考核应包括环境保护、环境卫生等有关法律、法规的内容；

（2）在城市市区范围内从事建筑工程施工，项目必须在工程开工 15d 以前向工程所在地县级以上地方人民政府环境保护管理部门申报登记；

（3）施工期间应遵照《建筑施工场界环境噪声排放标准》GB 12523 制定降噪措施。确需夜间施工的，应办理夜间施工许可证明，并公告附近社区居民；

（4）尽量避免或减少施工过程中的光污染。夜间室外照明灯应加设灯罩，透光方向集中在施工范围。电焊作业采取遮挡措施，避免电焊弧光外泄；

（5）施工现场污水排放要与所在地县级以上人民政府市政管理部门签署污水排放许可协议，申领《临时排水许可证》。雨水排入市政雨水管网，污水经沉淀处理后二次使用或排入市政污水管网。施工现场泥浆、污水未经处理不得直接排入城市排水设施和河流、湖泊、池塘；

（6）施工现场存放化学品等有毒材料、油料，必须对库房进行防渗漏处理，储存和使用都要采取措施，防止渗漏，污染土壤水体。施工现场设置的食堂，用餐人数在 100 人以上的，应设置简易有效的隔油池，加强管理，专人负责定期掏油；

（7）施工现场产生的固体废弃物应在所在地垃圾消纳中心签署环保协议，及时清运处置。有毒有害废弃物应运送到专门的有毒有害废弃物中心消纳；

（8）施工现场的主要道路必须进行硬化处理，土方应集中堆放。裸露的场地和集中堆放的土方应采取覆盖、固化或绿化等措施。施工现场土方作业应采取防止扬尘措施；

（9）拆除建筑物、构筑物时，应采用隔离、洒水等措施，并应在规定期限内将废弃物清理完毕。建筑物内施工垃圾必须采用容器或搭设专用封闭式垃圾道的方式清运，严禁凌空抛掷；

（10）在规定区域内的施工现场应使用预拌混凝土及预拌砂浆。采用现场搅拌混凝土或砂浆的场所应采取封闭、降尘、降噪措施。水泥和其他易飞扬的细颗粒建筑材料应密闭存放或采取覆盖等措施；

（11）除有符合规定的装置外，施工现场内严禁焚烧各类废弃物，禁止将有毒有害废弃物作土方回填；

（12）施工现场临时厕所的化粪池应进行防渗漏处理；

（13）施工现场宜选用低噪声、低振动的设备，强噪声设备宜设置在远离居民区的一侧，并应采用隔声、吸声材料搭设防护棚或屏障；

（14）进入施工现场的车辆严禁鸣笛。装卸材料应轻拿轻放；

（15）施工中需要停水、停电、封路而影响环境时，必须经有关部门批准，事先告示，并设有标志；

（16）施工现场的机械设备、车辆的尾气排放应符合国家环保排放标准。

4.1.3　施工现场环境事故的处理

《中华人民共和国环境保护法（主席令第 9 号）》第四十七条规定：各级人民政府及其有关部门和企业事业单位，应当依照《中华人民共和国突发事件应对法》的规定，做好突发环境事件的风险控制、应急准备、应急处置和事后恢复等工作。

县级以上人民政府应当建立环境污染公共监测预警机制，组织制定预警方案；环境受到污染，可能影响公众健康和环境安全时，依法及时公布预警信息，启动应急措施。

企业事业单位应当按照国家有关规定制定突发环境事件应急预案，报环境保护主管部门和有关部门备案。在发生或者可能发生突发环境事件时，企业事业单位应当立即采取措施处理，及时通报可能受到危害的单位和居民，并向环境保护主管部门和有关部门报告。

突发环境事件应急处置工作结束后，有关人民政府应当立即组织评估事件造成的环境影响和损失，并及时将评估结果向社会公布。

《中华人民共和国环境噪声污染防治法（主席令第 77 号）》规定，未经环境保护行政主管部门批准，擅自拆除或者闲置环境噪声污治防治设施，致使环境噪声排放超过规定标准的，由县级以上地方人民政府环境保护行政主管部门责令改正，并处罚款。

《中华人民共和国大气污染防治法（主席令第 31 号）》规定，造成大气污染事故的企业事业单位，由所在地县级以上地方人民政府环境保护行政主管部门根据所造成的危害后果处直接经济损失 50% 以下的罚款，但最高不超过 50 万元；情况较重的，对直接负责的主管人员和其他直接责任人员，由所在单位或者上级主管机关依法给予行政处分或者纪律处分；造成重大大气污染事故导致公私财产重大损失或者人身伤亡的严重后果，构成犯罪的，依法追究刑事责任。

《固体废物污染环境防治法（主席令第 31 号）》规定，造成固体废物污染环境事故的，由县级以上人民政府环境保护行政主管部门处 2 万元以上 20 万元以下的罚款；造成重大损失的，按照直接损失的 30% 计算罚款，但是最高不超过 100 万元，对负有责任的主管人员和其他直接责任人员，依法给予行政处分；造成固体废物污染坏境重大事故的，并由县级以上人民政府按照国务院规定的权限决定停业或者关闭。

收集、贮存、利用、处置危险废物，造成重大环境污染事故，构成犯罪的，依法追究刑事责任。

《中华人民共和国水污染防治法（主席令第87号）》规定，排放水污染物超过国家或者地方规定的水污染物排放标准，或者超过重点水污染物排放总量控制指标的。由县级以上人民政府环境保护主管部门按权限责令限期治理，处应缴纳排污费数额2倍以上5倍以下的罚款。限期治理期间，由环境保护主管部门责令限制生产、限制排放或者停产整治。限期治理的期限最长不超过1年；逾期未完成治理任务的，报经有批准的人民政府批准，责令关闭。

在饮用水水源保护区内设置排污口的，由县级以上地方人民政府责令限期拆除，处10万元以上50万元以下的罚款；逾期不拆除的，强制拆除，所需费用由违法者承担，处50万元以上100万元以下的罚款，并可以责令停产整顿。

除上述规定外，违反法律、行政法规和国务院环境保护主管部门的规定设置排污口或者私设暗管的，由县级以上地方人民政府环境保护主管部门责令限期拆除，处2万元以上10万元以下的罚款；逾期不拆除的，强制拆除，所需费用由违法者承担，处10万元以上50万元以下的罚款；私设暗管或者有其他严重情节的，县级以上地方人民政府环境保护主管部门可以提请县级以上地方人民政府责令停产整顿。未经水行政主管部门或者流域管理机构同意，在江河、湖泊新建、改建、扩建排污口的，由县级以上人民政府水行政主管部门或者流域管理机构依据职权，依照以上规定采取措施、给予处罚。

有下列行为之一的，由县级以上地方人民政府环境保护主管部门责令停止违法行为，限期采取治理措施，消除污染，处以罚款；逾期不采取治理措施的，环境保护主管部门可以指定有治理能力的单位代为治理，所需费用由违法者承担：（1）向水体排放油类、酸液、碱液的；（2）向水体排放剧毒废液，或者将含有汞、镉、砷、铬、铅、氰化物、黄磷等的可溶性剧毒废渣向水体排放、倾倒或者直接埋入地下的；（3）在水体清洗装贮过油类、有毒污染物的车辆或者容器的；（4）向水体排放、倾倒工业废渣、城镇垃圾或者其他废弃物，或者在江河、湖泊、运河、渠道、水库最高水位线以下的滩地、岩坡堆放、存贮固体废弃物或者其他污染物的；（5）向水体排放、倾倒放射性固体废物或者含有高放射性、中放射性物质的废水的；（6）违反国家有关规定或者标准，向水体排放含低放射性物质的废水、热废水或者含病原体的污水的；（7）利用渗井、渗坑、裂隙或者溶洞排放、倾倒含有毒污染物的废水、含病原体的污水或者其他废弃物的；（8）利用无防渗漏措施的沟渠、坑塘等输送或者存贮含有毒污染物的废水、含病原体的污水或者其他废弃物的。有以上第（3）项、第（6）项行为之一的，处1万元以上10万元以下的罚款；有以上第（1）项、第（4）项、第（8）项行为之一的，处2万元以上20万元以下的罚款；有以上第（2）项、第（5）项、第（7）项行为之一的，处5万元以上50万元以下的罚款。

企业事业单位有下列行为之一的，由县级以上人民政府环境保护主管部门责令改正；情节严重的，处2万元以上10万元以下的罚款：（1）不按照规定制定水污染事故的应急方案的；（2）水污染事故发生后，未及时启动水污染事故的应急方案，采取有关应急措施的。

4.2 建筑装饰工程施工安全危险源分类及防范的重点

4.2.1 施工安全危险源的分类

危险源是指可能导致人员伤害或疾病、物质财产损失、工作环境破坏的情况或这些情况组合的根源或状态的因素。

施工现场作业和管理业务活动中的危险源与不利环境因素很多，存在的形式也较复杂，这对识别工作增加了难度。如果把各种危险源与不利环境因素，按其在事故发生发展过程中所起的作用或特征进行分类，会对危险源与不利环境因素的识别工作带来方便。

危险源的分类有多种方法，通常有以下几种：

1. 按在事故发生发展过程中的作用分类

危险源表现形式不同，但从事故发生的本质讲，均可归结为能量的意外释放或者有害物质的泄漏、散发。如果意外释放的能量作用于人体，并且超过人体的承受能力，则造成人员伤亡；如果意外释放的能量作于设备、设施、环境等，并且能量的作用超过其抵抗能力，则造成设备、设施的损失或环境破坏。根据危险源在安全事故发生发展过程中的作用，一般把危险源划分为两大类，即第一类危险源和第二类危险源。事故的发生是两类危险源共同作用的结果。第一类危险源是事故发生的前提，第二类危险源的出现是第一类危险源导致事故的必要条件。

（1）第一类危险源

能量和危险物质的存在是危害产生的最根本原因，通常把可能发生意外释放的能量或危害物质称作第一类危险源。此类危险源是事故发生的物理本质。一般来说，系统具有的能量越大，存在的危险物质越多，则其潜在的危险性和危害性也就越大。

一切产生、供给能量的能源和能量的载体在一定条件下，都可能是危险源。例如，高处作业的势能，带电导体上的电能，行驶车辆或各类机械运动部件、工件等的动能，噪声的声能，电焊时的光能，高温作业的热能等，在一定条件下都能造成各类事故。静止的物体棱角、毛刺、地面等之所以能伤害人体，也是因人体运动、摔倒时的动能、势能造成的。这些都是由于能量意外释放的危险因素。

有害物质在一定条件下能损伤人体的生理机能和正常代谢功能，破坏设备和物品的效能，也是最根本的危险源。例如，作业场所中由于存在有毒物质、腐蚀性物质、有害粉尘、窒息性气体等有害物质，当它们直接、间接与人体或物体发生接触，会导致人员的死亡、职业病、伤害、财产损失或环境的破坏等。

（2）第二类危险源

正常情况下，施工生产过程中会对能量或有害物质进行约束使其处于受控状态，一旦这些约束或限制的措施受到破坏或失效，将会发生事故。造成约束、限制能量和危险物质措施失控的各种不安全因素称为第二类危险源。

该类危险源主要包括物的故障、人的失误和环境因素等几个方面。

物的故障是指机械设备、设施、系统、装置、元部件等在运行或使用过程中由于性能（含安全性能）低下而不能实现预定的功能（包括安全功能）的现象。不安全状态是存在于起因物上的，是使事故能发生的不安全的物体条件或物质条件。从安全功能的角度，物的不安全状态也是物的故障。

发生故障并导致事故发生的这种危险源，主要表现在发生故障、误操作时的防护、保险、信号等装置缺乏、缺陷和设备、设施在强度、刚度、稳定性、人机关系上有缺陷两方面。例如超载限制或起升高度限位安全装置失效使钢丝绳断裂、重物坠落；围栏缺损、安全带及安全网质量低劣为高处坠落事故提供了条件；电线和电气设备绝缘损坏、漏电保护装置失效造成触电伤人，短路保护装置失效又造成配电系统的破坏；空气压缩机泄压安全装置故障使压力进一步上升，导致压力容器破裂；通风装置故障使有毒有害气体浸入作业人员呼吸道；有毒物质泄漏散发、危险气体泄漏爆炸，造成人员伤亡和财产损失等，都是物的故障引起的危险源。

人的失误是指人的行为结果偏离了被要求的标准，即没有完成规定功能的现象。人的失误会造成能量或危险物质控制系统故障，使屏蔽破坏或失效，从而导致事故发生。人的失误包括人的不安全行为和管理失误两个方面。

不安全行为是指违反安全规则或安全原则，使事故有可能或有机会发生的行为。违反安全规则或安全原则包括违反法律、规程、条例、标准、规定，也包括违反大多数人都知道并遵守的不成文的安全原则，即安全常识。例如吊索选用不当，吊物绑挂方式不当使钢丝绳断裂、吊物失稳坠落；误合电源开关使检修中的线路或电器设备带电，意外启动；故意绕开漏电开关接通电源等都是人的失误形成的危险源，都属于不安全行为。

施工现场安全生产保证体系是为了保证及时、有效地实现安全目标，在预测、分析的基础上进行策划、组织、协调、检查等工作，是预防物的故障和人的失误的有效手段。管理失误包括：对物的管理不当；对人的管理不当；对施工作业程序、操作规程和方法、工艺过程等的管理失误；安全监控、检查和事故防范措施等方面的问题；对工程施工和专项施工组织设计安全的管理失误；对采购安全物资的管理失误等。

环境因素是指人和物存在的环境，即施工生产作业环境中的温度、湿度、噪声、振动、照明或通风换气等方面的问题。这些因素也会促使人的失误或物的故障发生。

2. 按导致事故和职业危害的直接原因分类

根据《生产过程危险和危害因素分类与代码》GB/T 13861 的规定，可以把生产过程中的危险因素与危害因素分为物理性危害因素、化学性危害因素、生物性危害性因素、行为性危害因素等几类。这种分类方法所列的危险、危害因素具体、详细、科学合理，适用于项目经理部对危险源进行识别和分析，经过适当的选择调整后，可作为危险源提示表使用。

3. 按引起事故类型分类

根据《企业伤亡事故分类》GB 6441，综合考虑事故的诱导性原因、致害物、伤害方式等点，将危险源及危险源造成的事故分为：物体打击、车辆伤害、机械伤害、起重伤害、触电、淹溺、灼烫、火灾、高处坠落、坍塌、爆炸、中毒和窒息、其他伤害等不同的类型。此种分分方法所列的危险源与企业职工伤亡事故处理调查、分析、统计、职业病处理和职工安全教育的口径基本一致，为企业安全管理人员、广大职工所熟悉、易于接受和理解，便于实际应用。

4.2.2 施工安全危险源的防范重点的确定

1. 危险源辨识及辨识方法

确定施工安全危险源的防范重点前，应先对危险源进行辨识。危险源辨识是安全管理的基础工作，主要目的就是从组织的活动中识别出可能造成人员伤害或疾病、财产损失、环境破坏的危险或危害因素，并判定其可能导致的事故类别和导致事故发生的直接原因的过程。

危险源辨识的常见方法包括：专家调查法、头脑风暴法、德尔菲法、现场调查法、工作任务分析法、安全检查表法、危险与可操作法研究法、事件树分析法和故障树分析法等。

2. 危险源辨识的注意事项

充分了解危险源的分布。从范围上讲，应包括施工现场内受到影响的全部人员、活动与场所，可施加影响的供应商和分包商等相关方的人员、活动与场所；从状态上讲，应考虑三种状态，即正常状态、异常状态、紧急状态等；从时态上讲，应考虑到三种时态，即过去、现在、将来；从内容上讲，应包括涉及所有可能的伤害与影响，如人为失误，物料与设备过期、老化、性能下降造成的问题。

弄清危险源伤害与影响的方式或途径。

确认危险源伤害与影响的范围。

要特别关注重大危险源，防止遗漏。

对危险源保持高度警觉，持续进行动态辨识。

充分发挥施工人员对危险源辨识的作用。广泛听取每一个施工人员，包括供应商、分包商施工人员的意见和建议，必要时还可征求上级单位、设计单位、监理单位和政府主管部门的意见。

3. 危险源安全风险评价

危险源安全风险评价应围绕可能性和后果两个方面综合进行。项目管理人员通过定量和定性相结合的方法进行危险源安全风险评价。通过全员参与，筛选出应优先控制的重大危险源，具体讲主要采取专家评估法直接判断，必要时可采用作业条件危险性评价法、安全检查表进行判断。

（1）专家评估法

组织有丰富知识，特别是有系统安全工程知识的专家，同熟悉本工程管理施工生产工艺的技术和管理人员组成评价组。通过专家的经验和判断能力，对管理、人员、工艺、设备、环境等方面已识别的危险源进行评价，评价出对本工程项目施工安全有重大影响的危险源。

（2）作业条件危险性评价法（LEC 法）

危险性分值（D）取决于以下三个因素的乘积：

$$D = L \times E \times C$$

式中　L——发生事故的可能性大小，其取值见 L 值表；

　　　E——人体暴露于危险环境的频繁程度，其取值见 E 值表；

　　　C——发生事故可能造成的后果，其取值见 C 值表。

其中，将 L 值用概率表示时，绝对不可能发生的事故概率为 0。但是从系统安全角度考虑，绝对不发生事故是不可能的，所以将发生事故可能性极小的分数定为 0.1，最大定为 10，在 0.1 ~ 10 之间定出若干个中间值，见表 4-1。

L 值表

表 4-1

事故发生的可能	分数值	事故发生的可能	分数值
完全可能预料	10	很不可能，可以设想	0.5
相当可能	6	极不可能	0.2
可能，但不经常	3	实际不可能	0.1
可能性小，完全意外	1		

将 E 值最小定为 0.5，最大定为 10，在 0.5 ~ 10 之间定出若干个中间值，见表 4-2。

E 值表

表 4-2

暴露于危险环境频繁程度	分数值	暴露于危险环境频繁程度	分数值
连续暴露	10	每月一次暴露	2
每天工作时间内暴露	6	每年几次暴露	1
每周一次暴露或偶然暴露	3	非常罕见地暴露	0.5

将需要救护的轻微伤害 C 规定为 1，将造成多人死亡的可能性值规定为 100，其他情况为 1 ~ 100 之间，见表 4-3。

C 值表

表 4-3

发生事故产生的后果	分数值	发生事故产生的后果	分数值
大灾难，许多人死亡	100	严重，重伤	7
灾难，数人死亡	40	重大，致残	3
非常严重，一人死亡	15	引人注目，需要救护	1

D 值为危险分值。根据其大小分为以下几个等级，见表 4-4。

D 值表

表 4-4

危险程度	分数值	危险程度	分数值
极其危险，不可能继续作业	>320	一般危险，需要注意	20 ~ 70
高度危险，要立即整改	160 ~ 320	稍有危险，可以接受	<20
显著危险，需要整改	70 ~ 160		

（3）安全检查表

列出各层次的不安全因素，确定检查项目，以提问的方式把检查项目按过程的组成顺序编制成表，按检查项目进行检查或评审。

4. 重大危险源的判定依据

（1）严重不符合法律法规、标准规范和其他要求；

（2）相关方有合理抱怨或要求；

（3）曾发生过事故且没有采取有效防范控制措施；

（4）直接观察到可能导致危险的错误，且无适当控制措施；

（5）通过作业条件危险性评价方法，总分高于 160 分的。

4.3 建筑装饰工程施工安全事故的分类与处理

4.3.1 施工安全事故的分类

职工在施工劳动过程中从事本岗位劳动，或虽不在本岗位劳动，但由于施工设备和设施不安全、劳动条件和作业环境不良、管理不善，以及领导指派在外从事本企业活动，所发生的人身伤害（即轻伤、重伤、死亡）和急性中毒事故都属于施工安全事故。

1. 按照事故发生的原因分类

根据《企业职工伤亡事故分类》GB 6441—1986 的规定，职业伤害事故分为 20 类，其中与建筑业有关的有以下 12 类：

（1）物体打击。指落物、滚石、锤击、碎裂、崩块、砸伤等造成的人身伤害，不包括因爆炸而引起的物体打击。

（2）车辆伤害。指被车辆挤、压、撞和车辆倾覆等造成的人身伤害。

（3）机械伤害。指被机械设备或工具绞、碾、碰、割、戳等造成的人身伤害，不包括车辆、起重设备引起的伤害。

（4）起重伤害。指从事各种起重作业时发生的机械伤害事故，不包括上下驾驶室时发生的坠落伤害，起重设备引起的触电及检修时制动失灵造成的伤害。

（5）触电。由于电流经过人体导致的生理伤害，包括雷击伤害。

（6）灼烫。指火焰引起的烧伤、高温物体引起的烫伤、强酸或强碱引起的灼伤、放射线引起的皮肤损伤，不包括电烧伤及火灾事故引起的烧伤。

（7）火灾。在火灾时造成的人体烧伤、窒息、中毒等。

（8）高处坠落。由于危险势能差引起的伤害，包括从架子、屋架上坠落以及平地坠入坑内等。

（9）坍塌。指建筑物、堆置物倒塌以及土石塌方等引起的事故伤害。

（10）火药爆炸。指在火药的生产、运输、储藏过程中发生的爆炸事故。

（11）中毒和窒息。指煤气、油气、沥青、化学、一氧化碳中毒等。

（12）其他伤害。包括扭伤、跌伤、冻伤、野兽咬伤等。

以上 12 类职业伤害事故中，在建设工程领域中最常见的是高处坠落、物体打击、机械伤害、触电、坍塌、中毒、火灾 7 类。

2. 按事故严重程度分类

根据《企业职工伤亡事故分类》GB 6441—1986 的分类，将生产安全事故造成的人身伤害程度分为轻伤事故、重伤事故、死亡事故三个级别。其中：

（1）轻伤事故是指造成职工肢体或某些器官功能性或器质性轻度损伤，能引起劳动能力轻度或暂时丧失的伤害的事故。一般每个受伤人员损失的工作日在 1 个以上（含 1 个），105 个以下；

（2）重伤事故是指受伤人员肢体残缺或视觉、听觉等器官受到严重损伤，能引起人体长期存在功能障碍或劳动能力有重大损失的失能伤害的事故。一般每个受伤人员损失的工作日超过 105 个（含 105 个）；

（3）死亡事故，其中，重大伤亡事故指一次事故中死亡 1~2 人的事故；特大伤亡事故指一次事故死亡 3 人以上（含 3 人）的事故。同时将死亡或永久性全失能伤害的损失工作日定为 6000 日。

3. 按事故造成的人员伤亡或者直接经济损失分类

《生产安全事故报告和调查处理条例》（国务院令第 493 号）规定，根据生产安全事故造成的人员伤亡或者直接经济损失，事故一般分为以下等级：

（1）特别重大事故，是指造成 30 人以上死亡，或者 100 人以上重伤（包括急性工业中毒，下同），或者 1 亿元以上直接经济损失的事故；

（2）重大事故，是指造成 10 人以上 30 人以下死亡，或者 50 人以上 100 人以下重伤，或者 5000 万元以上 1 亿元以下直接经济损失的事故；

（3）较大事故，是指造成 3 人以上 10 人以下死亡，或者 10 人以上 50 人以下重伤，或者 1000 万元以上 5000 万元以下直接经济损失的事故；

（4）一般事故，是指造成 3 人以下死亡，或者 10 人以下重伤，或者 1000 万元以下直接经济损失的事故。

国务院安全生产监督管理部门可以会同国务院有关部门，制定事故等级划分的补充性规定。

上述等级中所称的"以上"包括本数，所称的"以下"不包括本数。

目前，在建设工程领域中，判别事故等级较多采用的是《生产安全事故报告和调查处理条例》。

4.3.2 施工安全事故报告和调查处理

生产安全事故发生后，事故现场有关人员应迅速作出响应，启动应急预案，立即采取紧急救援措施，尽最大努力减少人员伤亡。通过事故的报告、调查、处理的一系列程序，查明原因，制定相应的纠正、预防措施，避免同类事故的发生。以下摘自《生产安全事故报告和调查处理条例》（中华人民共和国国务院令第 493 号）：

1. 事故报告

第九条　事故发生后，事故现场有关人员应当立即向本单位负责人报告；单位负责人接到报告后，应当于 1 小时内向事故发生地县级以上人民政府安全生产监督管理部门和负有安全生产监督管理职责的有关部门报告。

情况紧急时，事故现场有关人员可以直接向事故发生地县级以上人民政府安全生产监督管理部门和负有安全生产监督管理职责的有关部门报告。

第十条　安全生产监督管理部门和负有安全生产监督管理职责的有关部门接到事故报告后，应当依照下列规定上报事故情况，并通知公安机关、劳动保障行政部门、工会和人民检察院：

（一）特别重大事故、重大事故逐级上报至国务院安全生产监督管理部门和负有安全生产监督管理职责的有关部门；

（二）较大事故逐级上报至省、自治区、直辖市人民政府安全生产监督管理部门和负有安全生产监督管理职责的有关部门；

（三）一般事故上报至设区的市级人民政府安全生产监督管理部门和负有安全生产监督管理职责的有关部门。

安全生产监督管理部门和负有安全生产监督管理职责的有关部门依照前款规定上报事故情况，应当同时报告本级人民政府。国务院安全生产监督管理部门和负有安全生产监督管理职责的有关部门以及省级人民政府接到发生特别重大事故、重大事故的报告后，应当立即报告国务院。

必要时，安全生产监督管理部门和负有安全生产监督管理职责的有关部门可以越级上报事故情况。

第十一条　安全生产监督管理部门和负有安全生产监督管理职责的有关部门逐级上报事故情况，每级上报的时间不得超过 2 小时。

第十二条　报告事故应当包括下列内容：

（一）事故发生单位概况；

（二）事故发生的时间、地点以及事故现场情况；

（三）事故的简要经过；

（四）事故已经造成或者可能造成的伤亡人数（包括下落不明的人数）和初步估计的直接经济损失；

（五）已经采取的措施；

（六）其他应当报告的情况。

第十三条　事故报告后出现新情况的，应当及时补报。

自事故发生之日起 30 日内，事故造成的伤亡人数发生变化的，应当及时补报。道路交通事故、火灾事故自发生之日起 7 日内，事故造成的伤亡人数发生变化的，应当及时补报。

第十四条　事故发生单位负责人接到事故报告后，应当立即启动事故相应应急预案，或者采取有效措施，组织抢救，防止事故扩大，减少人员伤亡和财产损失。

第十五条　事故发生地有关地方人民政府、安全生产监督管理部门和负有安全生产监督管理职责的有关部门接到事故报告后，其负责人应当立即赶赴事故现场，组织事故救援。

第十六条　事故发生后，有关单位和人员应当妥善保护事故现场以及相关证据，任何单位和个人不得破坏事故现场、毁灭相关证据。

因抢救人员、防止事故扩大以及疏通交通等原因，需要移动事故现场物件的，应当做出标志，绘制现场简图并做出书面记录，妥善保存现场重要痕迹、物证。

第十七条　事故发生地公安机关根据事故的情况，对涉嫌犯罪的，应当依法立案侦查，采取强制措施和侦查措施。犯罪嫌疑人逃匿的，公安机关应当迅速追捕归案。

第十八条　安全生产监督管理部门和负有安全生产监督管理职责的有关部门应当建立值班制度，并向社会公布值班电话，受理事故报告和举报。

2. 事故调查

第十九条　特别重大事故由国务院或者国务院授权有关部门组织事故调查组进行调查。

重大事故、较大事故、一般事故分别由事故发生地省级人民政府、设区的市级人民政府、县级人民政府负责调查。省级人民政府、设区的市级人民政府、县级人民政府可以直接组织事故调查组进行调查，也可以授权或者委托有关部门组织事故调查组进行调查。

未造成人员伤亡的一般事故，县级人民政府也可以委托事故发生单位组织事故调查组进行调查。

第二十条　上级人民政府认为必要时，可以调查由下级人民政府负责调查的事故。

自事故发生之日起 30 日内（道路交通事故、火灾事故自发生之日起 7 日内），因事故伤亡人数变化导致事故等级发生变化，依照本条例规定应当由上级人民政府负责调查的，上级人民政府可以另行组织事故调查组进行调查。

第二十一条　特别重大事故以下等级事故，事故发生地与事故发生单位不在同一个县级以上行政区域的，由事故发生地人民政府负责调查，事故发生单位所在地人民政府应当派人参加。

第二十二条　事故调查组的组成应当遵循精简、效能的原则。

根据事故的具体情况，事故调查组由有关人民政府、安全生产监督管理部门、负有安全生产监督管理职责的有关部门、监察机关、公安机关以及工会派人组成，并应当邀请人民检察院派人参加。

事故调查组可以聘请有关专家参与调查。

第二十三条　事故调查组成员应当具有事故调查所需的知识和专长，并与所调查的事故没有直接利害关系。

第二十四条　事故调查组组长由负责事故调查的人民政府指定。事故调查组组长主持事故调查组的工作。

第二十五条　事故调查组履行下列职责：

（一）查明事故发生的经过、原因、人员伤亡情况及直接经济损失；

（二）认定事故的性质和事故责任；

（三）提出对事故责任者的处理建议；

（四）总结事故教训，提出防范和整改措施；

（五）提交事故调查报告。

第二十六条　事故调查组有权向有关单位和个人了解与事故有关的情况，并要求其提供相关文件、资料，有关单位和个人不得拒绝。

事故发生单位的负责人和有关人员在事故调查期间不得擅离职守，并应当随时接受事故调查组的询问，如实提供有关情况。

事故调查中发现涉嫌犯罪的，事故调查组应当及时将有关材料或者其复印件移交司法机关处理。

第二十七条　事故调查中需要进行技术鉴定的，事故调查组应当委托具有国家规定资质的单位进行技术鉴定。必要时，事故调查组可以直接组织专家进行技术鉴定。技术鉴定所需时间不计入事故调查期限。

第二十八条　事故调查组成员在事故调查工作中应当诚信公正、恪尽职守，遵守事故调查组的纪律，保守事故调查的秘密。

未经事故调查组组长允许，事故调查组成员不得擅自发布有关事故的信息。

第二十九条　事故调查组应当自事故发生之日起60日内提交事故调查报告；特殊情况下，经负责事故调查的人民政府批准，提交事故调查报告的期限可以适当延长，但延长的期限最长不超过60日。

第三十条　事故调查报告应当包括下列内容：

（一）事故发生单位概况；

（二）事故发生经过和事故救援情况；

（三）事故造成的人员伤亡和直接经济损失；

（四）事故发生的原因和事故性质；

（五）事故责任的认定以及对事故责任者的处理建议；

（六）事故防范和整改措施。

事故调查报告应当附具有关证据材料。事故调查组成员应当在事故调查报告上签名。

第三十一条　事故调查报告报送负责事故调查的人民政府后，事故调查工作即告结束。事故调查的有关资料应当归档保存。

3. 事故处理

第三十二条　重大事故、较大事故、一般事故，负责事故调查的人民政府应当自收到事故调查报告之日起15日内做出批复；特别重大事故，30日内做出批复，特殊情况下，批复时间可以适当延长，但延长的时间最长不超过30日。

有关机关应当按照人民政府的批复，依照法律、行政法规规定的权限和程序，对事故发生单位和有关人员进行行政处罚，对负有事故责任的国家工作人员进行处分。

事故发生单位应当按照负责事故调查的人民政府的批复，对本单位负有事故责任的人员进行处理。

负有事故责任的人员涉嫌犯罪的，依法追究刑事责任。

第三十三条　事故发生单位应当认真吸取事故教训，落实防范和整改措施，防止事故再次发生。防范和整改措施的落实情况应当接受工会和职工的监督。

安全生产监督管理部门和负有安全生产监督管理职责的有关部门应当对事故发生单位落实防范和整改措施的情况进行监督检查。

第三十四条　事故处理的情况由负责事故调查的人民政府或者其授权的有关部门、机构向社会公布，依法应当保密的除外。

4. 事故处理的原则

安全工作要立足防范，按照"安全第一，预防为主"的方针，层层建立安全工作责任制。同时，要加强监督考核，形成有效的激励约束机制，大幅度减少事故数量特别是事故伤亡人数。对责任不落实，发生重特大事故的，要严格按照事故原因未查清不放过、责任人员未处理不放过、整改措施未落实不放过、有关人员未受到教育不放过的"四不放过"原则和《国务院关于特大安全事故行政责任追究的规定》（国务院令第 302 号），严肃追究有关领导和责任人的责任。对近期发生的特别重大事故，国务院决定派出调查组，查明事故原因，作出严肃处理。

第 5 章　工程质量管理

5.1　装饰装修工程质量管理概念和特点

5.1.1　工程质量管理的特点

1. 装饰装修工程质量管理概念

质量是一组固有特性满足要求的程度。工程项目质量包括建筑工程产品实体和服务这两类特殊产品的质量。

建筑装饰工程实体作为一种综合加工的产品，它的质量是指建筑装饰工程产品适合于某种特定的用途，满足人们要求其所具备的质量特性的程度。由于建筑装饰工程实体具有"单件、定做"的特点，建筑装饰工程实体质量特性除具有一般产品所共有的特性之外，还有其特殊之处：

（1）理化方面的特性表现为：机械性能（强度、塑性、硬度和冲击韧性等），以及抗渗、耐热、耐磨、耐酸和耐腐蚀等性能。

（2）使用时间的特性表现为：建筑装饰工程产品的寿命或其使用性能稳定在设计指标以内所延续时间的能力。

（3）使用过程的使用特性表现为：建筑装饰工程产品的适用程度，对于有些功能性要求高的建筑，是否满足使用功能和环境美化的要求。

（4）经济特性表现为：造价（价格），生产能力或效率，以及生产使用过程中的能耗、材耗及维修费用高低等。

（5）安全特性表现为：保证使用及维护过程的安全性能。

服务是一种无形的产品，服务质量是指企业在推销前、销售时、售后服务过程中满足用户要求的程度，其质量特性依服务业内不同行业而异，但一般均包括以下几方面：

（1）服务时间。指为用户服务主动、及时、准时、适时、周到的程度。

（2）服务能力。指为用户服务时准确判断，迅速排除故障，以及指导用户合理使用产品的程度。

（3）服务态度。指在服务过程中热情、诚恳、有礼貌、守信用，建立良好服务信誉的程度。

在工程质量管理中"质量"的含义包括三个方面的内容，即工程质量、工序质量和工作质量。工程质量。指能满足国家建设和人民需要所具备的自然属性。通常包括适用性、可靠性、安全性、经济性和使用寿命等，即为工程的使用价值。这种属性区别了工程的不同用途，建筑装饰工程的施工质量是指建筑装饰材料、装饰构造做法等是否符合"设计文件"、《建筑装饰装修工程质量验收规范》GB 50210 的要求。

工序质量。在生产过程中，即人、机具、材料、施工方法和环境等对装饰产品综合起作用的过程，这个过程所体现的工程质量称为工序质量。工序质量也要符合"设计文件"、《建筑装饰装修工程质量验收规范》GB 50210 及《建筑工程施工质量验收统一标准》GB 50300 的规定。工序质量是形成工程质量的基础。

工作质量。工作质量并不像工程质量那样直观，它主要体现在企业的一切经营活动中，通过经济效果、生产效率、工作效率和工程质量集中表现出来。

工程质量、工序质量和工作质量是三个不同的概念，但三者有密切的联系。工程质量是企业施工的最终成果，它取决于工序质量和工作质量；工作质量是工序质量和工程质量的保证和基础，必须努力提高工作质量，以工作质量来保证和提高工程质量。提高工程质量的目的，归根结底是为了提高经济效益，为社会创造更多价值。

2. 工程质量管理的特点

由于建筑装饰项目施工涉及面广，是一个极其复杂的综合过程，再加上项目位置固定、生产流动、质量要求不一、施工方法不一等特点，因此比一般工业产品的质量更难以控制，主要特点表现在以下几方面：

（1）影响质量的因素多。如装饰设计、装饰材料、机具、环境、温度、湿度、施工工艺、操作方法、技术措施和管理制度等，均直接影响建筑装饰施工项目的质量。

（2）容易产生质量变异。因建筑装饰项目施工不像工业产品生产，有固定的自动化的流水线，有规范化的生产工艺和完善的检测技术，有成套的生产设备和稳定的生产环境，有相同系列规格和相同功能的产品；同时，由于影响建筑装饰施工项目质量的偶然性因素和系统性因素得较多，因此，很容易产生质量变异。如装饰材料性能微小的差异、机具设备正常的磨损、操作的微小变化和环境微小的波动等，均会引起偶然性因素的质量变异；当使用建筑装饰材料的规格、品种有误、施工方法不妥、操作不按规程和机具故障等，则会引起系统性因素的质量变异，造成工程质量事故。为此，在建筑装饰施工中严防出现系统性因素的质量变异，要把质量变异控制在偶然性因素范围内。

（3）容易产生第一、第二判断错误。建筑装饰施工项目由于工序交接多、中间产品多、隐蔽工程多，若不及时检查施工质量，事后再来检查，就容易产生第二判断错误，也就是说，容易将不合格的产品，认为是合格的产品；反之，若检查不认真，测量仪表不准，读数有误，则就会产生第一判断错误，也就是说容易将合格产品认为是不合格的产品。这一点在进行质量检查验收时应特别注意。

（4）质量检查不能解体、拆卸。建筑装饰工程项目建成后，不可能像某些工业产品那样，再拆卸或解体检查内在的质量，或重新更换零件。即使发现质量有问题，也不可能像工业产品那样实际"包换"或"退款"。

（5）质量要受投资、进度的制约。建筑装饰施工项目的质量受投资、进度的制约较大，如一般情况下，投资大、进度慢，质量就好一些；反之，质量就差一些。因此，建筑装饰项目在施工中还必须正确处理质量、投资和进度三者之间的关系，使其达到对立的统一。

5.1.2 施工质量的影响因素及质量管理原则

1. 施工质量的影响因素

建设工程项目质量的影响因素，主要是指在项目质量目标策划、决策和实现过程中影响质量形成的各种客观因素和主观因素，包括人的因素、机械因素、材料因素、方法因素和环境因素（简称人、机、料、法、环）等。

（1）人的因素

在工程项目质量管理中，人的因素起决定性的作用。项目质量控制应以控制人的因素为基本出发点。影响项目质量的人的因素，包括两个方面：一是指直接履行项目质量职能的决策者、管理者和作业者的质量意识及质量活动能力；二是指承担项目策划、决策或实施的建设单位、勘察设计单位、咨询服务机构、工程承包企业等实体组织的质量管理体系及其管理能力。前者是个体的人，后者是群体的人。我国实行建筑业企业经营资质管理制度、市场准入制度、执业资格注册制度、作业及管理人员持证上岗制度等，从本质上说，都是对从事建设工程活动的人的素质和能力进行必要的控制。人，作为控制对象，人的工作应避免失误；作为控制动力，应充分调动人的积极性，发挥人的主导作用。因此，必须有效控制项目参与各方的人员素质，不断提高人的质量活动能力，才能保证项目质量。

（2）机械因素

机械包括工程设备、施工机械和各类施工工器具。工程设备是指组成工程实体的工艺设备和各类机具，如各类生产设备、装置和辅助配套的电梯、泵机，以及通风空调、消防、环保设备等，它们是工程项目的重要组成部分，其质量的优劣，直接影响到工程使用功能的发挥。施工机械和各类工器具是指施工过程中使用的各类机具设备，包括运输设备、吊装设备、操作工具、测量仪器、计量器具以及施工安全设施等。施工机械设备是所有施工方案和工法得以实施的重要物质基础，合理选择和正确使用施工机械设备是保证项目施工质量和安全的重要条件。

（3）材料因素

材料包括工程材料和施工用料，又包括原材料、半成品、成品、构配件和周转材料等。各类材料是工程施工的基本物质条件，材料质量是工程质量的基础，材料质量不符合要求，工程质量就不可能达到标准。所以加强对材料的质量控制，是保证工程质量的基础。

（4）方法因素

方法因素也可以称为技术因素，包括勘察、设计、施工所采用的技术和方法，以及工程检测、试验的技术和方法等。从某种程度上说，技术方案和工艺水平的高低，决定了项目质量的优劣。依据科学的理论，采用先进合理的技术方案和措施，按照规范进行勘察、设计、施工，必将对保证项目的结构安全和满足使用功能，对组成质量因素的产品精度、强度、平整度、清洁度、耐久性等物理、化学特性等方面起到良好的推进作用。

（5）环境因素

影响项目质量的环境因素，又包括项目的自然环境因素、社会环境因素、管理环境因素和作业环境因素。

1）自然环境因素。主要指工程地质、水文、气象条件和地下障碍物以及其他不可抗力等影响项目质量的因素。例如，在寒冷地区冬期施工措施不当，工程会因受到冻融而影响质量；在基层未干燥或大风天开窗进行壁纸等卷材施工时会导致粘贴不牢及空鼓等质量问题。

2）社会环境因素。主要是指会对项目质量造成影响的各种社会环境因素，包括国家建设法律法规的健全程度及其及执法力度；建设工程项目法人决策的理性化程度以及建筑业经营者的经营管理理念；建筑市场包括建设工程交易市场和建筑生产要素市场的发育程度及交易行为的规范程度；政府的工程质量监督及行业管理成熟程度；建设咨询服务业的发展程度及其服务水准的高低；廉政管理及行风建设的状况等。

3）管理环境因素。主要是指项目参建单位的质量管理体系、质量管理制度和各参建单位之间的协调等因素。比如，参建单位的质量管理体系是否健全，运行是否有效，决定了该单位的质量管理能力；在项目施工中根据承发包的合同结构，理顺管理关系，建立统一的现场施工组织系统和质量管理的综合运行机制，确保工程项目质量保证体系处于良好的状态，创造良好的质量管理环境和氛围，则是施工顺利运行，提高施工质量的保证。

4）作业环境因素。主要指项目实施现场平面和空间环境条件，各种能源介质供应、施工照明、通风、安全防护设施，施工场地给水排水，以及交通运输和道路条件等因素。这些条件是否良好，都直接影响到施工能否顺利进行，以及施工质量能否得到保证。

上述因素对项目质量的影响，具有复杂多变和不确定性的特点。对这些因素进行控制，是项目质量控制的主要内容。

2. 施工质量的管理原则

成功地领导和运作一个组织，需要采用系统和透明的方式进行管理。针对所有相关方的需求，实施并保持持续改进其业绩的管理体系，可使组织获得成功。质量管理是组织各项管理的内容之一。

在《质量管理体系 基础和术语》GB/T 19000—2008 中提出八项质量管理原则，分别是：

（1）以顾客为关注焦点。

组织依存于顾客。任何一个组织都应时刻关注顾客，将理解和满足顾客的要求作为首要工作考虑，并以此安排所有的活动，同时还应了解顾客要求的不断变化和未来的需求，并争取超越顾客的期望。

以顾客为关注焦点的原则主要包括以下几个方面的内容：

1）要调查识别并理解顾客的需求和期望，还要使企业的目标与顾客的需求和期望相结合。

2）要在组织内部沟通，确定全体员工都能理解顾客的需求和期望，并努力实现这些需求和期望。

3）要测量顾客的满意程度，根据结果采取相应措施和活动。

4）系统地管理好与顾客的关系，良好的关系有助于保持顾客的忠诚，提高顾客的满意程度。

（2）领导作用。

领导者应当创造并保持使员工能充分参与实现组织目标的内部环境，确保员工主动理解和自觉实现组织目标，以统一的方式来评估、协调和实施质量活动，促进各层次之间协调。

运用领导作用原则：

1）要考虑所有相关方的需求和期望，同时在组织内部沟通，为满足所有相关方需求奠定基础。

2）要确定富有挑战性的目标，要建立未来发展的蓝图。目标要有可测性、挑战性、可实现性。

　　3）建立价值共享、公平公正和道德伦理概念，重视人才，创造良好的人际关系，将员工的发展方向统一到组织的方针目标上。

　　4）为员工提供所需的资源和培训，并赋予其职责范围的自主权。

　　（3）全员参与。

　　各级人员的充分参与，才能使他们的才干为组织带来收益。人是管理活动的主体，也是管理活动的客体。质量管理是通过组织内部各职能各层次人员参与产品实现过程及支持过程来实施的，全员的主动参与极为重要。

　　1）要让每个员工了解自身贡献的重要性。

　　2）要在各自的岗位上树立责任感，发挥个人的潜能，主动地、正确地去处理问题，解决问题。

　　3）要使每一个员工感到有成就感，意识到自己对组织的贡献，也看到工作中的不足，找到差距以求改进。要使员工积极地学习，增强自身的能力、知识和经验。

　　（4）过程方法将活动和相关的资源作为过程进行管理，可以更为高效地得到期望的结果。为使组织有效运作，必须识别和管理众多相互关联的过程，系统地识别和管理组织所应用的过程，特别是这些过程之间的相互作用，对于每一个过程作出恰当的考虑与安排，更加有效地使用资源、降低成本、缩短周期，通过控制活动进行改进，取得好的效果。采取的措施是：

　　1）为了取得预期的结果，系统地识别所有活动。

　　2）明确管理活动的职责和权限。

　　3）分析和测量关键活动的能力。

　　4）识别组织职能之间与职能内部活动的接口。

　　5）注重能改进组织活动的各种因素，诸如资源、方法、材料等。

　　（5）管理的系统方法。

　　将相互关联的过程作为系统加以识别、理解和管理，有助于组织提高实现目标的有效性和效率。这是一种管理的系统方法。优点是可使过程相互协调，最大限度地实现预期的结果。应采取以下措施：

　　1）建立一个最佳效果和最高效率的体系实现组织的目标。

　　2）理解体系内务过程的相互依赖关系。

　　3）理解为实现共同目标所必需的作用和责任。

　　4）理解组织的能力，在行动前确定资源的局限性。

　　5）设定目标，并确定如何运行体系中的特殊活动。

　　6）通过测量和评估，持续改进体系。

　　（6）持续改进持续改进是组织的一个永恒的目标。

　　事物是在不断发展的，持续改进能增强组织的适应能力和竞争力，使组织能适应外界环境变化，从而改进组织的整体业绩。采取的措施是：

　　1）持续改进组织的业绩。

　　2）为员工提供有关持续改进的培训。

　　3）将持续改进作为每位成员的目标。建立目标指导、测量和追踪持续改进。

（7）基于事实的决策方法。

有效的决策是建立在数据和信息分析的基础上，决策是一个行动之前选择最佳行动方案的过程。作为过程就应有信息和数据输入，输入信息和数据足够可靠，能准确地反映事实，则为决策方案奠定了重要的基础。

应用"基于事实的决策方案"可采取的措施：

1）数据和信息精确和可靠。

2）让数据/信息需要者都能得到信息/数据。

3）正确分析数据。

4）基于事实分析，做出决策并采取措施。

（8）与供方互利的关系。

任何一个组织都有其供方和合作伙伴，组织与供方是相互依存、互利的关系，合作得越来越好，双方都会获得效益。采取的措施是：

1）在对短期收益和长期利益综合平衡的基础上，确立与供方的关系。

2）与供方或合作伙伴共享专门技术和资源。

3）识别和选择关键供方。

4）清晰与开放的沟通。

5）对供方所做出的改进和取得的成果进行评价，并予以鼓励。

5.2　装饰装修工程施工质量控制

5.2.1　施工质量控制的基本内容和要求

1. 施工质量控制的基本内容

质量控制是质量管理的一部分，是致力于满足质量要求的一系列相关活动，这些活动主要包括：

（1）设定目标。设定目标即设定要求，确定需要控制的标准、区间、范围、区域；

（2）测量结果。测量满足所设定目标的程度；

（3）评价。评价质量控制的能力和效果；

（4）纠偏。对不满足设定目标的偏差及时纠偏，保持控制能力的稳定性。

也就是说，质量控制是在明确的质量目标和具体的条件下，通过行动方案和资源配置的计划、实施、检查和监督，进行质量目标的事前预控、事中控制和事后纠偏控制，实现预期质量目标的系统过程。

工程项目的质量要求是由业主方提出的，即项目的质量目标，是业主的设计意图通过项目策划，包括项目的定义及建设规模、系统构成、使用功能和价值、规格、档次、标准等的定位策划和目标决策来确定的。工程项目质量控制，就是在项目实施整个过程中，包括项目的勘察设计、招标采购、施工安装、竣工验收等各个阶段，项目参与各方致力于实现业主要求的项目质量总目标的一系列活动。

2. 全面质量管理（TQC）的思想

TQC（Total Quality Control）即全面质量管理，是 20 世纪中期开始在欧美和日本广泛应用的质量管理理念和方法。我国从 20 世纪 80 年代开始引进和推广全面质量管理，其基本原理就是强调在企业或组织最高管理者的质量方针指引下，实行全面、全过程和全员参与的质量管理。

TQC 的主要特点是：以顾客满意为宗旨；领导参与质量方针和目标的制定；提倡预防为主、科学管理、用数据说话等。在当今世界标准化组织颁布的 ISO 9000:2005 质量管理体系标准中，处处体现着这些重要特点和思想。建设工程项目的质量管理，同样应贯彻"三全"管理的思想和方法。

（1）全面质量管理

建设工程项目的全面质量管理，是指项目参与各方所进行的工程项目质量管理的总称，其中包括工程（产品）质量和工作质量的全面管理。工作质量是产品质量的保证，工作质量直接影响产品质量的形成。建设单位、监理单位、勘察单位、设计单位、施工总承包单位、施工分包单位、材料设备供应商等，任何一方，任何环节的怠慢疏忽或质量责任不落实都会造成对建设工程质量的不利影响。

（2）全过程质量管理

全过程质量管理是指根据工程质量的形成规律，从源头抓起，全过程推进。《质量管理体系 基础和术语》GB/T 19000—2008/ISO 9000:2005 强调质量管理的"过程方法"管理原则，要求应用"过程方法"进行全过程质量控制。要控制的主要过程有：项目策划与决策过程；勘察设计过程；设备材料采购过程；施工组织与实施过程；检测设施控制与计量过程；施工生产的检验试验过程；工程质量的评定过程；工程竣工验收与交付过程；工程回访维修服务过程等。

（3）全员参与质量管理

按照全面质量管理的思想，组织内部的每个部门和工作岗位都承担着相应的质量职责，组织的最高管理者确定了质量方针和目标，就应组织和动员全体员工参与到实施质量方针的系统活动中去，发挥自己的角色作用。开展全员参与质量管理的重要手段就是运用目标管理方法，将组织的质量总目标逐级进行分解，使之形成自上而下的质量目标分解体系和自下而上的质量目标保证体系，发挥组织系统内部每个工作岗位、部门或团队在实现质量总目标过程中的作用。

3. 质量管理的 PDCA 循环

在长期的生产实践和理论研究中形成的 PDCA 循环，是建立质量管理体系和进行质量管理的基本方法。从某种意义上说，管理就是确定任务目标，并通过 PDCA 循环来实现预期目标。每一循环都围绕着实现预期的目标，进行计划、实施、检查和处置活动，随着对存在问题的解决和改进，在一次一次的滚动循环中逐步上升，不断增强质量管理能力，不断提高质量水平。每一个循环的四大职能活动相互联系，共同构成了质量管理的系统过程。

（1）计划 P（Plan）

计划由目标和实现目标的手段组成，所以说计划根据是一条"目标—手段链"。质量管理的计划职能，包括确定质量目标和制定实现质量目标的行动方案两方面。实践表明质量计划的严谨周密、经济合理和切实可行，是保证工作质量、产品质量和服务质量的前提条件。

建设工程项目的质量计划，是由项目参与各方根据其在项目实施中所承担的任务、责任范围和质量目标，分别制定质量计划而形成的质量计划体系。其中，建设单位的工程项目质量计划，包括确定和论证项目总体的质量目标，制定项目质量管理的组织、制度、工作程序、方法和要求。项目其他各参与方，则根据国家法律法规和工程合同规定的质量责任和义务，在明确各自质量目标的基础上，制定实施相应范围质量管理的行动方案，包括技术方法、业务流程、资源配置、检验试验要求、质量记录方式、不合格处理及相应管理措施等具体内容和做法的质量管理文件，同时亦须对其实现预期目标的可行性、有效性、经济合理性进行分析论证，并按照规定的程序与权限，经过审批后执行。

（2）实施 D（Do）

实施职能在于将质量的目标值，通过生产要素的投入、作业技术活动和产出过程，转换为质量的实际值。为保证工程质量的产出或形成过程能够达到预期的结果，在各项质量活动实施前，要根据质量管理计划进行行动方案的部署和交底；交底的目的在于使具体的作业者和管理者明确计划的意图和要求，掌握质量标准及其实现的程序与方法。在质量活动的实施过程中，则要求严格执行计划的行动方案，规范行为，把质量管理计划的各项规定和安排落实到具体的资源配置和作业技术活动中去。

（3）检查 C（Check）

指对计划实施过程进行各种检查，包括作业者的自检、互检和专职管理者专检。各类检查也都包含两大方面：一是检查是否严格执行了计划的行动方案，实际条件是否发生了变化，不执行计划的原因；二是检查计划执行的结果，即产出的质量是否达到标准的要求，对此进行确认和评价。

（4）处置 A（Action）

对于质量检查所发现的质量问题或质量不合格，及时进行原因分析，采取必要的措施予以纠正，保持工程质量形成过程的受控状态。处置分纠偏和预防改进两个方面。前者是采取有效措施，解决当前的质量偏差、问题或事故；后者是将目前质量状况信息反馈到管理部门，反思问题症结或计划时的不周，确定改进目标和措施，为今后类似质量问题的预防提供借鉴。

4. 施工质量控制的基本要求

工程项目施工是实现项目设计意图形成工程实体的阶段，是最终形成项目质量和实现项目使用价值的阶段。项目施工质量控制是整个工程项目质量控制的关键和重点。

施工质量要达到的最基本要求是：通过施工形成的项目工程实体质量经检查验收合格。

建筑工程施工质量验收合格应符合下列规定：

（1）符合工程勘察、设计文件的要求；

（2）符合《建筑工程施工质量验收统一标准》GB 50300—2013 和相关专业验收规范的规定。

上述规定（1）是要符合勘察、设计对施工提出的要求。工程勘察、设计单位针对本工程的水文地质条件，根据建设单位的要求，从技术和经济结合的角度，为满足工程的使用功能和安全性、经济性、与环境的协调性等要求，以图纸、文件的形式对施工提出要求，是针对每个工程项目的个性化要求。

规定（2）是要符合国家法律、法规的要求。国家建设行政主管部门为了加强建筑工程质量管理，规范建筑工程施工质量的验收，保证工程质量，制订相应的标准和规范，这些标准、规范是主要从技术的角度，为保证房屋建筑各专业工程的安全性、可靠性、耐久性而提出的一般性要求。

施工质量在合格的前提下，还应符合施工承包合同约定的要求。施工承包合同的约定具体体现了建设单位的要求和施工单位的承诺，合同的约定全面体现了对施工形成的工程实体的适用性、安全性、耐久性、可靠性、经济性和与环境的协调性六个方面质量特性的要求。

为了达到上述要求，项目的建设单位、勘察单位、设计单位、施工单位、工程监理单位应切实履行法定的质量责任和义务，在整个施工阶段对影响项目质量的各项因素实行有效的控制，以保证项目实施过程的工作质量来保证项目工程实体的质量。

"合格"是对项目质量的最基本要求，国家鼓励采用先进的科学技术和管理方法，提高建设工程质量，全国和地方（部门）的建设主管部门或行业协会设立了"中国建筑工程鲁班奖（国家优质工程）"、"全国建筑工程装饰奖"等一批优质工程奖，都是为了鼓励项目参建单位创造更好的工程质量。

5. 施工质量控制的原则

对建筑装饰施工项目而言，质量控制就是为了确保合同、规范所规定的质量标准，所采取的一系列检测、监控措施、手段和方法。在进行建筑装饰施工质量控制过程中，应遵循以下几点原则：

（1）坚持"质量第一，用户至上"的原则。建筑装饰产品作为一种特殊的商品，在施工中应自始至终地坚持这一原则。

（2）坚持"以人为核心"的原则。人是质量的创造者，质量控制必须"以人为核心"，把人作为控制的动力，调动人的积极性、创造性；增强人的责任感，树立"质量第一"的观念；提高人的素质，避免人的失误，以人的工作质量确保工序质量，促进工程质量。

（3）坚持"以预防为主"的原则。"以预防为主"就是要从质量的事后检查把关，转向对质量的事前控制、事中控制；从对产品质量的检查，转向对工作质量的检查、对工序质量的检查、对中间产品的质量检查。这是确保建筑装饰施工项目的有效措施。

（4）坚持质量标准、严格检查和"一切用数据说话"的原则。质量标准是评价产品质量的尺度，数据是质量控制的基础和依据。产品质量是否符合质量标准，必须通过严格检查，用数据说话。

5.2.2 施工过程质量控制的基本程序、方法、质量控制点的确定

1. 施工过程质量控制的基本程序

在建筑装饰施工项目的质量控制应当贯彻全面、全员、全过程质量管理的思想，运用动态控制原理，进行质量的事前控制、事中控制和事后控制：

（1）事前质量控制

事前质量控制是在正式施工前进行的事前主动质量控制。包括编制施工质量计划，明确质量目标，制定施工方案，设计质量管理点，落实质量责任，分析可能导致质量目标偏

离的各种影响因素，针对这些影响因素制定有效的预防措施，防患于未然。

事前质量预控必须充分发挥组织的技术和管理方面的整体优势，把长期形成的先进技术、管理方法和经验智慧，创造性地应用于工程项目。

事前质量预控制要求针对质量控制对象的控制目标、活动条件、影响因素进行周密分析，找出薄弱环节，制定有效的控制措施和对策。

建筑装饰施工准备阶段的质量控制包括以下几方面：

1）确定质量标准，明确质量要求；

2）装饰设计图纸的审查；

3）施工组织设计的编制；

4）装饰材料和成品、半成品的检验；

5）施工机具设备的检修；

6）作业条件的准备等。

（2）事中质量控制

事中质量控制是指在施工质量形成过程中，对影响施工质量的各种因素进行全面的动态控制。事中质量控制也称为作业活动过程质量控制，包括质量活动主体的自我控制和他人监控的控制方式。自我控制是第一位的，即作业者在作业过程对自己质量活动行为的约束和技术能力的发挥，以完成符合预定质量目标的作业任务；他人监控是对作业者的质量活动过程和结果，由来自企业内部管理者和企业外部有关方面进行监督检查，如工程监理机构、政府质量监督部门等的监控。

施工质量的自控和监控是相辅相成的系统过程。自控主体的质量意识和能力是关键，是施工质量的决定因素；各监控主体所进行的施工质量监控是对自控行为的推动和约束。因此，自控主体必须正确处理自控和监控的关系，在致力于施工质量自控的同时，还必须接受来自业主、监理等方面对其质量行为和结果所进行的监督管理，包括质量检查、评价和验收。自控主体不能因为监控主体的存在和监控职能的实施而减轻或免除其质量责任。

事中质量控制的目标是确保工序质量合格，杜绝质量事故发生；控制的关键是坚持质量标准；控制的重点是工序质量、工作质量和质量控制点的控制。

建筑装饰施工过程中的质量控制包括以下几方面：

1）进行建筑装饰施工的技术交底和监督，按照设计图纸和规范、规程施工。

2）进行建筑装饰施工质量检查和验收。为保证装饰施工质量，必须坚持质量检查与验收制度，加强对施工过程各个环节的质量检查。对已完成的分部分项工程，特别是隐蔽工程进行验收，达不到合格的工程绝对不放过，该返工的必须返工，不留隐患，这是质量控的关键环节。

3）进行质量分析。通过对建筑装饰工程质量的检验，获得大量反映质量状况的数据，采用质量管理统计方法对这些数据进行分析，找出产生质量缺陷的各种原因。质量检查验收终究是事后进行的，即使发现了问题，事故已经发生，浪费已经造成。因此，质量管理工作应尽量进行在事故发生之前。

4）实施文明施工。按建筑装饰施工组织设计的要求和施工程序进行施工，做好施工准备，搞好现场的平面布置与管理，保持现场的施工秩序和整齐清洁。这也是保证和提高建筑装饰工程质量的重要环节。

（3）事后质量控制

事后质量控制也称为事后质量把关，以使不合格的工序或最终产品（包括单位工程或整个工程项目）不流入下道工序、不进入市场。事后控制包括对质量活动结果的评价、认定；对工序质量偏差的纠正；对不合格产品进行整改和处理。控制的重点是发现施工质量方面的缺陷，并通过分析提出施工质量改进的措施，保持质量处理受控状态。

以上三大环节不是互相孤立和截然分开的，它们共同构成有机的系统过程，实质上也就是质量管理 PDCA 循环的具体化，在每一次滚动循环中不断提高，达到质量管理和质量控制的持续改进。

2. 施工过程质量控制的方法

施工过程的质量控制，是在工程项目质量实际形成过程中的事中质量控制。

建设工程项目施工是由一系列相互关联、相互制约的作业过程（工序）构成，因此施工质量控制，必须对全部作业过程，即各道工序的作业质量持续进行控制。从项目管理的立场看，工序作业质量的控制，首先是质量生产者即作业者的自控，在施工生产要素合格的条件下，作业者能力及其发挥的状况是决定作业质量的关键。其次，是来自作业者外部的各种作业质量检查、验收和对质量行为的监督，也是不可缺少的设防和把关的管理措施。

（1）工序施工质量控制

工序是人、材料、机械设备、施工方法和环境因素对工程质量综合起作用的过程，所以对施工过程的质量控制，必须以工序作业质量控制为基础和核心。因此，工序的质量控制是施工阶段质量控制的重点。只有严格控制工序质量，才能确保施工项目的实体质量。工序施工质量控制主要包括工序施工条件质量控制和工序施工效果质量控制。

工序施工条件是指从事工序活动的各生产要素质量及生产环境条件。工序施工条件控制就是控制工序活动的各种投入要素质量和环境条件质量。控制的手段主要有：检查、测试、试验、跟踪监督等。控制的依据主要是：设计质量标准、材料质量标准、机械设备技术性能标准、施工工艺标准以及操作规程等。

工序施工效果主要反映工序产品的质量特征和特性指标。对工序施工效果的控制就是控制工序产品的质量特征和特性指标能否达到设计质量标准以及施工质量验收标准的要求。工序施工效果控制属于事后质量控制，其控制的主要途径是：实测获取数据、统计分析所获取的数据、判断认定质量等级和纠正质量偏差。

（2）施工作业质量的自控

施工作业质量的自控，从经营的层面上说，强调的是作为建筑产品生产者和经营者的施工企业，应全面履行企业的质量责任，向顾客提供质量合格的工程产品；从生产的过程来说，强调的是施工作业者的岗位质量责任，向后道工序提供合格的作业成果（中间产品）。因此，施工方是施工阶段质量自控主体。施工方不能因为监控主体的存在和监控责任的实施而减轻或免除其质量责任。我国《建筑法》和《建设工程质量管理条例》规定：建筑施工企业对工程的施工质量负责；建筑施工必须按照工程设计要求、施工技术标准和合同的约定，对建筑材料、建筑构配件和设备进行检验，不合格的不得使用。

施工方作为工程施工质量的自控主体，既要遵循本企业质量管理体系的要求，也要根据其在所承建的工程项目质量控制系统中的地位和责任，通过具体项目质量计划的编制与实施，有效地实现施工质量的自控目标。

施工作业质量的自控过程是由施工作业组织的成员进行的，其基本的控制程序包括：作业技术交底、作业活动的实施和作业质量的自检自查、互检互查以及专职管理人员的质量检查等。

1）施工作业技术的交底

技术交底是施工组织设计和施工方案的具体化，施工作业技术交底的内容必须具有可行性和可操作性。

从项目的施工组织设计到分部分项工程的作业计划，在实施之前都必须逐级进行交底，其目的是使管理者的计划和决策意图为实施人员所理解。施工作业交底是最基层的技术和管理交底活动，施工部承包方和工程监理机构都要对施工作业交底进行监督。作业交底的内容包括作业范围、施工依据、作业程序、技术标准和要领、质量目标以及其他与安全、进度、成本、环境等目标管理有关的要求和注意事项。

2）施工作业活动的实施

施工作业活动是由一系列工序所组成的。为了保证工序质量的受控，首先要对作业条件进行再确认，即按照作业计划检查作业准备状态是否落实到位，其中包括对施工程序和作业工艺顺序的检查确认，在此基础上，严格按作业计划的程序、步骤和质量要求展开工序作业活动。

3）施工作业质量的检验

施工作业的质量检查，是贯穿整个施工过程的最基本的质量控制活动，包括施工单位内部的工序作业质量自检、互检、专检和交接检查；以及现场监理机构的旁站检查、平行检验等。施工作业质量检查是施工质量验收的基础，已完检验批及分部分项工程的施工质量，必须在施工单位完成质量自检并确认合格之后，才能报请现场监理机构进行检查验收。

工序作业质量是直接形成工程质量的基础，为达到对工序作业质量控制的效果，在加强工序管理和质量目标控制方面应坚持以下要求：

1）预防为主。严格按照施工质量计划的要求，进行各分部分项施工作业的部署。同时，根据施工作业的内容、范围和特点，制定施工作业计划，明确作业质量目标和作业技术要领，认真进行作业技术交底，落实各项作业技术组织措施。

2）重点控制。在施工作业计划中，一方面要认真贯彻实施施工质量计划中的质量控制点的控制措施，同时，要根据作业活动的实际需要，进一步建立工序作业控制点，深化工序作业的重点控制。

3）坚持标准。工序作业人员在工序作业过程应严格进行质量自检，通过自检不断改善作业，并创造条件开展作业质量互检，通过互检加强技术与经验的交流。对已完工序作业产品，即检验批或分部分项工程，应严格坚持质量标准。对不合格的施工作业质量，不得进行验收签证，必须按照规定的程序进行处理。《建筑工程施工质量验收统一标准》GB 50300—2013及配套使用的专业质量验收规范，是施工作业质量自控的合格标准。有条件的施工企业或项目经理部应结合自己的条件编制高于国家标准的企业内控标准或工程项目内控标准，或采用施工承包合同明确规定的更高标准，列入质量计划中，努力提升工程质量水平。

4）记录完整。施工图纸、质量计划、作业指导书、材料质保书、检验试验及检测报告、质量验收记录等，是形成可追溯性质量保证的依据，也是工程竣工验收所不可缺少的质量控制资料。因此，对工序作业质量，应有计划、有步骤地按照施工管理规范的要求进行填写记载，做到及时、准确、完整、有效，并具有可追溯性。

（3）施工作业质量的监控

为了保证项目质量，建设单位、监理单位、设计单位及政府的工程质量监督部门，在施工阶段依据法律法规和工程施工承包合同，对施工单位的质量行为和项目实体质量实施监督控制。

设计单位应当就审查合格的施工图纸设计文件向施工单位作出详细说明；应当参与建设工程质量事故分析，并对因设计造成的质量事故，提出对应的技术处理方案。

建设单位在领取施工许可证或者开工报告前，应当按照国家有关规定办理工程质量监督手续。

作为监控主体之一的项目监理机构，在施工作业实施过程中，根据其监理规划与实施细则，采取现场旁站、巡视、平行检验等形式，对施工作业质量进行监督检查，如发现工程施工不符合工程设计要求、施工技术标准和合同约定的，有权要求建筑施工企业改正。监理机构应进行检查而没检查或没有按规定进行检查的，给建设单位造成损失时应承担赔偿责任。

必须强调，施工质量的自控主体和监控主体在施工全过程相互依存、各尽其责，共同推动着施工质量控制过程的展开和最终实现工程项目的质量总目标。

1）现场质量检查

现场质量检查的内容

①开工前的检查，主要检查是否具备开工条件，开工后是否能够保持连续正常施工，能否保证工程质量；

②工序交接检查，对于重要的工序或对工程质量有重大影响的工序，应严格执行"三检"制度（即自检、互检、专检），未经监理工程师（或建设单位本项目技术负责人）检查认可，不得进行下道工序施工；

③隐蔽工程的检查，施工中凡是隐蔽工程必须检查认证后方可进行隐蔽掩盖；

④停工后复工的检查，因客观因素停工或处理质量事故等停工复工时，经检查认可后方能复工；

⑤分项、分部工程完工后的检查，应经检查认可，并签署验收记录后，才能进行下一工程项目的施工；

⑥成品保护的检查，检查成品有无保护措施以及保护措施是否有效可靠。

现场质量检查的方法

①目测法

即凭借感官进行检查，也称观感质量检验，其手段可概括为"看、摸、敲、照"四个字。

a）看就是根据质量标准要求进行外观检查，例如，清水墙面是否洁净，喷涂的密实度和颜色是否良好、均匀，工人的操作是否正常，内墙抹灰的大面及口角是否平直，混凝土外观是否符合要求等；

b）摸就是通过触摸手感进行检查、鉴别，例如，油漆的光滑度，浆活是否牢固、不掉粉等；

c）敲就是运用敲击工具进行音感检查，例如，对地面工程、装饰工程中的水磨石、面砖、石材饰面等，均应进行敲击检查；

d）照就是通过人工光源或反射光照射，检查难以看到或光线较暗的部位。例如，管道井、电梯井等内部管线、设备安装质量，装饰吊顶内连接及设备安装质量等。

②实测法

就是通过实测数据与施工规范、质量标准的要求及允许偏差值进行对照，以此判断质量是否符合要求，其手段可概括为"靠、量、吊、套"四个字。

a）靠就是用直尺、塞尺检查诸如墙面、地面、路面等的平整度；

b）量就是指用测量工具和计量仪表等检查断面尺寸、轴线、标高、湿度、温度等的偏差。例如，大理石板拼缝尺寸，混凝土坍落度的检测等；

c）吊就是利用托线板以及线坠吊线检查垂直度。例如，砌体垂直度检查、门窗的安装等；

d）套就是以方尺套方，辅以塞尺检查。例如，对阴阳角的方正、踢脚线的垂直度、预制构件的方正、门窗口及构件的对角线检查等。

③试验法

是指通过必要的试验手段对质量进行判断的检查方法，主要包括如下内容：

a）理化试验

工程中常用的理化试验包括物理力学性能方面的检验和化学成分及化学性能的测定等两个方面。物理力学性能的检验，包括各种力学指标的测定，如抗拉强度、抗压强度、抗弯强度、抗折强度、冲击韧性、硬度、承载力等，以及各种物理性能方面的测定，如密度、含水量、凝结时间、安定性及抗渗、耐磨、耐热性能等。化学成分及化学性质的测定，如钢筋中的磷、硫含量，混凝土中粗骨料的活性氧化硅成分，以及耐酸、耐碱、抗腐蚀性等。此外，根据规定有时还需进行现场试验，例如，下水管道的通水试验、压力管道的耐压试验、防水层的蓄水或淋水试验等。

b）无损检测

利用专门的仪器仪表从表面探测结构物、材料、设备的内部组织结构或损伤情况。常用的无损检测方法有超声波探伤、X 射线探伤、γ 射线探伤等。

2）技术核定与见证取样送检

①技术核定

在建设工程项目施工过程中，因施工方对施工图纸的某些要求不甚明白，或图纸内部存在某些矛盾，或工程材料调整与代用，改变建筑节点构造、管线位置或走向等，需要通过设计单位明确或确认的，施工方必须以技术核定单的方式向监理工程师提出，报送设计单位核准确认。

②见证取样送检

为了保证建设工程质量，我国规定对工程所使用的主要材料、半成品、构配件以及施工过程留置的试块、试件等应实行现场见证取样送检。见证人员由建设单位及工程监理机构中有相关专业知识的人员担任；送检的试验室应具备经国家或地方工程检验检测主管部门核准的相关资质；见证取样送检必须严格按执行的程序进行，包括取样见证并记录、样本编号、填单、封箱、送试验室、核对、交接、试验检测、报告等。

检测机构应当建立档案管理制度。检测合同、委托单、原始记录、检测报告应当按年度统一编号，编号应当连续，不得随意抽撤、涂改。

（4）隐蔽工程验收与成品质量保护

1）隐蔽工程验收

凡被后续施工所覆盖的施工内容，如地基基础工程、钢筋工程、预埋管线等均属隐蔽工程。加强隐蔽工程质量验收，是施工质量控制的重要环节。其程序要求施工方首先应完成自检并合格，然后填写专用的《隐蔽工程验收单》。验收单所列的验收内容应与已完的隐蔽工程实物相一致，并事先通知监理机构及有关方面，按约定时间进行验收。验收合格的隐蔽工程由各方共同签署验收记录；验收不合格的隐蔽工程，应按验收整改意见进行整改后重新验收。严格隐蔽工程验收的程序和记录，对于预防工程质量隐患，提供可追溯质量记录具有重要作用。

2）施工成品质量保护

建设工程项目已完施工的成品保护，目的是避免已完施工成品受到来自后续施工以及其他方面的污染或损坏。已完施工的成品保护问题和相应措施，在工程施工组织设计与计划阶段就应该从施工顺序上进行考虑，防止施工顺序不当或交叉作业造成相互干扰、污染和损坏；成品形成后可采取防护、覆盖、封闭、包裹等相应措施进行保护。

3. 质量控制点的确定

施工质量控制点的设置是施工质量计划的重要组成内容。施工质量控制点是施工质量控制的重点对象。

（1）质量控制点的设置

质量控制点应选择那些技术要求高、施工难度大、对工程质量影响大或是发生质量问题时危害大的对象进行设置。一般选择下列部位或环节作为质量控制点：

1）对工程质量形成过程产生直接影响的关键部位、工序、环节及隐蔽工程；

2）施工过程中的薄弱环节，或者质量不稳定的工序、部位或对象；

3）对下道工序有较大影响的上道工序；

4）采用新技术、新工艺、新材料的部位或环节；

5）施工质量无把握的、施工条件困难的或技术难度大的工序或环节；

6）用户反馈指出的和过去有过返工的不良工序。

（2）质量控制点的重点控制对象

质量控制点的选择要准确，还要根据对重要质量特性进行重点控制的要求，选择质量控制点的重点部位、重点工序和重点的质量因素作为质量控制点的重点控制对象，进行重点预控和监控，从而有效地控制和保证施工质量。质量控制点的重点控制对象主要包括以下几个方面：

1）人的行为。某些操作或工序，应以人为重点控制对象，如高空、高温、水下、易燃易爆、重型构件吊装作业以及操作要求高的工序和技术难度大的工序等，都应从人的生理、心理、技术能力等方面进行控制。

2）材料的质量与性能。材料的质量与性能是直接影响工程质量的重要因素，在某些工程中应作为控制的重点。如钢结构工程中使用的高强度螺栓、某些特殊焊接使用的焊条，都应重点控制其材质与性能；又如水泥的质量是直接影响混凝土工程质量的关键因素，施工中就应对进场的水泥质量进行重点控制，必须检查核对其出厂合格证，并按要求进行强度和安定性的复验等。

3）施工方法与关键操作。某些直接影响工程质量的关键操作应作为控制的重点，如预应力钢筋的张拉工艺操作过程及张拉力的控制，是可靠地建立预应力值和保证预应力构件质量的关键过程。同时，那些易对工程质量产生重大影响的施工方法，也应列为控制的重点，如大模板施工中模板的稳定和组装问题、液压滑模施工时支撑杆稳定问题、升板法施工中提升量的控制问题等。

4）施工技术参数。如混凝土的外加剂掺量、水灰比，回填土的含水量，砌体的砂浆饱满度，防水混凝土的抗渗等级，大体积混凝土内外温差及混凝土冬期施工受冻临界强度等技术参数都是应重点控制的质量参数与指标。

5）技术间歇。有些工序之间必须留有必要的技术间歇时间，如砌筑与抹灰之间，应在墙体砌筑后留 6～10d 时间，让墙体充分沉陷、稳定、干燥，然后再抹灰，抹灰层干燥后，才能喷白、刷浆；混凝土浇筑与模板拆除之间，应保证混凝土有一定的硬化时间，达到规定拆模强度后方可拆除等。

6）施工顺序。某些工序之间必须严格控制先后的施工顺序，如对冷拉的钢筋应当先焊接后冷拉，否则会失去冷强；屋架的安装固定，应采取对角同时施焊方法，否则会由于焊接应力导致校正好的屋架发生倾斜。

7）易发生或常见的质量通病。如混凝土工程的蜂窝、麻面、空洞，墙、地面、屋面工程渗水、漏水、空鼓、起砂、裂缝等，都与工序操作有关，均应事先研究对策，提出预防措施。

8）新技术、新材料及新工艺的应用。由于缺乏经验，施工时应将其作为重点进行控制。

9）产品质量不稳定和不合格率较高的工序应列为重点，认真分析，严格控制。

（3）质量控制点的管理

设定了质量控制点，质量控制的目标及工作重点就更加明晰。首先，要做好施工质量控制点的事前质量预控工作，包括：明确质量控制的目标与控制参数；编制作业指导书和质量控制措施；确定质量检查检验方式及抽样的数量与方法；明确检查结果的判断标准及质量记录与信息反馈要求等。

其次，要向施工作业班组进行认真交底，使每一个控制点上的作业人员明白施工作业规程及质量检验评定标准；掌握施工操作要领；在施工过程中，相关技术管理和质量控制人员要在现场进行重点指导和检查验收。

同时，还要做好施工质量控制点的动态设置和动态跟踪管理。所谓动态设置，是指在工程开工前、设计交底和图纸会审时，可确定项目的一批质量控制点，随着工程的展开、施工条件的变化，随时或定期进行控制点的调整和更新。动态跟踪是应用动态控制原理，落实专人负责跟踪和记录控制点质量控制的状态和效果，并及时向项目管理组织的高层管理者反馈质量控制信息，保持施工质量控制占的受控状态。

对于危险性较大的分部分项工程或特殊施工过程，除按一般过程质量控制的规定执行外，还应由专业技术人员编制专项施工方案或作业指导书，经施工单位技术负责人、项目总监理工程师、建设单位项目负责人签字后执行。超过一定规模的危险性较大的分部分项工程，还要组织专家对专项方案进行论证。作业前施工员、技术员做好交底和记录，使操作人员在明确工艺标准、质量要求的基础上进行作业。为保证质量控制点的目标实现，应严格按照三级检查制度进行检查控制。在施工中发现质量控制点有异常时，应立即停止施工，召开分析会，查找原因采取对策予以解决。

施工单位应积极主动地支持、配合监理工程师的工作，应根据现场工程监理机构的要求，对施工作业质量控制点，按照不同的性质和管理要求，细分为"见证点"和"待检点"进行施工质量的监督和检查。凡属"见证点"的施工作业，如重要部位、特种作业、专门工艺等，施工方必须在该项作业开始前，书面通知现场监理机构到位旁站，见证施工作业过程；凡属"待检点"的施工作业，如隐蔽工程等，施工方必须在完成施工质量自检的基础上，提前通知项目监理机构进行检查验收，然后才能进行工程隐蔽或下道工序的施工。未经过项目监理机构检查验收合格，不得进行工程隐蔽或下道工序的施工。

5.3　装饰装修施工质量问题的处理方法

5.3.1　施工质量问题的分类

工程质量问题一般分为工程质量缺陷、工程质量通病、工程质量事故。

1. 工程质量缺陷

工程质量缺陷是指工程达不到技术标准允许的技术指标的现象。

2. 工程质量通病

工程质量通病是指各类影响工程结构、使用功能和外形观感的常见性质量损伤，犹如"多发病"一样，而称为质量通病。

常见的质量通病主要有：

（1）砂浆、混凝土配合比控制不严，任意加水，强度得不到保证；

（2）卫生间、厨房渗水、漏水；

（3）墙面抹灰起壳、裂缝、起麻点、不平整；

（4）地面及楼面起砂、起壳、开裂；

（5）门窗变形、缝隙过大、密封不严；

（6）金属栏杆、管道、配件锈蚀；

（7）壁纸粘贴不牢、空鼓、折皱、压平起光；

（8）饰面板、饰面砖拼缝不平、不直、空鼓、脱落；

（9）喷浆不均匀，脱色，掉粉等。

3. 工程质量事故

工程质量事故是指在工程建设过程中或交付使用后，对工程结构安全、使用功能和外形观感影响较大的质量损伤。它的特点是：

（1）经济损失达到较大的金额；

（2）有时造成人员伤亡；

（3）后果严重，影响结构安全；

（4）无法降级使用，难以修复时，必须推倒重建。

4. 工程质量事故的分类

各门类、各专业工程，各地区、不同时期界定建设工程质量事故的标准尺度不一。《关于做好房屋建筑和市政基础设施工程质量事故报告和调查处理工作的通知》（建质〔2010〕111号）对工程质量事故通常采用按造成的人员伤亡或者直接经济损失程度进行分类，其基本分类见表5-1。

工程质量事故的分类 表 5-1

事 故 类 型	具备条件（满足条件之一即为该类型）
一般事故	（1）造成3人以下死亡，或者10以下重伤的； （2）直接经济损失100万元以上1000万元以下的
较大事故	（1）造成3人以上10人以下死亡，或者10人以上50人以下重伤的； （2）直接经济损失1000万元以上5000万元以下的
重大事故	（1）造成10人以上30人以下死亡，或者50人以上100人以下重伤的； （2）直接经济损失5000万元以上1亿元以下的
特别重大事故	（1）造成30人以上死亡，或者100人以上重伤的； （2）直接经济损失1亿元以上的

注：本等级划分所称的"以上"包括本数，所称的"以下"不包括本数。

5. 质量事故的报告、调查及处理

（1）质量事故的报告

工程质量事故发生后，事故现场有关人员应当立即向工程建设单位负责人报告；工程建设单位负责人接到报告后，应于1h内向事故发生地县级以上人民政府住房和城乡建设主管部门及有关部门报告。

情况紧急时，事故现场有关人员可直接向事故发生地县级以上人民政府住房和城乡建设主管部门报告。

住房和城乡建设主管部门接到事故报告后，应当依照下列规定上报事故情况，并同时通知公安、监察机关等有关部门：

1）较大、重大及特别重大事故逐级上报至国务院住房和城乡建设主管部门，一般事故逐级上报至省级人民政府住房和城乡建设主管部门，必要时可以越级上报事故情况。

2）住房和城乡建设主管部门上报事故情况，应当同时报告本级人民政府；国务院住房和城乡建设主管部门接到重大和特别重大事故的报告后，应当立即报告国务院。

3）住房和城乡建设主管部门逐级上报事故情况时，每级上报时间不得超过2h。

4）事故报告应包括下列内容：

事故发生的时间、地点、工程项目名称、工程各参建单位名称；

事故发生的简要经过、伤亡人数（包括下落不明的人数）和初步估计的直接经济损失；

事故的初步原因；

事故发生后采取的措施及事故控制情况；

事故报告单位、联系人及联系方式；

其他应当报告的情况。

5）事故报告后出现新情况，以及事故发生之日起30日内伤亡人数发生变化的，应当及时补报。

（2）质量事故调查

住房和城乡建设主管部门应当按照有关人民政府的授权或委托，组织或参与事故调查组对事故进行调查，并履行下列职责：

1）核实事故基本情况，包括事故发生的经过、人员伤亡情况及直接经济损失；

2）核查事故项目基本情况，包括项目履行法定建设程序情况、工程各参建单位履行职责的情况；

3）依据国家有关法律法规和工程建设标准分析事故的直接原因和间接原因，必要时组织对事故项目进行检测鉴定和专家技术论证；

4）认定事故的性质和事故责任；

5）依照国家有关法律法规提出对事故责任单位和责任人员的处理建议；

6）总结事故教训，提出防范和整改措施；

7）提交事故调查报告。

事故调查报告应当包括下列内容：

1）事故项目及各参建单位概况；

2）事故发生经过和事故救援情况；

3）事故造成的人员伤亡和直接经济损失；

4）事故项目有关质量检测报告和技术分析报告；

5）事故发生的原因和事故性质；

6）事故责任的认定和事故责任者的处理建议；

7）事故防范和整改措施。

事故调查报告应当附具有关证据材料。事故调查组成员应当在事故调查报告上签名。

（3）事故处理

住房和城乡建设主管部门应当依据有关人民政府对事故调查报告的批复和有关法律法规的规定，对事故相关责任者实施行政处罚。处罚权限不属本级住房和城乡建设主管部门的，应当在收到事故调查报告批复后15个工作日内，将事故调查报告（附具有关证据材料）、结案批复、本级住房和城乡建设主管部门对有关责任者的处理建议等转送有权限的住房和城乡建设主管部门。

住房和城乡建设主管部门应当依据有关法律法规的规定，对事故负有责任的建设、勘察、设计、施工、监理等单位和施工图审查、质量检测等有关单位分别给予罚款、停业整顿、降低资质等级、吊销资质证书其中一项或多项处罚，对事故负有责任的注册执业人员分别给予罚款、停止执业、吊销执业资格证书、终身不予注册其中一项或多项处罚。

5.3.2 施工质量问题的产生原因

施工质量事故发生的原因大致有如下四类：

（1）技术原因。技术原因指引发质量事故是由于在项目设计、施工中技术上的失误。

例如，结构设计方案不正确，计算失误，构造设计不符合规范要求；施工管理及实际操作人员的技术素质差，采用了不合适的施工方法或施工工艺等。这些技术上的失误是造成质量事故的常见原因。

（2）管理原因。管理原因是指引发质量事故是由于管理上的不完善或失误。例如，施工单位或监理单位的质量管理体系不完善，质量管理措施落实不力，施工管理混乱，不遵守相关规范，违章作业，检验制度不严密，质量控制不严格，检测仪器设备管理不善而失准，以及材料质量检验不严等原因引起质量事故。

（3）社会、经济原因。社会、经济原因是指引发的质量事故是由于社会上存在的不正之风及经济上的原因，滋长了建设中的违法违规行为，而导致出现质量事故。例如，违反基本建设程序，无立项、无报建、无开工许可、无招标投标、无资质、无监理、无验收的"七无"工程，边勘察、边设计、边施工的"三边"工程，屡见不鲜，几乎所有的重在施工质量事故都能从这个方面找到原因；某些施工企业盲目追求利润而不顾工程质量，在投标报价中随意压低标价，中标后则依靠违法的手段或修改方案追加工程款，甚至偷工减料等，这些因素都会导致发生重大工程质量事故。

（4）人为事故和自然灾害原因。人为事故和自然灾害原因是指造成质量事故是由于人为的设备事故、安全事故，导致连带发生质量事故，以及严重的自然灾害等不可抗力造成质量事故。

5.3.3　施工质量问题的处理方法

1. 返修处理

当项目的某些部分的质量虽未达到规范、标准或设计规定的要求，存在一定的缺陷，但经过采取整修等措施后可以达到要求的质量标准，又不影响使用功能或外观的要求时，可采取返修处理的方法。例如某些混凝土结构表面出现蜂窝、麻面等轻微缺陷，当这些缺陷或损伤仅仅在结构的表面或局部，不影响其使用和外观，可进行返修处理。再比如对混凝土结构出现裂缝，经分析研究后如果不影响结构的安全和使用功能时，也可采取返修处理。当裂缝宽度不大于 0.2mm 时，可采用表面密封法；当裂缝宽度大于 0.3mm 时，采用嵌缝密闭法；当裂缝较深时，则应采取灌浆修补的方法。

2. 加固处理

主要是针对危及结构承载力的质量缺陷的处理。通过加固处理，使建筑结构恢复或提高承载力，重新满足结构安全性与可靠性的要求，使结构能继续使用或改作其他用途。对混凝土结构常用的加固方法主要有：增大截面加固法、外包角钢加固法、粘钢加固法、增设支点加固法、增设剪力墙加固法、预应力加固法等。

3. 返工处理

当工程质量缺陷经过返修、加固处理后仍不能满足规定的质量标准要求，或不具备补救可能性，则必须采取重新制作、重新施工的返工处理措施。例如，某高层住宅施工中，有几层的混凝土结构误用了安定性不合格的水泥，无法采用其他补救办法，不得不爆破拆除重新浇筑。

4. 限制使用

当工程质量缺陷按修补方法处理后无法保证达到规定的使用要求和安全要求，而又无法返工处理的情况下，不得已时可作出诸如结构卸荷以及限制使用的决定。

5. 不作处理

某些工程质量问题虽然达不到规定的要求或标准，但其情况不严重，对结构安全或使用功能影响很小，经过分析、论证、法定检测单位鉴定和设计单位等认可后可不作专门处理。一般可不作专门处理的情况有以下几种：

（1）不影响结构安全和使用功能的。例如，某些部位的混凝土表面裂缝，经检查分析，属于表面养护不够的干缩微裂，不影响安全和外观，也可不作处理。

（2）后道工序可以弥补的质量缺陷。例如，混凝土结构表面的轻微麻面，可通过后续的抹灰、刮涂、喷涂等弥补，也可不作处理。再比如，混凝土现浇楼面的平整度偏差达到10mm，但由于后续垫层和面层的施工可以弥补，所以也可不作处理。

（3）法定检测单位鉴定合格的。例如，某检验批混凝土土试块强度值不满足规范要求，强度不足，但经法定检测单位对混凝土实体强度进行实际检测后，其实际强度达到规范允许和设计要求值时，可不作处理。对经检测未达到要求值，但相差不多，经分析论证，只要使用前经再次检检测达到设计强度，也可不作处理，但应严格控制施工荷载。

（4）出现的质量缺陷，经检测鉴定达不到设计要求，但经原设计单位核算，仍能满足结构安全和使用功能的。例如，某一结构构件截面尺寸不足，或材料强度不足，影响结构承载力，但按实际情况进行复核验算后仍能满足设计要求的承载力时，可不进行专门处理，这种做法实际上还是挖掘设计潜力或降低设计的安全系数，应谨慎处理。

6. 报废处理

出现质量事故的项目，通过分析或实践，采取上述处理方法后仍不能满足规定的质量要求或标准，则必须予以报废处理。

第6章 工程成本管理

6.1 装饰装修工程成本的组成和影响因素

6.1.1 工程成本的组成

按费用构成要素划分，建筑安装工程费用由人工费、材料（包含工程设备，下同）费、施工机具使用费、企业管理费、利润、规费和税金组成。其中人工费、材料费、施工机具使用费、企业管理费和利润包含在分部分项工程费、措施项目费、其他项目费中。

（1）人工费。人工费是指按工资总额构成规定，支付给从事建筑安装工程施工的生产工人和附属生产单位工人的各项费用。内容包括：计时工资或计件工资、奖金、津贴补贴、加班加点工资、特殊情况下支付的工资等。

（2）材料费。材料费是指施工过程中耗费的原材料、辅助材料、构配件、零件、半成品或成品、工程设备的费用。内容包括：材料原价、运杂费、运输损耗费、采购及保管费等。

（3）施工机具使用费。施工机具使用费是指施工作业所发生的施工机械、仪器仪表使用费或其租赁费。其中，施工机械使用费以施工机械台班耗用量乘以施工机械台班单价表示，施工机械台班单价应由下列七项费用组成：折旧费、大修理费、经常修理费、安拆费及场外运费、人工费、燃料动力费、税费等；仪器仪表使用费是指工程施工所需使用的仪器仪表的摊销及维修费用。

（4）企业管理费。企业管理费是指建筑安装企业组织施工生产和经营管理所需的费用。内容包括：管理人员工资、办公费、差旅交通费、固定资产使用费、工具用具使用费、劳动保险和职工福利费、劳动保护费、检验试验费、工会经费、职工教育经费、财产保险费、财务费、税金等。

（5）利润。利润是指施工企业完成所承包工程获得的盈利。

（6）规费。规费是指按国家法律、法规规定，由省级政府和省级有关权力部门规定必须缴纳或计取的费用。包括：社会保险费（含养老保险费、失业保险费、医疗保险费、生育保险费、工伤保险费）、住房公积金、工程排污费。其他应列而未列入的规费，按实际发生计取。

（7）税金。税金是指国家税法规定的应计入建筑安装工程造价内的营业税、城市维护建设税、教育费附加以及地方教育附加。

施工项目成本也叫工程成本，是建筑企业的产品成本，一般以项目的单位工程作为成本核算对象。施工项目成本包括建筑工程所消耗原材料、辅助材料、构配件等的费用，周转材料的摊销费或租赁费等，施工机械的使用费或租赁费等，支付给生产工人的工资、奖金、工资性的津贴等，以及进行施工组织与管理所发生的全部费用支出。施工项目成本一般由直接成本和间接成本组成。

直接成本是指施工过程中耗费的构成工程实体或有助于工程实体形成的各项费用支出，是可以直接计入工程对象的费用，包括人工费、材料费、施工机械使用费和施工措施费等。

间接成本是指为施工准备、组织和管理施工生产的全部费用的支出，是非直接用于也无法直接计入工程对象，但为进行工程施工所必须发生的费用，包括管理人员工资、办公费、交通差旅费、资产使用费、工具用具使用费、保险费、检验试验费、工程保修费、工程排污费等。

6.1.2　工程成本的影响因素

影响工程成本的因素很多，主要有政策法规性因素、地区性与市场性因素、设计因素、施工因素和编制成本的人员素质因素等五个方面。

1. 政策法规性因素

在整个基本建设过程中，国家和地方主管部门对于基建项目的审查、基本建设程序、投资费用的构成、计取，从土地的购置直到工程建设完成后的竣工验收、交付使用和竣工决算等各项建设工作的开展，都有严格而明确的规定，具有强制的政策法规性。工程成本的编制必须严格遵循国家及地方主管部门的有关政策、法规和制度，按规定的程序进行。

2. 地区性与市场性因素

建筑产品存在于不同地域空间，其产品成本必然受到所在地区时间、空间、自然条件和市场环境的影响。首先，不同地区的物资供应条件、交通运输条件、现场施工条件、技术协作条件，反映到计价定额的单价中，使得各地定额水平不同，亦即编制工程成本各地所采用的定额不尽相同。其次，各地区的地形地貌、地质水文条件不同，也会给工程成本带来较大的影响，即使是同一套设计图纸的建筑物或构筑物，由于所建地区的不同，至少在现场条件处理和基础工程费用上产生较大幅度的差异，使得工程成本不同。第三，在社会主义市场经济条件下，构成建筑实体的各种建筑材料价格经常发生变化，使得建筑产品的成本也随之发生变化。建筑产品成本受市场因素影响所占比重也越来越大。

3. 设计因素

编制工程成本的基本依据之一是设计图纸。所以，影响建设投资的关键就在于设计。有资料表明，影响项目投资最大的阶段，是约占工程项目建设周期四分之一的技术设计结束前的工作阶段。在初步设计阶段，对地理位置、占地面积、建设标准、建设规模、工艺设备水平，以及建筑结构造型和装饰标准等的确定，对工程成本影响的可能性为75%～95%。在技术设计阶段，影响工程成本的可能性为35%～75%。在施工图设计阶段，影响工程成本的可能性为5%～35%。设计是否经济合理，对工程成本会带来很大影响，一项优秀的设计可以大量节约成本。

4. 施工因素

在编制概预算过程中，施工组织设计和施工技术措施是编制工程成本的重要依据之一，因此，在施工中采用先进的施工技术，合理运用新的施工工艺，采用新技术、新材料；合理布置施工现场，减少运输总量；合理布置人力和机械，减少资源浪费等，对节约成本有显著的作用。

5. 编制成本的人员素质因素

编制工程成本是一项十分复杂而细致的工作。编制人员除了熟练掌握定额使用方法外，还要熟悉有关工程成本编制的政策、法规、制度和与定额有关的动态信息。编制工程成本涉及的知识面很宽，要具有较全面的专业理论和业务知识，如工程识图、建筑构造、建筑结构、建筑施工、建筑材料、建筑设备及相应的实践经验，还要有建筑经济学、投资经济学等方面的理论知识。要求工程成本编制人员严格遵守行业道德规范，本着公正、实事求是的原则，不高估冒算，不缺项漏算，不重复多算。

6.2 装饰装修工程施工成本控制的基本内容和要求

6.2.1 施工成本控制的基本内容

工程项目成本控制主要有以下几个方面：

1. 材料费的控制

材料费的控制包括两个方面：一是材料用量的控制；二是材料价格的控制。

（1）材料用量的控制

材料消耗量主要是由项目经理部在施工过程中通过"限额领料"落实，具体有以下几个方面：

1）定额控制

对于有消耗定额的材料，项目以消耗定额为依据，实行限额发料制度。项目各工长只能在规定限额内分期分批领用，需要超过限额领用的材料，必须先查明原因，经过一定的审批手续方可领料。

2）指标控制

对于没有消耗定额的材料，则实行计划管理和按指标控制的办法。根据上期实际耗用，结合当月具体情况和节约要求，制定领用材料指标，据以控制发料。超过指标的材料，必须经过一定的审批手续方可领用。

3）计量控制

为准确核算项目实际材料成本，保证材料消耗准确，在各种材料进场时，项目材料员必须准确计量，查明是否发生损耗或短缺，如有发生，要查明原因，明确责任。在发料的过程中，要严格计量，防止多发或少发。

4）包干控制

在材料使用过程中，项目经理部对部分小型及零星材料（如铁钉、铁丝等）采用包干控制的办法。其具体做法是：根据工程量计算出所需的材料，然后将这些材料折算成现金，每月结算时发给承包班组，一次包死，班组需要用料时，再从项目材料员处购买，超支部分由班组自负，节约部分归班组所得。

（2）材料价格的控制

材料价格主要由材料采购部门在采购中加以控制。由于材料价格是由买价、运杂费、运输中的合理损失等所组成，因此在控制材料价格时，须从以下几个方面进行：

1）买价控制

买价的变动主要是由市场因素引起的，但在内部控制方面，应事先对供应商进行考察，建立合格供应商名册。采购材料时，必须在合格供应商名册中选定供应商，实行货比三家，在保质保量的前提下，争取最低买价。同时实行项目监督，项目对材料部门采购的物资有权过问与询价，对买价过高的物资，可以根据双方签订的横向合同处理。此外，材料部门对各个项目所需的物资可以分类批量采购，以降低买价。

2）运费控制

合理组织材料运输，就近购买材料，选用最经济的运输方法，借以降低成本。为此，材料采购部门要求供应商按规定的包装条件和指定的地点交货，供应单位如降低包装质量，则按质论价付款；因变更指定交货地点所增加的费用均由供应商自付。

3）损耗控制

要求项目现场材料验收人员及时严格办理验收手续，准确计量，以防止将损耗或短缺计入材料成本。

2. 人工费的控制

人工费的控制采取与材料费控制相同的原则，实行"量价分离"。

人工用工数通过项目经理部与项目工长的承包合同，按照内部施工图预算计算出定额人工工日，并将安全生产、文明施工及零星用工按定额工日的一定比例（一般为 5% ~ 10%）一起包给项目工长。在具体操作过程中，企业劳资部门还应采取以下办法加以控制。

项目劳务员根据班组承包范围，根据总用工数及各工程用工数预算出承包费用总金额，以便结算时进行对比。

月前，项目劳务员应根据当月项目计划完成工作量，进行用工分析，计算当月总用工数及各工种用工数，并下发至项目各工长，以此作为控制开工的依据。

月末，项目劳务员在审核工长开出的任务单时，须将工长所开用工按总用工数和各工种用工数逐月予以累计，以计算截至本月工长所开用工与计划用工及工程形象进度之差异，并将结算总金额与预算承包总金额相比，从而达到控制乱开工、多开工之目的。

根据项目承包基数中的非生产用工指标，在施工过程中严格控制。项目劳务员、企业劳务部门在审核工长任务单时，严格按非生产用工指标审核，对超出计划的非生产用工必须查明原因。对工长随意超出计时工开工权限（定额用工的10%）的，要予以追究责任。

人工单价的控制主要是通过项目经理部与施工班组的人工费承包合同来确定。项目与作业队伍之间，根据企业内部计划价格，结合工程具体情况双方协商，以此作为作业队伍人工费结算依据。

人工费的控制除了采取以上办法外，还必须从项目人员的动态管理、提高劳动生产率、控制工资含量等几个方面加以控制。尽管项目有一定的人事管理权，但为了协助项目做好人工费支出控制，降低人工费成本，企业对项目的人员使用仍要行使"监督、指导、协调、服务"的职能，要求项目尽量精简二、三线人员及富余人员，以减少项目不必要的人工费支出。

在项目承包合同中，有一项重要的指标即工资含量指标。控制工资含量指标可以促进项目做好定编定员，节约用工，从而控制人工费开支。

3. 机械费的控制

机械费用主要由台班数量和台班单价两方面决定，为有效控制台班费支出，主要从以下几个方面控制：

（1）指导项目合理安排施工生产，督促项目加强设备租赁计划管理，减少因安排不当引起的设备闲置。

（2）协助项目加强机械设备的调度工作，尽量避免窝工，提高现场设备利用率。

（3）监督项目加强现场设备的维修保养，避免因不正当使用造成机械设备的停置。

（4）协助项目做好上机人员与辅助生产人员的协调与配合，提高机械台班产量。

4. 管理费的控制

管理费在项目成本中占有一定比例，由于没有定额，所以在控制与核算上都较难把握，项目在使用和开支时弹性较大，主要采取以下控制措施：

（1）根据各工程项目的具体情况及项目经理自身的管理能力、水平、思想素质等，分别赋予不同的管理费开支权限。一般来说，工程项目距离公司较远，而且工程项目较大的项目经理，其管理费开支权限就大一些，反之就小一些；项目经理管理能力强，思想素质高，则管理费开支权限大一些，反之则小一些。

（2）制定项目管理费开支指标。项目经理在规定的开支范围内有权支配，超计划使用则需经过一定审批手续。

（3）及时反映，经常检查。企业委托财务部门对制定的项目管理费开支标准执行情况逐月检查，发现问题及时反映，找出原因，制定纠正措施。

6.2.2 施工成本控制的基本要求

施工成本控制的基本要求包括：

1. 全面控制

主要体现在对项目成本的全员控制和项目成本的全过程控制。施工项目的成本是一项综合性指标，它涉及项目组织的各部门、各班组的工作业绩，也与每个员工自身的利益有关。因此，项目成本的高低关系到全员利益，施工成本的控制也需要项目参与者群策群力。同时，成本控制工作要随着项目施工进展的各个阶段连续进行，既不能疏漏，也不能时紧时松，使施工项目成本自始至终置于有效的控制之下。

2. 开源与节流相结合

降低施工成本，一方面需要增加收入，一方面需要节约支出。因此，在施工成本控制中，也应坚持开源与节流相结合的原则。每发生一笔费用，都要查一查有无相应的预算收入，是否支大于收；在经常性的分部分项工程成本核算和月度成本核算中，也要进行实际成本与预算收入的对比分析，以便从中探索成本节超的原因，纠正项目成本的不利偏差，提高项目成本的降低水平。

3. 目标管理

目标管理是贯彻执行计划的一种方法，它把计划的方针、任务、目的和措施等一一进行分解，提出进一步的具体要求，并分别落实到执行计划的部门、单位甚至个人。目标管理的内容包括：目标的设定和分解，目标的责任到位和执行，检查目标的执行结果，评价目标和修正目标，形成目标管理的策划、实施、检查、处置循环。

4. 动态控制

动态控制是把成本的重点放在施工项目各主要施工段上，及时发现偏差并纠正偏差，在生产过程中进行动态控制。

5. 责、权、利相结合

要使成本控制真正发挥及时有效的作用，必须严格按照经济责任制的要求，贯彻责、权、利相结合的原则。在项目施工过程中，项目经理部的全体管理人员以及全体作业班组都负有一定的成本控制责任，从而形成整个项目的成本控制网络。另外，各部门、各单位、各班组在肩负成本控制责任的同时，还应享有成本控制的权力，即在规定的权力范围内可以决定某项费用能否开支、如何开支和开支多少，以行使对项目成本的实质性控制。最后，项目经理部还要对各部门、各单位、各班组在成本控制中的业绩进行定期检查和考核，并与工资分配紧密挂钩，实行有奖有罚。实践证明，只有责、权、利相结合的成本控制，才能收到预期的效果，实现名副其实的成本控制。

6.3 装饰装修工程施工成本控制的步骤和措施

6.3.1 施工成本控制的步骤

1. 实际成本与计划成本比较

施工项目成本计划值与实际值逐项进行比较，以发现施工成本是否超支。

2. 分析偏差原因

即对比较的结果进行分析，以确定偏差的严重性和偏差产生的原因。这一步是施工项目成本控制工作的核心，其主要目的在于找出产生的原因，从而采取有针对性的措施，减少或避免相同原因的再次发生或减少由此造成的损失。

3. 预测施工项目成本

根据项目实施情况估算整个项目完成时的施工成本，预测的目的在于为决策提供支持。

4. 纠正偏差

当施工项目实际成本出现了偏差，应当根据工程的具体情况，偏差分析和预测结果，采取适当的措施，以期达到使施工成本偏差尽可能小的目的。纠正偏差是施工项目成本控制中最具实质性的一步。只有通过纠偏，才能最终达到有效控制施工成本的目的。

5. 跟踪和检查

对工程的进展进行跟踪和检查，及时了解工程进展状况以及纠偏措施的执行情况和效果，为今后的工作积累经验。

6.3.2 施工成本控制的措施

1. 施工图预算控制成本支出

在工程项目的成本控制中，可按施工图预算实行"以收定支"，具体的处理方法如下：

人工费的控制。项目经理部与作业队签订劳务合同时，应该将人工费单价定低一些，其余部分可用于定额外人工费和关键工序的奖励费。这样，人工费就不会超支，而且还留有余地，以备关键工序之需。

材料费的控制。按"量价分离"方法计算工程造价的条件下，价格随行就市，实行高进高出；由于材料市场价格变动频繁，往往会发生预算价格与市场价格严重背离而使采购成本失去控制的情况。因此，项目材料管理人员必须经常关注材料市场价格的变动，并积累系统、翔实的市场信息。

施工机械使用费的控制。施工图预算中的机械使用费等于工程量乘以定额台班单价。由于项目施工的特殊性，实际的机械利用率不可能达到预算定额的取定水平；再加上预算定额所设定的施工机械原值和折旧率又有较大的滞后性，因而使施工图预算的机械使用费往往小于实际发生的机械使用费，形成机械使用费超支。在这种情况下，就可以以施工图预算的机械使用费和增加的机械费补贴来控制机械费支出。

周转设备使用费的控制。施工图预算中的周转设备使用费等于耗用数乘以市场价格，而实际发生的周转设备使用费等于使用数乘以企业内部的租赁单价或摊销率。由于两者的计量基础和计价方法各不相同，只能以周转设备预算收费的总量来控制实际发生的周转设备使用费的总量。

构件加工费和分包工程费的控制。在市场经济体制下，钢门窗、木制品等专项工程的分包，都要通过经济合同来明确双方的权利和义务。在签订这些经济合同时，要坚持"以施工图预算控制合同金额"的原则，绝不允许合同金额超过施工图预算。

2. 施工预算控制资源消耗

资源消耗数量的货币表现就是成本费用。因此，资源消耗的减少，就等于成本费用的节约；控制了资源消耗，也等于是控制了成本费用。施工预算控制资源消耗的实施步骤和方法如下：

项目开工以前，编制整个工程项目的施工预算，作为指导和管理施工的依据。如果是边设计边施工的项目，则编制分阶段的施工预算。

对生产班组的任务安排，必须签发施工任务单和限额领料单，并向生产班组进行技术交底。施工任务单和限额领料单的内容应与施工预算完全相符，不允许篡改施工预算，也不允许有定额不用而另行估工。

在施工任务单和限额领料单的执行过程中，要求生产班组根据实际完成的工程量和实耗人工、实耗材料做好原始记录，作为施工任务单和限额领料单结算的依据。

任务完成后，根据回收的施工任务单和限额领料单进行结算，并按照结算内容支付报酬（包括奖金）。

3. 成本与进度同步跟踪，控制分部分项工程成本

（1）横道图计划进度与成本的同步控制

在横道图计划中，表示作业进度的横线有两条，一条为计划线，一条为实际线；两条线分别对应计划成本与实际成本，由此得到以下信息：

1）每个分项工程的进度与成本的同步关系，即施工到什么阶段，将发生多少成本；

2）每个分项工程的计划施工时间与实际施工时间（从开始到结束）之比（提前或拖期）以及对后道工序的影响；

3）每个分项工程的计划成本与实际成本之比（节约或超支），以及对完成某一时期责任成本的影响；

4）每个分项工程施工进度的提前或拖期对成本的影响程度；

5）整个施工阶段的进度和成本情况。

通过进度与成本同步跟踪的横道图，要求实现：以计划进度控制实际进度；以计划成本控制实际成本；随着每道工序进度的提前或拖期，对每个分项工程的成本实行动态控制，以保证项目成本目标的实现。

（2）曲线法计划进度与成本的同步控制

曲线法是用施工成本累计曲线（S形曲线）来进行施工成本偏差分析的一种方法。在用曲线法进行施工成本偏差分析时，首先要确定已完工作实际成本、计划工作预算成本、已完工作预算费用三条S形曲线。利用已完工作实际成本和已完工作预算费用两条S形曲线的竖向距离表示施工成本偏差；利用计划工作预算成本、已完工作预算费用两条S形曲线的横向距离表示施工工期偏差。

4. 建立月度财务收支计划，控制成本费用支出

以月度施工作业计划为龙头，并以月度计划产值为当月财务收入计划，同时由项目各部门根据月度施工作业计划的具体内容编制本部门的用款计划。

根据各部门的月度用款计划进行汇总，并按照用途的轻重缓急平衡调度，同时提出具体的实施意见，经项目经理审批后执行。

在月度财务收支计划的执行过程中，项目财务成本员应该根据各部门的实际情况做好记录，并于下月初反馈给相关部门，由各部门自行检查分析节超原因，吸取经验教训。对于节超幅度较大的部门，应以书面分析报告分送项目经理和财务部门，以便项目经理和财务部门采取针对性的措施。

5. 加强质量管理，控制质量成本

质量成本是指项目为保证和提高产品质量而支出的一切费用，以及为达到质量指标而发生的一切损失费用。质量成本包括控制成本和故障成本。控制成本包括预防成本和鉴定成本，属于质量成本保证费用，与质量水平成正比关系；故障成本包括内部故障成本和外部故障成本，属于损失性费用，与质量水平成反比关系。

（1）质量成本核算

将施工过程中发生的质量成本费用，按照预防成本、鉴定成本、内部故障成本和外部故障成本的明细科目归集，然后计算各个时期各项质量成本的发生情况。

质量成本的明细科目，可根据实际支付的具体内容来确定。

预防成本：质量管理工作费、质量培训费、质量情报费、质量技术宣传费、质量管理活动费等。

1）内部故障成本：返工损失、停工损失、返修损失、质量过剩损失、技术超前支出和事故分析处理等。

2）外部故障成本：保修费、赔偿费、诉讼费和因违犯环境保护法而发生的罚款等。

3）鉴定成本：材料检验试验费、工序监测和计量服务费、质量评审活动费等。

（2）质量成本分析

根据质量成本核算的资料进行归纳、比较和分析，共包括以下4个分析内容。

1）质量成本各要素之间的比例关系分析。

2）质量成本总额的构成比例分析。

3）质量成本总额的构成内容分析。

4）质量成本占预算成本的比例分析。

6. 坚持现场管理标准化，减少浪费

施工现场临时设施费用是工程直接成本的一个组成部分。在项目管理中，降低施工成本有硬手段和软手段两个途径。所谓硬手段主要是指优化施工技术方案，应用价值工程方法，结合施工对设计提出改进意见，以及合理配置施工现场临时设施，控制施工规模，降低固定成本的开支；软手段主要指通过加强管理、克服浪费、提高效率等来降低单位建筑产品物化劳动和活劳动的消耗。

7. 开展"三同步"检查，防止成本盈亏异常

项目经济核算的"三同步"，是指统计核算、业务核算和会计核算的同步。统计核算即产值统计，业务核算即人力资源和物质资源的消耗统计，会计核算即成本会计核算。根据项目经济活动的规律，这三者之间有着必然的同步关系。这种规律性的同步关系具体表现为：完成多少产值，消耗多少资源，发生多少成本，三者应该同步。否则，项目成本就会出现盈亏异常情况。

第7章 常用施工机械机具

7.1 垂直运输常用机械机具

7.1.1 吊篮的基本性能

吊篮又称高处作业吊篮，有 ZLS 系列和 ZLP 系列等，常用的主要为 ZLP 系列，用于房屋建筑中外墙清洗、贴面和涂饰类装饰施工以及各类幕墙工程的施工。

吊篮由悬挂机构、悬吊平台、提升机、电气控制箱、安全锁、工作钢丝绳、安全钢丝绳等部分组成（图7-1）；其中：悬挂机构由前支架、前伸缩支架、后支架、后伸缩支架、前梁、中梁、后梁、上支架、加强钢丝绳、配重块等组成；悬吊平台有铝合金平台和钢平台两个品种，由 1.5m 和 2m 的基本标准节根据需要拼装成不同长度，包括：底架、高、低栏杆、提升机安装架四部分；悬吊平台的最大长度不得大于7.5m。目前，市场上相同型号的吊篮，不同厂家的相关技术性能和参数不尽相同，选购或租赁时，应以厂家即时提供的产品使用说明书为准，根据现场实际情况，对照国家现行规范后选定。部分吊篮的主要性能和技术参数参考见表7-1。

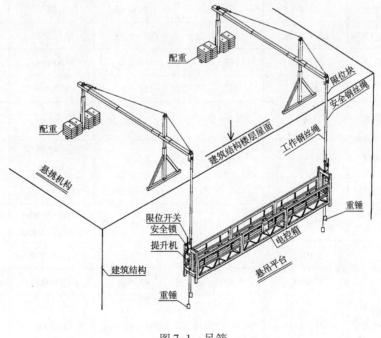

图 7-1 吊篮

名　称	技　术　参　数				
型　号	ZLP500	ZLP630	ZLP800A	ZLP800	ZLP1000B
额定载重量	500kg	630kg	800kg	800kg	1000kg
升降速度	9~11m/min	9~11m/min	8~10m/min	9.6m/min	8~10m/min
悬吊平台长度尺寸	5.0m	6.0m	7.5m	7.5m	7.5m
铝合金平台重量（包括提升机、安全锁、电控箱、靠墙轮、绳坠铁、紧固件等）	406kg	421kg	521kg	517kg，不包括提升机、安全锁、电控箱、靠墙轮、绳坠铁、紧固件等	501kg
钢平台重量（包括提升机、安全锁、电控箱、靠墙轮、绳坠铁、紧固件等）	465kg	505kg	645kg		629kg
钢丝绳	特制钢丝绳 $\phi8.3mm$ 4X31SW+Fc—8.3	特制钢丝绳 $\phi8.3mm$ 4X31SW+Fc—8.6	特制钢丝绳 $\phi8.6mm$ 6X19+IWS—8.6	6X190V+IW—8.6 破断拉力≥70000N	特制钢丝绳 $\phi9.1mm$ 4X31SW+Fc—9.1
提升机　额定提升力	4.9kN	6.17kN	7.84kN	LTD8.0	9.8kN
提升机　电动机　型号	YEJ90S—4	YEJ90L—4	YEJ100L1—4	YZ—100L—4	YEJ100L2—4
提升机　电动机　功率	1.1kW×2	1.5kW×2	2.2kW×2	1.8kW	3.0kW×2
提升机　电动机　电压/频率	380V/50Hz	380V/50Hz	380V/50Hz	电压380V	380V/50Hz
提升机　电动机　转速	1420rpm	1420rpm	1420rpm	1420n/min	1420rpm
提升机　电动机　制动力矩	15N·m	15N·m	15N·m	15N·m	30N·m
安全锁（防倾斜式）　允许冲击力	30kN	30kN	30kN	30kN	30kN
安全锁（防倾斜式）　倾斜绳角度	3°~8°	3°~8°	3°~8°	安全锁型号 LSG30	3°~8°
悬挂机构　前梁升出长度	1.3~1.7m	1.3~1.7m	1.3~1.7m	1.3~1.7m	1.3~1.7m
悬挂机构　支架调节高度（净空）	1.280~1.700m	1.28~1.70m	1.27~1.83m	1.30~1.80m 调节间距100mm	1.27~1.83m
悬挂机构　重量	310kg	310kg	310kg	350kg（不含配重）	390kg
配重	750kg	900kg	1000kg	1000kg	1300kg
整机重量 铝合金/钢（不包括钢丝绳、电缆线、安全绳）	1466kg/1525kg	1631kg/1715kg	1831kg/1955kg	1826kg	2191kg/2320kg

7.1.2 施工电梯的基本性能

施工电梯是施工升降机或人货两用施工电梯或人货两用施工升降机的简称（图7-2），是高层建筑主要的垂直运输设备之一，通过附墙架沿墙连接固定在主体结构上，架设高度可以随着结构的升高而增加。施工电梯按升降传动方式分为齿轮齿条式、钢丝绳式二种，型号有SC型、SS型、SH型等；近年来，市场上SS型又分为人货两用和仅为货用的施工电梯，货用施工电梯禁止载人；常用施工电梯主要是SC型系列，有单笼和双笼之分，SCD型是带对重的施工升降机。由于不同制造厂商不同的生产工艺，市面上相同型号的施工升降机，技术性能和参数不完全相同，选购或租赁时，应按厂商即时提供的施工升降机使用说明书，根据现场实际情况，对照国家现行规范后选定。部分SC型施工升降机的主要技术性能参数参考见表7-2。

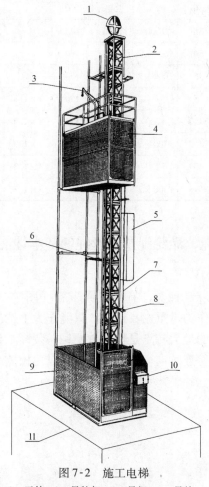

图7-2　施工电梯

1—天轮；2—导轨架；3—吊杆；4—吊笼；

5—对重；6—附墙架；7—电缆；8—电缆保护架；9—外笼；

10—电源箱；11—钢筋混凝土基础

升降机型号	额定载重量（kg）	最大架设高度（m）	额定提升速度（m/min）	对重（kg）	导轨架标准节		吊笼		电动机功率（kW）	小吊杆吊重（kg）	防坠安全器（m/s）
					长度（mm）	重量（kg）	单笼面积（长×宽）	单笼重量（kg）			
SC100	1000	150	33		1508	125	3×1.3	1200	2×11	250	1.2
SC100X100	1000×2	150	33		1508	150	3×1.3	1200	2×2×11	250	1.2
SCD200	2000	150	33	1200	1508	125	3×1.3	1200	2×11	250	1.2
SCD200X200	2000×2	150	33	1200×2	1508	150	3×1.3	1200	2×2×11	250	1.2
SCD200X200G	2000×2	450	0~96	2000×2	1508	180	3.2×1.5	2000	2×3×15	250	2.0
SC100	1000	450	36		1508	125		2000	2×11	250	
SC100X100	1000×2	450	36		1508	150		2000	2×2×11	250	
SCD200	2000	450	36	1000	1508	125		2000	2×11	250	
SCD200X200	2000×2	450	36	1000×2	1508	170		2000	2×2×11	250	
SCD200X200TD	2000×2	450	36	1000×2	1508	170		2000	2×2×11	250	
SC100	1000	100	35		1508	150	3×1.3		7.5		
SCD100	1000	100	34.2	1700	1508	117	3×1.3	1730	5.0		
SCD100X100	1000	100	34.2	1700×2	1508	161	3×1.3	1730	5.0	200	
SCD200	2000	100	40	1700	1508	117	3×1.3	1800	7.5	200	
SCD200X200	2000	150	36.5	1300×2	1508	163	3×1.3		7.5		

7.1.3　麻绳、尼龙绳、涤纶绳及钢丝绳的基本性能

1. 麻绳的基本性能

麻绳有黄麻、槿麻、剑麻等种类，有单股或多股（图 7-3），常用规格为 5～60mm。在机械起重吊装中麻绳不得作为承重索具使用，只能作为手拉吊装工件的溜绳或轻便工件的移动之用；麻绳作为索具的最大特点是使用方便；在装饰工程中可广泛使用于盆景、园艺，绑扎等。麻绳使用中不得连续向一个方向扭转，以免松散或扭断。

图 7-3　麻绳示意图

2. 尼龙绳的基本性能

尼龙绳是由尼龙材料制成的绳子（图 7-4），有关资料显示：尼龙的化学名称叫聚酰胺，俗称：尼龙（尼纶），又称锦纶；尼龙是强度高、弹性好的合成纤维，尼龙的改性品种有增强尼龙、阻燃尼龙、增韧尼龙、耐低温尼龙等，尼龙绳的主要品种有登山绳、牵引绳以及与装饰相关吊装中的拉绳、绑扎绳、编织绳等，由于各厂生产工艺有所不同，选购时，应根据厂方提供的产品使用说明书，对照国家现行规范后选定。部分尼龙编织绳技术性能参数参考见表 7-3。

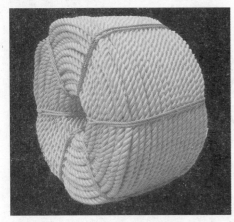

图 7-4　尼龙绳示意图

部分尼龙编织绳技术性能参数参考表　表 7-3

直径规格 （mm）	每米重量（g/m） （高强锦纶丝）	破断载荷（kg）
3	6.0	225
4	10.5	300
5	14.7	450
6	22.5	700
7	30	886
8	40	1250
10	62	1938

3. 涤纶绳的基本性能

有关资料显示：涤纶绳（图 7-5）由涤纶这种合成纤维制成，涤纶的学名和商品名简称：聚酯纤维；涤纶绳一般有三股和多股，规格品种很多，涤纶绳具有抗拉、抗冲击、耐磨损、轻柔韧等性能；与建筑装饰相关的涤纶绳主要有：网绳、捆扎绳、牵引绳、缆绳、吊装绳、安全绳、编织绳等。由于各生产厂家的生产工艺有所不同，涤纶绳的相关性能技术参数会有所不同，选购时，应根据厂方提供的产品使用说明书，对照国家现行规范后选定。部分涤纶吊装绳技术性能参数参考见表 7-4。

图 7-5　涤纶绳示意图

部分两头扣吊装绳（高强涤纶纤维长丝）
技术性能参数参考表　表 7-4

直径规格 （mm）	重量 （kg/m）	额定载荷 （t）	直径规格 （mm）	重量 （kg/m）	额定载荷 （t）
10	0.10	0.25	40	1.00	3
15	0.15	0.5	45	1.25	3.5
20	0.25	1	50	1.50	4
25	0.40	1.5	55	1.75	5
30	0.60	2	60	2.00	6
35	0.80	2.5			

4. 钢涤绳的基本性能

钢涤绳是钢丝绳的一种结构类型。钢丝绳按芯绳结构一般分为：天然纤维芯钢丝绳、合成纤维芯钢丝绳和钢芯钢丝绳。由于涤纶是合成纤维之一，所以钢涤绳属于合成纤维芯钢丝绳，常用于牵引绳、缆绳和吊装绳；在国家现行有关规范中，除重量参考分别用天然纤维芯钢丝绳和合成纤维芯钢丝绳表示外，在代表力学性能中，则用"FC"代表纤维芯钢丝绳（图7-6、图7-7），纤维芯钢丝绳最小破断拉力小于钢芯钢丝绳。纤维芯除需方另有要求外，应防腐、防锈、润滑油脂浸透。

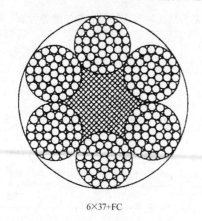

6×37+FC   6×19S+FC

图7-6 纤维芯钢丝绳示意图（一）   图7-7 纤维芯钢丝绳示意图（二）

7.1.4 滑轮和滑轮组的基本性能

（1）使用前应检查滑轮的轮槽、轮轴、颊板、吊钩等部分有无裂缝或损伤，滑轮转动是否灵活，润滑是否良好，同时滑轮槽宽度应比钢丝绳直径大1~2.5mm。

（2）使用时，应按基标定的允许荷载度使用，严禁超载使用；若滑轮起重量不明，可先进行估算，并经过负载试验后，方允许用于吊装作业。

（3）滑轮的吊钩或吊环应与新起吊物的重心在同一垂直线上，使构件能平稳吊升；如用溜绳歪拉构件，使滑轮组中心歪斜，滑轮组受力将增大，故计算和选用滑轮组时应予以考虑。

（4）滑轮使用前后都应刷洗干净，并擦油保养。轮轴经常加油润滑，严防锈蚀和磨损。

（5）对高处和起重量较大的吊装作业，不宜用吊钩形滑轮，应使用吊环、链环或吊梁型滑轮，以防脱钩事故的发生。

（6）滑轮组的定、动滑轮之间严防过分靠近，一般应保持1.5~2m的最小距离。

7.2 装修施工常用机械机具

7.2.1 常用气动类机具的基本性能

1. 空气压缩机

空气压缩机（图7-8），是以电动机作为原动力，以空气为媒介向气动类机具传递能量，以空气压缩机作为动力的装修装饰机具主要有射钉枪、喷枪、风动改锥、手风钻及风动磨光机等。部分空气压缩机相关性能、参数参考见表7-5。

图7-8 空气压缩机

部分空气压缩机相关性能、参数参考表　　　　　　　表7-5

型　　号	额定排气量（m³/min）	额定排气压力（MPa）	轴功率（kW）	电动额定功率（kW）
KCC100-9	100	0.8	510	600
KCC120-11	120	1.0	650	700
KCC170-9	170	0.8	846	900

2. 喷浆机（泵）

喷浆机（泵）（图7-9、图7-10），主要有适用于外墙面的砂浆喷涂机和室内外涂料喷浆机（泵）；喷浆机（泵）应有配套的料斗、输送管和喷枪。用户可根据用途和产品使用说明书选择。部分喷浆机的性能、参数参考见表7-6。

图7-9 涂料（油漆）喷浆机（泵）

图7-10 砂浆喷浆机

部分喷浆机性能、参数参考表 表 7-6

生产力	最大传送距离	适用材料配比	最大骨科粒径	输料管内径	等级	整机重量
5~5.5m³/h	200m	水泥/砂石 = 1:3~5	φ20mm	φ50mm	380V 或 660V	700kg
工作压力	耗风量	上料高度	转速	功率	机器轨距	外形尺寸（长×宽×高）
0.2~0.4MPa	7~8m³/min	1.1M 转子	11r/min	5.5kW	600mm	1520×820×1280mm

3. 喷枪

喷枪（图7-11、图7-12），主要用于装饰施工中面层处理，包括清洁面层、面层喷涂、建筑画的喷绘及其他器皿表面处理等。按照喷枪的工作效率可以分为大型、小型两种；按喷枪的应用范围可分为标准喷枪、加压型喷枪、建筑用喷枪、专用喷枪及清洗用喷枪等，用户可根据用途和产品使用说明书选择。部分喷枪相关性能、参数参考见表7-7。

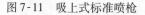

图 7-11　吸上式标准喷枪　　　图 7-12　重力式标准喷枪

部分喷枪相关性能、参数参考表 表 7-7

型号	喷涂供给方式	喷嘴口径（mm）	喷涂空气压力（MPa）	空气使用量（L/min）	喷涂宽度（mm）	电动机功率（kW）	应用范围
K-80S	吸上式	1.0	0.3	85	110	0.75	精细物件高级喷涂
		1.3	0.3	90	130	0.75	表面清漆喷涂
		1.5	0.35	155	180	0.75	中型物件高级喷涂
		1.8	0.35	170	190	0.75	表面中层一般油漆喷涂处理
K-67A	重力式	2.5	0.35	310	260	1.5	高黏度漆喷涂

4. 气动射钉枪

气动射钉枪（图7-13），用于装修装饰工程中在木龙骨或其他木质构件上紧固木质装饰面或纤维板、石膏板、刨花板及各种装饰线条等材料。气动射钉枪射钉的形状，有直形、U 形和 T 形，用户可根据用途和产品使用说明书选择。部分气动射钉枪相关性能、参数参考见表 7-8。

图 7-13　气动射钉枪

部分气动射钉枪相关性能、参数参考表　　　　　　　表 7-8

参数名称	空气压力（MPa）	每秒射钉枚数（枚/s）	盛钉容量（枚）	重量（kg）
气动射钉枪	0.40～0.70	6	110	1.2
	0.45～0.85	5	165	2.8
气动圆头射钉枪	0.45～0.70	3	64（70）	5.5
	0.40～0.70	3	64（70）	3.6
气动 T 形射钉枪	0.40～0.70	4	120（104）	3.2

7.2.2　常用电动类机具的基本性能

1. 手电钻

手电钻（图 7-14），主要用于木材（含复合板）、铝型板材（含铝塑板）、石膏板、钢板等的钻孔，手电钻的规格、型号较多，根据不同的规格、型号，钻孔直径从 $\phi5\sim\phi18$ 不等，用户可根据用途和产品使用说明书选择，部分手电钻的性能、参数参考见表 7-9。

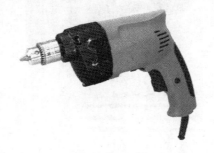

图 7-14　手电钻

名　称	额定电压	额定频率	输入功率	空载转速	钻孔直径
手电钻	220V	50/60Hz	600W	3500r/min	10mm
手电钻	220V	50Hz	300W	0～2500 r/min 2500 r/min	木材18mm 钢材10mm
手电钻	220V	50/60Hz	900W	2000r/min	10mm
手电钻	220V	50/60Hz	750W	0～2800r/min	13mm

2. 角磨机

角磨机（图7-15）的用途相当广泛，根据不同的规格、性能，可用于水磨石地面、石材地面等狭隘、边角部位（包括：楼梯、踢脚线、窗台板）的打磨，以及不锈钢扶手、护栏等的打磨抛光。用户可根据用途和产品使用说明书选择，部分角磨机的性能、参数参考见表7-10。

图7-15　角磨机

名　称	额定电压	额定频率	输入功率	空载转速	砂轮直径
角磨机	220V	50/60Hz	700W	10500r/min	100mm
角磨机	220V	50/60Hz	700W	11000r/min	100mm
角磨机	220V	50/60Hz	750W	11000r/min	100mm
角磨机	220V	50/60Hz	1800W	11000r/min	125/150mm

3. 电锤

电锤（图7-16），主要用于混凝土构件、砖墙的钻孔，一般钻孔直径在 $\phi6～\phi38mm$ 之间，用户可根据用途和产品使用说明书，选择不同规格的电锤和钻头。部分电锤的性能、参数参考见表7-11。

图7-16　电锤

部分电锤相关性能、参数参考表　　　　　　　表 7-11

名　　称	额定电压	额定频率	输入功率	空载转速	钻孔直径
电锤	220V	50/60Hz	1200W	500r/min	38mm
电锤	220V	50/60Hz	650W	1050r/min	20mm
电锤	220V	50/60Hz	1300W	900r/min	
电锤	220V	50/60Hz	1200W	800r/min	26mm
电锤	220V	50/60Hz	1050W	750r/min	26mm

4. 冲击电钻

冲击电钻（图 7-17），是一种同时具备钻孔和锤击功能的电动机具，可以同时作手电钻和小型电锤使用，作业时，冲击电钻一方面靠冲击凿冲，一方面靠钻头钻入；主要应用在砖、混凝土、砌块、瓷砖等脆性材料上钻孔，尤其适用于各种室内外装饰材料和复合材料的钻孔。部分冲击电钻相关性能、参数参考见表 7-12。

图 7-17　冲击电钻

部分冲击电钻相关性能、参数参考表　　　　　　　表 7-12

输入功率	空载速率	冲击率	钻头允许最大直径		机身重量
550W	0～3000r/min	0～48000r/min	在混凝土	ϕ16mm	约 1.9kg
			在钢板上	ϕ10mm	
			在木头上	ϕ25mm	

5. 石材切割机

石材切割机（图 7-18），主要用于大理石、花岗石、人造石等板材切割，也可用于铝材、塑材的切割，切割深度与切割机的功率和锯片直径有关。用户可根据不同板材的性能、厚度和产品使用说明书，选择石材切割机的不同锯片。部分石材切割机的性能、参数参考见表 7-13。

图 7-18　石材切割机

名　　称	额定电压	额定频率	输入功率	空载转速	金刚石圆锯片、圆盘锯片带 V 形口
石材切割机	220V	50/60Hz	1300W	11000r/min	锯片直径 110mm
石材切割机	220V	50/60Hz	1400W	13300r/min	最大锯深 30mm

6. 瓷砖切割机

瓷砖切割机（图 7-19），主要用于陶瓷、陶土类砖的切割，包括：墙面砖、玻化砖、地砖等，但水泥类砖的切割宜选用合适的石材切割机。用户可根据用途和产品说明书选用不同规格的切割机。部分瓷砖切割机的性能、参数参考见表 7-14。

图 7-19　瓷砖切割机

部分瓷砖切割机性能、参数参考表　　　　表 7-14

电压	转速	功率	可装锯片直径	净重
220V	12000r/min	1700W	110mm	2.6kg

7. 电动扳手

电动扳手（图 7-20），主要用于结构件的螺栓紧固和现场脚手架搭设时的螺栓紧固，用户可根据用途和产品使用说明书选择。部分电动扳手的性能、参数参考见表 7-15。

图 7-20　电动扳手

部分电动扳手性能、参数参考表　　　　表 7-15

额定输入功率	标准螺栓	高强度螺栓	方形传动螺杆	冲击数
400W	M12-M22	M12-M16	12.7mm	2000bpm
回转数	最大扭矩	长度	净重	电源线
2000rpm	350N·m	282mm	2.9kg	2.5m

8. 充电扳手、充电钻

目前充电扳手（图7-21）、充电钻（图7-22）既可以充电，又可以安装锂电池（14.4~18V、12~18V）替代。充电扳手主要用于螺栓紧固，充电钻主要用于木材和钢材的钻孔，用户可根据用途和产品使用说明书选用。部分充电扳手、充电钻的性能、参数参考见表7-16。

图7-21　充电扳手

图7-22　充电钻

部分充电（锂电池）扳手、充电（锂电池）钻相关性能、参数参考表　　　表7-16

名　　称	电　池	空载转速	最大扭矩
充电扳手	14.4~18V	0~2400r/min，3000ipm	90N/m
	锂电/1.3A·h	0~2900r/min，0~3300ipm	130N/m

名　　称	电　池	空载转速	钻孔直径
充电钻	12~18V	0~450、600、700、	木材22mm
	锂电/1.3A·h	1200、1300r/min	钢材10mm

9. 电动搅拌机

电动搅拌机（图7-23），主要用于桶内搅拌水泥浆料、涂料或涂料腻子，搅拌直径250~450mm，桶的深度500~800mm。部分电动搅拌机性能、参数参考见表7-17。

图7-23　电动搅拌机

手持式电动搅拌机相关性能、参数参考表　　　表7-17

名　　称	额定电压	额定频率	输入功率	空载转速	适宜圆桶直径
手持式电动搅拌机	220V	50/60Hz	1600W	950r/min	300~500mm

10. 电镐

电镐（图7-24），主要用于楼地面的钻孔和破碎，电镐有不同的规格，用户可根据用途和产品使用说明书选择。部分电镐的性能和参数见表7-18。

图7-24 电镐

部分电镐相关性能、参数参考表 表7-18

名　　称	额定电压	额定频率	输入功率	空载转速	钻孔直径
电　镐	220V	50/60Hz	2200W	1200r/min	65mm

11. 水泥抹光机

水泥抹光机（图7-25），主要用于水泥砂浆面层的抹平抹光和混凝土楼地面的原浆抹面，从结构上分，有单转盘（单转子）和双转盘（双转子），双转盘的抹光面大于单转盘机型。水泥抹光机有不同的规格、型号，使用时应根据用途和产品使用说明书选择。部分水泥抹光机的性能、参数参考见表7-19、表7-20（不同生产厂家表示方法不一样）。

水泥地面电动抹光机性能、参数参考表

表7-19

性　　能	双转盘型
重量（kg）	30/40
发动机功率（kW） 转速（r/min）	0.55、0.37
抹刀数	2×3
抹刀回转直径（cm）	抹刀盘宽：68
抹刀转数（r/min）	快：200/120 慢：100
抹刀可调角度（°）	0~15
生产率（m²/h）	100~200/80~100

图7-25 水泥抹光机

水泥地面抹光机性能、参数参考表 表7-20

功率（hp）	抹平直径（mm）	转速（rpm/min）	刀片可调角度	重量（kg）
5.5~6.5	600	0~165	0~15°	47
5.5~6.5	700	0~165	0~15°	72
5.5~6.5	914	0~126	0~15°	89

12. 水磨石机

水磨石机（图7-26）有单转盘、双转盘、三转盘和手持式（角磨）机，小面积水磨石地面宜选用单转盘水磨石机，大面积地面应选用双转盘或三转盘水磨石机，墙裙、踢脚、阴阳角处选用手持式（角磨）机。每一转盘上装有三个夹具，夹装三块三角形磨石。水磨石机如果装上金刚石软磨片、钢丝绒，还可以用做石材地面的打磨和晶面处理。用户可以根据工作要求和产品使用说明书选用不同规格、型号的水磨石机。部分水磨石机的性能、参数参考见表7-21。

图7-26 单转盘水磨石机

部分水磨石机性能、参数参考表　　　　　　　　　表7-21

型式 性能	单　转　盘	双　转　盘
重量（kg）	155，160，180	100，180，210，200
电动机功率（kW） 转速（r/min）	2.2，3.0，3.4 1430，1450，1480	3.4 1430
转盘直径（mm）	250，300，350，360	300，360
生产率（m²/h）	1.5～2.0，3.5～4.5，6.5～7.5，6～8	10，14，15
转盘转速（r/min）	394，340，297，295	392，340，280

13. 铝型材切割机

图7-27 铝型材切割机

铝型材切割机（图7-27）。主要用于铝型材的加工切割，有的铝型材切割机底盘和竖向盘都带有刻度，方便铝型材的切角加工，一般大中型的装饰项目施工现场备有这种机械。部分铝型材切割机的性能、参数参考见表7-22。

部分铝型材切割机性能、参数参考表　　　　　　　　　表7-22

锯片直径	高×宽	额定频率	额定输入功率	空载转速	净　重
250mm	65mm×140mm	50/60Hz	1650W	4600r/min	13kg

14. 电焊机

电焊机（图7-28），作为焊接机具，具有结构简单、价格低廉、加工能力强、使用和维护方便等特点，在装饰装修施工中，主要用于连接钢铁构件，使之成为所需要的整体结构。电焊机的种类较多，最普遍的是交流弧焊机，部分交流弧焊机相关性能、参数参考见表7-23。

图7-28　电焊机

部分交流弧焊机相关性能、参数参考表　　　　　　　表7-23

型号	额定初级电压 （V）	额定焊接电流 （A）	工作电压 （V）	额定负载率 （%）	频率 （Hz）	额定输入容量 （kV·A）
BX$_1$-135	220/380	135	30	65	50	8.7
BX$_2$-500	220/380	120	45.5	60	50	42

7.2.3　常用手动类机具的基本性能

1. 手动拉铆枪

手动拉铆枪（图7-29），用于吊顶、隔断及通风管道等工程的铆接作业。由移动导杆机构和头部工作机构等组成，部分手动拉铆枪相关性能、参数参考见表7-24。

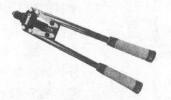

图7-29　手动拉铆枪

部分手动拉铆枪相关性能、参数参考表　　　　　　　表7-24

枪头螺栓工作行程	拉　力	重　量	适用范围
6mm	360kg	1.1kg	M3-M5 各种材质拉铆螺母

2. 玻璃手动吸盘

玻璃手动吸盘（图7-30～图7-32），主要用于玻璃幕墙施工大玻璃搬运和安装，盘体采用高强度铝合金压铸，坚固耐用，胶垫采用天然橡胶经精密配方制作而成，吸力强。部分玻璃手动吸盘相关性能参数参考见表7-25。各生产厂家生产工艺不同，相关参数可能有所不同，选购时，应根据厂方提供的即时产品说明书，对照国家现行规范选定。

图7-30 单爪玻璃手动吸盘

图7-31 双爪玻璃手动吸盘

图7-32 三爪玻璃手动吸盘

玻璃手动吸盘相关性能、参数参考表

表7-25

规格	单盘直径（mm）	吸力（kg）
单爪	118	50
双爪	118	100
三爪	118	150

第8章 编制施工组织设计和专项施工方案

8.1 编制小型装饰工程的施工组织设计

施工员应具备独立编制小型装饰工程施工组织设计的能力，并按照施工组织设计的编制方法，积极参与施工组织设计编制，施工组织设计通常以单位工程为编制对象，编制施工组织设计时应注意以下几个方面：

（1）编制前应收集施工组织设计所需的编制依据，如招标文件、施工合同、施工及验收规范等基础资料。

（2）仔细阅读施工图纸，按照施工组织设计的组成内容，全面了解工程概况，掌握施工项目内容特征和具体施工要求。

（3）认真学习招标文件和施工合同中关于合同工期、质量、安全、文明施工等方面的相关条款，分析项目施工内容之间的逻辑关系，拟定合理施工顺序，并进行合理部署。

（4）根据合同要求和现场条件，对施工方案进行选择和优化，并确定具体施工方案。

（5）按照合同工期要求，根据工程量清单，编制施工进度计划表。

（6）按照项目具体施工内容和特征，根据定额进行人工、材料和机械设备用量分析，结合施工进度计划安排，汇总编制资源需要量计划和阶段性资源投入计划。

（7）编制施工总平面图，合理安排水电接驳点、材料堆放场地、半成品加工场地、现场办公和仓库及各种和产、生活临时设施设置等。

8.2 编制一般装饰工程的分部（分项）施工方案

装饰工程的分部（分项）施工方案应以施工组织设计为根据，以分部分项工程为编制对象，按照分部（分项）施工方案的组成内容和编制方法进行编制。编制分部分项工程施工方案时应注意以下几个方面：

（1）按照施工方案的组成内容，分门别类有针对性地收集分部（分项）工程的施工方法、工艺流程、施工操作要点等素材。

（2）合理划分施工区、段，根据工期要求，编制进度控制计划、资源需要量计划，并对施工程序加以合理安排。

（3）做好施工准备工作，编制施工所需的人工、材料和机械资源计划。

（4）确定各分项施工内容的施工方法、施工工艺流程、施工工艺要求、质量控制要点、允许偏差、成品保护措施、安全和环保要求等。

（5）编制安全、质量保证措施。

8.3 编制一般装饰工程的专项施工方案

根据编制专项施工方案的规定，对于专业性较强和施工难度较大的施工内容，必须编制专项施工方案，专项方案需根据设计图纸和施工及规范要求，按照专项施工方案的组成内容和编制方法，针对工程施工特点、重点和难点进行编制，专项施工方案应具有较强的针对性。专项施工方案在分部分项施工方案的基础上增加如下内容：

（1）对脚手架、施工吊篮、垂直运输设备等所需采用的专用施工设备的方案进行安全和稳定性验算，以确保施工安全。验算结果必须经原设计单位或同资质等级的设计单位的相关专业人员认可。

（2）对工程结构本身的施工安全性拟定施工方案并进行验算。

（3）专业作业人员必须持证上岗，并明确各自岗位职责。

（4）针对有质量和安全隐患的部位的施工内容，必须制定切实可行的安全措施和可靠的解决方案。

8.4 编制危险性较大工程专项施工方案

1. 危险性较大工程的概念

危险性较大工程是指依据《建设工程安全生产管理条例》第二十六条所指的七项分部分项工程，并应当在施工前严格按照《危险性较大分部分项工程管理办法》（建质2009 - 87号文）的要求，单独编制安全专项施工方案。建筑施工企业专业工程技术人员编制的安全专项施工方案，由施工企业技术部门的专业技术人员及监理单位专业监理工程师进行审核，审核合格，由施工企业技术负责人、监理单位总监理工程师签字。危险性较大分部分项工程专项方案编制应当包括以下内容：

（1）工程概况：危险性较大的分部分项工程概况、施工平面布置、施工要求和技术保证条件。

（2）编制依据：相关法律、法规、规范性文件、标准、规范及图纸（国标图集）、施工组织设计等。

（3）施工计划：包括施工进度计划、材料与设备计划。

（4）施工工艺技术：技术参数、工艺流程、施工方法、检查验收等。

（5）施工安全保证措施：组织保障、技术措施、应急预案、监测监控等。

（6）劳动力计划：专职安全生产管理人员、特种作业人员等。

（7）安全稳定验算的计算书和相关图纸。

2. 顶棚工程分部项中，危险性较大的内容包括：

（1）超高天棚的满堂脚手架和登高作业的安全防护；

（2）大型灯具及设备安装；

（3）玻璃及镜面吊顶；

（4）大型成品造型构件安装等。

3. 幕墙工程中危险性较大的内容包括:

（1）高度超过 50m 的幕墙工程;

（2）高度超过 24m 的脚手架搭设、施工电梯、高空作业吊篮;

（3）现场电、气焊割作业的防火安全管理;

（4）幕墙工程的防火墙、防火隔层设置;

（5）垂直交叉作业的安全防护等。

第9章 施工图和其他工程设计、施工等文件

9.1 识读装饰工程施工图

建筑装饰设计施工图的表达一套完整的建筑装饰施工图的设计以图纸为主，其编排顺序为：封面；图纸目录；设计说明（或首页）；图纸（平、立、剖面图及大样图、详图）；工程预算书以及工程施工阶段的材料样板。对于装饰工程施工员，应熟悉施工图的主要内容及相关要求。施工图设计，整体及各部位的设计比方案设计或初步设计更为具体、明确、深入，尤其是增加了标准施工做法、细部节点构造等图纸。

施工图设计图纸深度的具体要求：

1. 平面图

平面图所表现的内容主要有以下三大类：一是建筑结构及尺寸；二是装饰布局、结构及尺寸关系，三是设施与家具安放位置及尺寸关系。

（1）索引平面图：指在平面图上标注了立面索引符号图例的图纸，图面以表现建筑构造、设备设施及室内墙体、门窗、墙体固定装饰造型（木制品家具可不表示）为主。较简单的平面可把索引平面图与墙体定位图合并，同时需标注墙体的做法及尺寸。索引图还应标注建筑房间或部位的名称、门窗编号，如图9-1所示。

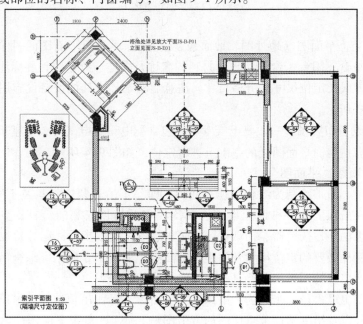

图9-1 索引平面图

（2）平面布置图（家具陈设布置图）：除了索引平面图的图样，还需表示所有的固定家具、活动家具、陈设品、地面家具上的相关设备设施。并标注建筑空间名称及主要设备设施的名称。索引平面图和平面布置图可以合并，如图9-2所示。

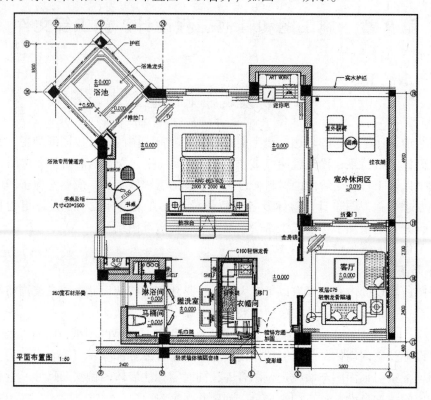

图9-2　平面布置图

（3）地面装饰平面图（地坪图、地面铺装图）：除了索引平面图的图样，还需表示不同部位（包括平台、阳台、台阶）地面材料的名称及图样、分格线，并标注标高、不同地面材料的范围界线及定位尺寸、分格尺寸。注意活动家具或其他设备设施用虚线表示或不表示，如图9-3所示。

（4）电气设备布置图：一般是电气专业的包含配电箱、电气开关插座布置的图纸。电气设备布置图需在装饰平面图纸的基础上进行定位，如图9-4所示。

2. 吊顶（顶棚）平面图

吊顶平面图，通常绘制为综合吊顶平面图，即除了吊顶装饰材料及不同的装饰造型、饰品需标明，在吊顶上的各种专业设施、设备（包括吊顶安装的灯具、空调风口、检修口、喷淋、烟感温感、扬声器、挡烟垂壁、防火卷帘、疏散指示标志等）也汇总标明在同一图面上，并标注必要的定位尺寸及间距、标高等，如图9-5所示。综合吊顶图，必须综合装饰及各专业单位的图纸，需要具备相关的专业基础知识。

吊顶平面图也可再进一步分为：吊顶尺寸平面图（标明吊顶造型及吊顶装饰饰品，标注其尺寸、标高以及吊顶构造节点详图的索引图例）；灯具布置平面图；顶棚综合平面图等。如图纸的信息量不大，吊顶平面图也可只绘制综合吊顶平面图。

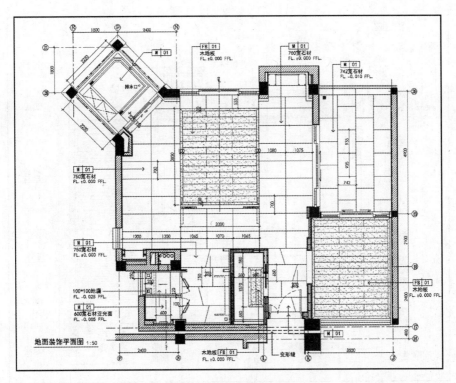

图 9-3　地面装饰平面图

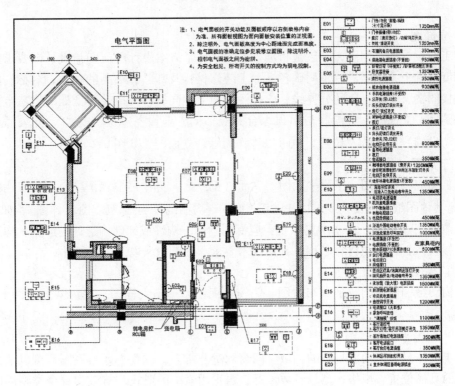

图 9-4　电气平面图

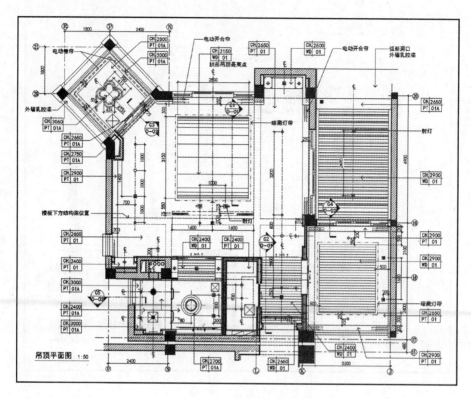

图 9-5　吊顶平面图

3. 立面图

施工图设计的立面图，一般是指剖立面图。除了方案设计图或初步设计图要求的立面图纸深度基础上，还需进一步明确各立面上装修材料及部品、饰品的种类、名称、施工工艺、拼接图案、不同材料的分界线；应标注立面上不同材料交接及造型处的构造节点详图的索引图例；立面图上宜绘制与吊顶综合图类似的专业设备末端（壁灯、开关插座、按钮、消防设施）的名称及位置，也可以称作为综合立面图，如图 9-6 所示。

4. 节点图（详图）

施工图应将平面图、吊顶平面图、立面（剖立面）图中需要更清晰、明确表达的部位（往往是其他图纸无法交代或难以表达清楚的）索引出来，绘制节点图（详图），如图 9-7 所示。节点图（详图）的基本要求是：应标明物体、构件或细部构造处的形状、构造、支撑或连接关系，并标注材料名称、具体技术要求、施工做法以及细部尺寸。

5. 门窗图纸

门窗图纸一般由门窗平面布置图、门窗立面图、门窗大样图、门窗安装详图等组成。见图 9-8。

（1）门窗平面布置图

在工程体量大、功能复杂的区域，门窗数量非常多，设置平面布置图，可以清楚地标明门窗的具体位置、规格、型号、数量等，再采用索引的形式，对应到每个类型的门窗立面图、大样图中，便于现场安装人员施工。

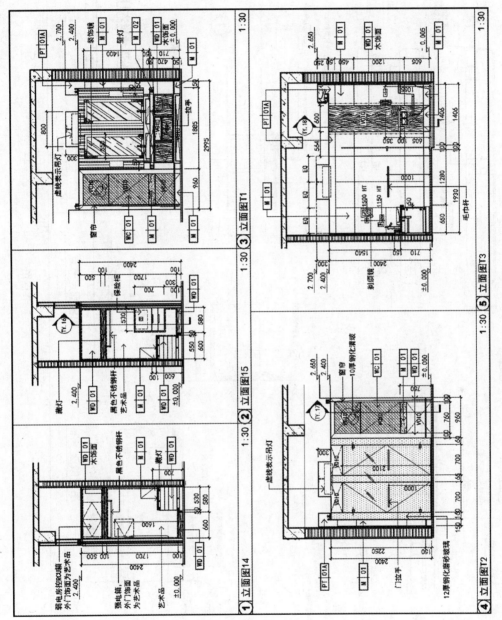

图9-6 立面图

205

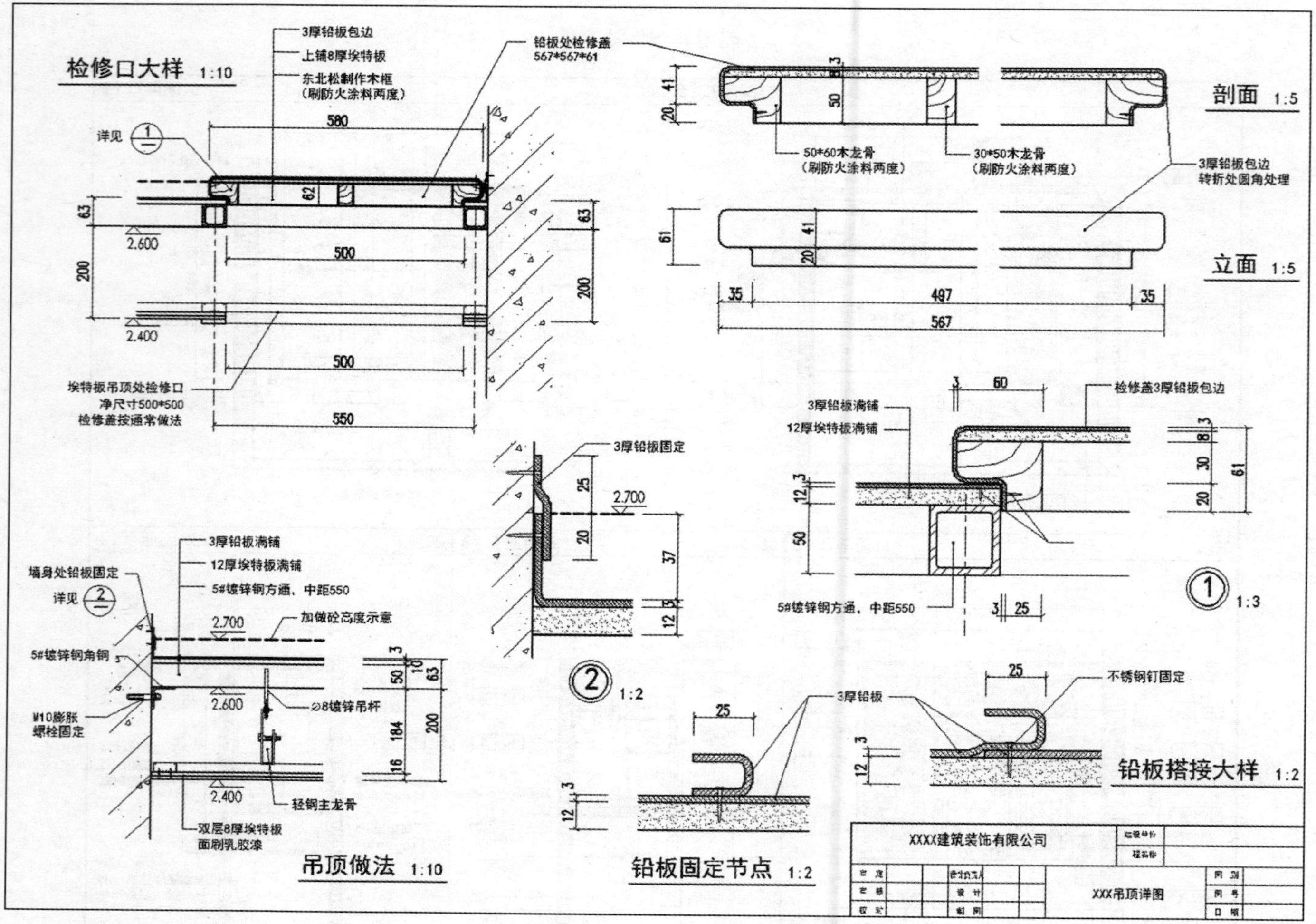
检修口大样 1:10
3厚铅板包边
上铺8厚埃特板
东北松制作木框
（刷防火涂料两度）
铅板处检修盖
567*567*61
详见 1
580
62
500
500
550
63
200
2.600
2.400
埃特板吊顶处检修口
净尺寸500*500
检修盖按通常做法
剖面 1:5
50*60木龙骨
（刷防火涂料两度）
30*50木龙骨
（刷防火涂料两度）
3厚铅板包边
转折处圆角处理
立面 1:5
35
497
35
567
61
41
20
3厚铅板固定
2.700
25
20
37
2 1:2
3厚铅板满铺
12厚埃特板满铺
5#镀锌钢方通，中距550
检修盖3厚铅板包边
60
61
30
1 1:3
墙身处铅板固定
详见 2
加做砼高度示意
5#镀锌钢角钢
M10膨胀
螺栓固定
⌀8镀锌吊杆
轻钢主龙骨
双层8厚埃特板
面刷乳胶漆
184
16
吊顶做法 1:10
3厚铅板
不锈钢钉固定
铅板固定节点 1:2
铅板搭接大样 1:2
XXXX建筑装饰有限公司
XXX吊顶详图
审 定
审 核
校 对
设计负责人
设 计
制 图
图 别
图 号
日 期

图9-7 节点图

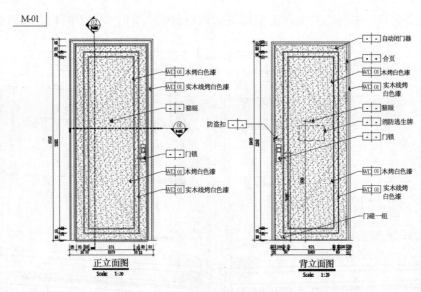

图 9-8　门图

（2）门窗立面图

门窗立面图，主要表现门窗立面样式、尺寸、材质、类型等信息。一般情况下，标准门窗可以直接引用标准图集，并注明材质、编号、尺寸以及引用图集的图集号、详图编号、所在页次等。如为非标准门窗，应在立面图上标注门窗引出剖面线，索引到相应的水平剖面图和竖向剖面图中。

（3）门窗大样图

门窗大样图一般包括：门窗水平剖面图、门窗竖向剖面图、门窗节点详图、门窗线条样式图等。大样图一般是为制作门窗提供必要的规格、材质、性能要求的信息。

（4）门窗安装详图

门窗安装过程中，需要对门窗与周围结构连接构造、尺寸和技术要求，五金、玻璃、金属件、预埋件等的数量、安装位置、安装工艺以及安装顺序等进行详细的描述。这些信息一般在安装详图中进行说明。

6. 幕墙图纸

幕墙设计目前一般由专业承包商进行设计，专业承包商应具有一定的设计资质，并由承包商提供全套施工图。在幕墙设计应提交的主要图纸包括：幕墙立面划分图、幕墙局部立面图、门窗大样图、幕墙平面布置图、幕墙局部平面图、预埋件位置平面图等。

（1）幕墙立面划分图

幕墙立面划分图应包括建筑物的各个立面，图中应详细表示立面板材的划分网格；各板材的尺寸（划分线的竖向标高、尺寸，水平间距等）；开启扇的位置等。见图9-9。

（2）幕墙局部立面图

由于建筑物立面很大，在层数多、高度高的建筑中，立面图比例较小，不可能将所有细节都表现得很详细。当建筑物立面有较复杂变化，局部有特殊处理时，应补充局部放大的立面图。在幕墙局部图中，应注出各主要节点构造大样的编号，以便查阅相应节点的详图；而且必要时在幕墙局部立面图上引出剖面线，表示幕墙的水平剖面和竖向剖面。

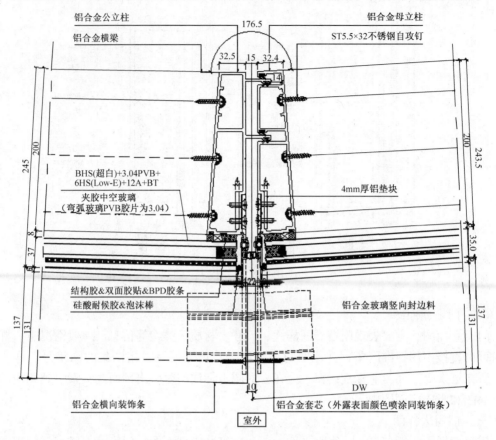

图9-9 幕墙大样图

（3）幕墙大样图

如果是标准设计的幕墙，可以直接引用幕墙标准图；如果是本工程专门设计的，则应有幕墙立面图和各节点大样图。

（4）幕墙平面图

每一幕墙标准层都应有平面图，图中应表示沿建筑物周边的板材布置、板材用料、板材水平尺寸、板材的类型编号以及活动扇的位置。

全玻幕墙要在平面图上表示面板玻璃的玻璃肋的布置。点支幕墙的平面图上除表示玻璃划分外，还要表示支承钢结构的布置。

（5）幕墙局部平面图

在平面变化较大需特别加以说明时，可附加局部放大的平面图，表示阴角、阳角的连接部位、角部各细部尺寸等。

（6）预埋件平面图

每一标准层平面都应有预埋件平面布置图，并在混凝土浇筑前送达施工单位，按图放入并固定好预埋件，以免弄错和遗漏。

图中应表示：预埋件的类型和轴线位置，必要时给出预埋件局部大样，说明预埋件与周围钢筋的关系，以保证位置的准确。

9.2 识读装饰装修水电工程施工图

施工设计图纸是建筑施工稳定安全的前提保障。正是由于施工图的严格把关，才使建筑施工质量保持稳定，有效避免了安全隐患和质量事故的发生。水电工程施工图识读中应注意的问题包括：

1. 低压系统图

（1）主开关及配出回路开关断流能力是否能满足要求；

（2）电流互感器的变比是否合适，与电流表、电度表是否配合；

（3）低压母线安装是否合理，进入开关柜有无问题；

（4）变压器容量计算是否正确，电容补偿是否适当；

（5）配出回路是否都有计算，导线规格型号有无错误；

（6）保护开关的选择与导线的配合是否正确，上下级之间选择性如何；

（7）保护和计量是否满足规范要求，及供电部门的规定。

2. 电力系统图

（1）电力系统的保护是否正确，导线规格是否配合；

（2）每一支路，每一段线（即由配电箱至配电箱一段）其导线规格及管径是否均已标注清楚；

（3）大干线小开关及干线并接问题如何解决；

（4）配电箱支路的开关，熔断器等规格容量是否均已标注清楚；

（5）配电箱支路出线开关容量是否已标注清楚；

（6）回路编号，管线规格是否已注明；

（7）导线与管径配合是否正确。

3. 接地装置设计

（1）接地与接零是否已全盘考虑，进户线是否有重复接地。

（2）程控电话，程控电梯，计算机房，消防中心，控制中心，音响中心等，是否需要独立接地系统，接地电阻是否满足要求。

（3）在同一电气系统中是否有接零又接地的混杂现象。

（4）灯具、开关设备、用电设备等外皮，安全保护接地是否可靠，接地连接是否满足要求。

（5）所有管、柜、箱、盒等电气设备之金属外壳是否都做了可靠接地。

（6）有无防静电措施，是否可靠。

（7）人工接地体的材料及规格是否满足要求，防腐处理是否可靠。

（8）人工接地体的数量是否满足要求，高电阻率土壤如何处理，是否可靠。

（9）附近有无自然接地体，是否充分地进行了利用。

（10）利用基础底板、梁等作接地体时主筋是否都采用了焊接。

（11）外引钢筋的标高，部位是否合适；有无穿过防水层的现象，如何处理，是否可靠，有无说明。

（12）大门口是否设有均压或绝缘措施。

（13）接地体的埋入深度是否满足规范要求。

4. 照明平面图

（1）电源方向、位置是否合理，相数是否得当，图上是否已注明。

（2）是否设有进线总开关，回路编号及导线规格是否均已注明。

（3）架空进线高度是否能满足规范要求，电力、照明是否分开装表。

（4）配电箱的位置是否合适，明装暗装是否得当，留调位置及大小是否已经提出要求。

（5）各相负荷是否平衡，单路容量是否合适，每支路灯头数量是否满足规范要求。

（6）支路长度是否合适，电压降能否满足规范要求，有无计算。

（7）导线根数是否有误，导线根数与管径配合是否合理。

（8）管线的敷设方式是否合理，明配线及暗配线与结构形式是否相符。

（9）事故照明是否满足要求，电源如何解决，灯头线、开关线是否有遗漏现象。

（10）局部照明的安装高度，使用电压，导线截面等是否合理。

（11）灯具的规格型号，安装方式，安装高度及灯泡数量是否标注清楚。

（12）非标灯具的安装详图是否齐全，有装修要求的灯具是否已有注明。

（13）照度选择是否合适，有无计算，是否满足要求。

5. 照明系统图

（1）配电箱的型号、编号、代号、容量是否标注清楚。

（2）配电箱进线电缆的编号、代号、截面、管径，是否已标注清楚。

（3）由配电箱至配电箱各段电缆或导线规格、管径是否已注明。

（4）配电箱分支回路的开关（或熔断器）导线管径是否已标注清楚。

（5）大截面电缆与 DE6 型开关的接线如何解决。

（6）各级开关保护的选择性如何，是否满足要求。

6. 照明控制系统

（1）照明开关的位置是否恰当，开灯、关灯是否方便。

（2）走廊、楼梯是否是双控开关，控制线根数是否有误。

（3）灯具的控制是分散还是集中控制，是否合理。

（4）有无调光和变光要求，控制原理图是否合理。

7. 给水排水设计图

（1）给水排水专业图纸是否单独绘制；

（2）同一个工程项目的设计图纸所用的图例、术语、图线、字体、符号、绘图表示方式是否一致；

（3）总平面图是否标注绝对标高；

（4）压力流管道是否标注管道中心标高，重力流管道是否标注管道内底标高；

（5）阀门、管件的布置、管径及连接方式是否标明。

9.3 识读设计变更、图纸会审纪要等文件

1. 设计变更

（1）设计变更概述

设计变更是指设计部门对原施工图纸和设计文件中所表达的设计标准状态的改变和修改。根据以上定义，设计变更仅包含由于设计工作本身的漏项、错误或其他原因而修改、补充原设计的技术资料。设计变更和现场签证两者的性质是截然不同的，凡属设计变更的范畴，必须按设计变更处理，而不能以现场签证处理。设计变更是工程变更的一部分内容，因而它也关系到进度、质量和投资控制。所以加强设计变更的管理，对规范各参与单位的行为，确保工程质量和工期，控制工程造价都具有十分重要的意义。

（2）设计变更产生的原因

1）修改工艺技术，包括设备的改变；

2）增减工程内容；

3）改变使用功能；

4）设计错误、遗漏；

5）提出合理化建议；

6）施工中产生错误；

7）使用的材料品种的改变。

由于以上原因所提出变更的有可能是建设单位、设计单位、施工单位或监理单位中的任何一个单位，有些则是上述几个单位都会提出。

（3）设计变更的识读与管理

1）设计变更需要与原设计文件、合同文件等参考使用，对原设计文件中的错、漏、碰、缺等弊病予以核对，并找出可能产生的工程量增减；

2）及时找出设计变更中涉及施工工艺、材料的变更部分，以便在后续施工中进行调整；

3）审查设计变更中涉及新政策、新法规、新规范的部分，对施工中可能出现的相应问题需 要引起重视；

4）对于设计变更可能对成本、进度、质量等造成影响的应及时沟通、协调相关方，提前做出应对。

2. 图纸会审

（1）图纸会审的目的

图纸会审的目的是了解设计意图，将图纸上存在的问题和错误、各专业之间的矛盾等，尽最大可能解决在工程开工之前。

（2）图纸自审

1）图纸自审由经目经理部总工程师（技术部经理）负责组织。

2）接到图纸后，经目经理部总工程师（技术部经理）应及时安排或组织技术部门有关人员及有经验的工程师进行自审，并提出各专业自审记录。

3）及时召集有关人员，组织内部会审，针对各专业自审发现的问题及建议进行讨论，

弄清设计意图和工程的特点及要求。

4）图纸自审的主要内容：

①各专业施工图的张数、编号与图纸目录是否相符；

②施工图纸、施工图说明、设计总说明是否齐全，规定是否明确，三者有无矛盾；

③平面图所标注坐标、绝对标高与总图是否相符；

④图面上的尺寸、标高、预留孔及预埋件的位置，以及构件平、立面与剖面有无错误；

⑤建筑施工图与结构施工图，结构施工图与设备基础、水电、采暖、通风等专业施工图的轴线、位置（坐标）、标高及交叉点是否矛盾。平面图与大样图之间有无矛盾；

⑥图纸上构配件的编号、规格型号及数量与构配件一览表是否相符；

⑦图纸经自审后，应将发现的问题以及有关建议，做好记录，待图纸会审时提交讨论解决。

（3）图纸会审制度

1）会审参加人员

建设单位（业主）、设计单位、监理单位的有关人员和施工单位的项目经理、项目总工（技术负责人）、专业技术人员、内业技术人员、质量工程师及其他相关人员。

2）会审时间

一般应在工程项目开工前进行，特殊情况也可边开工边组织会审（如图纸不能及时供应时）。

3）会审组织

一般由建设单位组织，项目经理部应根据施工进度要求，督促业主尽快组织会审。

4）会审内容

①审查施工图设计是否符合国家有关技术、经济政策和有关规定；

②审查建设项目坐标、标高与总平面图中标注是否一致，与相关建设项目之间的几何尺寸关系以及轴线关系和方向等有无矛盾和差错；

③审查图纸及说明是否齐全和清楚明确，核对建筑、结构、给水排水、供暖、通风、电气、设备安装等图纸是否相符，相互间的关系尺寸、标高是否一致；

④审查建筑平、立、剖面图之间关系是否矛盾或标注是否遗漏，建筑图本身平面尺寸是否有差错，各种标高是否符合要求，与结构图的平面尺寸及标高是否一致；

⑤审查施工图中有哪些施工特别困难的部位，采用哪些特殊材料、构件与配件、货源如何组织；

⑥设计中的新技术、新结构、新材料、新工艺和新设备的可能性和应采用的必要措施进行商讨；

⑦设计中的新技术、新结构限于施工条件和施工机械设备能力以及安全施工等因素，要求设计单位予以改变部分设计的，审查时必须提出，共同研讨，求得圆满的解决方案。

5）会审记录内容

①工程项目名称（分阶段会审时要标明分项工程阶段）；

②参加会审的单位（要全称）及其人员名字（禁止用职称代替）；

③会审地点（地点要具体），会审时间（年、月、日）；

④会审记录内容：

a）建设单位和施工单位对设计图纸提出的问题并应由设计单位予以答复修改的内容（要注明图别、图号，必要时要附图说明）；

b）施工单位为便于施工或因施工安全、建筑材料等问题要求设计单位修改部分设计的会商结果与解决方法（要注明图别、图号，必要时附图说明）；

c）会审中尚未得到解决或需要进一步商讨的问题；

d）列出参加会审单位名称，并盖章后生效。

6）会审记录的发送

①盖章生效的图纸会审记录由内业技术人员移交给项目资料工程师，资料工程师发送；

②会审记录发送单位：

a）建设单位（业主）；

b）设计单位；

c）监理单位；

d）项目经理部：技术、工程、合约、质量、安全等部门。

第 10 章　编写分部分项工程的施工技术交底文件

各类分部分项工程的施工技术交底表格样式可参照下表，具体交底时，可根据交底对象、作业内容的不同进行增、减。

10.1　编写防火、防水工程技术交底

1. 防火工程技术交底（表 10-1）

防火工程技术交底记录　　　　　　　　　　　表 10-1

工程名称	×××室内装饰工程	施工单位	×××装饰工程有限公司
交底部位	室内装饰工程	工序名称	防火施工要点
交底提要：室内装饰工程防火施工要点			
交底内容： 一、技术准备 　1. 严格遵守防火设计、施工及验收方面的规范标准，认真贯彻执行"预防为主、防消结合"的工作方针。 　2. 室内装饰装修工程的施工图纸必须经公安消防审批部门审批通过。 　3. 充分了解本工程与防火施工相关的工作内容和具体要求，找出危险源，制订相应的应急防范措施。 　4. 确保装饰材料选用和防火节点构造设计做法满足现行相关防火规范和技术规程的要求。 　5. 施工现场的电路及电箱应经常性检查，确保无老化，无一闸多用现象，以免引起线路火灾。 　6. 从事防火施工的相关操作人员应经三级安全教育培训合格，电工、焊工等特殊工种需持证上岗人员的证件应齐全有效。 二、材料要求 　1. 防火材料的技术性能必须符合设计图纸和现行相关防火技术规程的相关要求。 　2. 防火漆、防火涂料、防火堵料、耐火石膏板、墙布、墙纸、软硬包面料、纺织织物、岩棉填充料等有防火要求的主要材料应有出厂合格证，并查验物、证是否相符。 　3. 按规范和规程要求，应进行性能复试的材料，必须按规定抽样进行性能复试，检测结果各项指标必须合格，并满足设计要求。 　4. 木质材料采用防火涂料处理时应均匀涂刷且不得少于两遍，第二次涂刷应待第一次涂刷干燥后进行。 三、作业条件 　1. 施工现场应明确划分用火作业区域，明确易燃可燃材料堆放场地，保持消防通道畅通。 　2. 配齐、配足防火设施和灭火器材，并指定专人管理、维护，确保正常使用。			

四、施工要点

1. 严格遵守"十不烧"相关规定，焊、割、明火作业需开具动火证，并按规定时间地点范围作业，要对周围易燃易爆物品进行清理，垂直作业要进行有效隔挡，如有孔洞必须封严，防止火花下落引起火灾，配备专职看火人及器材，作业结束用火证收回。

2. 焊、割、明火作业严禁与油漆、木工、防水施工等易燃、易爆物品同部位及上下交叉作业，氧气瓶和乙炔瓶存放间距不小于2m，使用间距不小于5m，与明火作业距离不小于10m。

3. 5级以上大风等恶劣天气，必须停止高空和露天焊、割、明火作业。

4. 装修作业必须按设计图纸要求进行施工，对防火基层、构造层和面层的施工质量分别进行检查验收，隐蔽部位及时办理隐蔽验收记录。

5. 配电箱、接线盒、开关、插座、灯具安装B1级装修材料上时，应有散热保护措施并用金属垫片隔开。

6. 每天作业完毕，必须及时切断电源，气源，火源，并检查现场，确保无火险隐患。

技术负责人		交底人		接受交底人		交底日期	

注：本记录一式两份，一份交接受交底人，一份存档。

2. 防水工程技术交底

以聚合物水泥基 JS 复合防水涂料为例，见表10-2。

防水工程技术交底记录 **表 10-2**

工程名称	×××室内装饰工程	施工单位	×××装饰工程有限公司
交底部位	室内装饰工程	工序名称	室内防水施工要点
交底提要：装饰工程防水施工要点			

交底内容：

一、技术准备

1. 严格遵守关于防水设计、施工及验收规范、技术规程的要求。

2. 室内装饰装修工程的施工图纸必须经建设审图部门审批通过。

3. 充分领会设计图纸意图，了解本工程与防水施工相关的工作内容和具体要求及做法。

4. 防水材料的规格、品种、型号符合设计图纸和现行相关防水技术规程的要求。

5. 从事防水施工的相关操作人员应经培训合格，能熟练掌握防水材料的施工配合比和配制方法，掌握施工程序和要领，熟悉操作步骤。

二、材料要求

1. 防水材料的主要技术性能必须满足设计图纸和现行相关防水技术规程的相关要求（参考标准《聚合物水泥防水涂料》GB/T 23445）。

2. 防水涂料、填料等主要材料应有出厂合格证，并查验物、证是否相符。

3. 按规范和规程要求，应进行性能复试的材料，必须按规定抽样进行性能复试，检测结果各项指标必须合格，并满足设计要求。

三、作业条件

1. 穿墙、穿楼板的各种管道根部已清理干净，嵌填密实。

2. 防水作业的基层找平结束，表面平整无裂纹，排水坡度及流向正确，管根及墙体阴角部位应处理顺滑。

四、施工要点

1. 严格按产品说明书进行配料，使用搅拌器充分搅拌均匀，先将液料倒入容器中，再将粉料慢慢加入，同时充分搅拌 3～5min 至形成无生粉团和颗粒的均匀浆料即可使用。

2. 涂刷：用毛刷或滚筒直接涂刷在基面上，力度使用均匀，不可漏刷；防水涂料涂刷不得少于三遍，每次涂刷应待前一次涂刷干燥后（手触不粘手，一般间隔 1～2h）进行，每次涂刷厚度不超过1mm；两次涂刷方向应垂直十字交叉涂刷，涂刷总厚度一般为 1～3mm。

3. 养护：施工 24h 后，用湿布覆盖涂层或喷雾洒水对涂层进行养护，涂膜硬化前禁止踩踏、冲水、在防水层上搅拌砂浆，保护膜层不受尖锐物损伤。

4. 检查（闭水试验）：涂膜硬化后，将地漏下水口用装满细砂的薄膜袋堵上，进行蓄水试验，水位最低处不小于 20mm，24h 后，检查防水施工质量是否合格，轻质墙体须做淋水试验。

5. 防水面层上装修作业必须按设计图纸要求进行施工，对防水基层、构造层和面层的施工质量应分别进行检查验收，隐蔽部位及时办理隐蔽验收记录。

6. 有防水要求的部位施工完毕后，需进行二次蓄水试验，查看有无积水，检查流水坡向是否正确，检查防水层完工后是否被其他工种破坏。

技术负责人		交底人		接受交底人		交底日期	

注：本记录一式两份，一份交接受交底人，一份存档。

10.2 编写吊顶工程技术交底

以轻钢龙骨纸面石膏板吊顶为例，见表10-3。

吊顶工程技术交底记录 表10-3

工程名称	×××室内装饰工程	施工单位	×××装饰工程有限公司
交底部位	室内吊顶	工序名称	轻钢龙骨纸面石膏板吊顶

交底提要：轻钢龙骨纸面石膏板吊顶

交底内容：

一、施工准备

（一）技术准备

1. 做好图纸会审工作，结合现场实际情况，熟悉本工序的工作内容及细部要求。

2. 根据工程进度要求，需订制加工的材料，应提前安排加工订货。

3. 测量放线，弹出吊筋和龙骨的位置线、标高控制线，检查有无消防、空调或其他设备管道影响吊顶标高。

4. 对吊顶面层上的灯具、烟感、喷淋、音响、视频探头、风口、检查口等各种终端和设备的点位进行深化设计，力求均匀分布、美观，整齐划一。

（二）材料要求

1. 吊顶基层材料按按计图纸和规范要求选用，木质材料需做防火处理，预埋件、吊筋、反支撑材料和转换层型钢材料需按设计要求进行防腐处理。

2. 轻钢龙骨系列按设计图纸要求选用，其质量标准、技术等级、厚度应满足现行相关技术标准的规定。

3. 纸面石膏板的厚度按设计图纸要求选用，板面不应有气泡、起鼓、裂纹、缺角、污垢等缺陷，表面应平整，边缘整齐。

（三）主要机具

冲击电钻、手电钻、铆钉枪、砂轮切割机、交流电焊机、气动、电动改锥等。

（四）作业条件

1. 与消防、暖通、强弱电等其他专业沟通，检查吊顶内管道、设备及其支架、强弱电管线等是否已施工完毕并验收合格，及时办理相关交接手续。

2. 施工用脚手架、电源和照明条件满足施工及安全要求。

二、施工工艺

（一）工艺流程

弹线→安装吊杆→安装边龙骨→安装主龙骨→安装副龙骨→安装横撑龙骨→调平→安装面板。

（二）操作工艺

1. 将墙面1m标高控制线引测到吊顶的设计标高部位，并在板底弹出吊顶造型位置线、终端位置线，在墙面弹出龙骨吊顶各底面的标高线。

2. 安装吊杆时，先在天棚板底上吊点位置用冲击电钻钻孔，安装带膨胀螺栓的全牙螺杆吊筋，当吊杆长度大于1.5m时，应设置反支撑，吊杆长度大于2.5m应增设转换层，吊杆与设备相遇时应调整并增设吊杆。

3. 根据龙骨位置线标高安装边龙骨，边龙骨应固定可靠，固定点间距不大于300mm。

4. 安装主龙骨应先高跨部分，后低跨部分。主龙骨间距不大于 1m，吊点距主龙骨端部不得大于 300mm，否则应加设吊杆。主龙骨安装时，宜按房间短跨的 1‰～3‰ 进行起拱，主龙骨吊件应相对设置，相邻的主龙骨接头位置必须错开。走道长度超过 15m、面积大于 100m² 、吊顶转角部位均应预留伸缩缝，主次龙骨及面层必须断开，遇建筑变形缝处，吊顶宜随变形缝断开。

5. 安装副龙骨和横撑龙骨，副龙骨用挂件固定在主龙骨上，横撑龙骨用支托插件固定在副龙骨上。

6. 安装完毕需及时进行调平，固定，办理隐蔽验收记录。

7. 造型基层按设计制作，安装参照龙骨安装要求，龙骨安装应避开各种终端，确保安装牢固、不变形，否则应加设吊筋。

8. 安装纸面石膏板面层时，T 型和 L 型拐角部位的吊顶面层板，应采用整块石膏板裁切，安装时采用自攻螺钉，从中间向四周固定石膏板，板四周螺钉间距 150～200mm，中间间距 150～170mm，螺钉距板边距 10～15mm，钉头陷入板内 0.5～1mm，并不得破坏纸面，钉帽应做防锈隔离处理后用腻子抹平。安装双层石膏板时面层板与基层板接缝应错开不小于 300m，并不在同根龙骨上接缝。

9. 为防止面层开裂，石膏板之间宜留设 4～6mm，或按 45° 刨出倒角，底口宽度 2～3mm 用石膏腻子补平，再用抗裂接缝带粘贴。

三、质量控制要点

1. 重型灯具、电扇及其他重型设备严禁安装在吊顶工程的龙骨上。

2. 轻钢龙骨石膏板吊顶，重量不大于 1kg 的烟感器、筒灯、石英射灯等设施可直接安装在饰面板上；重量大于 3kg 的灯具、吊扇、空调等或有振颤的设施，应直接吊挂在建筑承重结构上。

3. 所采用的人造板或饰面人造木板，必须有游离甲醛含量或游离甲醛释放量检测报告。并应符合设计要求和《民用建筑工程室内环境污染控制规范》GB 50325 的规定。

4. 上人吊顶的检修口必须设置独立吊筋，以防踩踏时脱落发生安全事故。

四、允许偏差

整体面层吊顶工程安装质量的允许偏差和检验方法应符合表 1 规定。

整体面层吊顶工程安装质量的允许偏差和检验方法 表 1

项　次	项　　目	允许偏差（mm）	检验方法
1	表面平整度	3	用 2m 靠尺和塞尺检查
2	缝格、凹槽直线度	3	拉 5m 线，不足 5m 拉通线，用钢直尺检查

技术负责人		交底人		接受交底人		交底日期	

注：本记录一式两份，一份交接受交底人，一份存档。

10.3　编写轻质隔墙等墙面工程技术交底

1. 轻质隔墙工程技术交底

以轻钢龙骨纸面石膏板隔墙为例，见表 10-4。

轻质隔墙工程技术交底记录　　　　　　　　　　　　表 10-4

工程名称	×××室内装饰工程	施工单位	×××装饰工程有限公司
交底部位	轻质隔墙	工序名称	轻钢龙骨纸面石膏板隔墙

交底提要：轻钢龙骨纸面石膏板隔墙施工

交底内容：

一、施工准备

（一）技术准备

1. 做好图纸会审工作，熟悉本工序的工作内容及细部要求。

2. 根据工程进度要求，如需定制加工的材料，提出加工计划及要求。

3. 复核隔墙轴线位置，检查隔墙周边结构是否满足安装和设计要求。

（二）材料要求

1. 隔墙龙骨系列轻钢龙骨的技术等级应符合国家现行行业标准的规定和设计的要求，龙骨如有严重翘曲变形影响正常使用的应予剔除。面板材料为 12mm 厚纸面石膏板，板面不应有气泡、起皮、裂纹、缺角、污垢等缺陷，表面应平整，边缘整齐。

2. 岩棉填充料等有防火要求的主要材料应有出厂合格证，并查验物、证是否相符。

（三）主要机具

机具：冲击电钻、手电钻、型材切割机、交流电焊机、气、电动改锥等。

（四）作业条件

1. 作业前应按设计要求对隔墙部位的基层完成情况和质量进行交接检验。

2. 根据图纸设计的隔墙定位轴线基准线，弹出隔墙位置线，门窗洞口位置线等。

3. 确定作业的照明条件是否满足施工的要求。

二、施工工艺

1. 工艺流程

弹线→固定沿地、沿顶龙骨→门洞口制作→安装竖龙骨→安装通贯龙骨→横撑龙骨→安装支撑卡→设备管线安装→封装面板→隔声材料安装→隐蔽验收→封装面板。

2. 操作要点

（1）弹线。根据设计图纸，弹出隔墙的四周边线，定出龙骨的位置。如果边龙骨所固定的位置有凸凹不平的现象，要进行处理，保证边龙骨安装后的平整度。

（2）固定龙骨。在沿地、沿顶龙骨接触处，先铺设橡胶条、密封膏或沥青泡沫塑料条，再用射钉或金属膨胀螺栓将沿地、沿顶龙骨固定。龙骨的边线应与弹线重合。固定点的间距宜在 600mm 左右，龙骨的端部及接头处应设固定点，固定应牢靠。

沿地、沿顶龙骨固定好后，按两者间的净距离切割竖龙骨，竖向龙骨的切割应保持贯通龙骨的穿孔在同一水平标高（在竖龙骨的同一头切割），并将切割好的竖向龙骨依次推入沿地和沿顶龙骨之间。竖龙骨位置及垂直度调整好后，随后将竖龙骨两端与沿地及沿顶龙骨固定。

竖向龙骨的接长可用 U 形龙骨套在 C 形龙骨的接缝处，用拉铆钉或自攻螺钉固定。边龙骨与墙体间也要先进行密封处理，再进行固定。

竖龙骨固定好后，最后安装贯通龙骨。上、下排贯通龙骨的接头应错开，接头应跨过一个整竖格，接头用铆钉或钻尾钉连接。

在门、窗等洞口为防止门窗开关时因轻钢龙骨墙面的强度和刚度不够而发生振动，可在门窗洞口处的竖龙骨内衬方钢管，贯通龙骨与方钢管的连接可把贯通龙骨折成 90°用铆钉或钻尾钉与方钢连接，可提高墙面的整体刚度。

（3）安装纸面石膏板。在立柱的一侧应将石膏板按位置定好扶稳，再进行固定。一侧固定完后，固定另一侧石膏板。如有管线工程或隔声要求的隔墙，要先铺设管线和做隔声保温层，然后再安装石膏板。为增强隔声效果和减小安装自攻螺钉时对另一侧自攻螺钉的振动，两侧石膏板应错缝安装。如需安装两层石膏板时，两层板缝应错开。石膏板宜竖向铺设，长边接缝应落在竖龙骨上，这样可以提高隔断墙的整体强度。

对于半径较大的曲面墙，竖向龙骨的间距宜为 300mm 左右，石膏板最好横向铺设。当半径为 1m 左右时，竖向龙骨间距宜为 150mm 左右。以上两种情况在安装石膏板时，先在曲面的一端加以固定，然后轻轻地、逐渐向板的另一端，向龙骨方向推动，直到完成曲面为止。当曲面半径较小时，在装板前应将面纸和背纸彻底淋湿，注意应均匀洒水然后放置数小时，即可安装。当板完全干燥时会保持原来的硬度。

三、隔墙质量控制要点

1. 隔墙板材的品种、规格、性能、颜色应符合设计要求。有隔声、隔热、阻燃、防潮等特殊要求的工程，板材应有相应性能等级的检测报告。

2. 安装隔墙板材所需预埋件、连接件的位置、数量及连接方法应符合设计要求。

3. 隔墙板材安装必须牢固，隔墙与周边墙体的连接方法应符合设计要求，并应连接牢固。

4. 隔墙板材安装应垂直、平整、位置正确，板材不应有裂缝或缺损。

5. 板材隔墙表面应平整光滑、色泽一致、洁净，接缝应均匀、顺直。

6. 隔墙上的孔洞、槽、盒应位置正确、套割方正、边缘整齐。

四、允许偏差和检验方法（表1）

板材隔墙安装的允许偏差和检验方法　　　　　　　　　　　　表1

序号	项目	允许偏差（mm）				检验方法
		复合轻质墙板		石膏空心板	钢丝网水泥板	
		金属夹芯板	其他复合板			
1	立面垂直度	2	3	3	3	用2m垂直检测尺检查
2	表面平整度	2	3	3	3	用2m靠尺和塞尺检查
3	阴阳角方正	3	3	3	4	用直角检测尺检查
4	接缝高低差	1	2	2	3	用钢直尺和塞尺检查

技术负责人		交底人		接受交底人		交底日期	

注：本记录一式两份，一份交接受交底人，一份存档。

2. 抹灰工程技术交底

以一般抹灰为例，见表10-5。

抹灰工程技术交底记录
表10-5

工程名称	×××室内装饰工程	施工单位	×××装饰工程有限公司
交底部位	内墙抹灰工程	工序名称	一般抹灰

交底提要：水泥砂浆抹灰工程

交底内容：

一、施工准备

（一）技术准备

1. 抹灰前结构工程应全部完成，并经有关部门验收，达到合格标准。

2. 室内装饰装修工程的施工图纸必须经建设主管部门审批通过。

3. 充分了解本工序的作业范围、基层处理要求及砂浆配合比、粉刷厚度等具体做法要求。

4. 确保材料选用满足现行相关施工及验收规范和技术规程的要求。

（二）材料要求

1. 水泥应颜色一致，宜采用同一批号的水泥，严禁不同品种的水泥混用。水泥进场后应对水泥的凝结时间和安定性进行复验。

2. 砂子采用平均粒径0.35~0.5mm的中砂，砂颗粒要求坚硬洁净，不得含有黏土、草根、树叶、碱质及其他有机物等有害物质，使用前应根据使用要求过不同孔径的筛子，筛好备用。

（三）主要机具

抹刀、刷子、水桶、水壶、墨斗、托灰浆板、靠尺等。

（四）作业条件

1. 抹灰前应检查门窗的位置是否正确，与墙体连接是否牢固。连接处和缝隙应用1:3水泥砂浆水泥混合砂浆分层嵌塞密实。铝合金门窗框缝隙所用嵌缝材料应符合设计要求，并事先粘贴好保护膜。

2. 预埋铁件、管道等应提前安装好，结构施工时墙面上的预留孔洞应提前堵塞严实，将柱、过梁等凸出墙面的混凝土剔平，凹处提前刷净，用水湿润后，再用1:3水泥砂浆分层补平。管道穿越墙洞、楼板洞应安放套管，并用1:3水泥砂浆或细石混凝土填嵌密实；电线管、消火栓箱、配电箱安装完毕，并将背后露明部分钉好钢丝网；接线盒用纸堵严。

3. 抹灰前应检查基体表面的平整，以决定其抹灰厚度。抹灰前应在大角的两面、阳台、窗台、碹脸两侧弹出抹灰层的控制线，以作为打底的依据。基体表面灰尘、污垢和油渍等，应清理干净，并洒水湿润。对混凝土表面缺陷如蜂窝、麻面、露筋等应剔到实处，并刷素水泥浆一道（内掺水重10%的108等建筑胶），紧跟用1:3水泥砂浆分层补平。

4. 混凝土墙、梁、柱与轻质隔墙交接处均应加钉钢丝网，钢丝网与每边的搭接宽度不小于100mm，钢丝网应钉牢、绷紧。

二、施工工艺

抹灰工艺流程：基层处理→弹线、找规矩→做灰饼→做标筋→抹门窗护角→抹底灰→抹中层灰→抹面层灰。

1. 弹线、找规矩、套方：分别在门窗口角、垛、墙面等处吊垂直套方，在墙面上弹抹灰控制线。并用托线板检查基层表面的平整度、垂直度，确定抹灰厚度，最薄处抹灰厚度不应小于7mm。墙面凹度较大时，应用水泥砂浆分层抹平。

2. 根据控制线在门口、墙角用线坠、方尺、拉通线等方法粉灰饼。在 2m 左右高度离两边阴角 100～200mm 处各做一个灰饼，然后根据两灰饼用托线板挂垂直做下边两个灰饼，高度在踢脚线上口，厚薄以托线板垂直为准，然后拉通线每隔 1.2～1.5m 上下各加若干个灰饼。灰饼一般用 1:3 水泥砂浆做成边长为 50mm 的方形。门窗口、垛角也贴灰饼，上下两个灰饼要在一条垂直线上。

3. 根据灰饼用与抹灰层相同的水泥砂浆进行冲筋，冲筋根数应根据房间的高度或宽度来决定，一般筋宽约 100mm 为宜，厚度与灰饼相同。冲筋时上下两灰饼中间分两次抹成凸八字形，比灰饼高出 5～10mm，然后用刮杠紧贴灰饼搓平。可冲横筋也可冲立筋，依据操作。墙面高度不大于 3.5m 时宜冲立筋。墙面高度大于 3.5m 时，宜冲横筋。

4. 做护角：根据灰饼和冲筋，在门窗口、墙面和柱面的阳角处，根据灰饼厚度抹灰，粘好八字靠尺（也可用钢筋卡子）并找方吊直。用 1:2 水泥砂浆做明护角。护角高度不应低于 2m，每侧宽度不应小于 50mm。在抹水泥护角的同时，用 1:3 水泥砂浆分两遍抹好门窗口边的底灰。当门窗口抹灰面的宽度小于 100mm 时，通常在做水泥护角时一次完成抹灰。

5. 抹底灰：冲筋完 2h 左右即可抹底灰，一般应在抹灰前一天用水把墙面基层浇透，刷一道聚合物水泥浆。底灰采用 1:3 水泥砂浆。打底厚度设计无要求时一般为 13mm，每道厚度一般为 5～7mm，分层分遍与冲筋抹平，并用大杠垂直、水平刮一遍，用木抹子搓平、搓毛。然后用托线板、方尺检查底子灰是否平整，阴阳角是否方正。抹灰后应及时清理落地灰。

6. 抹罩面灰：罩面灰采用 1:2.5 水泥砂浆（或按设计要求），厚度一般为 5～8mm。底层砂浆抹好 24h 后，将墙面底层砂浆湿润。抹灰时先薄薄地刮一道聚合物水泥浆，使其与底灰结合牢固，随即抹第二遍，用大刮杠把表面刮平刮直，用铁抹子压实压光。

7. 抹水泥窗台：先将窗台基层清理干净，用水浇透，刷一道聚合物水泥浆，然后抹 1:2.5 水泥砂浆面层，压实压光。窗台板若要求出墙，应根据出墙厚度贴靠尺板分层抹灰，要求下口平直，不得有毛刺。砂浆终凝后，常温条件下洒水养护 2～3d。

8. 抹墙裙、踢脚：基层处理干净，浇水润湿，刷界面剂一道，随即抹 1:3 水泥砂浆底层，表面搓毛，待底灰七八成干时，开始抹面层砂浆。面层用 1:2.5 水泥砂浆，抹好后用铁抹子压光。踢脚面或墙裙面一般凸出抹灰墙面 5～7mm，并要求出墙厚度一致，表面平整，上口平直光滑。

三、质量控制要点

1. 抹灰用各种原材料质量证明文件齐全，材料复试的性能指标合格。

2. 一般抹灰工程质量应达到表面平整、边角方正、横平竖直、无裂纹、起皮、脱落。

四、允许偏差（表 1）

一般抹灰工程质量的允许偏差和检验方法　　　　表 1

序号	项目	允许偏差（mm）		检验方法	备注
		普通抹灰	高级抹灰		
1	立面垂直度	4	3	用 2m 垂直检测尺检查	1）普通抹灰，本表第 3 项阴角方正可不检查；
2	表面平整度	4	3	用 2m 靠尺和塞尺检查	2）顶棚抹灰，本表第 2 项表面平整度可不检查，但应平顺；
3	阴阳角方正	4	3	用直角检测尺检查	
4	分格条（缝）直线度	4	3	拉 5m 线，不足 5m 拉通线，用钢直尺检查	
5	墙裙、勒脚上口直线度	4	3	拉 5m 线，不足 5m 拉通线，用钢直尺检查	3）应注意空鼓、开裂和烂根等质量问题

技术负责人		交底人		接受交底人		交底日期	

注：本记录一式两份，一份交接受交底人，一份存档。

3. 墙体保温工程技术交底

以挤塑聚苯板保温薄抹灰为例，见表10-6。

墙体保温工程技术交底记录 **表10-6**

工程名称	×××室内装饰工程	施工单位	×××装饰工程有限公司
交底部位	墙体保温工程	工序名称	墙体保温

交底提要：外墙挤塑聚苯板保温薄抹灰施工做法

交底内容：

一、施工准备

（一）技术准备

1. 保温层施工前结构工程应全部完成，并经有关部门验收，达到合格标准。

2. 装饰装修工程的施工图纸必须经建设主管部门审批通过。

3. 充分了解本工序的作业范围、基层处理要求等具体做法要求。

4. 确保材料选用满足现行相关施工及验收规范和技术规程的要求。

（二）材料要求

聚合物胶浆、标准耐碱玻纤网布、锚固件、伸缩缝塑料条、膨胀聚苯板（EPS）或挤塑聚苯板（XPS）。

（三）主要机具

冲击电钻、刮板、裁纸刀。

（四）作业条件

基层墙体应坚实平整，墙面应清洁，清除灰尘、油污、脱模剂、涂料、空鼓及风化物等影响粘结强度的杂物。

二、施工工艺

材料准备→基层处理→弹线→调制聚合物胶浆→铺设翻包网布→铺设保温板→安装锚固件→涂抹面层聚合物胶浆→铺设网布→涂抹面层聚合物胶浆→验收。

1. 材料准备：聚合物胶浆、标准耐碱玻纤网布、锚固件、伸缩缝塑料条、膨胀聚苯板（EPS）或挤塑聚苯板（XPS）。

2. 基层处理：基层墙体应坚实平整，墙面应清洁，清除灰尘、油污、脱模剂、涂料、空鼓及风化物等影响粘结强度的杂物。

用2m靠尺检查墙体的平整度，最大偏差大于4mm时，应用1:3的水泥砂浆找平。

若基层墙体不具备粘结条件，可采取直接用锚固件固定的方法，固定件数量应视建筑物的高度及墙体性质决定。

3. 弹线：按照图纸规定弹好散水水平线，在设计伸缩缝处的墙面弹出伸缩缝宽度线等。在阴阳角位置设置垂线，在两个墙面弹出垂直线，用此线检查保温板施工垂直度。

4. 调制聚合物胶浆：使用干净的塑料桶倒入约5.5kg的净水，加入25kg的聚合物胶浆，并用低速搅拌器搅拌成稠度适中的胶浆，静置5min。使用前再搅拌一次。调好的胶浆宜在2h内用完。

5. 铺设翻包网：裁剪翻包网布的宽度应为200mm＋保温板厚度的总和。先在基层墙体上所有门、窗、洞周边及系统终端处，涂抹粘结聚合物胶浆，宽度为100mm，厚度为2mm。将裁剪好的网布一边100mm压入胶浆内，不允许有网眼外露，将边缘多余的聚合物胶浆刮净，保持甩出部分的网布清洁。

6. 铺设保温板：

（1）保温板若为挤塑板，应在涂刷粘结胶浆的一面涂刷专用界面剂，放置20min晾干后待用。

（2）保温板一般应采取横向铺设的方式，由下向上铺设，错缝宽度为1/2板长，必要时进行适当的裁剪，尺寸偏差不得大于±1.5mm。

（3）将保温板四周均匀涂抹一层粘结聚合物胶浆，涂抹宽度为 50mm，厚度 10mm，并在板的一边留出 50mm 宽的排气孔，中间部分采用点粘，直径为 100mm，厚度 10mm，中心距 200mm，对于 1200mm×600mm 的标准板，中间涂 8 个点，对于非标准板，则应使保温板粘贴后，涂抹胶浆的面积不小于板总面积的 30%。板的侧边不得涂胶。

（4）基层墙体平整度良好时，亦可采用条粘法，条宽 10mm，厚度 10mm，条间距 50mm。

（5）将涂好胶浆的保温板立即粘贴于墙体上，滑动就位，用 2m 靠尺压平，保证其平整度和粘贴牢固。

（6）板与板之间要挤紧，板间缝隙不得大于 2mm，板间高差不得大于 1.5mm，板间缝隙大于 2mm 时，应用保温条将缝塞满，板条不得粘结，更不得用胶粘剂直接填缝，板间高差大于 1.5mm 的部位应打磨平整。

（7）在所有门、窗、洞的拐角处均不允许有拼接缝，须用整块的保温板进行套割成型，且板缝距拐角不小于 200mm。

（8）在所有阴阳角拐角处，必须采用错缝粘贴方法，并按垂线用靠尺控制其偏差，用 90° 靠尺检查。

7. 安装锚固件：对于 7 层以下的建筑保温施工时，可不用锚固件固定。保温板粘贴完毕，24h 后方可进行锚固件的安装。在每块保温板的四周接缝及板中间，用电锤打孔，钻孔深度为基层内约 50mm，锚固深度为基层内约 45mm。锚固件的数量应根据楼层高低及基层墙体的性质决定，在阳角及窗洞周围，锚固件的数量应适当增加，锚固件的位置距窗洞口边缘，混凝土基层不小于 50mm，砌块基层不小于 100mm。锚固件的头部要略低于保温板，并及时用抹面聚合物胶浆抹平，以防止雨水渗入。

8. 分格缝的施工：

（1）如图纸上设计有分格缝，则应在设置分格缝处弹出分格线，剔出分格缝，宽度为 15mm，深度 10mm 或根据图纸而定。

（2）裁剪宽度为 130mm + 分格缝宽度总和的网布，将分格缝隙及两边 65mm 宽的范围内涂抹聚合物胶浆，厚度为 2mm，将网布中间部分压入分格缝，并压入塑料条，使塑料条的边沿与保温板表面平齐。两边网布压入胶浆中，不允许有翘边、皱褶等。

9. 铺设网格布：涂抹面层胶浆前应先检查保温板是否干燥，用 2m 靠尺检查平整度，偏差应小于 4mm，去除表面的有害物质、杂质等。用抹子在保温板表面均匀涂抹一层面层略大于一块网格布的抹面聚合物胶浆，厚度为 2mm，立即将网格布按"T"字形顺序压入。同时应注意以下几点：

（1）网格布应自上而下沿外墙一圈一圈铺设。

（2）不得有网线外露，不得使网布皱褶、空鼓、翘边。

（3）当网格布需拼接时，搭接宽度应不小于 100mm。

（4）在阳角处需从每边双向绕角且相互搭接宽度不小于 200mm，阴角处不小于 100mm。

（5）当遇门窗洞口，应在洞口四角处沿 45° 方向补贴一块 200mm×300mm 标准网格布，以防开裂。

（6）在分格缝处，网布应相互搭接。

（7）铺设网格布时应防止阳光曝晒，并应避免在风雨气候条件下施工，在干燥前墙面不得沾水，以免导致颜色变化。

10. 抹面层聚合物胶浆并找平：待表面胶浆稍干可以碰触时，立即用抹子涂抹第二道胶浆，以找平墙面，将网格布全部覆盖。面层胶浆总厚度为 3~5mm。

三、质量控制要点

1. 执行标准《外墙外保温工程技术规程》JGJ 144、《膨胀聚苯板薄抹灰外墙外保温系统》JG 149。

2. 基层墙体平整度在 4mm 之内。

3. 基层表面必须粘结牢固，无空鼓、风化、污垢、涂料等影响粘结强度的物质及质量缺陷。

4. 基层墙面如用 1:3 水泥砂浆找平，应对粘结胶浆与基层墙体的粘结力做专门的试验。

5. 粘结胶浆确保不掺入砂、速凝剂、防冻剂、聚合物等其他添加剂。

6. 保温板的切割应尽量使用标准尺寸。

7. 保温板到场，施工前应进行验收，是否符合设计和国家规定的相关要求。

8. 保温板的粘贴应采用点框法，粘结胶浆的涂抹面积不应小于保温板总面积的30%。

9. 保温板的接缝应紧密且平齐，板间缝隙不得大于2mm，如大于2mm，用保温条填实后磨平。

10. 板与板间不得有粘结剂。

11. 保温板的粘结操作应迅速，安装就位前粘结胶浆不得有结皮。

12. 门、窗、洞口及系统终端的保温板，应用整块板裁出直角，不得有拼接，接缝距拐角不小于200mm。

13. 保温板粘贴完毕至少静置24h，方可进行下一道工序。

14. 不得在雨中铺设网格布。

15. 标准网布搭接至少100mm，阴阳角搭接不小于200mm。

16. 若用聚苯板做保温层时，建筑物2m以下或易受撞击部位可加铺一层网格布，以增加强度。铺设第一层网格布时不需搭接，只对接。

17. 保护已完工的部分免受雨水的渗透和冲刷。

18. 使用泡沫塑料棒及密封膏时须提供合格证以及相关技术资料，泡沫棒直径按缝宽1.3倍采用。

19. 打胶前应确保节点没有油污、浮尘等杂质。

20. 密封膏应完全塞满节点空腔，并与两侧抹面胶浆紧密结合。

21. 聚苯板安装允许偏差和检验方法应符合表1的规定。

聚苯板安装允许偏差 表1

项次	项　　目	允许偏差（mm）	检查方法
1	表面平整度	3	用2m靠尺和塞尺检查
2	立面垂直度	3	用2m垂直检查尺检查
3	全高	$H/1000$且不大于20mm	经纬仪或吊线
4	阴、阳角方正	3	用直角检验尺检查
5	接缝高低差	1.0	用钢直尺和塞尺检查
6	接缝宽度	1.5	用钢直尺检查

22. 保温层薄抹灰的允许偏差和检验方法应符合表2规定。

保温层薄抹灰允许偏差 表2

项次	项　　目	允许偏差（mm）	检查方法
1	表面平整度	3	用2m靠尺和塞尺检查
2	立面垂直度	3	用2m垂直检查尺检查
3	阴、阳角垂直方正	3	用直角检验尺检查
4	分格条（缝）直线度	3	拉5m线，不足5m拉通线，用钢直尺检查

技术负责人		交底人		接受交底人		交底日期	

注：本记录一式两份，一份交接受交底人，一份存档。

4. 饰面板（砖）工程技术交底

以内墙饰面砖为例，见表10-7。

饰面板（砖）工程技术交底记录　　　　　　　　　　　表10-7

工程名称	×××室内装饰工程	施工单位	×××装饰工程有限公司
交底部位	墙柱饰面	工序名称	饰面板砖

交底提要：内墙饰面板砖施工做法

交底内容：

一、施工准备

（一）技术准备

1. 墙体结构工程应全部完成，并经有关部门验收，达到合格标准。

2. 装饰装修工程的施工图纸必须经建设主管部门审批通过。

3. 充分了解本工序的作业范围、基层处理要求等具体做法要求。

4. 确保材料选用满足现行相关施工及验收规范和技术规程的要求。

（二）材料要求

1. 墙面砖的规格、品种应符合设计图纸要求，采购前需送样经监理工程师和业主确认并封样。

2. 水泥采用强度等级不低于42.5级的硅酸盐水泥、普通硅酸盐水泥或32.5级矿渣硅酸盐水泥。严禁不同品种的水泥混用。水泥进场后应对水泥的强度、凝结时间和安定性等指标进行复验，复试结果应合格。

3. 砂子采用中粗砂，砂颗粒要求坚硬洁净，不得含有黏土、草根、树叶、碱质及其他有机物等有害物质，使用前应根据使用要求过不同孔径的筛子，筛好备用。

4. 胶粘剂应符合防水、防菌和相容性要求，勾缝材料选用白水泥或厂家提供的专用勾缝材料。

（三）主要工、机具

手提式瓷砖切割机、橡皮锤、刮板、靠尺等。

（四）作业条件

1. 基层墙体应坚实平整，墙面应清洁，清除灰尘、油污、脱模剂、涂料、空鼓及风化物等影响粘结强度的杂物，按要求进行基层找平处理。

2. 有防水要求的部位，防水层施工完毕并经检验合格。

二、施工工艺

（一）工艺流程

基层处理→找平→选砖→浸砖→放线→预排→贴砖→擦缝。

（二）施工要点

1. 基层处理：镶贴饰面砖的基体表面应具有足够的稳定性和刚度，若为光面应进行凿毛处理，浇水湿润后，用素水泥浆（或界面剂）满刷一遍。对油污进行清洗，即先将表面尘土、污垢清扫干净，用10%火碱水将墙面的油污刷掉，随之用净水将碱冲净、晾干。若为毛面只需浇水清洗、湿润后，用1:1水泥砂浆加建筑胶水拌和，或用胶粘剂加适量细砂和水搅拌成砂浆，喷在墙上，其喷点需均匀，终凝后浇水养护，达到一定强度后方可进行抹灰作业。不同的材料相接处，应铺钉金属网。

基层若为砖砌体墙面，应首先按照砌体抹灰工艺，对砌体上的管线槽、孔洞等进行防裂、防空鼓处理，分层抹灰后对底灰扫毛或划出纹道，常温条件下24h后浇水养护。

2. 找平（抹底灰）：按照预做的方正灰饼进行方正抹灰，首先墙面必须提前一天浇水湿润，用1:3水泥砂浆将粘贴基层抹方正。

3. 选砖：一般按1mm差距分类，选出1~3个规格，选好后根据房间大小计划用料，选砖时要求外形方正、平整、无裂纹、楞角完好、颜色均匀，表面无凹凸和扭翘等缺陷，不合格面砖不得使用。

4. 浸砖：所选用砖浸泡2~24h，具体情况具体对待，一般以砖不冒泡为准，取出阴干，待表面手摸无水气方可挂贴。饰面砖浸水可以有效防止空鼓、起壳、脱落。

5. 放线、排砖：待基层灰六至七成干时即可按图纸和现场实际尺寸进行排版放线，应弹出垂直与水平控制线，一般竖线间距在1m左右，横线一般根据面砖规格尺寸每5~10块弹一水平控制线，有墙裙的弹在墙裙上口。一个房间应镶贴品牌、规格、批号一致的饰面砖。开始镶贴时，一般由阳角开始，自下而上的进行，尽量使不成整块的饰面砖留在阴角。如果有水池、镜框时，必须要以水池、镜框为中心往两边分贴。如墙面留有孔洞、槽盒、管根、管卡等，要用面砖上下左右对准孔洞套划好，然后将面砖放在一块平整的硬物体上进行切割。

6. 贴标准点：标准点是用废面砖粘贴在底层砂浆上，贴时将砖的棱角翘起，以棱角作为镶贴面砖表面平整的标准。做灰饼时在灰饼面砖的棱角上拉立线，再于立线上拴活动的水平线，用来控制面砖表面平整，上下灰饼需用靠尺板找好垂直，横向几个灰饼需拉线或用靠尺板找平。

7. 垫底层：根据计算好的最下一皮砖的下口标高，垫放好尺板作为第一皮下口的标准。底尺上皮要比地面低1cm左右，以便地面压过墙面砖。底尺安放必须水平，摆实摆稳；底尺的垫点间距应在40cm以内。要保证垫板牢固。

8. 贴砖：首先挑选出规格一致的面砖，用水泥砂浆（水泥:砂=1:1）或用饰面砖粘结剂（大砖张贴应掺入适量细砂，以增加强度）由下往上镶贴。门口或阳角以及长墙每间距2m左右均应先竖向贴一排砖作为墙面垂直、平整和砖层的标准，然后按此标准向两侧挂线镶贴。

9. 擦缝：镶贴完毕应自检有无空鼓、不平、不直等不合格现象，发现问题应及时返工修理。然后用清水将砖面冲洗干净并用棉丝擦净。用长毛刷蘸糊状白水泥素浆（或使用勾缝剂）涂缝，然后用布将缝内的素浆擦匀，砖面擦净。

三、质量控制要点

1. 饰面砖的品种、规格、图案颜色和性能应符合设计要求。

2. 饰面砖粘贴工程的找平、防水、粘结和勾缝材料及施工方法应符合设计要求及国家现行产品标准和工程技术标准的规定。

3. 饰面砖粘贴必须牢固。

4. 满粘法施工的饰面砖工程应无空鼓、裂缝。

5. 饰面砖表面应平整、洁净、色泽一致，无裂痕和缺损。

6. 阴阳角处搭接方式、非整砖使用部位应符合设计要求。

7. 墙面突出物周围的饰面砖应整砖套割吻合，边缘应整齐。墙裙、贴脸突出墙面厚度应一致。

8. 饰面砖接缝应平直、光滑，填嵌应连续、密实；宽度和深度应符合设计要求。

9. 有排水要求的部位应做滴水线（槽）。滴水线（槽）应顺直，流水坡向应正确，坡度应符合设计要求。

四、饰面砖粘贴的允许偏差和检验方法见表1

饰面砖粘贴允许偏差 表1

项次	项目	允许偏差（mm）		检验方法
		外墙面砖	内墙面砖	
1	立面垂直度	3	2	用2m垂直检测尺检查
2	表面平整度	4	3	用2m靠尺和塞尺检查
3	阴阳角方正	3	3	用直角检测尺检查
4	接缝直线度	3	2	拉5m线，不足5m拉通线，用钢直尺检查
5	接缝高低差	1	0.5	用钢直尺和塞尺检查
6	接缝宽度	1	1	用钢直尺检查

技术负责人		交底人		接受交底人		交底日期	

注：本记录一式两份，一份交接受交底人，一份存档。

5. 涂饰工程技术交底

以合成树脂乳液内墙涂料施工为例，见表10-8。

涂饰工程技术交底记录 表10-8

工程名称	×××室内装饰工程	施工单位	×××装饰工程有限公司
交底部位	内墙面涂饰	工序名称	涂饰工程

交底提要：合成树脂乳液内墙涂料施工

交底内容：

一、施工准备

（一）技术准备

　　1. 墙体结构工程应全部完成，并经有关部门验收，达到合格标准。

　　2. 装饰装修工程的施工图纸必须经建设主管部门审批通过。

　　3. 充分了解本工序的作业范围、基层处理要求等具体做法要求。

（二）材料要求

　　1. 内墙涂料的规格、品种应符合设计图纸要求，采购前需送样经监理工程师和业主确认并封样。

　　2. 材料性能应满足现行相关施工及验收规范和技术规程的要求。

（三）主要机具

　　空压机、喷枪、刮板、铲刀、砂纸等。

（四）作业条件

　　1. 涂饰作业前，墙面基层应施工完毕，检验合格。

　　2. 饰面层材料的接缝或不同材料交接部位应做好防裂处理。

二、施工工艺

（一）施工流程

　　深化设计→基层处理→补缝、刮腻子→磨平→第一遍满刮腻子→磨平→第二遍满刮腻子→磨平→涂刷底层涂料→复补腻子→磨平→局部重刷底层涂料→第一遍面层涂料→第二遍面层涂料→验收。

（二）操作要点

　　1. 深化设计：熟悉图纸，了解设计意图，提供"小样"或色板或色卡，经设计师确认小样后订购涂料。

　　2. 基层处理：要求基层平整、洁净，达不到要求的要用石膏腻子修补，实干后打磨。

　　3. 补缝、刮腻子：对基层细缝批嵌腻子修补，对石膏板缝等用专用胶粘剂粘贴胶带或玻纤网格带固定，对墙面刮腻子，实干后磨平。

　　4. 第一遍满刮腻子：对墙面满刮腻子应横竖刮，接槎收头要刮净，面层涂料有颜色时，腻子内适量掺入与面层相协调的颜料。

　　5. 磨平：待第一遍腻子实干后，用砂纸磨平。

　　6. 第二遍满刮腻子：重复第一遍做法。

　　7. 磨平：重复第一遍腻子实干后，用砂纸磨平。

　　8. 涂刷底层涂料：表干后需复补腻子，实干后再磨平。

　　9. 滚刷第一遍面层水溶性涂料：施工程序应先顶棚后墙面，操作顺序自下而上进行。

　　10. 喷涂第二遍面层。

　　11. 成品保护：面层完成后，要及时采取措施，防止污染墙面。

三、质量控制要点

1. 水性涂料涂饰工程所用涂料的品种、型号和性能应符合设计要求。

2. 水性涂料涂饰工程的颜色、图案应符合设计要求。

3. 水性涂料涂饰工程的基层处理应符合下列要求：

（1）新建筑物的混凝土或抹灰基层在涂饰涂料前应涂刷抗碱封闭底漆。

（2）旧墙面在涂饰涂料前应清除疏松的旧装修层，并涂刷界面剂。

（3）混凝土或抹灰基层涂刷溶剂型涂料时，含水率不得大于8%；涂刷乳液型涂料时，含水率不得大于10%。木材基层的含水率不得大于12%。

（4）基层腻子应平整、坚实、牢固，无粉化、起皮和裂缝；内墙腻子的粘结强度应符合《建筑室内用腻子》JG/T 298 的规定。

（5）厨房、卫生间墙面必须使用耐水腻子。

四、允许偏差

涂饰质量和检验方法应符合表1要求。

涂饰质量要求　　　　　　　　　　　　　　　　　　　　表1

项次	项　　目	普通涂饰	高级涂料	检验方法
1	颜色	均匀一致	均匀一致	观察
2	泛碱、咬色	允许少量轻微	不允许	
3	流坠、疙瘩	允许少量轻微	不允许	
4	砂眼、刷纹	允许少量轻微砂眼，刷纹通顺	无砂眼，无刷纹	
5	装饰线、分色线直线度	2	1	拉5m线，不足5m拉通线，用钢直尺检查

技术负责人		交底人		接受交底人		交底日期	

注：本记录一式两份，一份交接受交底人，一份存档。

230

6. 裱糊、软包墙面工程技术交底

以壁纸裱糊为例，见表 10-9。

裱糊、软包墙面工程技术交底记录 表 10-9

工程名称	×××室内装饰工程	施工单位	×××装饰工程有限公司
交底部位	墙面饰面施工	工序名称	壁纸裱糊施工

交底提要：壁纸裱糊施工

交底内容：

一、施工准备

（一）技术准备

1. 墙体结构工程应全部完成，并经有关部门验收，达到合格标准。

2. 装饰装修工程的施工图纸必须经建设主管部门审批通过。

3. 充分了解本工序的作业范围、基层处理要求等具体做法要求。

（二）材料要求

1. 壁纸的规格、品种应符合设计图纸要求，采购前需送样经监理工程师和业主确认并封样。

2. 材料性能应满足现行相关施工及验收规范和技术规程的要求。

（三）主要机具

空压机、喷枪、刮板、铲刀、砂纸等。

（四）作业条件

1. 壁纸裱糊作业前，墙面基层应施工完毕，表面平整度、阴阳角方正检验合格。

2. 饰面层基层应干燥。

二、施工工艺

（一）施工流程

基层处理→墙面涂刷基膜→墙面弹线→壁纸裁切→刷胶粘剂→上墙裱贴、拼缝、搭接、对花→调胶→赶压胶粘剂气泡→擦净胶水→修整清洁。

（二）操作要点

1. 基层处理：

（1）原则上达到平整、干燥、色泽均匀即可贴壁纸。

（2）水泥、砖墙：本身较平坦，用腻子批平，刷上封闭底胶即可贴壁纸。

（3）石膏板、夹板和细木工板：有接缝存在，故先补缝再批平。

（4）石膏粉加白胶取代批平用腻子，可加快干燥，缩短施工时间。

（5）墙面如有不牢固的粉末存在，应砂磨除去、整平，刷上基膜才可贴壁纸；若墙面非常光滑（例如油漆过的墙面），不易吸收胶水、不易干燥，附着力会下降，此种基层要砂磨后才能贴壁纸。

（6）涂料墙：很适合改贴壁纸，但需做好砂磨处理后涂刷壁纸基膜才可施工。贴墙纸的墙面预处理其实和刷涂料的墙面预处理大致相同。

2. 墙面涂刷基膜：基膜目的在于固化和保护腻子表层，也可加强墙底防水、防霉功能，但要等腻子完全干燥才能涂刷。基膜涂刷应均匀、平整，但不宜太厚。因基膜成膜后的硬度不大，故应当涂刷两遍为宜。

3. 墙面弹线：基膜干燥后即可使用吊线坠和墨斗弹线，目的是保证壁纸边线水平或垂直及材质的尺寸准确。一般在墙转角处、门窗洞口处均应弹线，便于折角贴边。如果从墙角开始裱糊，应在墙角比壁纸宽度窄 10~20mm 处弹垂直线；在壁炉烟囱或类似地方，应定在中央。

4. 壁纸裁切：首先根据纸卷包装中的标签纸对收到的货物进行检验，确认产品的型号是否正确，生产批号是否一致。通常壁纸纸带的切割长度应为墙面高度加 5～10cm 余量，裁剪时务必注意图案的对花因素。在已剪裁好的纸带背面标出上下和顺序编号。壁纸裁切应选用专用壁纸裁刀，操作时用钢尺压住裁痕，一刀裁下，裁切角度以 45° 为最佳，中途刀片不得转动和停顿，以防止壁纸边缘出现毛边飞刺。

5. 调胶：每种壁纸有其配套的专用胶粘剂（也有使用专用胶水的，此处不做叙述），采用胶粉加水搅拌而成。调配胶粘剂时需要一个塑料筒（最好带刻度）和一根搅拌棍，根据胶粉包装盒上的使用说明加入适量的凉水，先用搅拌棍向一个方向搅动水，在水保持运动的状态下，边继续搅动，边将胶粉逐渐加入水中，直至胶液呈均匀状态为止。

原则上，壁纸越重，胶液的加水量应越小，要根据胶粉包装盒上厂家的说明进行调配，务必采用干净的凉水，不可用温水或热水，否则胶液将结块而无法搅匀。已经搅拌均匀的胶浆可通过加水进行稀释，而如果胶浆太稀，在搅拌好的胶浆中加入胶粉会结块而无法再搅拌均匀。胶液不宜太稀，而且上胶量不宜太厚，否则胶液容易从接缝处溢出而影响粘贴质量。

6. 刷胶粘剂：为保证施工质量尽可能采用打胶机。如果采用手工上胶，请注意打胶的均匀性，并尽量避免将胶液溢到壁纸表面。手工上胶时将墙纸胶液用毛刷涂刷在裁好的墙纸背面，特别注意四周边缘要涂满胶液，以确保施工品质，刷好后将其叠成"S"形待用，既避免胶液干得过快又不污染壁纸。有背胶的塑料壁纸出售时会附一个水槽，槽中盛水，将裁好的壁纸浸泡其中，由底部图案面向外，卷成一卷，过 1min 即可裱糊。

7. 上墙裱贴、拼缝、搭接、对花：将刷过胶粘剂的壁纸，胶面对着胶面，手握壁纸顶端两角凑近墙面，展开上半截的折叠部分，对准参照线贴第一张墙纸，从中间由下向上扫平，挤出气泡，注意对花，墙纸的底部与墙对齐。墙纸贴好后，再用剪刀的刀背，沿踢脚板边缘在墙纸上划出一条明显的折痕，把墙纸下端轻轻揭起，沿折痕剪齐，然后贴回原处，并且刷平。

墙上开关插座的处理是壁纸裱贴的难点，操作时应先关掉总电源，然后将墙纸盖过整个电源开关或插座，从中心点割出两条对角线，就会出现 4 个小三角形，再以美工刀沿电源开关或插座四周将多余的墙纸切除。最后用毛巾擦掉多余的胶粘剂。

另外对于墙上有突出构件（如墙面上已安装完毕的木格架），应当先量出物体位置尺寸，用笔在壁纸上轻轻标出物件的轮廓，然后用刀裁去多余部分，并将壁纸贴紧接缝，不得露白亏纸。

如遇转角处，壁纸应超过转角裱糊，超出长度一般为 50mm。不宜在转角处对缝，也不宜在转角处为使用整幅宽的壁纸而加大转角部位的张贴长度。如整幅壁纸及超过转角部位在 100mm 之内可不必剪裁，否则，应裁至适当宽度后再裱糊。阳角要包实，阴角要贴平。

8. 赶压胶粘剂气泡：将壁纸贴到墙面后，需将气泡赶出并使壁纸紧贴墙面以便作最终的剪裁，切勿用力将浆液从纸带边缘挤出而溢到壁纸表面。不得使用刮板在壁纸上进行大面积刮压，以免损坏壁纸表面或将部分胶液从壁纸的边缘挤出而溢到壁纸表面上，从而造成壁纸粘贴不牢、接缝部位开裂及脏污等。

9. 擦净胶水：左右两个纸带的边缘接缝部位需用斜面接缝压辊进行辊压，以使壁纸粘贴牢固，接缝不会开裂。如不慎将胶液溢到壁纸表面，务必及时用潮湿海绵擦掉，切勿来回涂抹，否则壁纸干透后会留下亮带。

10. 修整清洁：将上下两端多余墙纸裁掉，刀片要锋利以免毛边，再用清洁湿毛巾或海绵蘸水将残留在墙纸表面的胶液完全擦干净，以免墙纸变黄。墙纸干燥后若发现表面有气泡，用刀割开注入胶液再压平即可消除。

三、质量控制要点

1. 壁纸、墙布的种类、规格、图案、颜色、环保和燃烧性能等级必须符合设计要求及国家现行标准的有关规定。

2. 裱糊工程基层处理质量应符合规范的相关要求。

3. 裱糊后各幅拼接应横平竖直，拼接处花纹、图案应吻合，不离缝，不搭接，不显拼缝。

4. 壁纸、墙布应粘贴牢固，不得有漏贴、补贴、脱层、空鼓和翘边。

5. 裱糊后的壁纸、墙布表面应平整，色泽一致，不得有波纹起伏、气泡、裂缝、皱折及斑污，斜视时应无胶痕。

6. 复合压花壁纸的压痕及发泡壁纸的发泡层应无损坏。

7. 壁纸、墙布与各种装饰线、设备线盒应交接严密。

8. 壁纸、墙布边缘应平直整齐，不得有纸毛、飞刺。

9. 壁纸、墙布阴角处搭接应顺光，阳角处应无接缝。

附：软硬包工程安装的质量控制要点和允许偏差和检验方法

（1）软包墙面木框或底板所用材料的树种、等级、规格、含水率和防腐处理，必须符合设计要求和相关规范的规定。软包面料及其他填充材料必须符合设计要求，并符合建筑内装修设计防火的有关规定。

（2）软包木框构造作法必须符合设计要求，钉粘严密、镶嵌牢固。

（3）表面面料平整，经纬线顺直，色泽一致，无污染。压条无错台、错位。同一房间同种面料花纹图案位置相同。

（4）单元尺寸正确，松紧适度，面层挺秀，棱角方正，周边弧度一致，填充饱满、平整，无皱折、无污染，接缝严密，图案拼花端正、完整、连续、对称。

（5）软硬包工程安装的允许偏差和检验方法见表1。

软硬包工程安装允许偏差　　　　　　　　　　表1

项　　目	允许偏差（mm）	检验方法
垂直度、平整度、阴阳角方正	3	用垂直检测尺等工具检查
边框、压条的宽度、高度差	0，－2	用钢直尺检查
对角线长度差	3	用钢直尺检查
裁口、线条接缝差	1	用钢直尺和塞尺检查

技术负责人		交底人		接受交底人		交底日期	

注：本记录一式两份，一份交接受交底人，一份存档。

10.4　编写楼、地面工程技术交底

以地面面砖饰面施工为例，见表 10-10。

楼、地面工程技术交底记录　　　　　　　表 10-10

工程名称	×××室内装饰工程	施工单位	×××装饰工程有限公司
交底部位	地面面砖铺贴	工序名称	楼地面工程

交底提要：地面面砖饰面施工

交底内容：

一、施工准备

（一）技术准备

1. 地面砖铺贴前地面垫层和找平层及预埋管线工作应全部完成，并经有关部门验收，达到合格标准。

2. 室内装饰装修工程的施工图纸必须经建设主管部门审批通过。

（二）材料要求

1. 地面砖的规格、品种应符合设计图纸要求，采购前需送样经监理工程师和业主确认并封样。

2. 水泥采用强度等级不低于 42.5 级的硅酸盐水泥、普通硅酸盐水泥或 32.5 级矿渣硅酸盐水泥。严禁不同品种的水泥混用。水泥进场后应对水泥的强度、凝结时间和安定性等指标进行复验，复试结果应合格。

3. 砂子采用中粗砂，砂颗粒要求坚硬洁净，不得含有黏土、草根、树叶、碱质及其他有机物等有害物质，使用前应根据使用要求过不同孔径的筛子，筛好备用。

4. 胶粘剂应符合防水、防菌和相容性要求，勾缝材料选用白水泥或厂家提供的专用勾缝材料。

（三）主要机具

刮尺、橡皮锤、抹灰铲、刷子、水槽、墨斗、靠尺等；常用施工机械有砂浆搅拌机等。

（四）作业条件

1. 铺贴前应检查垫层和构造层和找平层施工完毕，检验合格。

2. 有防水要求的部位，防水层施工完毕，闭水试验合格。

二、施工工艺

材料准备→初始测量→电脑排版与深化设计→基层处理→测量与弹线定位→铺设结合层→铺砖→勾缝、擦缝→养护→踢脚板安装→验收。

1. 材料准备：选用饰面材料需要注意：从表现效果上可分为单色、纹理、仿石材、仿木材、拼花等多种形式；按挤压成型方法有挤压砖，又称为劈离砖和方砖，干压砖和其他方法成型砖；按表面处理方式分有釉（GL）及无釉（UGL）两类，陶瓷砖多为有釉面的，而无釉砖中，又有平面、麻面、磨光面、抛光面等多种品种。

地砖饰面效果要根据设计要求选择。地砖质量应符合现行产品标准的规定。

水泥采用强度等级不低于 42.5 级的硅酸盐水泥、普通硅酸盐水泥或 32.5 级矿渣硅酸盐水泥。砂采用中、粗砂。胶粘剂应符合防水、防菌和相容性要求。

目前，已经有地砖专用胶粘剂，采用胶粘剂作粘结层，胶粘剂必须符合产品标准。

2. 初始测量：测量各室内地面的平面实际尺寸，结合设计图案要求，搞清各室内平面尺寸的相互关系。

3. 电脑排版与深化设计：根据实测数据，对设计图案进行电脑排版，出具电脑排版图，征得设计师同意，微调或全面调整设计方案；设计确认后进行定样加工。排版应尽量对称，视觉效果好。

4. 基层处理：当基层为水泥混凝土类时，要洒水湿润，残渣、浮浆、垃圾、杂物等均应清除干净；

基层应坚实平整。铺设前必须对立管、套管和地漏与楼板节点之间进行密封处理，排水坡度应符合设计要求。

5. 测量与弹线定位：根据设计认定的排版图，首先定出房间中央十字中心线，再向四周延伸进行分格测量弹，根据 1m 标高控制线及设计规定的板材面层厚度，往下量测面层的水平标高，沿墙根用砂拍实虚铺一排地砖作为标高墩；有泛水要求的房间应先做最高与最低点的标高墩，然后拉线做出中间的标筋，控制面层表面标高，对照图案进行试铺编号。

6. 铺设结合层：基层处理湿润后，刷一道水灰比为 0.4~0.5 的素水泥浆，随刷随铺 1:2 干硬性砂浆结合层 15~20mm，干硬程度以手捏成团、落地开花为宜，根据铺砖顺序铺摊，铺好后用大杠刮平，再用抹子拍实，每次铺摊面积以 2~3 排砖宽为宜，初凝前用完。

7. 铺砖面层：陶瓷地砖应提前浸水湿润、晾干备用。铺贴时，密铺缝宽不大于 1mm，虚缝铺贴缝隙宽度按排版图（一般为 8~10mm）；小型房间铺贴时，从门口开始，按排版图先纵向铺 2~3 行砖作为标筋，然后与墙根标高砖拉纵、横控制线，再从里向外退着铺贴；大堂、会议室等大面积房间，应先行铺设中央十字中心线对角两块板材，然后沿着十字中心线向四周铺设。铺设时，板底应涂刮 5mm 左右的水泥胶粘料；安放时四角同时下落，用橡皮锤或小木锤填板击实夯平整，水准尺测平，及时清除板缝中挤出的余浆和清洁板面；每铺 2~3 行应拉线检查缝格平直度，如超出规定应立即修整，将缝拨直，并用橡皮锤拍实，在结合层终凝前完成。若用胶粘剂结合层，铺贴砖面层时应在坚实、干净的基层表面刷一层薄而匀的底子胶，待其干燥后即铺砖，铺贴应一次就位准确，粘贴密实。

8. 擦缝、勾缝：地砖铺贴后，应在 24h 内进行擦缝、勾缝。缝宽小于 3mm 的擦缝，采用相近颜色的专用填缝剂填缝。缝宽在 8mm 以上的采用勾缝，勾缝用 1:1 水泥和细砂浆勾缝，嵌缝要密实、平整、光滑，缝成圆弧形，凹进面砖外表面 2mm。

9. 成品保护：

（1）铺设后应及时围护，养护期满后，应用锯末或包装纸等材料进行覆盖保护。

（2）成品地面应防止尖锐铁器或重物等撞击和刻划。

三、质量控制要点

1. 面层以下各构造层（包括各类管线）都经隐蔽验收合格；基层表面洁净，平整度、强度等达到面层施工的条件。

2. 所用材料都按规定验收合格。

3. 施工人员已经操作培训合格，工艺流程和操作要点经技术交底，按施工方案执行。

4. 面层所用的板块的品种、质量必须符合设计要求。

5. 面层与下一层的结合层（粘结）应牢固，无空鼓。

6. 表面应洁净、图案清晰，色泽一致，接缝平整，深浅一致，周边顺直。板块无裂纹、掉角和缺楞等缺陷。

7. 面层邻接处的镶边用料及尺寸应符合设计要求，边角整齐、光滑。

8. 踢脚线表面应洁净、高度一致、结合牢固、出墙厚度一致。

9. 楼梯踏步和台阶板块的缝隙宽度应一致、棱角整齐；楼层梯段相邻踏步高差不应大于 10mm；防滑条顺直。

10. 面层表面的坡度应符合设计要求，不倒泛水、无积水；与地漏、管道结合处严密牢固，无渗漏。

四、允许偏差

主控项目按规范验收全部合格，砖面层的允许偏差应符合《建筑地面工程施工质量验收规范》GB 50209—2010 表 6.1.8 的规定。

技术负责人		交底人		接受交底人		交底日期	

注：本记录一式两份，一份交接受交底人，一份存档。

10.5　编写门窗工程与门窗套等细部工程技术交底

1. 门窗工程技术交底

以木门套（扇）安装为例，见表10-11。

门窗工程技术交底记录　　　　　　　　　表10-11

工程名称	×××室内装饰工程	施工单位	×××装饰工程有限公司
交底部位	木门套（扇）安装	工序名称	门窗工程

交底提要：木门套（扇）安装施工

交底内容：

一、施工准备

（一）技术准备

1. 墙体结构工程应全部完成，并经有关部门验收，达到合格标准。

2. 装饰装修工程的施工图纸必须经建设主管部门审批通过。

3. 充分了解本工序的作业范围、基层处理要求等具体做法要求，复核门窗编号、位置、数量。

（二）材料要求

1. 木门窗套（扇）的材质、规格、品种应符合设计图纸要求，采购前需送样经监理工程师和业主确认并封样。

2. 木材含水率不大于8%，甲醛含量等指标应满足现行相关施工及验收规范和技术规程的要求。

（三）主要机具

冲击钻、手提电锯、手电钻、电（气）动改锥、橡胶锤、发泡胶枪、砂纸等。

（四）作业条件

1. 按设计图纸要求复核门窗洞口墙体厚度、高度、宽度、垂直度、阴阳角方正，检验合格。

2. 涂料底涂作业完成，仅留最后一遍面层涂料，待门窗套安装完成后涂刷。

二、施工工艺

（一）施工流程

木门（套）基层制作→木门套安装施工→门压线、收口条安装→门扇与五金安装→成品保护。

（二）操作要点

1. 木门套基层制作：门窗套基层制作需满足三个基本要求：垂直度、方正度及牢固度，其次需要确保基层的完成面尺寸，满足成品门套的现场安装。轻钢龙骨隔墙须在边框龙骨处加方管或木方加强。

2. 木门套安装施工：

（1）检查：根据送货单和标注标签，把门套材料搬运到确定的安装位置。拆包后认真检查产品质量是否符合要求，检查包括：规格尺寸、材料使用、木皮和涂饰要求、开启方向等。并核对预留洞口尺寸是否与图纸相符。

（2）组框：对照图纸，将门套侧板与顶板根据设计的门扇洞口尺寸组装门框框架。

（3）框架固定：

1）临时固定：精确调整门套侧板正侧面的垂直度、门扇下部预留缝、门套顶板的水平度、门扇安装裁口的对角线差、门扇关闭后左、右、上三个方向与门套间留缝值，确认达标后选定点位进行临时固定。

2）永久固定：固定方式有发泡剂、枪钉、木螺丝、钢片射钉。

注：使用发泡剂时门套与墙体间的留缝值应控制在 20mm 左右，如果缝隙太大，不宜使用发泡剂固定。防火门必须使用符合防火等级的固定配件。

3. 门压线（收口条）安装：

(1) 核对门压线规格尺寸是否与所安装门的规格尺寸相符，现场组装压线对角裁切精确。

(2) 将门压线轻轻压入门压线安装槽。

(3) 注意门压线拼角处拼接平整，过渡顺畅。

4. 门扇与五金安装：

(1) 开箱检查门扇质量：规格尺寸、外观形状、表面质量、开启方向、五金安装孔位等。

(2) 合页安装：将门扇与门套可靠地连接起来，并使门扇开闭自如，功能正常，合页螺丝安装齐全。

(3) 门扇安装后门扇与门套侧框，顶框与地面间的留缝值应符合设计要求或规范规定，门扇关闭后与门套的位差度应符合设计要求或规范规定，门扇的弯曲变形等应符合规范规定。

(4) 门锁安装应美观、牢固，钥匙开启和反锁功能正常，屋内反锁与保险功能正常，开闭灵活，门扇无风动。

(5) 木质门小五金安装要求：小五金应安装齐全，位置适宜，固定可靠。小五金应用木螺丝固定，不得用钉子代替。门吸应安装牢固，开启后能自然吸合严密。

(6) 木门合页的安装要求应符合表 1 要求。

木门合页安装要求 表 1

门扇高度	合页安装数量	上合页与门扇顶边距离	下合页与门扇底边距离	备注
<2000mm	2 只	18mm	200mm	
2001～2400mm	3 只	18mm	200mm	中合页与上合页净距 200mm
2401～3000mm	≥4 只	18mm	200mm	上下合页间距离平分
>3001mm	≥5 只	18mm	200mm	上下合页间距离平分

三、质量控制要点

1. 门窗套制作与安装所使用材料的材质、规格、纹理和颜色、木材的阻燃性能等级和含水率、人造木板的甲醛含量应符合设计要求及国家现行标准的有关规定。

2. 门窗套的造型、尺寸和固定方法应符合设计要求，安装应牢固。

3. 门窗套表面应平整、洁净、线条顺直、接缝严密、色泽一致，不得有裂缝、翘曲及损坏。

四、允许偏差和检验方法

1. 木门套（框）制作的允许偏差和检验方法见表 2。

木门套（框）制作允许偏差 表 2

项 目 名 称	允许偏差（mm）		检 验 方 法
	高级	普通	
翘曲	2	3	平放在检查平台，用塞尺检查
对角线长度差	2	3	钢直尺量裁口里角

项 目 名 称	允许偏差（mm）		检 验 方 法
	高级	普通	
高度	0～1	0～1.5	钢直尺量裁口里角
门套顶、侧板宽度及厚度	±0.5	±1	钢直尺或千分尺
门扇安装裁口（宽度和深度）	±0.5	±1	钢直尺或千分尺
门压线安装插槽宽度、深度 （相对于插条厚度、宽度）	宽度：+1 深度：+5	宽度：+1 深度：+5	钢直尺或千分尺
门缝条安装槽宽度、深度	宽度：-0.5 深度：+2	宽度：-0.5 深度：+2	钢直尺或千分尺
拼角锯裁角度	±1°	±2°	角规
合页、锁具安装位置	±1	±1	用钢尺检查

2. 木门（套）装饰单板拼贴检验。

（1）各种装饰单板的拼贴应严密、平整，无胶迹、无透胶、无皱纹、无压痕、无裂痕、无鼓泡、无脱胶。

（2）装饰单板（薄木）贴面外观的允许缺陷限值应符合表3要求。

装饰单板（薄木）贴面外观允许缺陷限值　　　　　　表3

缺陷名称	缺陷范围	允许限值		
		门套（框）	门扇	
			高级	普通
麻点	直径1mm以下（距离300mm）	不限	2个/m²	3个/m²
麻面	均匀颗粒，手感不刮手	不限		
划伤	宽度≤0.5mm，深度不划破单板，长100mm（经处理后外观无明显痕迹）	3条/m²	1条/m²	2条/m²
压痕	凹陷深度≤1.5mm、宽2mm以下，不集中，单板未断裂	5个/m²	2个/m²	3个/m²
浮贴	粘贴不牢	不允许		
褶皱	饰面重叠	不允许		
缺皮	面积不超过5mm²	5个/m²	3个/m²	不允许
翘皮	凸起不超过2mm	5个/m²	3个/m²	不允许
亮影、暗痕	面积不超过50mm²	5处/m²	2处/m²	3处/m²
离缝	拼接缝隙	≤0.5mm	≤0.2mm（高级） ≤0.5mm（普通）	≤0.2mm（高级） ≤0.5mm（普通）

3. 木门（套）安装留缝限值、允许偏差和检查方法应符合表4要求。

木门（套）安装留缝限值、允许偏差和检查方法   表4

项次	项　目		留缝限值		允许偏差		检验方法
			高级	普通	高级	普通	
1	门槽口对角线长度差		—	—	2	3	用钢尺检查
2	门套（框）正、侧面垂直度		—	—	1	2	1m垂直检测尺检查
3	框与扇、扇与扇接缝高低差		—	—	1	2	钢直尺、塞尺检查
4	双开（子母）门扇对口缝		1.5～2	1.5～2.5	—	—	用塞尺检查
5	门扇与上框间留缝		1.0～1.5	1.5～2	—	—	用塞尺检查
6	门扇与侧框间留缝		1.0～1.5	1.0～2.5	—	—	用塞尺检查
7	门扇与下框间留缝		3～4	3～5	—	—	用塞尺检查
8	双层门内外框间距		—	—	3	4	用钢尺检查
9	无下框时门扇与地面间留缝	外门	5～6	4～7	—	—	用钢直尺检查
		内门	6～7	5～8	—	—	用钢直尺检查
		卫生间门	8～10	8～12	—	—	用钢直尺检查
10	门套顶板（框）水平度		1.0	1.5	—	—	水平检测尺

技术负责人		交底人		接受交底人		交底日期	

注：本记录一式两份，一份交接受交底人，一份存档。

2. 窗帘盒安装技术交底（表10-12）

窗帘盒安装技术交底记录 表10-12

工程名称	×××室内装饰工程	施工单位	×××装饰工程有限公司
交底部位	窗帘盒安装	工序名称	细部工程

交底提要：窗帘盒安装施工

交底内容：

一、施工准备

（一）技术准备

1. 装饰装修工程的施工图纸必须经建设主管部门审批通过。

2. 墙面粉刷结束，基层表面干燥。

3. 熟悉本工序的作业范围、基层处理要求等具体做法要求。

（二）材料要求

1. 窗帘盒材质、规格、品种应符合设计图纸要求，按规范要求做好防腐、防火和处理。

2. 木材含水率不大于8%，甲醛含量等指标应满足现行相关施工及验收规范和技术规程的要求。

（三）主要机具

冲击钻、手提电锯、手电钻、电（气）动改锥、橡胶锤、发泡胶枪、砂纸等。

（四）作业条件

1. 按设计图纸要求复核门窗洞口墙体厚度、高度、宽度、垂直度、阴阳角方正，检验合格。

2. 涂料底涂作业完成，仅留最后一遍面层涂料，待门窗套安装完成后涂刷。

二、施工工艺

（一）施工流程

定位放线→安装木基层→窗帘盒安装→窗帘轨安装→成品保护。

（二）操作要点

1. 定位放线：根据墙上1m标高控制线，测量出窗帘盒的底标高和顶面标高并弹线。将窗帘盒的平面规格投影到顶棚上，对于落地窗帘盒还应根据断面造型尺寸把断面投影到两侧墙面上；根据投影弹出窗帘盒的中心线及固定窗帘盒的位置线。

2. 木基层施工：沿中心线检查墙面预埋件，如缺失应补木楔，固定窗帘盒的埋件（或木楔）中距按窗帘轨层数而定，一般为400~600mm，然后钉木基层板；落地窗帘盒应沿中心线在天棚上钻孔钉入木楔（或安装时直接用膨胀螺栓固定），间隔不大于500mm。木楔和木基层板均应做防潮、防火、防蛀处理。

3. 组装和固定窗帘盒：根据图纸定位线组装，常用固定方法是用膨胀螺栓和木楔配木螺钉固定法。如明装成品窗帘盒过长过重，需用角铁加设支撑固定牢靠，窗帘盒构造固定分明装窗帘盒和暗藏窗帘盒。按位置线将窗帘盒就位，通过固定孔将窗帘盒用膨胀螺栓或木螺钉固定于墙面即可。

4. 窗帘轨安装：

（1）有预装法和后装法两种，当窗宽大于1.2m时，窗帘轨中间应断开，断开处应相互错开，错开搭接长度不少于200mm。

（2）若采用电动窗帘轨，应严格按产品说明书组装调试。

5. 成品保护：窗帘盒运到现场未安装前，应放入工地仓库妥善保管；安装后，禁止吊挂物件或搁置脚手板等。

三、质量控制要点

1. 材料进场应提供产品合格证书、性能检测报告、进场验收记录，并按规定对有关材料进行复验，合格后才能使用。

2. 施工作业人员应经技术培训，达到一定的技术等级，有丰富的实践经验。

3. 预埋件（或后置埋件）与窗帘连接点等基层，必须通过隐蔽工程验收，符合要求后才能进行面层施工。

4. 细部工程的半成品加工前应对现场实测实量，结合设计尺寸，进行电脑排版、放样和编号；半成品入场后要对现场尺寸复测、对号，符合设计要求后才能安装。

5. 编制针对性的实施方案，做好针对性的技术、质量、安全交底，搞好施工过程的协调和施工过程的质量检查。

四、允许偏差和检验方法见表1

窗帘盒安装允许偏差   表1

项次	项　　目	允许偏差（mm）	检验方法
1	上口、下口直线度	3	拉5m线，不足5m拉通线，用钢直尺检查
2	水平度	2	用水平尺和塞尺检查
3	两端距窗洞口长度差	2	用钢直尺检查
4	两端出墙厚度差	3	用钢直尺检查

技术负责人		交底人		接受交底人		交底日期	

注：本记录一式两份，一份交接受交底人，一份存档。

3. 固定柜橱安装技术交底（表10-13）

固定柜橱安装技术交底记录　　　　　　　　　　　　　　　　　表10-13

工程名称	×××室内装饰工程	施工单位	×××装饰工程有限公司
交底部位	柜橱安装	工序名称	细部工程

交底提要：柜橱制作安装施工

交底内容：

一、施工准备

（一）技术准备

1. 装饰装修工程的施工图纸必须经建设主管部门审批通过。

2. 墙面粉刷结束，基层表面干燥。

3. 熟悉本工序的作业范围、基层处理要求等具体做法要求。

（二）材料要求

1. 柜橱材质、规格、品种应符合设计图纸要求，按规范要求做好防腐、防火和处理。

2. 木材含水率不大于8%，甲醛含量等指标应满足现行相关施工及验收规范和技术规程的要求。

（三）主要机具

冲击钻、手提电锯、手电钻、电（气）动改锥、橡胶锤、发泡胶枪、砂纸等。

（四）作业条件

1. 按设计图纸要求复核柜橱所在位置高度、宽度、垂直度、阴阳角方正，检验合格。

2. 涂料底涂作业完成，仅留最后一遍面层涂料，待柜橱安装完成后涂刷。

二、施工工艺

（一）施工流程

定位放线→安装柜体木基层→柜橱组装→饰面安装→柜门安装→成品保护。

（二）操作要点

1. 定位放线：根据墙上1m标高控制线，测量出窗帘盒的底面标高和顶面标高并弹线。将柜橱的平面规格投影到地面上，对于造型柜橱，还应根据其断面造型尺寸把断面投影到两侧墙面上；根据投影弹出柜橱的中心线及固定柜橱的位置线。

2. 木基层施工：根据柜橱的几何尺寸和拼装方式，确定柜体的下料尺寸，沿中心线检查墙面预埋件，如缺失应增补木楔，固定柜橱的埋件（或木楔）中距按柜橱高度和宽度而定，一般为400～600mm，然后钉木基层板木楔和木基层板均应做防潮、防火、防蛀处理。

3. 柜橱组装：根据图纸定位线组装，常用固定方法是用膨胀螺栓和木楔配木螺钉固定法。如柜橱过长，需加设固定点牢靠，将柜橱按位置线将窗帘盒就位，通过固定孔将柜橱用膨胀螺栓或木螺钉固定于墙面即可。

4. 饰面安装：

（1）现场粘贴木饰面板，需根据具体尺寸裁切，用环保胶水粘贴牢固。

（2）若采用在工厂预制加工好的成品木饰面柜，运送现场后直接拼装、固定即可。

5. 柜橱门安装必须牢固，开启灵活。

6. 成品保护：柜橱安装后，不得在柜橱内放置油漆等易污染的材料，柜门应做好遮盖，防止刮伤。

三、质量控制要点

1. 材料进场应提供产品合格证书、性能检测报告、进场验收记录，并按规定对有关材料进行复验，合格后才能使用。

2. 施工作业人员应经技术培训，达到一定的技术等级，有丰富的实践经验。

3. 预埋件（或后置埋件）与窗帘连接点等基层，必须通过隐蔽工程验收，符合要求后才能进行面层施工。

4. 细部工程的半成品加工前应对现场实测实量，结合设计尺寸，进行电脑排版、放样和编号；半成品入场后要对现场尺寸复测、对号，符合设计要求后才能安装。

5. 编制针对性的实施方案，做好针对性的技术、质量、安全交底，搞好施工过程的协调和施工过程的质量检查。

四、允许偏差和检验方法见表1

固定柜橱安装允许偏差 表1

项次	项　　目	允许偏差（mm）	检验方法
1	柜橱宽度、高度、深度	3	用钢卷尺检查
2	柜体表面平整度	2	用水平尺和塞尺检查
3	柜体对角线长度差	2	用钢卷尺检查
4	搁板两端高度差	1	用钢直尺检查

技术负责人		交底人		接受交底人		交底日期	

注：本记录一式两份，一份交接受交底人，一份存档。

4. 护栏、扶手安装技术交底

以玻璃护栏为例，见表10-14。

护栏、扶手安装技术交底记录 表10-14

工程名称	×××室内装饰工程	施工单位	×××装饰工程有限公司
交底部位	玻璃护栏及扶手	工序名称	细部工程

交底提要：玻璃护栏及扶手安装

交底内容：

一、施工准备

（一）技术准备

1. 装饰装修工程的施工图纸必须经建设主管部门审批通过。

2. 护栏周边结构结束，基层表面干燥。

3. 熟悉本工序的作业范围、基层处理要求等具体做法要求。

（二）材料要求

玻璃护栏由玻璃和不锈钢、铜或其他型材扶手共同组成。玻璃的主要技术性能、外观质量、尺寸允许偏差，应符合国家有关规范规定，不承受水平荷载的栏板玻璃应使用符合《建筑玻璃应用技术规程》JGJ 113 的规定，且公称厚度不小于5mm 的钢化玻璃，或公称厚度不小于6.38mm 的夹层玻璃；承受水平荷载的栏板玻璃应使用符合《建筑玻璃应用技术规程》JGJ 113 规定，且公称厚度不小于12mm 的钢化玻璃或公称厚度不小于16.76mm 的钢化夹层玻璃。当栏板玻璃最低点离一侧楼地面高度在3m 或 3m 以上、5m 或 5m 以下时，应使用公称厚度不小于16.76mm 钢化玻璃；当栏板玻璃最低点离一侧楼地面高度大于5m 时，不得使用承受水平荷载的栏板玻璃。对玻璃护栏的每一个部件和连接节点都应经设计计算，相关锚固件应做锚栓试验，符合要求后方可使用。

（三）主要机具

冲击钻、砂轮切割机、手电钻、螺丝批、橡胶锤、打胶枪等。

（四）作业条件

1. 按设计图纸要求复核栏杆所在位置的基层结构完成情况，检验应合格。

2. 下部混凝土坎台浇筑完成，预埋件留设准确。

二、施工工艺

（一）施工流程

现场实测→深化设计、电脑排版→基层处理→定位放线→栏板及扶手安装→验收。

（二）操作要点

1. 现场实测：对楼梯的三维尺寸全面实测，搞清楼梯各部分结构件的实际尺寸。

2. 深化设计：根据实测数据对照设计尺寸，对装饰面材料进行深化设计和电脑排版及翻样，经设计师确认"小样"后定样加工；并绘制施工放样图。

3. 基层处理：根据设计师确认的深化设计，对基层找平处理，消除土建施工误差，使基层平整牢固。

4. 定位放线：应根据施工放样图放样，由于钢化玻璃加工后不能再裁切，所以各段立柱安装尺寸必须准确。

5. 栏板、扶手安装：

（1）安装前，应对进场构件检查，确认几何尺寸正确和原材料质量合格。

（2）安装时，应上、下口拉通线找平，保持玻璃垂直。

（3）玻璃预先钻孔位置必须十分准确，固定螺栓与玻璃留孔之间要用胶垫圈或毡垫圈隔开，玻璃槽口下部要有氯丁橡胶垫块，玻璃与边框、玻璃与玻璃之间要有空隙，以适应玻璃热胀冷缩变化。

（4）扶手应按设计图纸要求选用，扶手安装应与结构可靠固定，并能有效抵抗水平拉力和冲击荷载。

（5）玻璃周边要磨平，外露部分倒角磨光。护栏和扶手转角弧度符合设计要求，接缝严密，表面光滑，色泽应一致。

6. 成品保护：栏板和扶手施工过程中和完工后，要有适当围护并设置醒目警示标记，防止成品受损。

三、质量控制要点

1. 材料进场应提供产品合格证书、性能检测报告、进场验收记录，并按规定对有关材料进行复验，合格后才能使用。

2. 栏杆应坚固、耐久，并能承受荷载规范规定的水平荷载。

3. 临空高度在24m以下时，栏杆高度不应低于1.05m，临空高度在24m及24m以上（包括中高层住宅）时，栏杆高度不应低于1.1m；栏杆高度应从楼地面或屋面至栏杆扶手顶面垂直高度计算，如底部有宽度大于或等于0.22m，且高度低于或等于0.45m的可踏部位——应从可踏部位顶面起计算。

4. 栏杆离楼面或屋面0.10m高度内不宜留空。

5. 住宅、托儿所、幼儿园、中小学及少年儿童专用活动场所的栏杆必须采用防止攀登的构造，凡允许少年儿童进入活动的场所，当采用垂直杆件做栏杆时，其杆件净距不应大于0.11m。

四、允许偏差和检验方法见表1

护栏、扶手安装允许偏差　　　　　　　　　　表1

项次	项　　目	允许偏差（mm）	检验方法
1	扶手直线度	4	用1m垂直检测尺检查
2	栏杆间距	0，－6	用钢尺检查
3	护栏垂直度	3	拉通线，用钢直尺检查
4	扶手高度	＋6，0	用钢尺检查

技术负责人		交底人		接受交底人		交底日期	

注：本记录一式两份，一份交接受交底人，一份存档。

5. 花饰安装技术交底

以装饰花格为例，见表10-15。

花饰安装技术交底记录 表10-15

工程名称	×××室内装饰工程	施工单位	×××装饰工程有限公司
交底部位	装饰花格	工序名称	细部工程

交底提要：装饰花格安装

交底内容：

一、施工准备

（一）技术准备

1. 装饰装修工程的施工图纸必须经建设主管部门审批通过。

2. 花格周边基层结构施工结束，基层表面干燥。

3. 熟悉本工序的作业范围、基层处理要求等具体做法要求。

（二）材料要求

按设计图纸要求加工或选用花格，金属花格材质硬、耐腐蚀、耐磨、耐老化、制作方便，表面可饰性、可选性强。室内装饰木花格最为常用，可饰性强，但木花格要求节疤少、无虫蛀、无腐蚀、无翘曲、无开裂，毛料尺寸应比净料尺寸大5mm左右，含水率低于12%。

（三）主要机具

冲击钻、手提电锯、手电钻、螺丝批、橡胶锤、打胶枪等。

（四）作业条件

1. 按设计图纸要求复核花格所在位置的基层结构完成情况，检验应合格。

2. 花格周边涂饰结束，确保后道工序施工不会对花格产生污损。

二、施工工艺

（一）施工流程

材料准备→初始测量→深化设计→基层处理→测量放线→拼装→安装→验收。

（二）操作要点

1. 材料准备：材料准备需要注意：木花格制作方便，可饰性强；木花格宜选用硬木或杉木制作，要求节疤少、无虫蛀、无腐蚀、无翘曲、无开裂，毛料尺寸应比净料尺寸大5mm左右，含水率低于12%。

铝花格材质硬、耐腐蚀、耐磨、耐老化、制作方便，可饰性可选性强，常用规格0.6～1.2mm厚的铝型板材制作而成。

2. 初始测量：对现场实测实量，掌握花格所在位置的实际三维尺寸。

3. 深化设计：对设计图纸认真审阅，结合现场实测实量数据，进行电脑排版和深化，提供深化下单图，经设计师确认"小样"后定样加工。

4. 基层处理：根据初始实测位置，检查预埋件位置及数量，对偏位或缺失的及时补正；要求基层平整、牢固。

5. 测量放线：精确测量花格的三维位置，并在基层上弹线。

6. 拼装：小型花格到现场后无须拼装，可直接按要求安装；对于需要现场拼装的花格，应在平整的场地上按拼装图进行拼装，木花格的拼装应以榫接为主，连接部位榫头、榫眼、榫槽，尺寸应准确，使拼装后缝隙严密。

7. 安装：

（1）木花格一般安装在木基层（预埋木块、木楔或木基层板）上，采用钉接法或采用先粘贴、再用钉接固定的方法。安装前要认真校对设计图、深化下单图和拼装图，使安装位置正确、牢固。

（2）铝花格的安装一般采用螺丝和螺栓与边框及预埋件连接，局部用电焊与铝花格的铁脚点焊（但要注意不得烧伤铝方格及损伤表面的花纹图案）。

8. 成品保护：半成品、成品要防晒，防潮和防火；半成品未涂饰前，保持表面洁净；安装后的花格表面应洁净，宜用塑料薄膜遮护。

三、质量控制要点

1. 材料进场应提供产品合格证书、性能检测报告、进场验收记录，并按规定对有关材料进行复验，合格后才能使用。

2. 施工作业人员应经技术培训，达到一定的技术等级，有丰富的实践经验。

3. 预埋件（或后置埋件）、护栏与埋件的连接点等细部工程的基层，必须通过隐蔽工程验收，符合要求后才能进行面层施工。

4. 细部工程的半成品加工前应对现场实测实量，结合设计尺寸，进行电脑排版、放样和编号；半成品入场后要对现场尺寸复测、对号，符合设计要求后才能安装。

5. 编制针对性的实施方案，做好针对性的技术、质量、安全交底，搞好施工过程的协调和施工过程的质量检查。

6. 花格安装应完整，表面平整、牢固，无翘曲、变形。

四、允许偏差和检验方法见表1

花饰安装允许偏差 表1

项次	项　目	允许偏差（mm）	检验方法
1	花格垂直度	1	用1m垂直检测尺检查
2	花格表面平整	1	用钢尺检查

技术负责人		交底人		接受交底人		交底日期	

注：本记录一式两份，一份交接受交底人，一份存档。

10.6 编写小型雨篷、幕墙工程施工技术交底文件

具体交底记录见表 10-16。

小型雨篷、幕墙工程技术交底记录

表 10-16

工程名称	×××幕墙装饰工程	施工单位	×××装饰工程有限公司
交底部位	幕墙装饰工程	工序名称	幕墙工程

交底提要：幕墙装饰工程施工要点

交底内容：

　　本技术交底适用于一般民用建筑柜式玻璃幕墙安装工程（即主要承重骨架为垂直向的主龙骨和水平向的次龙骨，中间嵌入玻璃幕墙的构造形式）。

　　1. 材料要求

　　（1）空腹式铝合金竖向主龙骨及水平次龙骨：均按设计要求的规格、型号、尺寸加工成型后运至现场。必须有出厂合格证及必要的试验记录，加工精度及表面镀层均要符合设计规定，要求平直规方、无翘曲、无刮痕。

　　（2）玻璃：一般均为带色（茶色、黑色、蓝色）的采光中空玻璃及单层非采光玻璃，进场时要进行检查验收。要有出厂合格证和必要的试验记录，表面镀膜（单层或双层玻璃的一侧均镀有金属膜）不允许有划痕和脱落，进场后存放在铁制箱内或专用棚架上。

　　（3）橡胶条、橡胶垫：须有老化试验的出厂证明，尺寸正确，符合设计规定，无断裂现象。

　　（4）铝合金装饰压条：必须颜色一致，无扭曲、损伤。

　　（5）连接主龙骨的紧固铁件，主龙骨与次龙骨之间的连接件：主龙骨与主龙骨、主龙骨与次龙骨接头的内外套管（或连接件）等均要进行镀锌处理，材质及规格尺寸要符合设计要求。时场后分类存放。

　　（6）螺栓、螺帽、钢钉全部为不锈钢钢材，进场时要有出厂证明，并拆箱抽检。

　　（7）密封胶：有出厂合格证，粘结及防水性能应符合设计要求。

　　（8）防火、保温材（矿棉或岩棉）：导热系数及厚度要符合设计要求。以上所有材料进场后，均要分规格存放妥当，不得雨淋暴晒。

　　2. 主要机具

　　塔式起重机、外用电梯、电动吊篮、电动真空吸盘（吸玻璃专用设备）、三爪手动吸盘（抬运玻璃的工具）、焊钉枪、电动改锥、手枪钻、梅花扳手、活动扳手、经纬仪（或激光经纬仪）、水准仪、钢卷尺、铁水平尺、钢板尺、钢角尺、电焊机。

　　3. 作业条件

　　（1）混凝土主体结构已完工并办完质量验收手续。

　　（2）预先进行完测量放线。

　　1）选任意层为基准层放出纵、横轴线，用经纬仪（或激光经纬仪）依次定出各层的轴线。在楼板边缘弹出竖向主龙骨的中心线，同时核对预埋件中心线与主龙骨中心线是否相符。测量主龙骨之间尺寸与幕墙之间尺寸是否一致。

　　2）根据横向轴线找出主龙骨与各层埋件连接的紧固铁件外边线，便于紧固铁件的安装。

　　3）核实主体结构实际总标高是否与设计总标高相符，并把各层的楼层标高标于楼板边，以便安装时核对。

（3）连接主龙骨的预埋铁件预先剔凿，使其露出混凝土面，弹线后如标高和位置超出允许偏差值时，必须按设计洽商进行处理。

（4）安装好电动吊篮（或外架子），供操作人员安玻璃和安装饰压条时使用，吊篮安装完后要进行各项安全保护装置的运转试验。

（5）吸盘设备、手电钻、焊钉枪等电动机具须做绝缘电压试验。电动吸盘机及手持玻璃吸盘须进行检查吸附玻璃的重量和吸附持续时间是否符合说明书规定。

（6）主龙骨、次龙骨及所需的各种连接件、装饰压条、螺栓、橡胶条等部件，预先清点分类码放到指定地点，设专人看管存放。

4. 操作工艺

工艺流程：各楼层安装紧固铁件→横竖龙骨装配→安装竖向主龙骨→安装横向次龙骨→安装镀锌钢板→安装保温、防火矿棉→安双层玻璃→安盖板及装饰压条→安装楼层封闭镀锌钢板→清洗玻璃。

（1）安装各楼层紧固铁件：主体结构施工时埋件预留形式及紧固铁件与埋件连接方法均要按设计图纸进行操作。

紧固铁件（或凸形铁件）的安装是玻璃幕墙安装过程最重要的一环，它的位置准确与否将直接影响幕墙的安装质量。安装时按已放好的件的纵、横两方向中心线进行对正，初步就位后将螺栓初紧固，再进行校正核对，准确后螺栓最后紧固，然后进行紧固件（或凸形铁件）与埋件焊接，焊缝质量应符合设计要求。各层紧固件（或凸形铁件）外皮均在一条垂直线上。

（2）竖向、横向龙骨装配：在龙骨安装就位之前，预先装配好以上连接件。

1）竖向主龙骨与紧固铁件之间的连接件。

2）竖向主龙骨之间接头的钢板内、外套筒连接件。

3）横向次龙骨的连接件。

4）主龙骨与次龙骨之间连接配件。

各结点的连接件的连接方法要符合设计图纸要求，连接必须牢固、横平竖直。

（3）竖向主龙骨连接：主龙骨由下往上安装，一般每两层为一整根，每层通过紧固铁件（或凸形铁件）与楼板连接。

1）先将主龙骨竖起，上下两端的连接件对准紧固铁件（或凸形铁件）的螺栓孔，勿拧螺栓。

2）主龙骨可通过紧固铁件（或凸形铁件）和连接件的长螺栓孔上、下、左、右进行调整，主龙骨上端对好楼层标高位置，左右中心线应与弹在楼板上的位置线相吻合，前后（即E轴方向）不出控制线，确保上下垂直。

3）再用经纬仪校核后最后拧紧螺母把所有联结螺栓、螺母、垫圈焊牢。

4）竖向龙骨之间用钢板内、外套连接，接头处应留适当宽度的伸缩孔隙，具体尺寸根据设计要求，接头处的上下龙骨中心线要对正。

5）安装到最顶层之后，再用经纬仪校正一次，检查无误后，把所有竖向龙骨与结构联接的螺丝拧紧。焊缝重新加焊至设计要求，焊缝处清理检查符合要求后刷两道防锈漆。

（4）横向次龙骨安装：安好一层竖向龙骨之后可流水作业安横向龙骨。

1）安装前将次龙骨两端套上防水橡胶垫。

2）用木支撑将竖向主龙骨撑开，再装入横向次龙骨，取掉木支撑后两端橡胶垫被压缩，起到较好防水效果。

3）大致水平后初拧连接件螺栓，然后用水准仪抄平，横向龙骨水平后，拧紧螺栓。

4）继续往上安横向形骨时，要严格控制各横向形骨之间的中心距离及上下垂直度，同时要核对玻璃尺寸能否镶嵌合适。

（5）安装镀锌钢板：凡是单层玻璃的部位，内面均要安装镀锌钢板。为使钢板与龙骨的接缝严密，先将橡胶密封条套在钢板四周后，将钢板插入横向龙骨铝合金槽内，在钢板与龙骨的接缝处再粘贴沥青密封带并应敷贴平整。最后在钢板上焊钢钉，要焊牢固，钉距及规格要符合设计要求。

（6）安装保温、防火矿棉：镀锌钢板安完之后安装保温、防火矿棉。

1）将矿棉保温层用粘结剂粘在钢板上，用已焊的钢钉及不锈钢片固定保温层，矿棉应铺放平整，拼接处不留缝隙。

2）安装冷凝水管及排水管体系，具体方法符合设计要求。

（7）单层玻璃安装：单、双层玻璃均由上向下，并从一个方向起连续安装。预先将单、双玻璃由外用电梯运至各楼层的指定地点立放，并派专人看管。

1）先将铝合金龙骨框内清理干净，安装镶嵌卡条及单层玻璃密封条。

2）人站在外电动吊篮内，用三爪手动吸盘器吸住玻璃并抬入龙骨内（注意先把玻璃表面尘土、污物擦拭干净，防止吸盘漏气）同时要观察玻璃的反光镀膜，不要安反。

3）玻璃四边入框深度要一致，并要有空隙，要平整，然后固定玻璃。

4）注胶及贴内侧橡胶密封条，要镶嵌平整，按设计要求位置断开。

（8）双层玻璃安装：

1）清理框内污物，将内侧橡胶条嵌入龙骨框格槽内并封闭不留缺口，注意橡胶条型号要相符，镶嵌要平整，四角应呈直角。

2）为避免玻璃与龙骨直接接触，在龙骨框格中的底框及两侧各嵌两个橡胶垫片。

3）安装时用电动吸盘机操作，该机放置在室内楼板上，机器附有真空泵及液压装置，有8个吸盘，与机械配合可吸起玻璃，做回转、伸缩、升降、倾斜等动作。

4）先将玻璃表面灰尘、污物擦拭干净，注意要正确判断内、外面。

5）操作电动吸盘机吸起玻璃斜撑出窗外，再往回拉对正后压落在龙骨框槽内，上、下、左、右嵌入深度要一致。

6）将两侧橡胶垫片塞于竖向龙骨的孔内，然后固定玻璃，安密封条并镶嵌平整、密实。

（9）安装盖板及装饰压条：

1）单、双层玻璃安装完之后即可安装盖板，连接方法符合设计要求，然后在盖板外面镶嵌橡胶密封条，要求平整，严密。

2）盖板外面安装饰压条，外形及连接方法符合设计要求、横平、竖直、接缝严密。

（10）安装楼层镀锌钢板：各楼层与幕墙之间的空隙用镀锌钢板封闭，为防止噪声和满足防水要求，要用防火材料堵塞、密封。具体做法要符合设计要求。

（11）擦洗玻璃：全部安装完之后，在竣工前利用擦洗机（或其他吊具）将幕墙玻璃擦洗一遍，达到表面洁净，明亮。

5. 质量标准

（1）保证项目

1）铝合金龙骨的材质、规格、断面尺寸必须符合设计要求和有关标准规定，并附有出厂证明书。

2）主、次龙骨及其附件制作质量要符合设计图纸要求和有关标准规定，并附有出厂合格证和产品验收凭证。

3）所有铝合金构件安装必须牢固，其位置及连接方法必须符合设计要求。

4）单、双层玻璃裁割尺寸正确，安装平整、牢固、无松动现象。

（2）基本项目

1）铝合金构件表面洁净，无划痕、碰伤、无锈蚀。

2）所有外露的金属件，从任何角度看均应表面平整、横平竖直，不应有变形。螺钉与构件结合紧密，表面不得有凹凸现象。

3）玻璃的颜色、图案符合设计要求，表面洁净、无斑污，安装朝向正确。

4）玻璃的密封条镶嵌平整严密，密封胶应密封均匀一致，表面平整光滑不得有胶痕。

（3）允许偏差项目

见表1。

表1

玻璃幕墙安装允许偏差

项次	项　目		允许偏差（mm）	检查方法
1	幕墙垂直度	幕墙高度≤30m	10	用经纬仪检查
		30m＜幕墙高度≤60m	15	
		60m＜幕墙高度≤90m	20	
		幕墙高度＞90m	25	
2	幕墙水平度	幕墙幅宽≤35m	5	用水平仪检查
		幕墙幅宽＞35m	7	
3	构件直线度		2	用2m靠尺和塞尺检查
4	构件水平度	构件长度≤2m	2	用水准仪检查
		构件长度＞2m	3	
5	相邻构件错位		1	用钢直尺检查
6	分格框对角线长度差	对角线长度≤2m	3	用钢尺检查
		对角线长度＞2m	4	

6. 成品保护

（1）铝合金框料及各种附件，进场后分规格，分类码放在防雨的专用棚内，不得在上压放重物，运料时轻拿轻放防止碰坏划伤。玻璃要分规格立于木方上，设专人看管发放和运输，防止碰坏和划伤表面镀膜。

（2）安龙骨时外吊篮升降要设专人负责，停留在楼层上时要临时固定在楼层，防止吊篮碰撞龙骨。安玻璃时，吊篮的钢管端头加垫泡沫垫，收工前将吊篮降到还没安玻璃的楼层上拉牢，防止撞破玻璃。

（3）玻璃幕墙安装完后，为防止人员靠近，在楼层上距幕墙的一定距离处，挂安全网，并派专人巡视。

（4）靠近玻璃幕墙的各道工序，在施工操作前对玻璃做好临时保护，可用纤维板遮挡。

7. 应注意的质量问题

（1）玻璃安装不上：安装竖向、横向龙骨时未认真核对中心线和垂直度，也未核对玻璃尺寸，因此在安装竖、横龙骨时必须严格控制垂直度及中心线位置。

（2）装饰压条不垂直不水平：安装装饰压条时应吊线和拉水平线进行控制，安完后应横平、竖直。

（3）玻璃出现严重"影像畸变"现象：造成原因是：玻璃本身翘曲、橡胶条安装不平、玻璃镀膜层的一侧沾染胶泥等。因此玻璃进场时要进行开箱抽查，安装前发现有翘曲现象应剔出不用。安装过程中各道工序严格操作，密封条镶嵌平整，打胶后将表面擦拭干净。

（4）铝合金构件表面污染严重：主要是在运输安装过程中，过早撕掉表面保护膜，或打胶时污染面层。

（5）玻璃幕墙渗水：由于玻璃四周的橡胶条嵌塞不严或接口有缝隙而造成雨水渗入，到冬季积水可能结冰后膨胀造成整块玻璃被挤压碎，因此安橡胶条时胶条规格要匹配，尺寸不得过大或过小，嵌塞要平整密实，接口处一定要用密封胶充填实，达到不漏水为准。

技术负责人		交底人		接受交底人		交底日期	

注：本记录一式两份，一份交接受交底人，一份存档。

第11章 测量仪器

11.1 经纬仪、水准仪的基本性能与注意事项

1. 激光经纬仪

（1）基本性能

激光经纬仪在光学经纬仪上引入半导体激光，通过望远镜发射过来。激光束于望远镜照准轴保持同轴、同焦。因此，除具有光学经纬仪的所有功能外，还有供一条可见的激光束，十分便于室外装饰工程立面放线。激光经纬仪望远镜可绕过支架作盘左盘右测量，保持了经纬仪的测角精度。也可向天顶方向垂直发射光束，作为一台激光垂准仪用。若配置弯管读数目镜，则可根据竖盘读数对垂直角进行测量。望远镜照准轴精细调成水平后，又可作激光水准仪用。若不使用激光，仪器仍可作光学经纬仪用。

（2）使用方法

1）架立三脚架。将三脚架架于测站上，调节架脚的长度，使得三脚架在放置仪器后，操作者的眼睛稍微高于望远镜视轴水平位置的高度，然后将三脚架上的旋手分别锁紧。

2）放置仪器。打开仪器箱，取出仪器放置脚架上，一只手扶住仪器，另一只手将中心螺钉旋入仪器基座的螺孔内，旋紧中心螺钉时不要放松，也不要过紧；同时关上仪器箱。

3）水平和直线度、角尺测量。

①水平测量：调整仪器底盘上水平泡至三面水平（水平泡居中）后，调整仪器上水平/垂直旋钮至垂直位置后，目视刻度盘里刻度精确在90°（此时激光束打出来的是一条水平线）后开始测量被测点的水平。

②直线度测量：仪器调整水平后，在被测物体两端测量并调出一条平行于两测量点的直线后根据现场情况，进行逐点测量；得出直线度数据。

③角尺测量：仪器在调整水平和对好两点的直线度后，调整仪器上的水平/垂直旋钮至水平位置后看激光刻度盘里面的此时的激光刻度数据，并且把它调整到一个整数（便于操作和记忆，如60°、65°、90°）后测量被测物体的相关数据（相对于对直线的两点）。

（3）仪器使用的注意事项

激光操作仪是一种精密光学仪器，正确合理的使用和保养对提高仪器的使用寿命、保持仪器的精度有很大作用；以下几点需特别注意：

1）仪器从箱中取出需小心，一手扶住照准部，一手握住三角基座，装箱时同取出时动作相同。仪器装上三脚架，锁紧螺栓要牢靠，以防仪器摔下。

2）操作仪时，动作要轻柔平稳，转动仪器锁紧机构不要用力过猛。

3）使用过程中应避免阳光直晒，以免影响观测精度，遇到下雨时，用伞遮住仪器，

以防仪器被雨淋坏。

4）仪器受潮后应将仪器进行干燥处理后再使用。

5）仪器表面清洁应用软毛刷轻轻刷出，如有水气或油污，可用干净的丝绸、脱脂棉或擦镜纸轻轻擦净，切莫用手触摸光学零件，以防发霉。

6）仪器长期不用时，要定期试用检查，并且要取出电池；箱体内要放适量干燥剂，干燥剂失效后要立即调换；箱子应放于干燥、清洁、通风良好的室内。

7）仪器应在 -10℃ ~45℃ 温度下使用。

2. 自动安平水准仪

（1）基本性能

AL132-C 自动安平水准仪主要用于国家二等水准测量，也可用于装饰工程抄平。平板测微器采用直接读数形式，直读 0.1mm，估读 0.01mm。可在 -25℃ ~45℃ 温度范围内使用。

（2）使用要点与注意事项

1）仪器使用前的准备工作

①调整好三脚架，使三脚架架头平面基本处于水平位置，其高度应使望远镜与观测者的眼睛基本一致。

②将仪器安置在三脚架架头上，并用中心螺旋手把将仪器可靠紧固。

③旋转脚螺旋，使圆头准器气泡居中。

④观察望远镜目镜，旋转目镜罩，使分划板刻划成像清晰。

⑤用仪器上的粗瞄准器瞄准标尺，旋转调焦手轮，使标尺成像清晰，这时眼睛作上、下、左、右的转动，目镜影像与分划板刻线应无任何相对位移，即无视差存在，然后旋转微动手轮，使标尺成像于视场中心。

⑥当需要进行角度测量或定位时，仪器务必设置在地面标点的中心上方，把垂球悬挂在三脚架的中心螺旋手把上，使垂球的尖与地面标点相距 20mm 左右，直到垂球对准地在面标点，即是定中心于一测点上。

2）仪器的读数

①高度读数

仪器瞄准标尺后，读数时读取水平十字丝在标尺所截的数值，因是正像望远镜，标尺数字在视场内是由下往上增大，读数时读取十字丝以下，最近的整厘米值，并由十字丝截住的厘米间隔估测到毫米。

②视距读数量测距离

量测距离时，视距丝读取上丝 A_1 值和下丝 A_2 值，两者读数差乘 100，即得仪器到标尺的水平距离 c，量测角度望远镜照准目标 A，在金属度盘上读数 a，然后转动仪器，使望远镜照准目标 B，在金属度盘上读数 b，则 A、B 两目标对仪器安置点的平角 $\omega = b - a$。

③测微器部

旋转测微手轮，使分划板水平横丝与水准标尺最近的厘米格值重合，读取标尺读数和测微器读数，两者相加即为所测值。上下读数方法相同。

11.2　红外投线仪的基本性能与注意事项

1. 基本性能

自动安平红外激光投线仪是一种新型的光机电一体化仪器，它采用半导体激光器，激光线清晰明亮。仪器小巧，使用方便。可广泛用于室内装饰，吊顶、门窗安装，隔断，管线铺设等建筑施工中。

仪器可产生五个激光平面（一个水平面和四个正交铅垂面，投射到墙上产生激光线）和一个激光下对点。两个垂直面在天顶相交产生一个天顶点。

仪器自动安平范围大，放在较为平整物体上，或装在脚架上调整至水泡居中即可。可转动仪器使激光束到达各个方向。微调仪器，能方便、精确地找准目标。自动报警功能可使仪器在倾斜超出安平范围时激光线闪烁，并报警。整平后迅速恢复出光。自动锁紧装置使仪器在关闭时自动锁紧，打开时自动松开。

2. 使用要点与注意事项

将 3 节 5 号碱性电池装入电池盒内，大致整平仪器。

打开开关，电源指示灯亮和水平激光线亮。按 H 键水平激光线熄灭。

按 V1 键，V11 垂直激光线和下对点亮。再按 V1 键，V11 和 V12 垂直激光线和下对点均亮。再按 V1 键，V11 和 V12 垂直激光线和下对点均熄灭。

按 V2 键，V21 垂直激光线和下对点亮。再按 V2 键，V21 和 V22 垂直激光线和下对点均亮。再按 V2 键，V21 和 V22 垂直激光线和下对点均熄灭。

如果仪器倾斜度超过 ±3°时，仪器报警，激光线闪烁。此时应调节基座脚螺旋，使圆水泡居中，这时激光线亮。

OUTDOOR 键控制激光线的调制。按 OUTDOOR 键打开调制，即可使用探测器在室外使用。再按即关闭调制。

如果面板电源指示灯闪烁，表明电池电压不足。此时，应更换新的电池。

11.3　经纬仪、水准仪室内外定位放线

建筑物的定位是根据设计条件，将建筑物的外轮廓墙的各轴线交点即角点测设到地面上，作为基础放线和细部放线的依据。由于条件不同，建筑物的定位方法也有所不同，常用的定位方法有：根据控制点定位；根据建筑基线或建筑方格网定位；根据与原有建（构）筑物或道路的关系定位。

建筑物的放线是根据已定位的外墙轴线交点桩，详细测设其各轴线交点的位置，并引测至适宜位置做好标记。然后据此用白灰撒出基坑（槽）开挖边界线。

当每层结构墙体施工到一定高度后，常用水准仪测设出本层墙面上的 +0.50m 水平标高线（50 线），作为室内施工及地面、顶棚、墙面装修的标高控制依据。也可以使用激光扫平仪在施工楼层提供一个可见到的激光水平或垂直面作为施工时的基准控制面。施测时，需用钢尺丈量出激光水平或垂直面与楼层标高位置或轴线之间的距离，然后以此距离即可以控制本楼层的施工。

11.4　经纬仪、水准仪放线复核

精装修工程施工测量放线以及复核都应使用精密仪器，精度一般为允许施工误差的1/2~1/3，室内垂直度精度应高于1/3000，在全高范围内应小于2mm，水平线每3m两端高差小于±1mm，同一条水准线（3~50m长）的标高允许误差为±2mm。具体要求如下：

（1）地面面层测量。在四周墙身与柱身上投测出500mm水平线，作为地面面层施工标高控制线。

（2）根据每层结构施工轴线放出各分隔墙线及门窗洞口的位置线，门窗洞口位置误差应小于2mm。

（3）吊顶施工测量。以1000mm线为依据，用钢尺量至吊顶设计标高，并在四周墙上弹出水平控制线。对于装饰物比较复杂的吊顶，应在顶板上弹出十字分格线，十字线应将顶板均匀分格，以此为依据向四周扩展等距方格网来控制装饰物的位置，同时按照吊顶工程的各项允许偏差进行控制。

（4）墙面装饰施工测量。内墙面装饰控制线，竖直线的精度不应低于1/3000，水平线精度每3m两端高差小于±1mm，同一条水平线的标高允许误差为±3mm。

（5）外幕墙施工测量。结构完工后，安装幕墙时，用铅垂线控制竖直龙骨的竖直度，幕墙分格轴线的测量放线应以主体结构的测量放线相配合，对其误差应在分段分块内控制、分配、消化，不使其积累。幕墙与主体连接的预埋件，应按设计要求埋设，其测量放线偏差高差不大于±3mm，埋件轴线左右与前后偏差不大于10mm。

（6）完成所有控制点的定位之后，根据设计图纸进行复核，确认无误后方可进行下步施工，并在施工过程中随时进行复查，减少施工粗差。

第12章 划分施工区段，确定施工工序

12.1 划分顶面、墙面、地面、门窗工程施工区段

吊顶工程：宜按幢号、楼层、部位、材质不同划分施工区段。

墙面工程：宜按幢号、楼层、部位、材质不同，按轴线所辖区域划分施工区段。

地面工程：宜按幢号、楼层、按不同的功能分区、不同材质的装修做法，按轴线所辖区域进行划分施工区段。

门窗工程：宜按幢号、楼层、按立面、按变形缝或轴线所辖区域进行施工区段划分。

12.2 确定顶、墙、地面、门窗、幕墙工程施工顺序

吊顶工程施工顺序：工作面移交（吊顶内工作全部完成，并经检验合格、隐蔽验收通过）→测量、弹线→吊筋制作、安装→边龙骨安装→主龙骨安装→副龙骨安装→吊顶面层安装。

墙面工程施工顺序：工作面移交→墙体基层内各种预埋管线安装完毕并验收合格（基层工作全部完成，并经检验合格、隐蔽验收通过）→测量、弹线→基层制作、安装→验收→面层安装。

地面工程施工顺序：工作面移交→构造层内各种预埋管线安装完毕并验收合格→基层处理→基层制作→面层施工→养护→成品保护。

门窗工程施工顺序：工作面移交→弹线、定位→门窗框安装→门窗扇安装→玻璃、五金安装。

幕墙工程施工顺序：工作面移交→测量、定位→预埋件安装→金属骨架安装→避雷装置连接→外保温施工→面层材料安装→嵌缝处理→验收。

12.3 控制交叉施工面的施工工序

立体交叉作业是指在施工过程中，实行上下左右、前后内外、多工种多工序相互穿插、紧密衔接，同时进行施工作业。这种施工方式充分利用了空间和时间，尽量减少以至完全消除施工中的停歇现象，从而加快了施工进度，降低了成本。

对于规模大、结构复杂、工序和专业繁多、工期紧的工程，实施立体交叉作业尤为必要和重要。

实行立体交叉作业的步骤：

（1）全面准确的分析工程全部施工内容，明确工程全过程的专业和施工队伍。

根据施工图纸、合同及现场情况，细致分析并列出所有的分部及分项工程内容和全过程。同时，确定专业的种类和数量，以及各专业相对应所需的施工队伍。

（2）明确各施工内容和各专业的关系和顺序：

1）对所确定的所有施工内容和专业需理顺之间的联系，是平行关系还是先后关系，是时间关系还是空间关系，以及各工序之间的顺序；

2）要明确每道工序的上一道和下一道工序分别是什么；

3）实现最优的小流水施工；

4）最大限度地为下道工序提供条件以便提前实现下道工序的提前穿插施工；

5）每道工序与其他同时施工的工序存不存在互相干扰的情况，怎么解决。

需要注意的是，实行立体交叉施工必须遵守小流水施工原则。立体交叉施工不能以增加料具和人员投入为代价，它只是工序的穿插和提前进行。

（3）确定工程总工期和关键线路。根据合同要求，确定总工期，并根据总工期分析确定关键线路，一切计划安排及各分部分项工程的时间节点都要围绕关键线路进行工期控制。

（4）明确重要节点工期。根据总工期及合同要求，按基础、主体（分阶段）、装修为界划分若干重要的节点工期，一切的人、材、物都要按节点工期提前进行安排。

（5）明确各项工作所需的人、材、物及以其他资源。根据图纸确定各分部分项工程所需人、材、物的量，以便统筹安排。

（6）确定最优化的施工总进度计划，并在全过程施工中分解为月进度计划、周进度计划。根据上述已有分析编制最合理的总控进度计划，并分解到每月、每周甚至每天中，并及时根据实际情况对计划进行优化，延误的进度要采取措施进行抢工。

（7）立体交叉施工所采取的安全防护措施。立体交叉作业牵涉到群塔作业、上下垂直作业等，要采取有效的防护措施，防止高空坠落、机械伤人等情况，并编制专项安全方案。

（8）立体交叉施工所采取的控制、协调措施。

1）项目部及分公司要有充分的预计和协调能力，要有有效的管控措施和管控力量，对于困难要有排除万难敢于推进的能力和决心，要有敏锐的洞察力和创造条件的能力；

2）项目部要敢于创新打破常规，见缝插针，大的工序间有立体交叉施工，小的工序甚至同一工序间也要实现立体交叉施工；

3）各项工作尤其是人员和材料必须要有足够的提前量，确保不影响工程施工。对于专业分包、大中型材料、设备、钢结构、幕墙等涉及需提前加工的分包必须要提前确定。

（9）编制施工组织设计时，必须根据总工期要求，调整各专业施工时段，合理安排各工种进场时间。

（10）合理划分施工区段，实行流水作业，最大限度地减少对其他相邻工作的影响，提前为其他工作提供工作面。装修施工时，不同工序间上下穿插同时施工，水电安装也可以同时进行。

12.4 确定各分项细部施工成品保护工序

（1）制定分项细部施工成品保护程序、标准和措施指引是为了最大限度的消除和避免成品在施工过程中的污染和损坏。对工程成品采取措施进行保护，使成品的保护得到有效的控制，避免因成品遭受破坏造成返工、返修，以达到减少和降低成本，保证工程产品按质量要求如期交付的目的。

（2）管理原则：

1）成品保护应遵循谁施工谁保护的原则。

装饰施工单位有责任做好产品保护的后续检查和维护工作，并在有必要的情况下做好二次保护工作。

2）成品保护应遵循先检查后保护的原则。

所有工序必须施工单位自检、监理验收、甲方专业工程师抽检合格，并做好产品清洁后方可进行保护。

3）成品保护应遵循持续保护原则。

施工中装饰施工单位有责任做好产品保护的后续检查和维护工作，对于产品保护措施被损坏、拆除的，必须在恢复保护措施后方可进行施工。

4）成品保护措施应在移交物业前切实可靠。

（3）保护标准作法：

1）窗台石材

①保护方式：满铺成品瓦楞纸板（图12-1）。

②保护实施时间：施工完毕、经自验收及甲方抽验合格后，即时进行保护。

③保护拆除时间：装修工程竣工及细部整改完成并移交物业后。

④实施责任人：装饰施工单位。

⑤产品保护：自验收合格后，仔细清理大理石表面、拼缝及拼角部位的垃圾杂物，之后用干净棉布清除表面灰尘。清洁完毕，用适宜尺寸的成品瓦楞纸板折成L型，覆盖在石材窗台表面，覆盖时必须确保大理石完全被包覆。在纸板交接处及转角处，需用胶带固定。

⑥保洁注意事项：在石材产品清洁时禁用有腐蚀性的清洁剂、易褪色的干净棉布等擦拭表面。应用干净不褪色的抹布或毛巾擦拭干净即可，不能用铲刀、钢丝球等工具在表面铲擦，一般以擦拭灰尘为主。

2）地砖、石材（地面）

①保护方式：满铺成品瓦楞纸板（图12-2）。若油漆工种交叉施工，先用防水保护薄膜满铺后再用瓦楞纸板满铺。

图12-1　窗台石材保护方式　　　　　图12-2　地砖保护方式

②保护实施时间：施工完毕、经自验收及甲方抽验合格后，即时进行保护。

③保护拆除时间：装修工程竣工及细部整改完成并移交物业后。

④实施责任人：装饰施工单位。

⑤产品保护：施工后及时清除地砖表面泥浆及垃圾，待表面干爽后用填缝剂将拼缝填满、擦顺。清洁完毕，用适宜尺寸的成品瓦楞纸板覆盖在地砖表面，覆盖时必须确保完全覆盖。在纸板交接处及转角处，需用胶带固定。

⑥保洁注意事项：在清洁瓷砖类产品时禁用有颜色的清洁剂、易褪色的干净棉布等擦拭表面。应用干净不褪色的抹布或毛巾擦拭干净即可，不能用铲刀、钢丝球等工具在瓷砖表面铲擦，一般以擦拭灰尘为主。

3）木地板

①保护方式：先用成品地板胶满铺后再用瓦楞纸板满铺，所有拼缝用透明胶带密封（图12-3）。

②保护实施时间：施工完毕、经自验收及甲方抽验合格后，即时进行保护。

③保护拆除时间：装修工程竣工及细部整改完成并移交物业后。

④实施责任人：装饰施工单位。

⑤产品保护：自检无安装质量问题、并经甲方验收合格后，施工单位将地板表面打扫干净、满铺成品地板胶后用成品瓦楞纸板做进一步保护，巩固保护效果。

图12-3　木地板保护方式

⑥保洁注意事项：地板表面保洁时不宜用湿拖把，禁止使用铲刀、美工刀等铲刮。应先用地板专用拖把把灰尘清除，个别污染部位洒少量水湿润几分钟后用湿布擦除即可。忌用稀释剂、松香水、二甲苯、酒精、脱漆剂等液体接触地板，防止产生化学反应，损伤油漆表面。

4）电梯轿厢

①保护方式：吊顶用铁丝网离空50mm距离满封，控制面板按钮用透明薄膜满封，其他轿壁用细木工板满封（图12-4）。

图12-4　电梯轿厢保护方式

②保护实施时间：电梯轿厢安装调试完成、自验收及甲方抽验合格后，即时保护。

需要精装修的电梯轿厢，除控制面板按钮用薄膜满封外，轿壁待精装修完成，自验收及甲方抽验合格后，即时保护。

③保护拆除时间：装修工程竣工及细部整改完成并移交物业后。

④实施责任单位：不需要精装修的轿厢由电梯安装单位负责，需要精装修的轿厢由装饰施工单位负责。

⑤产品保护：电梯轿厢安装调试完成、经专业验收机构验收合格后，在甲方专业工程师的主持下，不需要精装修的轿厢由电梯安装单位使用原专用保护膜满贴，吊顶用铁丝网离空50mm距离满封，控制面板按钮用透明薄膜满封，其他轿壁用细木工板满封，进一步强化保护效果。需要精装修的轿厢移交给装饰施工单位待精装修完成后按同上方法保护。

⑥使用管理：由电梯安装单位指派持有电梯驾驶操作证的专人操作电梯。禁止所有施工单位使用，只供甲方使用。使用期间需要保持轿厢内清洁卫生、不超载。

⑦保洁注意事项：保洁时禁用腐蚀性溶液，避免蚀伤不锈钢表面及塑料配件，用干净棉布湿水擦拭即可。

5）电梯门套（石材）

①保护方式：用成品瓦楞纸板根据石材造型满贴，高度2m（图12-5）。

②保护实施时间：门套安装完成、经自验收及甲方抽验合格后，即时实施保护。

③保护拆除时间：装修工程竣工及细部整改完成并移交物业后。

④实施责任单位：装饰施工单位。

⑤产品保护：验收合格后清除石材拼缝及拼角部位的垃圾杂物，用干净棉布清除石材表面灰尘。用适宜尺寸的成品瓦楞纸板拆成门套形状，用胶带固定在外侧瓷砖上。应在转角部位用硬板条加强保护。

⑥保洁注意事项：避免使用有颜色和酸、碱性的清洁剂清洁石材，因为有色液体会被石材表面毛细孔吸收引起颜色污染。

6）门扇及门套

①保护方式：成品瓦楞纸板满贴（图12-6）。

图12-5 电梯门套保护方式　　图12-6 门扇及门套保护方式

②保护实施时间：门扇安装后即时保护。

③保护拆除时间：装修工程竣工及细部整改完成并移交物业后。

④实施责任单位：装饰施工单位。

⑤产品保护：门扇安装过程中应避免损伤保护膜，确保保护膜完整、无裸露。门扇安装完成并验收合格后，及时用成品瓦楞纸板满贴在进户门表面，用胶带固定，确保整体平整，无破损、翘角现象。

⑥保洁注意事项：严禁使用油漆稀释剂、脱漆松香水、二甲苯等溶液擦拭油漆表面。不得用金属工具铲擦门扇表面，防止表面产生划痕，用干布擦拭灰尘即可。

7）镜子（银镜）、玻璃（清玻、造型玻璃、栏杆玻璃）

①保护方式：用泡沫保护膜满贴（图12-7），并标注"玻璃"字样。

图 12-7　玻璃的保护

②保护实施时间：玻璃安装后即时保护。

③保护拆除时间：装修工程竣工及细部整改完成并移交物业后。

④实施责任单位：装饰施工单位。

⑤产品保护：在泡沫保护膜满贴保护的基础上，在锐角部位用硬板护角套保护以减少损坏几率。

8）卫浴五金（水龙头、花洒、淋浴门拉手、毛巾架、纸巾架、肥皂架、手机架、烟灰架、挂衣钩、化妆镜）、木器五金（门锁、拉手）

①保护方式：用原包装袋包裹（图12-8）。

图 12-8　卫浴五金的保护

②保护实施时间：安装后即时保护。

③保护拆除时间：装修工程竣工及细部整改完成并移交物业后。

④实施责任单位：装饰施工单位。

⑤产品保护：安装中要用厚棉布垫在工具与五金之间，避免受力不均导致五金表面压伤、表面起毛刺等损伤。安装完成后，用原包装袋套在龙头上，并用绳子固定。

⑥保洁注意事项：不得使用粗糙工具，如钢丝球、毛刷等物品接触五金件表面。不得使用酸、碱性及有腐蚀性的清洁剂，用干净棉布湿润后轻擦即可。

9）马桶

①保护方式：用原包装箱覆盖（图12-9）。

②保护实施时间：安装后即时保护。

③保护拆除时间：装修工程竣工及细部整改完成并移交物业后。

④实施责任单位：装饰施工单位。

⑤产品保护：注意保留原包装物，安装完成后用原包装包裹马桶。不得在保护纸壳上面堆放材料，或把保护纸壳移作他用。

⑥保洁注意事项：不得用铲刀、钢丝球等铲擦马桶。不得使用腐蚀性清洁剂，用清水湿润的干净棉布轻擦即可。

10）浴缸

①保护方式：用细木工板覆盖（图12-10）。

图 12-9　马桶的保护　　　　　图 12-10　浴缸的保护

②保护实施时间：浴缸安装后即时保护。

③保护拆除时间：装修工程竣工及细部整改完成并移交物业后。

④实施责任单位：装饰施工单位。

⑤产品保护：保留釉面部位的原包装物，用胶带固定。后期安装的配件一般在保洁前一周安装，过早安装会给产品保护和防盗带来不便。浴缸安装结束、验收合格后方可进行下道工序施工（如瓷砖收边、浴缸保护）。一般保护措施为：用适宜尺寸的细木工板覆盖在浴缸上面。

⑥保洁注意事项：不得使用酸、强碱性等清洗剂，避免使用坚硬粗糙材料直接接触浴缸釉质表面，以免产生划痕，应用干净棉布湿润后轻轻擦拭。

11）墙砖、石材阳角

①保护方式：成品瓦楞纸板折成90°角，用美纹胶带固定保护（图12-11）。

②保护实施时间：铺贴完成、经自验收及甲方抽验合格后第三日实施保护。

③保护拆除时间：装修工程竣工及细部整改完成并移交物业后。

④实施责任单位：装饰施工单位。

⑤产品保护：铺贴施工中及时擦掉表面泥浆及垃圾，待表面干爽后用填缝剂将45°拼角缝隙填满、擦顺。墙砖镶贴完成、验收合格后第三日用硬板条或瓦楞纸板从两边将阳角保护好，防止施工过程中碰撞砖角。

图 12-11　石材阳角的保护

⑥保洁注意事项：在清洁瓷砖类产品时禁用有颜色的清洁剂和易褪色的干净棉布（回丝）等擦拭表面，更不能用铲刀、钢丝球等工具在瓷砖表面铲擦，用干净不褪色的抹布或毛巾擦拭干净即可。

12）地毯

①保护方式：用韧性强的透明薄膜满封，所有拼缝用透明胶带密封。

②保护实施时间：施工完毕、经自验收及甲方抽验合格后，即时进行保护。

③保护拆除时间：装修工程竣工及细部整改完成并移交物业后。

④实施责任人：装饰施工单位。

⑤产品保护：自检无安装质量问题、并经甲方验收合格后，施工单位将地毯表面灰尘吸干净、满铺成品韧性强的透明薄膜。

⑥保洁注意事项：地毯表面保洁时禁止使用铲刀、美工刀等铲刮。应先用地板吸尘机把灰尘清除，个别污染部位用湿布擦除即可。忌用稀释剂、松香水、二甲苯、酒精、脱漆剂等液体接触地毯，防止产生化学反应，损伤地毯表面。

13）固定家私

①保护方式：用防潮纸满铺（图12-12）。

②保护实施时间：橱柜安装完工后即时保护。

③保护拆除时间：装修工程竣工及细部整改完成并移交物业后。

④实施责任单位：装饰施工单位。

⑤产品保护：安装完成、将表面污染清除后即时用防潮膜满铺保护。

⑥保洁注意事项：不得堆放任何工具、材料及杂物，不得使用腐蚀性溶液，用干净不褪色的抹布或毛巾擦拭干净即可。

14）阳台、楼梯栏杆、外窗室内护栏

①保护方式：用弹性薄膜包裹（图12-13）。

图12-12 固定家私的保护

图12-13 护栏的保护

②保护实施时间：安装后即时保护。

③保护拆除时间：装修工程竣工及细部整改完成并移交物业后。

④实施责任单位：护栏、栏杆安装施工单位。

⑤产品保护：装修施工中避免工具对护栏表面造成划痕。护栏安装完成、对表面污染进行清除后，用弹性薄膜满包裹二遍保护。

⑥保洁注意事项：不得使用腐蚀性溶液，用干净、不褪色的抹布或毛巾擦拭干净即可。

图12-14 开关的保护

15）开关、插座面板、户内强弱电箱

①保护方式：用美纹纸包裹（图12-14）。

②保护实施时间：安装后即时保护。

③保护拆除时间：装修工程竣工及细部整改完成并移交物业后。

④实施责任单位：装饰施工单位。

⑤产品保护：面板安装中避免工具对面板表面造成划痕。面板安装完成、对表面污染进行清除后，用美纹

纸满包保护。

⑥保洁注意事项：不得使用腐蚀性溶液，用干净不褪色的抹布或毛巾擦拭干净即可。

划分施工区段的目的是为了能够合理分配和利用资源，减少各种资源占用，且有利于节省工期和更快更好实现预期进度目标。施工区段的划分原则以便于施工班组组织流水施工，优化施工顺序，最大限度地实现工序搭接，合理确定施工工序，确保能够连续、均衡地施工为目标。反而言之，施工段与施工工序的合理划分是成功组织流水施工的基础与关键，所以正确划分施工区段，合理确定施工工序显得尤为重要。

施工区段的划分应按照合同工期要求，结合具体施工内容和工程项目特征进行，应从空间到时间上准确测算后，科学、合理地划分。

第13章　编制施工进度计划及资源需求计划

资源是为完成施工任务所需投入的人力、材料、机械设备和资金等的统称。

进行资源平衡计划，编制施工进度计划及资源需求计划，控制调整计划的目的就是保证进度按合同工期有序进展，减少资源耗用，通过调整使资源供应平衡，满足进度要求。

13.1　应用横道图方法编制施工进度计划

应用横道图方法编制一般单位工程、分部（分项）工程、专项工程施工进度计划编制步骤如下：

（1）根据横道图进度计划的编制方法，收集进度计划编制所需的编制依据；

（2）根据施工进度计划的细度要求，划分施工过程或施工工序；

（3）计算各施工过程或施工工序的工程量，确定各施工过程或工序所需的持续时间；

（4）按照施工工艺的合理性和施工顺序，尽量采用穿插、搭接或平行作业方法，将各施工阶段的流水作业图最大限度地搭接起来，形成施工进度计划的初始方案；

（5）对初始进度计划进行检查和调整；

（6）画横道图，横向为施工时间段的日期进度条，竖向为施工过程或施工工序，从上往下按施工顺序依次排列。

13.2　进行资源平衡优化横道图进度计划

根据合同工期要求和施工现场实际可提供的施工工作面情况，合理地调整资源供应计划，优化横道图进度计划，以达到"工期最短、资源平衡"的目的。

13.3　识读建筑工程施工网络计划

建筑工程施工网络计划常用双代号时标网络图表达。

（1）根据网络计划的绘图规则能够正确绘制出网络计划图；反之，根据建筑工程施工网络计划图，也应能正确识读出网络计划所表达的信息，根据每项工作的最早开始时间、最早完成时间、最迟开始时间、最迟完成时间和持续时间之间的相互关系，对这些参数进行换算。

（2）根据网络计划图，应能快速、准确地识别关键线路。

（3）通过建筑施工网络计划识读，能够利用网络计划工具进行资源优化和日常进度管理。

13.4　编制月、旬（周）作业进度和资源配备计划

保证工程项目按期建成交付是施工阶段进度控制的最终目标。为了有效控制总进度，首先要从不同角度对施工进度总目标进行层层分解，形成施工进度控制目标网络体系，月、旬（周）作业进度和资源配备计划是实施进度控制最基础的依据。

根据月、旬（周）实施性施工进度计划安排，计算阶段性劳动力、材料、施工机具、设备及资金等资源的需要量，并据此制定资源配备计划。

如遇进度计划调整必须及时调整资源配备计划。

13.5　检查施工进度计划的实施情况，调整施工进度计划

13.5.1　进度计划的检查

1. 进度计划的检查方法

（1）计划执行中的跟踪检查

（2）在网络计划的执行过程中，必须建立相应的检查制度，定时定期地对计划的实际执行情况进行跟踪检查，收集反映实际进度的有关数据。

（3）收集数据的加工处理。

（4）收集反映实际进度的原始数据量大面广，必须对其进行整理、统计和分析，形成与计划进度具有可比性的数据，以便在网络图上进行记录。根据记录的结果可以分析判断进度的实际状况，及时发现进度偏差，为网络图的调整提供信息。

实际进度检查记录的方式：

1）当采用时标网络计划时，可采用实际进度前锋线记录计划实际执行状况，进行实际进度与计划进度的比较。

实际进度前锋线是在原时标网络计划上，自上而下从计划检查时刻的时标点出发，用点画线依此将各项工作实际进度达到的前锋点连接而成的折线。通过实际进度前锋线与原进度计划中各工作箭线交点的位置可以判断实际进度与计划进度的偏差。

例如，图13-1所示是一份时标网络计划用前锋线进行检查记录的实例。该图有4条前锋线，分别记录了第47、52、57、62天的四次检查结果。

2）当采用无时标网络计划时，可在图上直接用文字、数字、适当符号或列表记录计划的实际执行状况，进行实际进度与计划进度的比较。

2. 网络计划检查的主要内容：

（1）关键工作进度；

（2）非关键工作的进度及时差利用情况；

（3）实际进度对各项工作之间逻辑关系的影响；

（4）资源状况；

（5）成本状况；

（6）存在的其他问题。

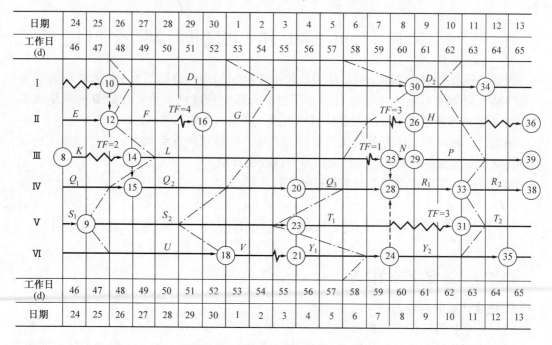

图 13-1　实际进度前锋线实例

3. 对检查结果进行分析判断

通过对网络计划执行情况检查的结果进行分析判断，可为计划的调整提供依据。一般应进行如下分析判断：

（1）对时标网络计划宜利用绘制的实际进度前锋线，分析计划的执行情况及其发展趋势，对未来的进度作出预测、判断，找出偏离计划目标的原因及可供挖掘的潜力所在；

（2）对无时标网络计划宜按表 13-1 记录的情况对计划中未完成的工作进行分析判断。

网络计划检查结果分析表　　　　　　　　　　　表 13-1

工作编号	工作名称	检查时尚需工作天数	按计划最迟完成尚有天数	总时差（d）		自由时差（d）		情况分析
				原有	目前尚有	原有	目前尚有	

13.5.2　进度计划的调整

1. 网络计划调整的内容

（1）调整关键线路的长度；

268

（2）调整非关键工作时差；

（3）增、减工作项目；

（4）调整逻辑关系；

（5）重新估计某些工作的持续时间；

（6）对资源的投入作相应调整。

2. 网络计划调整的方法

（1）调整关键线路的方法

1）当关键线路的实际进度比计划进度拖后时，应在尚未完成的关键工作中，选择资源强度小或费用低的工作缩短其持续时间，并重新计算未完成部分的时间参数，将其作为一个新计划实施。

2）当关键线路的实际进度比计划进度提前时，若不拟提前工期，应选用资源占用量大或者直接费用高的后续关键工作，适当延长其持续时间，以降低其资源强度或费用；当确定要提前完成计划时，应将计划尚未完成的部分作为一个新计划，重新确定关键工作的持续时间，按新计划实施。

（2）非关键工作时差的调整方法

非关键工作时差的调整应在其时差的范围内进行，以便更充分地利用资源、降低成本或满足施工的需要。每一次调整后都必须重新计算时间参数，观察该调整对计划全局的影响。可采用以下几种调整方法：

1）将工作在其最早开始时间与最迟完成时间范围内移动；

2）延长工作的持续时间；

3）缩短工作的持续时间。

（3）增、减工作项目时的调整方法

增、减工作项目时应符合下列规定：

1）不打乱原网络计划总的逻辑关系，只对局部逻辑关系进行调整；

2）在增减工作后应重新计算时间参数，分析对原网络计划的影响；当对工期有影响时，应采取调整措施，以保证计划工期不变。

（4）调整逻辑关系

逻辑关系的调整只有当实际情况要求改变施工方法或组织方法时才可进行。调整时应避免影响原定计划工期和其他工作的顺利进行。

（5）调整工作的持续时间

当发现某些工作的原持续时间估计有误或实现条件不充分时，应重新估算其持续时间，并重新计算时间参数，尽量使原计划工期不受影响。

（6）调整资源的投入

当资源供应发生异常时，应采用资源优化方法对计划进行调整，或采取应急措施，使其对工期的影响最小。

网络计划的调整可以定期进行，亦可根据计划检查的结果在必要时进行。

第 14 章　工程量计算及初步的工程清单计价

14.1　进行基础装修、水电改造工程量计算

（1）基础装修工程量计算应根据图纸和相应施工内容的工程量计算规则进行。

以"t"为单位时，应保留小数点后三位数字，第四位小数四舍五入。

以"m"、"m²"、"m³"、"kg"为单位时，应保留小数点后两位数字，第三位小数四舍五入。

以"个"、"件"、"根"、"组"、"项"为单位时，应取整数。

（2）房屋建筑与装饰工程涉及电气、给水排水、消防等安装工程和水电改造的项目，工程量计算应根据施工图纸，按照现行国家标准《通用安装工程工程量计算规范》GB 50856—2013 的相应项目的工程量计算规则执行。

14.2　利用工程量清单计价方法进行综合单价计算

《建设工程工程量清单计价规范》GB 50500—2013 强制规定：使用国有资金投资的建设工程发承包，必须采用工程量清单计价。工程量清单应采用综合单价计价。

《房屋建筑与装饰工程工程量计算规范》GB 50854—2013 强制规定：房屋建筑与装饰工程计价，必须按本规范规定的工程量计算规则进行工程计量。

综合单价是投标人对照工程量清单中分部分项的项目特征进行分析，结合投标人自身的实力，包括技术、人财物资源的能力，计算确定全部分部分项工程的综合单价。综合单价中应包括人工费、材料费、机械费、管理费和利润。

利用工程量清单计价方式计价，办理竣工工程决算时，工程量可按实调整，除了变更设计做法外，综合单价一般不作调整，所以正确计算各分部分项施工内容的综合单价显得尤为重要。

各分部分项施工内容的综合单价计算时，必须掌握各分部项所包含的施工内容和项目特征，才能正确计算。

例：

如表 14-1 所示，该吊顶天棚项目为简单不上人型轻钢龙骨基层，石膏板乳胶漆面层平顶吊顶，人工单价为 46.91 元/m²，材料单价为 73.31 元/m²，机械单价为 0.66 元/m²，管理费为（机械＋人工）×42%，利润为（机械＋人工）×15%，则该吊顶天棚项目的综合单价为：

①人工费：46.91

②材料费：73.31

③机械费：0.66

④管理费：（①＋③）×42％＝19.98

⑤利润：（①＋③）×15％＝7.14

⑥综合单价：①＋②＋③＋④＋⑤＝148

故该吊顶天棚的合价是 206.53×148＝30566.44 元

××××工程量清单 表 14-1

序号	项目编码	项目名称	项目特征描述	计量单位	工程量	综合单价	合价
1	011302001001	吊顶天棚	1. 吊顶形式、吊杆规格、高度：ϕ8 吊杆（吊顶高度根据设计高度确定） 2. 龙骨材料种类、规格、中距：简单不上人型轻钢龙骨 3. 面层材料品种、规格：9.5 厚纸面石膏板，板面钉眼封点防锈漆，天棚面板缝自粘胶带，满批腻子及乳胶漆三遍 4. 开检修孔、灯孔（开灯孔等根据设计要求计算灯孔及开孔数量）	m²	206.53		

通过对该吊顶天棚项目的项目特征进行分析识别，该吊顶天棚涉及的预算定额子目有：全丝杆天棚吊筋 H＝1050mm，直径 8mm，装配式 U 形（不上人型）轻钢龙骨面层规格 400mm×600mm 简单，纸面石膏板天棚面层安装在 U 形轻钢龙骨上平面，板面钉眼封点防锈漆，天棚墙面板缝贴自粘胶带，天棚面在抹灰面上 901 胶白水泥腻子批、刷乳胶漆各三遍，筒灯孔天棚面零星项目，检修孔 600×600 天棚面零星项目八个定额子目，每个定额子目均需按实际要求及工程计价定额要求按实调整，（该吊顶天棚项目暂按定额含量计取、其中检修孔及灯孔暂按 10 个计入，实际需根据设计要求进行调整）。

第 15 章　确定施工质量控制点

15.1　确定防火、防水工程施工质量控制点

15.1.1　防火工程施工质量控制点

1. 一般要求

（1）对已审批的图纸进行会审，按已批准的图纸进行合理的施工安排，对施工过程中出现的涉及防火的设计变更，应报请原设计单位或具有相应资质的设计单位按有关规定进行。

（2）施工前按合同、设计文件、国家现行相关规范、现场勘察的实际情况等编写施工方案，并在施工过程中严格按施工方案开展施工。

（3）施工现场管理应具备相应的施工技术标准、健全的施工质量管理体系和工程质量检验制度。

（4）施工前，对各部位防火等级，装修材料的燃烧性能、防火处理要求、施工注意事项等进行技术交底。

（5）对进入现场的材料进行检查。检查内容包括材料是否完好，燃烧性能、防火性能型式检验报告、合格证书等是否符合防火设计要求。

（6）符合见证取样和送检相关规定的材料还应在监理单位或建设单位监督下，由施工单位的现场试验人员进行现场取样，并送至经过省级以上建设行政主管部门对其资质认可和质量技术监督部门对其计量认证的质量检测单位进行检测。

（7）装修施工过程中，应分阶段对所选用的防火装修材料按相关规定进行抽样检验。对隐蔽工程的施工，应在施工过程中及完工后进行抽样检验。现场进行阻燃处理、喷涂、安装作业的施工，应在相应的施工作业完成后进行抽样检验。

（8）施工在遵守过程控制和质量检验程序，并应有完整施工记录和检查记录。

2. 纺织织物子分部装修工程

（1）现场阻燃处理后的纺织织物，每种取 $2m^2$ 检验燃烧性能。施工过程中受湿浸、燃烧性能可能受到影响的纺织织物，每种取 $2m^2$ 检验燃烧性能。

（2）现场进行阻燃处理的多层纺织织物，应逐层进行阻燃处理。

（3）纺织织物进行阻燃处理过程中，应保持施工区段的洁净。现场处理的纺织织物不应受污染。

（4）阻燃处理后的纺织织物外观、颜色、手感等无明显异常。

3. 木质材料防火施工质量控制点

（1）现场阻燃处理后的木质材料，每种取 $4m^2$ 检验燃烧性能。表面进行加工后的 B_1

级木质材料，每种取 $4m^2$ 检验燃烧性能。

（2）木质材料进行阻燃处理前，表面不得涂刷油漆，木质材料含水率不应大于12%。

（3）木质材料涂刷或浸渍阻燃剂时，应对木质材料所有表面都进行涂刷或浸渍，涂刷或浸渍后的木材阻燃剂的干含量应符合检验报告或说明书的要求。

（4）木质材料表面粘贴装饰表面或阻燃饰面时，应先对木质材料进行阻燃处理。

（5）木质材料表面进行防火涂料处理时，应对木质材料所有表面进行均匀涂刷，且不应少于2次，第二次涂刷应在第一次涂层表面干后进行，涂刷防火材料用量不应少于 $500g/m^2$。

（6）现场进行阻燃处理时，应保持施工区段的洁净，现场处理的木质材料不应受污染。

（7）木质材料在涂刷防火涂料前应清理表面，且表面不应有水、灰尘或油污。

（8）阻燃处理后的木质材料表面应无明显返潮及颜色异常变化。

4. 高分子合成材料防火施工质量控制点

（1）现场阻燃处理后的泡沫塑料应进行抽样检验，每种取 $0.1m^3$ 检验燃烧性能。

（2）对具有贯穿孔的泡沫塑料进行阻燃处理时，应检查阻燃剂的用量、适用范围、操作方法。阻燃施工过程中，应使用计量合格的称量器具，并按使用说明书的要求进行施工。必须使泡沫塑料被阻燃剂浸透，阻燃剂干含量应符合检验报告或说明书的要求。

（3）顶棚内采用泡沫塑料时，应涂刷防火涂料。防火涂料宜选用耐火极限大于30min的超薄型钢结构防火涂料或一级饰面型防火涂料，湿涂覆比值大于 $500g/m^2$。涂刷应均匀，且涂刷不应少于2次。

（4）B_2 级塑料电工套管不得明敷。B_1 级塑料电工套管明敷时，应明敷在 A 级材料表面。塑料电工套管穿过 B_1 级以下（含 B_1 级）的装作材料时，应采用 A 级材料或防火封堵密封件严密封堵。

（5）对具有贯穿孔的泡沫塑料进行阻燃处理时，应保持施工区段的洁净，避免其他工种施工。

（6）泡沫塑料经阻燃处理后，不应降低其使用功能，表面不应出现明显的盐析、返潮和变硬等现象。

（7）泡沫塑料进行阻燃处理过程中，应保持施工区段的洁净。现场处理的泡沫塑料不应受污染。

5. 复合材料防火施工质量控制点

（1）现场阻燃处理后的复合材料应进行抽样检验，每种取 $4m^2$ 检验燃烧性能；

（2）复合材料应按设计要求进行施工，饰面层内的芯材不得暴露；

（3）采用复合保温材料制作的通风管道，复合保温材料的芯材不得暴露。当复合保温材料芯材的燃烧性能不能达到 B_1 级时，应在复合材料表面包覆玻璃纤维布等不燃性材料，并应在其表面涂刷饰面型防火涂料。防火涂料湿涂覆比值应大于 $500g/m^2$，且至少涂刷两次。

6. 其他材料防火施工质量控制点

（1）防火门的表面加装贴面材料或其他装修时，不得减少门框和门的规格尺寸，不得降低防火门的耐火性能，所用贴面材料的燃烧性能等级不应低于 B_1 级。

（2）建筑隔墙或隔板、楼板的孔洞需要封堵时，应采用防火堵料严密封堵。采用防火堵料封堵孔洞、缝隙及管道井和电缆竖井时，应根据孔洞、缝隙及管道井和电缆竖井所在位置的墙板或楼板的耐火极限要求选用防火堵料。

（3）采用阻火圈的部位，不得对阻火圈进行包裹，阻火圈应安装牢固。

（4）当有配电箱及电控设备的房间内使用了低于 B_1 级的材料进行装修时，配电箱必须采用不燃材料制作。

（5）配电箱的壳体和底板应采用 A 级材料制作。配电箱不应直接安装在低于 B_1 级的装修材料上。

（6）动力、照明、电热器等电气设备的高温部位靠近 B_1 级以下（含 B_1 级）材料或导线穿越 B_1 级以下（含 B_1 级）装修材料时，应采用瓷管或防火封堵密封件分隔，并用岩棉、玻璃棉等 A 级材料隔热。

（7）安装在 B_1 级以下（含 B_1 级）装修材料内的配件，如插座、开关等，必须采用防火封堵密封件或具有良好隔热性能的 A 级材料隔绝。

（8）灯具直接安装在 B_1 级以下（含 B_1 级）的材料上时，应采取隔热、散热等措施。

（9）灯具的发热表面不得靠近 B_1 级以下（含 B_1 级）的材料。

15.1.2　防水工程施工质量控制点

1. 一般规定

（1）对已审批的图纸进行会审，按已批准的图纸进行合理的施工安排，对施工过程中出现的涉及防水的设计变更，应报请原设计单位或具有相应资质的设计单位按有关规定进行。

（2）施工前按合同、设计文件、国家现行相关规范、现场勘察的实际情况等编写施工方案，并在施工过程中严格按施工方案开展施工。

（3）施工现场管理应具备相应的施工技术标准、健全的施工质量管理体系和工程质量检验制度。

（4）对进入现场的装修材料进行检查。检查内容包括材料是否完好，防水材料的产品名称、生产日期、使用说明、产品合格证、性能检测报告等是否符合要求。

（5）符合见证取样和送检相关规定的材料还应在监理单位或建设单位监督下，由施工单位的现场试验人员进行现场取样，并送至经过省级以上建设行政主管部门对其资质认可和质量技术监督部门对其计量认证的质量检测单位进行检测。

（6）施工在遵守过程控制和质量检验程序，并应有完整施工记录和检查记录。

2. 构造要求

（1）穿越楼板、防水墙面的管道和预埋件等应在防水施工前完成安装。

（2）混凝土找坡层最薄处的厚度不应小于 30mm。砂浆找坡层最薄处的厚度不应小于 20mm。找平层兼找坡层时，应采用强度等级为 C20 的细石混凝土。需设填充层铺设管道时，宜与找平层合并，填充材料宜选用轻骨料混凝土。

（3）装饰层宜采用不透水材料和构造，主要排水坡度应为 0.5%～1.0%，粗糙面层排水坡度不应小于 1.0%。

（4）对于有排水的楼、地面，应低于相邻房间楼、地面20mm或做挡水门槛。当需进行无障碍设计时，应低于相邻房间面层15mm，并应以斜坡过渡。

（5）当防水层需要采取保护措施时，可采用20mm厚1:3水泥砂浆做保护层。

（6）钢筋混凝土结构独立水容器应采用强度等级为C30、抗渗等级为P6的防水钢筋混凝土结构，且受力壁体厚度不宜小于200mm。水容器内侧应设置柔性防水层，设备与水容器壁体连接处应做防水密封处理。

（7）穿越楼板的管道应设置防水套管，高度应高出装饰层完成面20mm以上。

（8）水平管道在下降楼板上采用同层排水措施时，楼板、楼面应做双层防水设防。对降板后可能出现的管道渗水，应有密闭措施，且宜在贴临下降楼板上表面处设泄水管，并宜采取增设独立的泄水立管的措施。

（9）基层符合设计要求并通过验收，基层表面坚实平整，无浮浆、起砂、裂缝等现象。

（10）与其层相连接的各类管道、地漏、预埋件、设备支座等应安装牢固。

（11）管根、地漏与基层的交接部位应预留宽10mm、深10mm的环形凹槽，槽内应嵌填密封材料。

（12）基层的阴、阳角部位宜做成圆弧形。

（13）基层表面不得有积水，基层含水率应满足施工要求。

3. 防水材料及施工要求

（1）卫生间、浴室的楼、地面应设置防水层，墙面、顶棚应设置防潮层，门口应有阻止积水外溢的措施。厨房的楼、地面应设置防水层，墙面宜设置防潮层，厨房布置在无用水点房间的下层时，顶棚应设置防潮层。

（2）对于地漏、大便器、排水立管等穿越楼板的管道根部，宜使用丙烯酸酯建筑密封胶或聚氨酯建筑密封胶嵌填。

（3）对于热水管管根部、套管与穿墙管间隙及长期浸水的部位，宜使用硅酮建筑密封胶（F类）嵌填。

（4）卫生间、浴室和设有配水点的封闭阳台等墙面应设置防水层，防水层高度宜距楼、地面面层1.2m。

（5）当卫生间有非封闭式洗浴设施时，花洒所在及其邻近墙面防水层高度不应小于1.8m。

（6）楼、地面的防水层在门口处应水平延展，且向外延展的长度不应小于500mm，向两侧延展的宽度不应小于200mm。

（7）当墙面设置防潮层时，楼、地面防水层应沿墙面上翻，且至少应高出饰面层200mm。当卫生间、厨房采用轻质隔墙时，应做全防水墙面，其四周根部除门洞外，应做C20细石混凝土坎台，并应至少高出相连房间的楼、地面饰面层200mm。

（8）基层处理剂的涂刷应均匀、不流淌、不堆积。防水涂料施工时，基层处理剂应与防水材料配套。防水卷材施工时，如基层潮湿，应涂刷湿固化胶粘剂或潮湿界面隔离剂。基层处理剂不得在施工现场配制或添加溶剂稀释。基层处理剂干燥后应立即进行下道工序的施工。

（9）双组分涂料应按配比要求在现场配制，并应使用机械搅拌均匀，不得有颗粒悬浮物。

（10）防水涂料的施工应薄涂、多遍，前后两遍的涂刷方向应相互垂直，涂层厚度应均匀，不得有漏刷或堆积现象。

（11）防水涂料施工时，前一遍涂层实干后，才能进行下一遍涂料的施工。

（12）防水涂料施工时先涂刷立面，后涂刷平面。

（13）防水涂料施工时应遵循"先细部、后大面"的原则。防水涂料在大面积施工前，应先在阴阳角、管根、地漏、排水口、设备基础等部位做附加层，并应夹铺胎体增强材料，附加层的宽度和厚度应符合设计要求。

（14）防水涂料施工夹铺胎体增强材料时，应使防水涂料充分浸透胎体层，不得有折皱、翘边现象。

（15）防水卷材与基层应满粘施工，防水卷材搭接缝应采用与基材相容的密封材料封严。

（16）防水层完成后在进行下一道工序前采取保护措施。

（17）防水涂膜最后一遍施工时，可在涂层表面撒砂。

案例分析

（一）背景

某装饰工程，混合结构六层。卫生间楼板现浇钢筋混凝土，楼板嵌固墙体内；交付使用不久，用户普遍反映卫生间顶棚漏水。

（二）问题

1. 试分析顶棚渗漏原因。

2. 如何预防卫生间顶棚漏水？

（三）分析

1. 渗漏原因

（1）防水层质量不合格，如找平层质量不合格和未修补基层、未认真清扫找平层，造成防水层起泡、剥离。

（2）防水层遭破坏。

2. 预防措施

（1）涂膜防水层做完之后，要严格加以保护，在保护层未做之前，任何人员不得进入，也不得在卫生间内堆积杂物，以免损坏防水层。

（2）防水层施工后，进行蓄水试验。蓄水深度必须高于标准地面20mm，24h不渗漏为止，如有渗漏现象，可根据渗漏具体部位进行修补，甚至于全部返工。防水工程作为地面子分部工程的一个分项工程，监理公司应对其作专项验收。未进行验收或未通过验收的不得进入下道工序施工，更不得进入竣工验收。

15.2 确定吊顶工程施工质量控制点

15.2.1 一般规定

（1）对已审批的图纸进行会审，按已批准的图纸进行合理的施工安排，对施工过程中出现的涉及吊顶的设计变更，应报请原设计单位或具有相应资质的设计单位按有关规定进行。吊顶工程施工中，不得擅自改动建筑承重结构或主要使用功能。不得未经设计确认和有关部门批准擅自拆改水、暖、电、燃气、通信等配套设施。

（2）施工前按合同、设计文件、国家现行相关规范、现场勘察的实际情况等编写施工方案，并在施工过程中严格按施工方案开展施工。吊顶工程施工应依据吊顶设计施工图的要求，结合现场实际情况确定吊杆吊点、龙骨位置、间距及安装顺序，并应绘制面板排板图、各连接处施工构造详图和龙骨体系图。

（3）施工现场管理应具备相应的施工技术标准、健全的施工质量管理体系和工程质量检验制度。

（4）施工前，对各部位施工注意事项等进行技术交底。

（5）施工在遵守过程控制和质量检验程序，并应有完整施工记录和检查记录。面板施工前，吊顶内的各种管道、设施等隐蔽项目应检验合格。

15.2.2　吊顶材料

（1）吊杆、龙骨、配件、面板及吊顶内填充的吸声、保温、防火等材料的品种、规格及安装方式应符合设计和国家相关规定的要求。

（2）材料进场时，应对其品种、规格、外观和尺寸进行验收。材料包装应完好，并有产品合格证书、说明书及相关性能的检测报告。所用的材料在运输、搬运、存放、安装时应采取防止挤压冲击、受潮、变形及损坏板材的表面和边角的措施。需要复试的材料，应进行见证取样复试，合格后方能使用。

（3）符合见证取样和送检相关规定的材料还应在监理单位或建设单位监督下，由施工单位的现场试验人员进行现场取样，并送至经过省级以上建设行政主管部门对其资质认可和质量技术监督部门对其计量认证的质量检测单位进行检测。

（4）吊顶内钢筋、型钢吊杆及钢结构转换层应进行防腐处理。

（5）有防火要求的石膏板厚度应大于12mm，并应使用耐火石膏板。

（6）在潮湿地区或高湿度区域，宜使用硅酸钙板、纤维增强水泥板、装饰石膏板等面板。当采用纸面石膏板时，可选用单层厚度不小12mm或双层9.5mm的耐水石膏板。

15.2.3　吊顶施工

（1）施工现场环境温度不宜低于5℃。

（2）吊杆的锚固件、吊杆与吊件的连接，以及龙骨与吊杆、龙骨与饰面材料的连接应安全可靠，满足设计要求。

（3）后置式锚栓应固定在混凝土结构层上且不应在结构梁底，抹灰层厚度不应计入锚固深度。锚栓的材质、顶板基材、拉拔力的设计指标、锚固构造措施、锚固安装等应符合国家相关规范的规定。

（4）吊顶内填充材料应有防止散落、性能改变或造成环境污染的措施。吊顶内的岩棉、玻璃棉等应码放整齐，与板贴实，不应架空，材料之间的接口应严密。吸声材料应保证干燥。

（5）吊杆、反支撑及钢结构转换层与主体钢结构的连接方式必须经主体钢结构设计单位审核批准后方可实施。

（6）重型设备、灯具和有振动荷载的设备严禁安装在吊顶工程的龙骨上。

（7）不上人吊顶的吊杆应用不小于直径 4mm 镀锌钢丝、6mm 钢筋、M6 全牙吊杆或直径不小于 2mm 的镀锌低碳退火钢丝，吊顶系统应直接连接到房间顶部结构受力部位上。吊杆的间距不应大于 1200mm，主龙骨的间距不应大于 1200mm。上人吊顶的吊杆应采用不小于直径 8mm 钢筋或 M8 全牙吊杆。主龙骨应选用 U 形或 C 形高度在 50mm 及以上型号的上人龙骨，吊杆的间距不应大于 1200mm，主龙骨的间距不应大于 1200mm，主龙骨壁厚应大于 1.2mm。

（8）当吊杆长度大于 1500mm 时，应设置反支撑。反支撑间距不宜大于 3600mm，距墙不应大于 1800mm。反支撑应相邻对向设置。当吊杆长度大于 2500mm 时，应设置钢结构转换层。

（9）当吊杆与管道等设备相遇、吊顶造型复杂或内部空间较高时，应当调整、增设吊杆或增加钢结构转换层。吊杆不得直接吊挂在设备或设备的支架上。

（10）当需要设置永久性马道时，马道应单独吊挂在建筑承重结构上。

（11）龙骨的排布宜与空调通风系统的风口、灯具、喷淋头、检修孔、监测、升降投影仪等设备设施的排布位置错开，不宜切断主龙骨。

（12）大面积或狭长形的整体面层吊顶、密拼缝处理的板块面层吊顶同标高面积大于 100m² 时，或单向长度方向大于 15m 时应设置伸缩缝。当吊顶遇建筑伸缩缝时，应设计与建筑变形量相适应的吊顶变形构造做法。吊顶伸缩缝的两侧应设置通长次龙骨。伸缩缝的上部应采用超细玻璃棉等不燃材料将龙骨间的间隙填满。

（13）当采用整体面层及金属板类吊顶时，重量不大于 1kg 的筒灯、石英射灯、烟感器、扬声器等设施可以直接安装在面板上。重量不大于 3kg 的灯具等设施可安装在 U 形或 C 形龙骨上，并应有可靠的固定措施。重量大于 3kg 的悬吊灯吊，应固定在吊钩上，吊钩的圆钢直径不应小于灯具挂销直径，且不应小于 6mm。

（14）重量大于 10kg 的灯具，其固定装置应按 5 倍灯具重量恒定均布载荷全数作强度试验，历时 15min，固定装饰的产件应无明显变形。

（15）矿物棉板类吊顶，灯具、风口等设备不应直接安装在矿棉板或玻璃纤板上。

（16）安装有大功率、高热量照明灯具的吊顶系统应设有散热、排热风口。

（17）公共浴室、游泳馆等的吊顶内应有凝结水的排放措施。当吊顶内的管线可能产生冰冻或结露时，应采取防冻或防结露措施。

（18）吊顶内安装有震颤设备时，设备下皮距主龙骨上皮不应小于 50mm。

（19）透光玻璃纤维板吊顶中光源与玻璃纤维板之间的间距不宜小于 200mm。

（20）吊顶高度定位时应以室内标高基准线为准。根据施工图纸在房间四周围护结构上标出吊顶标高线，确定吊顶高度位置。龙骨基准线高低误差应为 0～2mm。弹线应清晰，位置准确。

（21）边龙骨应安装在房间四周围护结构上，下边缘应与标准线平齐，选用膨胀螺栓等固定，间距不宜大于 500mm，端头不宜大于 50mm。

（22）主龙骨端头吊点距主龙骨边端不应大于 300mm，端排吊点距侧墙间距不应大于 200mm。吊点横纵应在直线上，当不能避开灯具、设备及管道时，应调整吊点位置或增加吊点或采用钢结构转换层。当为板块类面层时，如选用 U 形或 C 形龙骨作为主龙骨，端吊点距主龙骨顶端不应大于 300mm，端排吊点距侧墙间距不应大于 150mm（格栅类吊顶为 200mm）。当选用 T 形龙骨作为主龙骨时，端吊点距主龙骨顶端不应大于 150mm，端排吊点距侧墙间距不应大于一块面板的宽度。

（23）吊顶工程应根据主龙骨规格型号选择配套吊件。吊件与吊杆应安装牢固，并按吊顶高度调整位置，吊件应相邻对向安装。当为板块面层及格栅吊顶时，如选用钢丝吊杆，钢丝下端与 T 形主龙骨的连接应采用直接缠绕方式。钢丝穿过 T 形主龙骨的吊孔后 75mm 的高度内应绕其自身紧密缠绕三整圈以上。钢丝吊杆遇障碍物而无法垂直安装时，可在 1:6 的斜度范围内调整，或采用对称斜拉法。

（24）主龙骨与吊件应连接紧固。主龙骨加长时，应采用接长件接长。主龙骨安装完毕后，应调节吊件高度，调平主龙骨。当为板块面层及格栅吊顶时，如选用 U 形或 C 形主龙骨时，次龙骨应紧贴主龙骨，垂直方向安装，采用挂件连接并应错位安装。T 形横撑龙骨垂直于 T 形次龙骨方向安装。当选用 T 形主龙骨时，次龙骨与主龙骨标高相同，垂直方向安装，次龙骨之间应平行，相交龙骨应呈直角。

（25）主龙骨中间部分应适当起拱。当设计无要求且房间面积不大于 50m^2 时，起拱高度应为房间短向跨度的 1‰～3‰；房间面积大于 50m^2 时，起拱高度应为房间短向跨度的 3‰～5‰。

（26）次龙骨应紧贴主龙骨，垂直方向安装。当采用专用挂件安装时，每个连接点的挂件应双向互扣成对或相邻的挂件采用相向安装。次龙骨加长时，应采用连接件接长。次龙骨垂直相接应用挂插件连接。次龙骨的安装方向应与石膏板长向相垂直。

（27）次龙骨间距应准确、均衡，按石膏板模数确定，应保证石膏板两端固定于次龙骨上。石膏板长边接缝处应增加横撑龙骨，横撑龙骨应用挂插件与通长次龙骨固定。双层石膏板的面层与基层板的板缝应错开，且石膏板的长短边应各错开不小于一根龙骨的间距。两层石膏板间宜满刷白乳胶粘贴。

（28）次龙骨、横撑龙骨安装完毕后应保证底面与次龙骨下皮标准线齐平。

（29）石膏板上开洞口的四边，应有次龙骨或横撑龙骨作为附加龙骨。

（30）面板安装时，正面朝外，面板长边与次龙骨垂直方向铺设。穿孔石膏板背面应有背覆材料，需要施工现场贴覆时，应在穿孔板背面施胶，不得在背覆材料上施胶。

（31）面板的安装固定应先从板的中间开始，然后向板的两端和周边延伸，不应多点同时施工。相邻的板材应错缝安装。穿孔板的孔洞应对齐（无规则孔洞除外）。

（32）面板应在自由状态下固定。

（33）纸面石膏板四周自攻螺钉间距不应大于 200mm。板中沿次龙骨或横撑龙骨方向自攻螺钉间距不应大于 300mm。螺钉距板面纸包封的板边宜为 10～15mm；螺钉距板面切割的板边应为 15～20mm。

（34）自攻螺钉应一次性钉入轻钢龙骨并应与板面垂直，螺钉帽宜沉入板面 0.5～1.0mm，但不应使纸面石膏板的板面破损。弯曲、变形的螺钉应剔除，并在相隔 50mm 的部位另行安装自攻螺钉。固定穿孔石膏板的自攻螺钉不得打在穿孔的孔洞上。

（35）面板的安装不应采用先钻孔后安装螺钉的施工方法。当选用穿孔纸面石膏板作为面板，可先打孔作为定位，但打孔直径不应大于安装螺钉直径的一半。

（36）自攻螺钉沉入板面后应进行防锈处理，并用石膏腻子刮平。

（37）拌制石膏腻子，应用清洁水和清洁容器。

（38）吊顶跌级阳角处，应先做金属护角或采用其他加固措施后进行饰面装饰。

（39）纸面石膏板的嵌缝应选用配套的与石膏板相互粘贴的嵌缝材料。相邻两块纸面石膏板的端头接缝坡口应自然靠紧。在接缝两边涂抹嵌缝膏作基层，将嵌缝膏抹平。纸面石膏板的嵌缝应刮平粘贴接缝带，再用嵌缝膏覆盖，并应与石膏板面齐平。第一层嵌缝膏涂抹宽度宜为100mm。第一层嵌缝膏凝固并彻底干燥后，应在表面涂抹第二层嵌缝膏。第二层嵌缝膏宜比第一层两边各宽50mm，宽度不宜小于200mm。第二层嵌缝膏凝固并彻底干燥后，应在表面涂抹第三层嵌缝膏。第三层嵌缝膏宜比第二层嵌缝膏各宽50mm，宽度不宜小于300mm。待彻底干燥后磨平。

案例分析

（一）背景

某单位家属楼为20世纪80年代建筑，为了改善职工生活条件，现单位出资对家属楼进行改造，内容主要有地面的防水、门窗的更换和顶棚吊顶。

（二）问题

1. 室内防水工程蓄水试验要求。

2. 吊顶工程施工前准备工作有哪些？

3. 简述暗龙骨吊顶工程施工质量控制要点。

（三）分析与处理

1. 室内防水工程蓄水试验的要求

室内防水层完工后应做24h蓄水试验，蓄水深度30～50mm，合格后办理隐蔽检查手续；室内防水层上的饰面层完工后应做第二次24h蓄水试验（要求同上），以最终无渗漏为合格，合格后方可办理验收手续。

2. 吊顶工程施工前准备工作

（1）安装龙骨前，应按设计要求对房间净高、洞口标高和吊顶管道、设备及其支架的标高进行交接检验。

（2）吊顶工程的木吊杆、木龙骨和木饰面板必须进行防火处理，并应符合有关设计防火的规定。

（3）吊顶工程中的预埋件、钢筋吊杆和型钢吊杆进行防锈处理。

（4）安装面板前应完成吊顶内管道和设备的调试及验收。

3. 暗龙骨吊顶工程施工质量控制要点

（1）吊顶标高、尺寸、起拱和造型应符合设计要求。

（2）饰面材料的材质、品种、规格、图案和颜色应符合设计要求。

（3）暗龙骨吊顶工程的吊杆、龙骨和饰面材料的安装必须牢固。

（4）吊杆、龙骨的材质、规格、安装间距及连接方式应符合设计要求。金属吊杆、龙骨应经表面防腐处理，木吊杆、龙骨应进行防腐、防火处理。

（5）石膏板的接缝应按其施工工艺标准进行板缝防裂处理。安装双层石膏板时，面层板与基层板的接缝应错开，并不得在同一根龙骨上接缝。

（6）饰面材料表面应洁净、色泽一致，不得有翘曲、裂缝及缺损，压条应平直、宽窄一致。

（7）饰面板上的灯具、烟感器、喷淋头、风口笛子等设备的位置应合理、美观，与饰面板的交接应吻合、严密。

（8）金属吊杆、龙骨的接缝应均匀一致，角缝应吻合，表面应平整，无翘曲、锤印。木质吊杆、龙骨应顺直，无劈裂、变形。

（9）吊顶内填充吸声材料的品种和铺设厚度应符合设计要求，并应有防散落措施。

案例分析

（一）背景

某宾馆大厅进行室内装饰装修改造工程施工，按照先上后下，先湿后干，先水电通风后装饰装修的施工顺序施工。吊顶工程按设计要求，顶面面层为轻钢龙骨纸面石膏板不上人吊顶，装饰面层为耐擦洗涂料。但竣工验收后三个月，顶面局部产生凸凹不平和石膏极接缝处产生裂缝现象。

（二）问题

结合实际，分析该装饰工程吊顶面局部产生凹凸不平的原因及板缝开裂原因。

（三）分析

1. 工程为改造工程，原混凝土顶棚内未设置预埋件和预埋吊杆，因此需重新设置锚固件以固定吊杆，后置锚固件安装时，特别是选用的胀管螺栓安装不牢固，若选用射钉可能遇到石子，石子发生爆裂，使射钉不能与屋盖相连接，产生不受力现象，因此局部下坠。

2. 不上人吊顶的吊杆应选用钢筋，并应经过拉伸，施工时，若不按要求施工，将未经拉伸的钢筋作为吊杆，当龙骨和饰面板涂料施工完毕后，吊杆的受力产生不均匀现象。

3. 吊点间距的设置，可能未按规范要求施工，没有满足不大于 1.2m 的要求，特别是遇到设备时，没有增设吊杆或调整吊杆的构造，是产生顶面凹凸不平的关键原因之一。

4. 吊顶骨架安装时，主龙骨的吊控件、连接件的安装可能不牢固，连接件没有错位安装，次龙骨安装时未能紧贴主龙骨，次龙骨的安装间距大于 600mm，这些都是产生吊顶面质量问题的原因。

5. 骨架施工完毕后，隐蔽检查验收不认真。

6. 骨架安装后安装纸面石膏板，板材安装前，特别是切割边对接处横撑龙骨的安装不符合要求，这也是造成板缝开裂的主要原因之一。

7. 由于后置锚固件、吊杆、主龙骨、次龙骨安装都各有不同难度的质量问题，板材安装尽管符合规范规定，但局部骨架产生垂直方向位移，必定带动板材发生变动。发生质量问题是必然的。

15.3 确定墙面工程施工质量控制点

15.3.1 轻质隔墙工程施工质量控制点

（1）对已审批的图纸进行会审，按已批准的图纸进行合理的施工安排，对施工过程中出现的设计变更，应报请原设计单位或具有相应资质的设计单位按有关规定进行。

（2）施工前按合同、设计文件、国家现行相关规范、现场勘察的实际情况等编写施工方案，并在施工过程中严格按施工方案开展施工。

（3）施工现场管理应具备相应的施工技术标准、健全的施工质量管理体系和工程质量检验制度。

（4）对进入现场的材料进行检查。检查内容包括材料是否完好，产品合格证书、性能检测报告是否符合要求。

（5）符合见证取样和送检相关规定的材料还应在监理单位或建设单位监督下，由施工单位的现场试验人员进行现场取样，并送至经过省级以上建设行政主管部门对其资质认可和质量技术监督部门对其计量认证的质量检测单位进行检测。

（6）轻质隔墙工程应对人造木板的甲醛含量进行复验。

（7）轻质隔墙工程应对下列隐蔽工程项目进行验收：骨架隔墙中设备管线的安装及水管试压；木龙骨防火、防腐处理；预埋件或拉结筋；龙骨安装；填充材料的设置。

（8）轻质隔墙与顶棚和其他墙体的交接处应采取防开裂措施。

（9）骨架隔墙所用龙骨、配件、墙面板、填充材料及嵌缝材料的品种、规格、性能和木材含水率应符合设计要求。有隔声、隔热、阻燃、防潮等特殊要求的工程，材料应有相应性能等级的检测报告。

（10）骨架隔墙工程边框龙骨必须与基体结构连接牢固，并应平整、垂直、位置正确。

（11）骨架隔墙中龙骨间距和构造连接方法应符合设计要求。骨架内设备管线的安装、门窗洞口等部位加强龙骨应安装牢固、位置正确，填充材料的设置应符合设计要求。

（12）木龙骨及木墙面板的防火和防腐处理必须符合设计要求。

（13）骨架隔墙的墙面板应安装牢固，无脱层、翘曲、折裂及缺损。

（14）墙面板所用的接缝材料的接缝方法应符合设计要求。

骨架隔墙安装的允许偏差见表15-1。

骨架隔墙安装的允许偏差和检验方法　　　　　　　　　　表15-1

项次	项　　目	允许偏差（mm）		检验方法
		纸面石膏板	人造木板、水泥纤维板	
1	立面垂直度	3	4	用2m垂直检测尺检查
2	表面平整度	3	3	用2m靠尺和塞尺检查
3	阴阳角方正	3	3	用直角检测尺检查
4	接缝直线度	—	3	拉5m线，不足5m拉通线，用钢直尺检查
5	压条直线度	—	3	
6	接缝高低差	1	1	用钢直尺和塞尺检查

案例分析

（一）背景

某装饰公司在一办公楼装修施工中，根据业主要求，隔墙采用 GRC 轻质空心隔墙板。

公司先做一个样板间。按设计要求，隔墙样板施工完毕，在业主验收之前，施工技术人员发现隔墙样板有多道竖向微小裂缝，且缝隙间隔均匀。技术人员立即报告项目技术负责人，项目部通知业主推迟验收，同时马上组织有关人员到现场进行了检测，分析缺陷原因，制定出一系列整改措施。同时拆除了原样板，按整改措施严格施工，顺利通过业主验收。

（二）问题

1. GRC 轻质空心隔墙板有哪些优点。

2. 分析 GRC 轻质空心隔墙裂缝原因。

3. 应采取哪些措施预防 GRC 轻质空心隔墙裂缝？

（三）分析

1. GRC 是 Glass Fiber Rinforced Cement（玻璃纤维增强水泥）的缩写，是一种新型轻质墙体材料。近年来 GRC 轻质空心隔墙板因其具有轻质、防水、防潮、安装速度快且易于操作、可提高建筑使用面积等优点，又能有效保护耕地、推进工业废料利用，而逐步得到推广应用。

2. 通过现场观测，裂缝竖向垂直，裂缝之间宽度正好和 GRC 板材宽度一致，裂缝处正好是板材的接缝处。拆除板材，发现板材边缘有没处理干净的废机油。板材生产厂家使用废机油做为脱模剂，施工人员在施工时，没有把板材的脱模剂处理干净，造成边缘的墙板与嵌缝砂浆之间的粘结力减小，同时施工完毕后，室内外温差大，材料之间热胀冷缩系数不同，导致隔墙产生裂缝缺陷。除此之外，还有其他因素也会使 GRC 轻质空心隔墙产生裂缝。譬如板自身质量对板缝开裂的影响，板材配比不合理，强度低，极易开裂；养护期不足，收缩未完成即出厂；还有施工安装的因素，湿板上墙，安装后的板材产生干燥收缩，在抗拉最薄弱的环节——板与板、板与墙柱、梁板或房顶交接处，易产生裂缝；连续长墙安装，大开间结构的建筑，一次安装过长的墙板，由于各种收缩因素的累积产生收缩应力，造成墙板开裂；墙板开槽回填不实，填洞材料与尺寸不规范，产生内应力，易造成墙板开裂；配制粘结胶浆用的水泥强度等级与 GRC 板所用水泥强度等级不一致，也容易在拼接处因两种水泥的缩水性能不一致而导致开裂，等等。

3. 防止板缝及空洞处开裂的措施。

（1）控制进场板材质量。GRC 板要求质地均匀、密实，棱角榫头完整，板面平整，纵向无扭曲等缺陷；强度低、养护期不到的不得进场；选用非废机油脱模剂的板材，或安装前及时、认真清理；尽量选用半圆弧企口形板缝的板材。

（2）施工前必须选用充分干燥的 GRC 轻板。

（3）改进施工工序。严格按下列工艺流程组织施工：清整楼面——定位放线——配板——安装上端钢卡板——配制胶结料——接口抹灰——立板临时固定——板缝处理及粘贴嵌缝带——下端钢卡极安装——板缝养护——装饰层施工前基层处理——设置标点（筋）——装饰粘结层——装饰基层——装饰面层——涂层。

（4）选用和与 GRC 轻板同品种、同强度等级的水泥自己制粘结胶浆，板间竖向接口用低碱水泥胶（低碱水泥:108 胶:水 =2:1:0.2）胶结料；也可采用专用嵌缝剂，嵌缝剂应具有抗裂性，一般须在产品中掺加抗裂纤维以增加柔韧性、提高抗裂性能，常用的纤维有木纤维、杜拉纤维和丙纶等。

（5）竖向板缝，要将接口胶结料挤压密实，随时捻口，GRC板上下水平缝要用低碱水泥砂浆嵌缝并抹成八字角。竖板缝两侧粘80mm宽嵌缝带。

（6）对于大开间的结构，安装时每隔3~5m预留一处安装缝不处理，放置一段时间，待应力释放完毕后再处理。

（7）提高操作工人责任心和技术水平，操作工人要经过专业岗前教育培训，安装工人必须相对稳定。

15.3.2 抹灰工程施工质量控制点

（1）对已审批的图纸进行会审，按已批准的图纸进行合理的施工安排，对施工过程中出现的设计变更，应报请原设计单位或具有相应资质的设计单位按有关规定进行。

（2）施工前按合同、设计文件、国家现行相关规范、现场勘察的实际情况等编写施工方案，并在施工过程中严格按施工方案开展施工。

（3）施工现场管理应具备相应的施工技术标准、健全的施工质量管理体系和工程质量检验制度。

（4）对进入现场的材料进行检查。检查内容包括材料是否完好，产品合格证书、性能检测报告是否符合要求。

（5）符合见证取样和送检相关规定的材料还应在监理单位或建设单位监督下，由施工单位的现场试验人员进行现场取样，并送至经过省级以上建设行政主管部门对其资质认可和质量技术监督部门对其计量认证的质量检测单位进行检测。

（6）抹灰工程应对水泥的凝结时间和安定性进行复验。

（7）抹灰层应分层进行。当抹灰总厚度大于或等于35mm时，应采取加强措施。不同材料基体交接处表面的抹灰，应采取防止开裂的加强措施，当采用加强网时，加强网与各基体的搭接宽度不应小于100mm。抹灰总厚度大于或等于35mm时的加强措施、不同材料基体交接处的加强措施等隐蔽工程项目应进行验收。

（8）施工须遵守过程控制和质量检验程序，并应有完整施工记录和检查记录。

（9）抹灰用的石灰膏的熟化期不应少于15d。罩面用的磨细石灰粉的熟化期不应少于3d。

（10）室内墙面、柱面和门洞口的阳角做法应符合设计要求。设计无要求时，应采用1:2水泥砂浆做暗护角，其高度不应低于2m，每侧宽度不应小于50mm。

（11）当要求抹灰层具有防水、防潮功能时，应采用防水砂浆。

（12）各种砂浆抹灰层，在凝结前应防止快干、水冲、撞击、振动和受冻，在凝结后应采取措施防止粘污和损坏。水泥砂浆抹灰层应在湿润条件下养护。

（13）外墙和顶棚的抹灰层与基层之间及各抹灰层之间必须粘结牢固。

（14）砂浆的配合比应符合设计要求。

（15）抹灰层应无脱层、空鼓，面层应无爆灰和裂缝。

（16）水泥砂浆不得抹在石灰砂浆层上。罩面石膏灰不得抹在水泥砂浆层上。

（17）抹灰分格缝的设置应符合设计要求，宽度和深度应均匀，表面应光滑，棱角应整齐。

（18）有排水要求的部位应做滴水线（槽）。滴水线（槽）应整齐顺直，滴水线应内高外低，滴水槽的宽度和深度均不应小于10mm。

一般抹灰和装饰抹灰的允许偏差见表15-2。

一般抹灰和装饰抹灰的允许偏差和检验方法 表15-2

项次	项 目	允许偏差（mm）						检验方法
		普通抹灰	高级抹灰	水刷石	斩假石	干粘石	假面砖	
1	立面垂直度	4	3	5	4	5	5	用2m垂直检测尺检查
2	表面平整度	4	3	3	3	5	4	用2m靠尺和塞尺检查
3	阴阳角方正	4	3	3	3	4	4	用直角检测尺检查
4	分格条（缝）直线度	4	3	3	3	3	3	拉5m线，不足5m拉通线，用钢直尺检查
5	墙裙、勒脚上口直线度	4	3	3	3	—	—	

15.3.3　墙体保温工程施工质量控制点

（1）对已审批的图纸进行会审，按已批准的图纸进行合理的施工安排，对施工过程中出现的设计变更，应报请原设计单位或具有相应资质的设计单位按有关规定进行。

（2）施工前按合同、设计文件、国家现行相关规范、现场勘察的实际情况等编写施工方案，并在施工过程中严格按施工方案开展施工。

（3）施工现场管理应具备相应的施工技术标准、健全的施工质量管理体系和工程质量检验制度。

（4）对进入现场的材料进行检查。检查内容包括材料是否完好，产品合格证书、性能检测报告是否符合要求。

（5）符合见证取样和送检相关规定的材料还应在监理单位或建设单位监督下，由施工单位的现场试验人员进行现场取样，并送至经过省级以上建设行政主管部门对其资质认可和质量技术监督部门对其计量认证的质量检测单位进行检测。

（6）内保温工程施工前，外门窗应安装完毕。水暖及装饰工程需要的管卡、挂件等预埋件，应留出位置或预埋完毕。电气工程的暗管线、接线盒等应埋设完毕，并应完成暗管线的穿带线工作。

（7）内保温工程施工现场应采取可靠的防火安全措施。

（8）内保温工程施工期间以及完工后24h内，基层墙体及环境空气温度不应低于0℃，平均气温不应低于5℃。外保温工程施工期间以及完工后24h内，基层及环境空气温度不应低于5℃。夏季应避免阳光暴晒。在5级以上大风天气和雨天不得施工。

（9）保温工程施工，应在基层墙体施工质量验收合格后进行。基层应坚实、平整、干燥、洁净。施工前，应按设计和施工方案的要求对基层墙体进行检查和处理，当需要找平时，应符合下列规定：应采用水泥砂浆找平，找平层厚度不宜小于0.3MPa，找平层垂直度和平整度应符合现行国家标准《建筑装饰装修工程质量验收规范》GB 50210的规定。基层墙体与找平层之间，应涂刷界面砂浆。当基层墙体为混凝土墙及砖砌体时，应涂刷 I 型界面砂浆界面层；基层墙体为加气混凝土时，应采用 II 型界面砂浆界面层。

（10）楼板与外墙、外墙与内墙交接的阴阳角处应粘贴一层 300mm 宽玻璃纤维网布，且阴阳角的两侧应各为 150mm；门窗洞口等处的玻璃纤维网布应翻折满包内口；在门窗洞口、电器盒四周对角线方向，应斜向加铺不小于 400mm × 200mm 的玻璃纤维网布。

（11）外保温复合墙体的热工和节能设计应符合下列规定：保温层内表面温度应高于 0℃；外保温系统应包覆门窗框外侧洞口、女儿墙以及封闭阳台等热桥部位；对于机械固定 EPS 钢丝网架板外墙外保温系统，应考虑固定件、承托件的热桥影响。

（12）对于具有薄抹面层的系统，保护层厚度应不小于 3mm 并且不宜大于 6mm。对于具有厚抹面层的系统，厚抹面层厚度应为 25 ~ 30mm。

（13）应做好外保温工程的密封和防水构造设计，确保水不会渗入保温层及基层。水平或倾斜的出挑部位以及延伸至地面以下的部位应做防水处理。在外墙外保温系统上安装的设备或管道应固定于基层上，并应做密封和防水设计。

（14）除采用现浇混凝土外墙外保温系统外，外保温工程施工前，外门窗洞口应通过验收，洞口尺寸、位置应符合设计要求和质量要求，门窗框或辅框应安装完毕。伸出墙面的消防梯、水落管、各种进户管线和空调器等的预埋件、连接件应安装完毕，并按外保温系统厚度留出间隙。

（15）EPS 板表面不得长期裸露，EPS 板安装上墙后应及时做抹面层。

（16）薄抹面层施工时，玻璃纤维网布不得直接铺在保温层表面，不得干搭接，不得外露。

（17）保温工程完工后，应做好成品保护。

15.3.4　饰面板（砖）工程施工质量控制点

（1）对已审批的图纸进行会审，按已批准的图纸进行合理的施工安排，对施工过程中出现的设计变更，应报请原设计单位或具有相应资质的设计单位按有关规定进行。

（2）施工前按合同、设计文件、国家现行相关规范、现场勘察的实际情况等编写施工方案，并在施工过程中严格按施工方案开展施工。

（3）施工现场管理应具备相应的施工技术标准、健全的施工质量管理体系和工程质量检验制度。

（4）对进入现场的材料进行检查。检查内容包括材料是否完好，产品合格证书、性能检测报告是否符合要求。

（5）符合见证取样和送检相关规定的材料还应在监理单位或建设单位监督下，由施工单位的现场试验人员进行现场取样，并送至经过省级以上建设行政主管部门对其资质认可和质量技术监督部门对其计量认证的质量检测单位进行检测。

（6）饰面板（砖）工程应对室内用花岗石的放射性；粘贴用水泥的凝结时间、安定性和抗压强度；外墙陶瓷面砖的吸水率；寒冷地区外墙陶瓷面砖的抗冻性等材料及其性能指标进行复验。

（7）饰面板（砖）工程应对预埋件（或后置埋件）、连接节点、防水层等隐蔽工程项目进行验收。

（8）饰面板（砖）工程的防震缝、伸缩缝、沉降缝等部位的处理应保证缝的使用功能和饰面的完整性。

（9）饰面板（砖）的品种、规格、颜色和性能应符合设计要求，木龙骨、木饰面板和塑料饰面板的燃烧性能等级应符合设计要求。

（10）饰面板（砖）孔、槽的数量、位置和尺寸应符合设计要求。

（11）饰面板（砖）安装工程的预埋件（或后置埋件）、连接件的数量、规格、位置、连接方法和防腐处理必须符合设计要求。后置埋件的现场拉拔强度必须符合设计要求。饰面板（砖）安装必须牢固。

（12）饰面板（砖）表面应平整、洁净、色泽一致，无裂痕和缺损。石材表面应无泛碱等污染。

（13）饰面板（砖）嵌缝应密实、平直，宽度和深度应符合设计要求，嵌填材料色泽应一致。

（14）采用湿作业法施工的饰面板工程，石材应进行防碱背涂处理。饰面板与基体之间的灌注材料应饱满、密实。满粘法施工的饰面砖工程应无空鼓、裂缝。

（15）饰面砖粘贴工程的找平、防水、粘结和勾缝材料及施工方法应符合设计要求及国家现行产品标准和工程技术标准的规定。

（16）阴阳角处搭接方式、非整砖使用部位应符合设计要求。

饰面板（砖）工程安装允许偏差见表15-3。

饰面板（砖）工程安装允许偏差 表15-3

项次	项目	允许偏差（mm）									检验方法
		石材			瓷板	木材	塑料	金属	外墙面砖	内墙面砖	
		光面	剁斧石	蘑菇石							
1	立面垂直度	2	3	3	2	1.5	2	2	3	2	用2m垂直检测尺检查
2	表面平整度	2	3	—	1.5	1	3	3	4	3	用2m靠尺和塞尺检查
3	阴阳角方正	2	4	4	2	1.5	3	3	3	3	用直角检测尺检查
4	接缝直线度	2	4	4	2	1	3	3	3	3	拉5m线，不足5m拉通线，用钢直尺检查
5	墙裙、勒脚上口直线度	2	3	3	2	1	2	2	—	—	
6	接缝高低差	0.5	3	—	0.5	0.5	1	1	1	0.5	用钢直尺和塞尺检查
7	接缝宽度	1	2	2	1	1	1	1	1	1	用钢直尺检查

案例分析

（一）背景

某学校对旧教学楼进行外墙和地面改造，外墙采用饰面砖，地面采用地板砖面层，基层为混凝土基层。

（二）问题

1. 饰面砖粘贴工程施工质量控制要点有哪些？

2. 板块楼地面施工验收中的主控项目有哪些？

（三）分析与处理

1. 饰面砖粘贴工程施工质量控制要点

（1）饰面砖的品种、规格、图案、颜色和性能应符合设计要求。

（2）饰面砖粘贴工程的找平、防水、粘结和勾缝材料及施工方法应符合设计要求及国家现行产品标准和工程技术标准的规定。

（3）饰面砖粘贴必须牢固。

（4）外墙饰面砖粘贴前和施工过程中，均应在相同基层上做样板件，并对样板件的饰面砖粘结强度进行检验，其检验方法和结果判定应符合《建筑工程饰面砖粘结强度检验标准》JGJ 110 的规定。

（5）满粘法施工的饰面砖工程应无空鼓、裂缝。

（6）饰面砖表面应平整、洁净、色泽一致，无裂纹和缺损。

（7）阴阳角处搭接方式、非整砖使用部位应符合设计要求。

（8）墙面突出物周围的饰面砖应整砖套割吻合，边缘应整齐。墙裙、贴脸突出墙面的厚度应一致。

（9）饰面砖接缝应平直、光滑，填嵌应连续、密实；宽度和深度应符合设计要求。

（10）有排水要求的部位应做滴水线（槽）。滴水线（槽）应顺直，流水坡向应正确，坡度应符合设计要求。

2. 板块地面施工验收的主控项目

（1）面层所用的板块的品种、质量必须符合设计要求。

（2）面层与下一层的结合（粘结）应牢固，无空鼓。

注：凡单块砖边角有局部空鼓，且每自然间（标准间）不超过总数的5%可不计。

15.3.5 涂饰工程施工质量控制点

（1）对已审批的图纸进行会审，按已批准的图纸进行合理的施工安排，对施工过程中出现的设计变更，应报请原设计单位或具有相应资质的设计单位按有关规定进行。

（2）施工前按合同、设计文件、国家现行相关规范、现场勘察的实际情况等编写施工方案，并在施工过程中严格按施工方案开展施工。

（3）施工现场管理应具备相应的施工技术标准、健全的施工质量管理体系和工程质量检验制度。

（4）对进入现场的材料进行检查。检查内容包括材料是否完好，产品合格证书、性能检测报告是否符合要求。

（5）符合见证取样和送检相关规定的材料还应在监理单位或建设单位监督下，由施工单位的现场试验人员进行现场取样，并送至经过省级以上建设行政主管部门对其资质认可和质量技术监督部门对其计量认证的质量检测单位进行检测。

（6）涂饰工程的基层处理应符合下列要求：新建筑物的混凝土或抹灰基层在涂饰涂料前应涂刷抗碱封闭底漆；旧墙面在涂饰涂料前应清除疏松的旧装修层，并涂刷界面剂；混凝土或抹灰基层涂刷溶剂型涂料时，含水率不得大于8%；涂刷乳液型涂料时，含水率不得大于10%；木材基层的含水率不得大于12%；基层腻子应平整、坚实、牢固，无粉化、起皮和裂缝；内墙腻子的粘结强度应符合国家现行相关标准的规定；厨房、卫生间必须使用耐水腻子。

（7）水性涂料涂饰工程施工的环境温度应在5～35℃之间。

（8）涂料涂饰工程所用涂料的品种、型号和性能应符合设计要求。涂料涂饰工程的颜色、图案应符合设计要求。涂饰应均匀、粘结牢固，不得漏涂、透底、起皮和掉粉。

水性涂料涂饰质量和检验方法见表15-4。

水性涂料涂饰质量和检验方法　　　　　　　　　　表15-4

项次	项目	薄涂料		厚涂料		复层涂料	检验方法
		普通	高级	普通	高级		
1	颜色	均匀一致					观察
2	泛碱、咬色	允许少量轻微	不允许	允许少量轻微	不允许	不允许	
3	流坠、疙瘩						
4	砂眼、刷纹	允许少量轻微砂眼，刷纹通顺	无砂眼，无刷纹				
5	点状分布	—	—	—	疏密均匀	—	
6	喷点疏密程度					均匀，不允许连片	
7	装饰线、分色线直线度允许偏差（mm）	2	1	—	—	—	拉5m线，不足5m拉通线，用钢直尺检查

案例分析

（一）背景

某大学图书楼大厅墙面基层为水泥砂浆面，按设计要求，采用多彩内墙涂料饰面。该涂料的特点：涂层无接缝，整体性强，无卷边和霉变，耐污、耐水、耐擦洗，施工方便、效率高。涂饰前作了技术交底，并明确了验收要求。

验收时发现如下缺陷：流挂、不均匀光泽、剥落、涂膜表面粗糙。

（二）问题

试分析产生上述各缺陷的原因。

（三）分析

1. 流挂。喷涂太厚，尤其多发生在转角处。

2. 不均匀光泽。中涂层吸收面层涂料不均匀。

3. 剥落（呈壳状）。表面潮湿；基层强度低；用水过度稀释涂料；涂料没有充分干燥。

4. 表面粗糙。涂料用量不足。

15.3.6 裱糊与软包工程施工质量控制点

（1）对已审批的图纸进行会审，按已批准的图纸进行合理的施工安排，对施工过程中出现的设计变更，应报请原设计单位或具有相应资质的设计单位按有关规定进行。

（2）施工前按合同、设计文件、国家现行相关规范、现场勘察的实际情况等编写施工方案，并在施工过程中严格按施工方案开展施工。

（3）施工现场管理应具备相应的施工技术标准、健全的施工质量管理体系和工程质量检验制度。

（4）对进入现场的材料进行检查。检查内容包括材料是否完好，产品合格证书、性能检测报告是否符合要求。

（5）符合见证取样和送检相关规定的材料还应在监理单位或建设单位监督下，由施工单位的现场试验人员进行现场取样，并送至经过省级以上建设行政主管部门对其资质认可和质量技术监督部门对其计量认证的质量检测单位进行检测。

（6）裱糊前，基层处理质量应达到下列要求：新建筑物的混凝土或抹灰基层墙面在刮腻子前应涂刷抗碱封闭底漆；旧墙面在裱糊前应清除疏松的旧装修层，并涂刷界面剂；混凝土或抹灰基层含水率不得大于8%；木材基层的含水率不得大于12%；基层腻子应平整、坚实、牢固，无粉化、起皮和裂缝；粘结强度应符合国家现行相关标准的规定；基层表面平整度、立面垂直度及阴阳角方正应达到高级抹灰的要求；基层表面颜色应一致；裱糊前应用封闭底胶涂刷基层。

（7）裱糊后各幅拼接应横平竖直，拼接处花纹、图案应吻合，不离缝，不搭接，不显拼缝（拼缝检查时距离墙面1.5m处正视）。

（8）壁纸、墙布应粘贴牢固，不得有漏贴、补贴、脱层、空鼓和翘边。

（9）裱糊后的壁纸、墙布表面应平整，色泽应一致，不得有波纹起伏、气泡、裂缝、皱折及斑污，斜视时应无胶痕。

（10）复合压花壁纸的压痕及发泡壁纸的发泡层应无损坏。

（11）壁纸、墙布与各种装饰线、设备线盒应交接严密。

（12）壁纸、墙布边缘应平直整齐，不得有纸毛、飞刺。

（13）壁纸、墙布阴角处搭接应顺光，阳角处应无接缝。

（14）软包面料、内衬材料及边框的材质、颜色、图案、燃烧性能等级和木材的含水率应符合设计要求及国家现行标准的有关规定。

（15）软包工程的安装位置及构造做法应符合设计要求。

（16）软包工程的龙骨、衬板、边框应安装牢固，无翘曲，拼缝应平直。

（17）单块软包面料不应有接缝，四周应绷压严密。

（18）软包工程表面应平整、洁净，无凹凸不平及皱折。图案应清晰、无色差，整体应协调、美观。

（19）软包边框应平整、顺直、接缝吻合。其表面涂饰质量应符合国家现行标准的有关规定。

（20）清漆涂饰木制边框的颜色、木纹应协调一致。

软包工程安装的允许偏差见表15-5。

软包工程安装的允许偏差和检验方法　　　　　表 15-5

项次	项　目	允许偏差（mm）	检验方法
1	垂直度	3	用 1m 垂直检测尺检查
2	边框宽度、高度	0；－2	用钢尺检查
3	对角线长度差	3	
4	裁口、线条接缝高低差	1	用钢直尺和塞尺检查

15.4　确定楼、地面工程施工质量控制点

15.4.1　楼、地面工程施工质量控制点

（1）从事建筑地面工程施工的建筑施工企业应有质量管理体系和相应的施工工艺技术标准。施工现场管理同样应具备相应的施工技术标准、健全的施工质量管理体系和工程质量检验制度。

（2）建筑地面工程采用的材料或产品应符合设计要求和国家现行有关标准的规定。无国家现行标准的，应具有省级住房和城乡建筑行政主管部门的技术认可文件。材料或产品进场时还应具有质量合格证明文件。

（3）建筑地面工程采用的大理石、花岗石、料石等天然石材以及砖、预制板块、地毯、人造板材、胶粘剂、涂料、水泥、砂、石、外加剂等材料或产品应符合国家现行有关室内环境污染控制和放射性、有害物质限量的规定。材料进场时应具有检测报告。

（4）材料进场时应对其型号、规格、外观等进行验收。符合见证取样和送检相关规定的材料还应在监理单位或建设单位监督下，由施工单位的现场试验人员进行现场取样，并送至经过省级以上建设行政主管部门对其资质认可和质量技术监督部门对其计量认证的质量检测单位进行检测。

（5）建筑地面的沉降缝、伸缝、缩缝、防震缝应与结构相应缝的位置一致，且应贯通建筑地面的各构造层。宽度应符合要求，缝内清理干净，以柔性密封材料填嵌后用板封盖，并应与面层齐平。

（6）厕浴间和有防滑要求的建筑地面应符合设计防滑要求。

（7）地面辐射供暖系统施工验收合格后，方可进行面层以铺设。面层分格缝的构造做法应符合设计要求。

（8）建筑地面下的沟槽、暗管、保温、隔热、隔声等工程完工后，应经检验合格并做隐蔽记录，方可进行建筑地面工程的施工。各类面层的铺设宜在室内装饰工程基本完工后进行。木、竹面层、塑料板面层、活动地板面层、地毯面层的铺设应待抹灰工程、管道试压等完工后进行。

（9）建筑地面工程施工时，各层环境温度的控制应符合材料或产品的技术要求。

（10）厕浴间、厨房和有排水（或其他液体）要求的建筑地面面层与相连各类面层的标高差应符合设计要求。

（11）检验同一施工批次、同一配合比水泥混凝土和水泥砂浆强度的试块，应按每一层（或检验批）建筑地面工程不少于1组。当每一层（或检验批）建筑地面工程面积大于1000m² 时，每增加1000m² 应增做1组试块；小于1000m² 按1000m² 计算，取样1组；检验同一施工批次、同一配合比的明沟、踏步、台阶的水泥混凝土、水泥砂浆强度的试块，应按每150延长米不少于1组。

（12）建筑地面工程完工后，应对面层采取保护措施。

（13）室内地面的水泥混凝土垫层和陶粒混凝土垫层，应设置纵向缩缝和横向缩缝。纵向缩缝、横向缩缝的间距均不得大于6m。

（14）水泥混凝土垫层和陶粒混凝土垫层采用的粗骨料，其最大粒径不应大于垫层厚度的2/3，含泥量不应大于3%；砂为中粗砂，其含泥量不应大于3%。陶粒中粒径小于5mm的颗粒含量应小于10%；粉煤灰陶粒中大于15mm的颗粒含量不应大于5%；陶粒中不得混夹杂物或黏土块。

（15）找平层宜采用水泥砂浆或水泥混凝土铺设。当找平层厚度小于30mm时，宜用水泥砂浆做找平层。当找平层厚度不小于30mm时，宜用细石混凝土做找平层。

（16）有防水要求的建筑地面工程，铺设前必须对立管、套管和地漏与楼板节点之间进行密封处理，并应进行隐蔽验收；排水坡度应符合设计要求。

（17）找平层采用碎石或卵石的粒径不应大于其厚度的2/3，含泥量不应大于2%。砂为中粗砂，其含泥量不应大于3%。

（18）水泥砂浆体积比、水泥混凝土强度等级应符合设计要求，且水泥砂浆体积比不应小于1:3（或相应强度等级）。水泥混凝土强度等级不应小于C15。

（19）找平层与其下一层结合应牢固，不应有空鼓。

（20）找平层表面应密实，不应有起砂、蜂窝和裂缝等缺陷。

（21）隔离层材料的防水、防油渗性能应符合设计要求。当采用掺有防渗外加剂的水泥类隔离层时，其配合比、强度等级、外加剂的复合掺量等应符合设计要求。

（22）在水泥类找平层上铺设卷材类、涂料类防水、防油渗隔离层时，其表面应坚固、洁净、干燥。铺设前，应涂刷基层处理剂。

（23）防水隔离层铺设后，应按规定进行蓄水试验，并做记录。

（24）厕浴间和有防水要求的建筑地面必须设置防水隔离层。楼层结构必须采用现浇混凝土或整块预制混凝土板，混凝土强度等级不应小于C20。房间的楼板四周除门洞外，应做混凝土翻边，高度不应小于200mm，宽同墙厚，混凝土强度等级不应小于C20。

（25）防水隔离层严禁渗漏，排水的坡向应正确、排水通畅。

基层表面的允许偏差见表15-6。

案例分析

（一）背景

某办公楼采用现浇钢筋混凝土框架结构，为混凝土地面。施工过程中，发现房间地坪质量不合格，有多间房间出现起砂现象。

（二）问题

1. 混凝土地面施工质量要求是什么？

2. 对于该项工程所出现的起砂现象应采取哪些防治措施？

（三）分析与处理

1. 混凝土面层施工质量要求

（1）混凝土面层厚度应符合设计要求

（2）混凝土面层铺设不得留施工缝。当施工间隙超过允许时间规定时，应对接缝处进行处理。

（3）混凝土采用的粗骨料，其最大粒径不应大于面层厚度的 2/3，细石混凝土面层采用的石子粒径不应大于 15mm。

（4）面层的强度等级应符合设计要求，且水泥混凝土面层强度等级不应小于 C20；水泥混凝土垫层兼面层强度等级不应小于 C15。

（5）面层与下层应结构牢固，无空鼓、裂纹。

2. 预防起砂缺陷的质量问题的防治措施

（1）原材料的选择必须符合施工规范规定，严格控制水灰比。

（2）垫层事前要充分湿润。

（3）掌握好面层的压光时间。

（4）水泥地面压光后，应加强养护，养护时间不应少于 7d，抗压强度应达到 5MPa，方准上人行走。

（5）冬期施工时，环境温度不应低于 5℃，若在负温度下抹水泥地面，应防止早期受冻。

15.4.2　整体面层施工质量控制点

（1）水泥宜采用硅酸盐水泥、普通硅酸盐水泥，不同品种、不同强度等级的水泥不应混用。砂应为中粗砂，当采用石屑时，其粒径应为 1~5mm，且含泥量不应大于 3%。防水水泥砂浆采用的砂或石屑，其含泥量不应大于 1%。

（2）混凝土采用的粗骨料，最大粒径不应大于面层厚度的 2/3，细石混凝土面层采用的石子粒径不应大于 16mm。

（3）铺设整体面层时，水泥类基层的抗压强度不得小于 1.2MPa。表面应粗糙、洁净、湿润，并不得有积水。铺设前宜凿毛或涂刷界面剂。

（4）室内地面的水泥混凝土垫层和陶粒混凝土垫层，应设置纵向缩缝和横向缩缝。纵向缩缝、横向缩缝的间距均不得大于 6m。大面积水泥类面层应设置分格缝。

（5）整体面层施工后，养护时间不应少于 7d。抗压强度应达到 5MPa 后方准上人行走。抗压强度应达到设计要求后，方可正常使用。

（6）当采用掺有水泥拌合料做踢脚线时，不得用石灰混合砂浆打底。

（7）水泥类整体面层的抹平工作应在水泥初凝前完成，压光工作应在水泥终凝前完成。

（8）混凝土面层铺设不得留施工缝。当施工间隙超过允许时间规定时，应对接槎处进行处理。

表 15-6

基层表面的允许偏差和检验方法

项次	项目	允许偏差														检验方法
		基土	垫层		木搁栅层	垫层地板		找平层			金属面层	填充层		隔离层	绝热层	
			砂、砂石、碎石、碎砖	灰土、三合土、四合土、炉渣、水泥混凝土、陶粒混凝土		拼花实木地板、拼花实木复合地板、软木地板地面层	其他种类面层	用胶粘料做结合层铺设板块面层	用水泥砂浆做结合层铺设块面层	用胶粘剂做结合层铺设拼花木板、浸渍纸层压木质地板、实木复合地板、竹地板、软木地板面层		松散材料	板、块材料	防水、防潮、防油渗	板块材料、浇筑材料、喷涂材料	
1	表面平整度	15	15	10	3	3	5	3	5	2	3	7	5	3	4	用 2m 靠尺和楔形塞尺检查
2	标高	0 -50	±20	±10	±5	±5	±8	±5	±8	±4	±4	±4	±4	±4	±4	用水准仪检查
3	坡度	不大于房间相应尺寸的 2/1000，且不大于 30														用坡度尺检查
4	厚度	在个别地方不大于设计厚度的 1/10，且不大于 20														用钢尺检查

294

（9）混凝土面层的强度等级应符合设计要求，且强度等级不应小于C20。

（10）面层与下一层应结合牢固，且应无空鼓和开裂。当出现空鼓时，空鼓面积不应大于400cm²，且每自然间或标准间不应多于2处。

（11）踢脚线与柱、墙面应紧密结合，踢脚线高度和出柱、墙厚度应符合设计要求且均匀一致。当出现空鼓时，局部空鼓长度不应大于300mm，且每自然间或标准间不应多于2处。

（12）楼梯、台阶踏步的宽度、高度应符合设计要求。楼层楼段相邻踏步高度差不应大于10mm。每踏步两端宽度差不应大于10mm，旋转楼梯梯段的每踏步两端宽度的允许偏差不应大于5mm。踏步面层应做防滑处理。

（13）水泥砂浆面层施工时，水泥砂浆的体积比（强度等级）应符合设计要求，且体积比应为1:2，强度等级不应小于M15。

整体面层的允许偏差见表15-7。

整体面层的允许偏差和检验方法   表15-7

项次	项目	允许偏差（mm）									检验方法
		水泥混凝土面层	水泥砂浆面层	普通水磨石面层	高级水磨石面层	硬化耐磨面层	防油渗混凝土和不发火（防爆）面层	自流平面层	涂料面层	塑胶面层	
1	表面平整度	5	4	3	2	5		2	2	2	用2m靠尺和楔形塞尺检查
2	踢脚线上口平直	4	4	3	3	4	4	3	3	3	拉5m线和用钢尺检查
3	缝格平直	3	3	3	2	3	3	2	2	2	

15.4.3 板块面层施工质量控制点

（1）铺设板块面层时，其水泥类基层的抗压强度不得小于1.2MPa。

（2）铺设板块面层的结合层和板块间的填缝采用水泥砂浆时，水泥应采用硅酸盐水泥、普通硅酸盐水泥或矿渣硅酸盐水泥。

（3）铺设陶瓷马赛克、陶瓷地砖、缸砖、大理石、花岗石等面层的结合层和填缝材料采用水泥砂浆时，在面层铺设后，表面应覆盖、湿润，养护时间不应少于7d。

（4）大面积板块面层的伸缩缝及分格缝应符合设计要求。

（5）板块类踢脚线施工时，不得采用混合砂浆打底。

（6）面层与下层的结合（粘结）应牢固，无空鼓（单块砖边角允许有局部空鼓，但每自然间或标准间的空鼓砖不应超过总数的5%）。

（7）楼梯、台阶踏步的宽度、高度应符合设计要求。楼层楼段相邻踏步高度差不应大于10mm。每踏步两端宽度差不应大于10mm，旋转楼梯梯段的每踏步两端宽度的允许偏差不应大于5mm。踏步面层应做防滑处理。

板块面层的允许偏差见表 15-8。

板块面层的允许偏差和检验方法 表 15-8

项次	项目	允许偏差（mm）											检验方法
		陶瓷马赛克面层、高级水磨石板、陶瓷地砖面层	缸砖面层	水泥花砖面层	水磨石板块面层	大理石面层、花岗石面层、人造石面层、金属板面层	塑料板面层	水泥混凝土板块面层	碎拼大理石、碎拼花岗石面层	活动地板面层	条石面层	块石面层	
1	表面平整度	2.0	4.0	3.0	3.0	1.0	2.0	4.0	3.0	2.0	10	10	用 2m 靠尺和楔形塞尺检查
2	缝格平直	3.0	3.0	3.0	3.0	2.0	3.0	3.0	—	2.5	8.0	8.0	拉 5m 线和用钢尺检查
3	接缝高低差	0.5	1.5	0.5	1.0	0.5	0.5	1.5	—	0.4	2.0	—	用钢尺和楔形塞尺检查
4	踢脚线上口平直	3.0	4.0	—	4.0	1.0	2.0	4.0	1.0	—	—	—	拉 5m 线和用钢尺检查
5	板块间隙宽度	2.0	2.0	2.0	2.0	1.0	—	6.0	—	0.3	5.0	—	用钢尺检查

15.4.4 木地板面层施工质量控制点

（1）木、竹地板面层下的木搁栅、垫木、垫层地板等采用木材的树种、选材标准和铺设时木材含水率以及防腐、防蛀处理等，均应符合现行国家有关规范的规定。所选用的材料应符合设计要求，进场时应对其断面尺寸、含水率等主要技术指标进行抽检，抽检数量应符合国家现行有关标准的规定。

（2）用于固定和加固用的金属零部件应采用不锈蚀或经过防锈处理的金属件。

（3）与厕浴间、厨房等潮湿场所相邻的木、竹面层的连接处应做防水（防潮）处理。

（4）木、竹面层铺设在水泥类基层上，其基层表面应坚硬、平整、洁净、不起砂，表面含水率不应大于 8%。

（5）铺设实木地板、实木集成地板、竹地板面层时，其木搁栅的截面尺寸、间距和稳固方法等均应符合设计要求。木搁栅固定时，不得损坏基层和预埋管线。木搁栅应垫实钉牢，与柱、墙之间留出 20mm 的缝隙，表面应平直，其间距不宜大于 300mm。

（6）当面层下铺设垫层地板时，垫层地板的髓心应向上，板间缝隙不应大于 3mm，与柱、墙之间应留 8~12mm 的空隙，表面应刨平。

（7）实木地板、实木集成地板、竹地板面层铺设时，相邻板材接头位置应错开不小于 300mm 的距离；与柱、墙之间应留出 8~12mm 的空隙。

（8）采用实木制作的踢脚线，背面应抽槽并做防腐处理。

（9）木搁栅、垫木和垫层地板等应做防腐、防蛀处理。

（10）木搁栅安装应牢固、平直。

（11）地板面层铺设应牢固。粘结应无空鼓、松动。

（12）地板面层无明显刨痕和毛刺等现象。图案应清晰、颜色应均匀一致。板面应无翘曲。面层接缝应严密。接头位置错开，表面应平整、洁净。面层采用粘、钉工艺时，接缝应对齐，粘、钉应严密。缝隙宽度应均匀一致。表面应洁净，无溢胶现象。踢脚线应表面光滑，接缝严密，高度一致。

（13）实木复合地板面层铺设时，相邻板材接头位置应错开不小于300mm的距离。与柱、墙之间应留不小于10mm的空隙。当面层采用无龙骨的空铺法铺设时，应在面层与柱、墙之间的空隙内加设金属弹簧卡或木楔子，其间距宜为200～300mm。

（14）大面积铺设实木复合地板面层时，应分层铺设，分段缝的处理应符合设计要求。

（15）浸渍纸层压木质地板面层铺设时，相邻板材接头位置应错开不小于300mm的距离。衬垫层、垫层地板及面层与柱、墙之间均应留出不小于10mm的空隙。

（16）浸渍纸层压木质地板面层采用无龙骨的空铺法铺设时，宜在面层与基层之间设置衬垫层，衬垫层的材料和厚度应符合设计要求。并应在面层与柱、墙之间的空隙内加设金属弹簧卡或木楔子，其间距宜为200～300mm。

（17）软木类地板面层的垫层地板在铺设时，与柱、墙之间应留不大于20mm的空隙，表面应刨平。

（18）软木类地板面层铺设时，相邻板材接头位置应错开不小于1/3板长且不小于200mm的距离。面层与柱、墙之间应留出8～12mm的空隙。软木复合地板面层铺设时，应在面层与柱、墙之间的空隙内加设金属弹簧卡或木楔子，其间距宜为200～300mm。

木、竹面层的允许偏差见表15-9。

木、竹面层的允许偏差和检验方法　　　　　　　　　　表15-9

项次	项　目	允许偏差（mm）				检验方法
		实木地板、实木集成地板、竹地板面层			浸渍纸层压木质地板、实木复合地板、软木类地板面层	
		松木地板	硬木地板、竹地板	拼花地板		
1	板面缝隙宽度	1.0	0.5	0.2	0.5	用钢尺检查
2	表面平整度	3.0	2.0	2.0	2.0	用2m靠尺和楔形塞尺检查
3	踢脚线上口平齐	3.0	3.0	3.0	3.0	拉5m线和用钢尺检查
4	板面拼缝平直	3.0	3.0	3.0	3.0	
5	相邻板材高差	0.5	0.5	0.5	0.5	用钢尺和楔形塞尺检查
6	踢脚线与面层的接缝	1.0				用楔形塞尺检查

第16章 确定施工安全防范重点

16.1 确定脚手架安全防范重点

16.1.1 一般规定

（1）材质合格，不得钢竹混搭，高层脚手架应经专门设计计算。

（2）立杆底部为硬基层，回填土应坚实、平整，下垫5cm厚木板，底部排水要畅通。

（3）按规定设置拉撑点，剪刀撑用钢管，接头搭接不小于60cm。见图16-1。

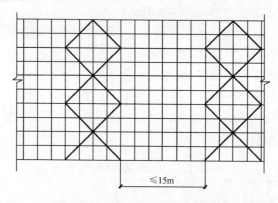

图16-1 高度24m以下剪刀撑布置

（4）每隔四步要铺隔离笆，伸入墙面。二步架起及以上外侧设挡脚笆或安全挂网。

（5）设登高通道，坡度应符合规范要求，在外侧设配防护栏杆。转弯平台须设两道水平栏杆。

16.1.2 材料

（1）钢管脚手应用外径48～51mm、壁厚3～3.5mm的钢管，长度以4～6.5m和2.1～2.3m为宜。有严重锈蚀、弯曲、压扁或裂纹的不得使用。

（2）扣件应有出厂合格证明，发现有脆裂、变形、滑丝的禁止使用。

（3）木杆应采用剥皮杉木和其他各种坚韧硬木。杨木、柳木、桦木、椴木、油松和腐朽、折裂、枯节等易折木杆，一律禁止使用。

（4）木脚手立杆，有效部分的小头直径不得小于7cm，大横杆、小横杆（排木）有效部分的小头直径不得小于8cm，6～8cm之间的可双杆合并或单根加密使用。

（5）竹脚手的立杆、大横杆、剪刀撑、支杆等有效部分的小头直径不得小于7.5cm；

小横杆不得小于9cm（6~9cm之间的可双杆合并或单根加密使用）。青嫩、枯脆、裂纹、白麻、虫蛀的竹杆不得使用。

（6）钢制脚手架应采用2~3mm的Ⅰ级钢材，长度为1.5~3.6m，宽度20~25cm，肋高5cm为宜，两端应有连接装置，板面应钻有防滑孔。凡是有裂纹、扭曲的不得使用。

（7）木脚手板应用厚度不小于5cm的杉木或松木板，宽度以20~30cm为宜，凡是有腐朽、扭曲、斜纹、破裂和大横透节的不得使用。板的两端8cm处应用镀锌钢丝箍绕2~3圈或用铁皮钉牢。

（8）竹片脚手板，板厚不得小于6cm，螺栓孔不得大于1cm，螺栓必须拧紧。竹编脚手板，其两边的竹杠直径不得小于4.5cm，长度一般以2.3~3m，宽度以40cm为宜。

（9）脚手架的绑扎材料可采用8号镀锌钢丝，直径不少于10mm的麻绳或竹篾。

16.1.3 外脚手架

（1）钢管脚手架的立杆应垂直稳放在金属底座或垫木上。立杆间距不得大于2m；大横杆间距不得大于1.2m；小横杆间距不得大于1.5m。钢管立杆、大横杆接头应错开，要用扣件连接拧紧螺栓，不准用钢丝绑扎。

（2）木脚手架的立杆应埋入地下30~50cm，埋杆前先挖好土坑，将底部夯实并垫以砖石，如遇松土或者无法挖坑时，应绑扫地杆。木脚手架的立杆间距不得大于1.5m；大横杆间距不得大于1.2m；小横杆间距不得大于1m。

（3）竹脚手必须搭设双排架子。立杆间距不得大于1.3m；小横杆间距不得大于0.75m。

（4）抹灰、勾缝、油漆等外装修用的脚手架，宽度不得小于0.8m，立杆间距不得大于2m；大横杆间距不得大于1.8m。

（5）木、竹立杆和大横杆应错开搭接，搭接长度不得小于1.5m。绑扎时小头应压在大头上，绑扣不得少于三道。立杆、大横杆、小横杆相交时，应先绑两根，再绑第三根，不得一扣绑三根。

（6）单排脚手架的小横杆伸入墙内不得少于24cm；伸出大横杆外不得少于10cm。通过门窗口和通道时，小横杆的间距大于1m应绑吊杆；间距大于2m时，吊杆下需加设顶撑。

（7）18cm厚的砖墙、空斗墙和砂浆强度等级在M10以下的砖墙，不得用单排脚手架。

（8）脚手架的负荷量，每平方米不能超过270kg。如果负荷量必须加大，应按照施工方案进行架设。

（9）脚手架两端、转角处以及每隔6~7根立杆应设剪刀撑和支杆。剪刀撑和支杆与地面的角度应不大于60°，支杆底端要埋入地下不小于30cm。架子高度在7m以上或无法设支杆时，每高4m，水平每隔7m，脚手架必须同建筑物连接牢固。

（10）架子的铺设宽度不得小于1.2m。脚手架须满铺，离墙面不得大于20cm，不得有空隙和探头板。脚手板搭接时不得小于20cm；对头接时应架设双排小横杆，间距不大于20cm。在架子拐弯处脚手板应交叉搭接。垫平脚手板应用木块且要钉牢，不得用砖垫。

（11）翻脚手板应由里往外按顺序进行，在铺第一块或翻到最外一块脚手板时，必须挂牢安全带。

（12）上料斜道的铺设宽度不得小于 1.5m，坡度不得大于 1:3，防滑条的间距不得大于 30cm。

（13）脚手架的外侧、斜道和平台，要绑 1m 高的防护栏杆和钉 18cm 高的挡脚板或防护立网。

（14）在门窗洞口搭设挑架（外伸脚手架），斜杆与墙面一般不大于 30°，并应支承在建筑物的牢固部分，不得支承在窗台板、窗檐、线脚等地。墙内大横杆两端都必须伸过门窗洞两侧不少于 25cm。挑架所有受力点都要绑双扣，同时要绑防护栏杆。

16.1.4 内脚手架

（1）砌筑内脚手架铺设宽度不得小于 1.2m，高度应保持低于外墙 20cm。

（2）内脚手架的支架间距不得大于 1.5m，支架底脚要有垫木块，并支在能承受荷重的结构上、搭设双层架时，上下支架必须对齐，同时支架间应绑斜撑拉固。

（3）砌墙高度超过 4m 时，必须在墙外搭设能承受 160kg 重的安全网或防护挡板。多层建筑应在二层和每隔四层设一道固定的安全网。同时再设一道随施工高度提升的安全网。

（4）搭设安全网应每隔 3m 设一根支杆，支杆与地平一般须保持 45°，在楼层支网须事先预埋钢筋环或在墙的里外侧各绑一道横杆。网应外高里低，网与网之间须拼接严密，网内杂物要随时清扫。

16.1.5 其他脚手架

（1）金属挂架的间距，一般不得大于 2m。预埋的挂环（钢销片）必须牢固，挂环距门窗口两侧不得少于 24cm，60cm 的窗间墙只准设一个挂环，最上一层的挂环要设在顶板下不少于 75cm。安挂架时，应两人配合操作，插销必须插牢，挂钩插入圆孔内须垂直挂到底，支承钢板要紧贴于墙面。在建筑物转角处，应挑出水平杆，互相绑牢。

（2）吊栏应严格按照设计图纸进行安装。悬挂吊栏的钢丝绳围绕挑梁不得少于三圈，卡头的卡子不得少于三个，每个吊栏不少于两根保险绳，每次提升后要将保险绳与吊栏卡牢固定。钢丝绳不得与建筑物或其他构件摩擦，靠近时应用垫物或滑轮隔开。散落在上面的杂物要随时清除。

（3）用手扳葫芦升降的吊栏，操纵时严禁同时扳动前进杆与返向杆，降落时要先取掉前进杆上的套管，然后扳动返向杆徐徐降落。

（4）桥式脚手架的支承架底座应夯实，并用垫木垫稳，每层必须与建筑物连接牢固。桁架应在地面组装，桁架两端的角钢必须卡抱支承架两侧角钢。用倒链或手扳葫芦提升时要安好保险绳，就位后立即与支承架挂牢。

（5）用钢管搭设井架，相邻两立杆接头错开不少于 50cm，横杆和剪刀撑（十字撑）要同时安装。滑轨必须垂直，两轨间距误差不得超过 10mm。

（6）钢门架整体竖立时，底部须用拉索与地锚固定，防止滑移，上部应绑好缆风，对角拉牢，就位后收紧固定缆风。

（7）井架、门架和烟囱、水塔等脚手架，凡高度 10~15m 的要设一组缆风绳（4~6

根），每增高10m加设一组。在搭设时应先设临时缆风绳，待固定缆风绳设置稳妥后，再拆临时缆风绳。缆风绳与地面的角度应为45°~60°，要单独牢固地拴在地锚上，并用花篮螺栓调节松紧，调节时必须对角交错进行，缆风绳禁止拴在树木、电杆等物体上。

（8）脚手架、井架、门架安装完毕，必须经施工负责人验收合格后方准使用。

16.1.6 脚手架拆除

（1）拆除脚手架，周围应设围栏或警戒标志，并设专人看管，禁人入内。拆除应按顺序由上而下，一步一清，不准上下同时作业。

（2）拆除脚手架大横杆、剪刀撑，应先拆中间扣，再拆两头扣，由中间操作人往下顺杆子。

（3）拆下的脚手杆、脚入板、钢管、扣件、钢丝绳等材料。应向下传递或用绳吊下，禁止往下投扔。

16.2 确定洞口、临边防护安全防范重点

1. 临边作业安全防护

（1）施工深度离基准面达到2m及以上时必须设置1.2m高的两道护身栏杆，并按要求设置固定高度不低于18cm的挡脚板，或搭设固定的立网防护。

（2）横杆长度大于2m时，必须加设栏杆柱，栏杆柱的固定及其与横杆的连接，其整体构造应在任何一处能经受任何方向的1000N的外力。

（3）当临边的外侧面临街道时，除防护栏杆外，敞口立面必须采取满挂密目安全立网或其他可靠措施做全封闭处理。

（4）分层施工的楼梯口、竖井梯边及休息平台处必须安装临时护栏，见图16-2。

2. 洞口作业安全防护

（1）施工作业面、楼板、屋面和平台等面上短边尺寸为25cm及以下的洞口，必须设坚实盖板并能防止挪动移位。

（2）25cm×25cm~50cm×50cm的洞口，必须设置固定盖板，保持四周搁置均衡，有固定其位置的措施。

（3）50cm×50cm~150cm×150cm的洞口，必须预埋通长钢筋网片，钢筋间距不得大于15cm，或满铺脚手板，脚手板应绑扎固定，任何人不得随意移动。

（4）150cm×150cm以上的洞口，四周必须搭设围护架，并设双道防护栏杆，洞口中间支挂水平安全网，网的四周必须牢固、严密。

（5）位于车辆行驶道路旁的洞口、深沟、管道、坑、槽等，所加盖板应能承受不小于当地额定卡车后轮有效承载力两倍的荷载。

（6）电梯井必须设不低于1.8m的金属防护门。

（7）洞口必须按规定设置照明装置和安全标志。

洞口防护作业见图16-3。

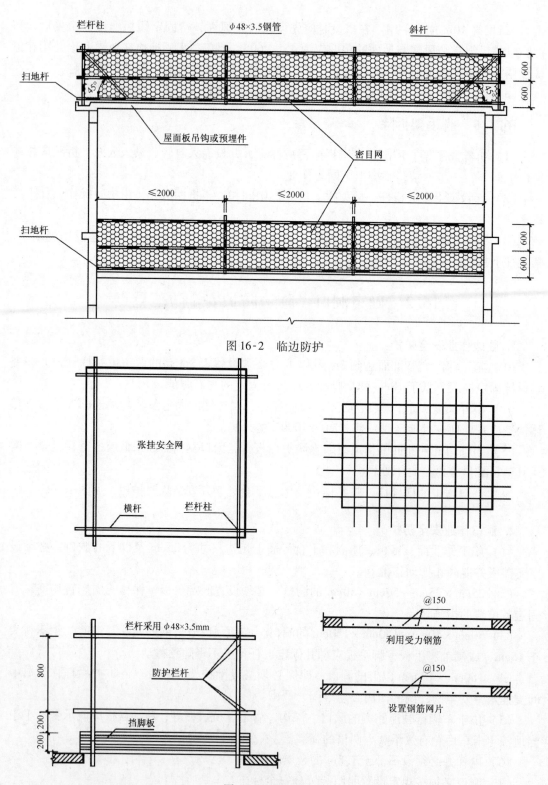

图 16-2 临边防护

图 16-3 洞口防护

栏杆柱　φ48×3.5钢管　斜杆

扫地杆

屋面板吊钩或预埋件

密目网

≤2000　≤2000　≤2000

扫地杆

张挂安全网

横杆　栏杆柱

栏杆采用 φ48×3.5mm

防护栏杆

挡脚板

@150

利用受力钢筋

@150

设置钢筋网片

16.3 确定垂直运输机械安全防范重点

1. 起重吊装"十不吊"规定

（1）起重臂和吊起的重物下面有人停留或行走不准吊。

（2）起重指挥应由技术培训合格的专职人员担任，无指挥或信号不清不准吊。

（3）钢筋、型钢、管材等细长和多根物件应捆扎牢靠，支点起吊。捆扎不牢不准吊。

（4）多孔板、积灰斗、手推翻斗车不用四点吊或大模板外挂板不用卸甲不准吊。预制钢筋混凝土楼板不准双拼吊。

（5）吊砌块应使用安全、可靠的砌块夹具，吊砖应使用砖笼，并堆放整齐。木砖、预埋件等零星物件要用盛器堆放稳妥，叠放不齐不准吊。

（6）楼板、大梁等吊物上站人不准吊。

（7）埋入地下的板桩、井点管等下有粘连、附着的物件不准吊。

（8）多机作业，应保证所吊重物距离不小于3m。在同一轨道上多机作业，无安全措施不准吊。

（9）遇6级及以上强风不准吊。

（10）斜拉重物或超过机械允许荷载不准吊。

2. 井架

（1）物料提升机检查评定应符合现行行业标准《龙门架及井架物料提升机安全技术规范》JGJ 88—2010 的规定。

（2）井架下部三面搭防护棚，正面宽度不小于2m，两侧不小于1m，井架高度超过30m，棚顶设双层。

（3）井架底层入口处设外压门，楼层通道口设安全门，通道两侧设护栏，下设挡脚笆。

（4）井架吊篮安装内落门、冲顶限位和弹闸等防护安全装置。

（5）井架底部设可靠的接地装置。

（6）井架本身腹杆及连接螺栓应齐全，缆风绳及与建筑物的硬支撑应按规定搭设，齐全、牢固。

（7）临街或人流密集区，在防坠棚以上三面挂安全网防护。

3. 人货两用电梯

（1）电梯下部三面应搭设双层防坠棚，搭设宽度正面不小于2.8m，两侧不小于1.8m，搭设高度为4m。

（2）必须设有楼层通信装置或传话器。

（3）楼层通道口须设防护门及明显标识，电梯吊笼停层后与通道桥之间的间隙不大于10cm，通道桥两侧须设有防护栏杆和挡脚笆。

（4）应装有良好的接地装置，底部排水要畅通。

（5）吊笼门上要挂设起重量、乘人限额标识牌。

4. 塔吊

（1）"三保险"、"五限位"应齐全、有效。

（2）夹轨器要齐全。

（3）路轨纵横向高低差不大于1%，路轨两端设缓冲器，离轨端不小于1m。

（4）轨道横拉杆两端各设一组，中间杆距不大于6m。

（5）路轨接地两端各设一组，中间间距不大于25m，电阻不大于4Ω。

（6）轨道内排水应畅通，移动部位电缆严禁有接头。

（7）轨道中间严禁堆杂物，路轨两侧和两端外堆物应离塔吊回转台尾部50cm以上。

16.4 确定高处作业安全防范重点

16.4.1 一般规定

（1）凡高度在4m以上建筑物施工的必须支搭安全水平网，网底距地不小于3m。

（2）建筑物出入口应搭设长3~6m，且宽于通道两侧各1m的防护网，非出入口和通道两侧必须封严。

（3）对人或物构成威胁的地方，必须支搭防护棚，保证人、物的安全。

（4）高处作业使用的凳子应牢固，不得摇晃，凳间距离不得大于2m，且凳上脚手板至少铺两块以上，凳上只许一人操作。

（5）作业人员必须穿戴好个人劳动防护用品，严禁投掷物料。

（6）在人字梯上施工不准站在顶部上二档作业，不准夹梯行走，一部梯子上不准站两人作业。

（7）门式移动脚手架上施工，要有防护栏杆，作业时轮子要有效刹住，不得晃动，移动架子时上面不准有人连架移动。

16.4.2 高处作业防范重点

（1）从事高处作业要定期体检，凡患有高血压、心脏病、贫血病和癫痫病以及其他不适应高处作业的人员，不得从事高处作业。

（2）高处作业衣着要灵便，禁止穿硬底和带钉、易滑的鞋。

（3）高处作业所用材料要堆放平稳，工具应随手放入工具袋内，上下传递物件禁止抛掷。

（4）遇有恶劣气候（如风力在6级以上）影响施工安全时，禁止进行露天高空、起重和打桩作业。

（5）人字梯、单梯不得缺档或垫高使用，梯子横档间距以30cm为宜，使用时上端要扎牢，下端应采取防滑措施。单面梯与地面夹角以60°~70°为宜，禁止二人同时在一部梯上作业，不准夹梯行走，不许私自接长使用人字梯上面可设软布袋存放工具，下面两腿之间设宽帆布带拉结，在通道处使用梯子，应有人监护或设置围栏。

（6）没有安全防护措施的，禁止在屋架的上弦、支撑、桁条、挑架的挑梁和半固定的构件上行走或作业。高处作业与地面联系，应设通信装置并由专人负责。

（7）乘人的外用电梯，室内的载人电梯等应有可靠的安全装置。要指派专业人员培训操作，禁止攀登起重臂、绳索和随同运料的吊笼吊物上下或人货混装。

（8）高空作业无防护必须要系好安全带，安全带要高挂低施工。

（9）可移动活动脚手架不准私自拆卸杆件，叠加使用时一定要有安全稳固措施，要设置防护栏杆，移动时上面不准许有人。

16.5　确定明火作业安全防范重点

1. 电焊机

（1）一机一闸并应装有随机开关和二次侧防漏电保护器。

（2）一、二次电源线符合安全要求，电源与焊机接头处应有防护装置，二次线要使用线鼻子。

（3）接地线要规范牢固。

2. 气割、电焊"十不烧"规定

（1）焊工应持证上岗，无特种作业安全操作证的人员不准进行焊、割作业。

（2）凡一、二、三级动火范围的焊、割作业，未经动火审批，不准进行焊、割。

（3）焊工不了解焊、割现场周围情况，不得进行焊、割。

（4）焊工不了解焊件内部是否安全，不得进行焊、割。

（5）各种装过可燃气体、易燃液体和有毒物质的容器，未经彻底清洗和排除危险性前，不准进行焊、割。

（6）用可燃材料作保温层、冷却层、隔声和隔热设施的部位，或火星能飞溅到的地方，在未采取切实可靠的安全措施前不准焊、割。

（7）有压力或密闭的管道、容器，不准焊、割。

（8）焊、割部位附近有易燃易爆物品，在未采取有效安全措施前不准焊、割。

（9）有与明火作业相抵触的工种在附近作业时，不准焊、割。

（10）与外单位相连的结合部，在没有弄清有无险情，或明知存在危险而未采取有效措施前，不准焊、割。

16.6　确定常用施工机具安全防范重点

1. 空气压缩机

（1）使用前应测量绝缘电阻，其值不得小于 $0.5M\Omega$，电动机应装设过载和短路保护装置。

（2）空压机作业区应保持清洁干燥。

（3）空压机的输气气管较长时，应加以固定，管路不得有急弯，管路接头应联接牢固严密，严禁漏气。

（4）贮气罐每三年应做水压试验一次，试验压力为额定压力的150%，压力表和安全阀每年至少校验一次。

（5）作业前重点检查应符合下列要求：

1）润滑油添加充足。

2）各连接部位紧固，各运动机构及各部阀门开闭灵活。

3）各防护装置齐全良好，贮气罐内无存水。

（6）空压机应在无载状态下启动，启动后低速空运转，检查各仪表指示值符合要求，运转正常后逐步进入载荷运转。

（7）作业中贮气罐内压力不得超过铭牌额定压力，安全阀应灵敏、有效。

（8）发现漏气、漏电、异响等情况应立即停机检查。

（9）工作结束或下班前要切断电源。

2. 圆盘锯

（1）必须用单面开关，不得安装倒顺开关。锯片的安装，应保持与轴同心。

（2）锯片的锯齿尖锐，不得连续缺齿两个，裂纹长度不得超过20mm，裂纹末端应冲止裂孔。

（3）被锯木料厚度，以锯片能露出木料10～20mm为限，夹持锯片的法兰盘的直径应为锯片直径的1/4。

（4）启动后，待转速正常后方可进行锯料。送料时不得将木料左右晃动或高抬，遇木节要缓缓送料。锯料长度应不小于500mm。接近端头时，应用推棍送料。

（5）如锯线走偏，应逐渐纠正，不得猛扳，以免损坏锯片。

（6）操作人员不得站在和面对与锯片旋转的离心力方向操作，手不得跨越锯片。

（7）锯片温度过高时，应用水冷却。直径600mm以上的锯片，在操作中应喷水冷却。

3. 手持电动工具

（1）使用刃具的机具，应保持刃磨锋利，完好无损，安装正确，牢固可靠。

（2）使用砂轮的机具，应检查砂轮与接盘间的软垫并安装稳固，螺母不得过紧，凡受潮、变形、裂纹、破碎或接触过油、碱类的砂轮均不得使用，并不得将受潮的砂轮片自行烘干使用。

（3）在潮湿金属构架、压力容器等导电良好的场所作业时，必须使用双重绝缘或加强绝缘的电动工具。

（4）作业前的检查应符合下列要求：

1）外壳、手柄不出现裂缝、破损；

2）电缆软线及插头等完好无损，开关动作正常，保护接零连接正确，牢固、可靠；

3）各部防护装置齐全、牢固，电气保护装置可靠。

（5）机具启动后，应空载运转，应检查并确认机具联动灵活无阻。作业时，加力应平稳，不得用力过猛。

（6）严禁超载使用，作业中应注意音响及温升，发现异常应立即停机检查。在作业时间过长，机具温升超过60℃时应停机，自然冷却后再行作业。

（7）作业中，不得用手触摸刃具、模具和砂轮，发现其有磨钝、破损情况时，应立即停机修整或更换，然后再继续作业。

（8）机具转动时，不得撒手不管。

（9）使用冲击电钻或电锤时，应符合下列要求：

1）作业时应掌握电钻和电锤手柄，打孔时先将钻头抵在工作表面，然后开动，用力适度，避免晃动；转速若急剧下降，应减少用力，防止电机过载，严禁用木杠加压。

2）钻孔时，应注意避开混凝土中的钢筋。

3）电钻和电锤为40％继续工作制，不得长时间连续使用。

（10）使用瓷砖切割机时应符合下列要求：

1）作业时应防止杂物、泥尘混合电机内，并应随时观察机壳温度，当机壳温度过高及产生炭刷火花时，应立即停机检查处理；

2）切割过程中用力应均匀适当，推进刀片不得用力过猛。当发生刀片卡死时，应立即停机，慢慢退出刀片，应在重新对正后方可再切割。

（11）使用角向磨光机时应符合下列要求：

1）砂轮应选用增强纤维树脂型，其安全线速度不得小于80m/s。配用的电缆与插头应具有加强绝缘性能，并不得任意更换。

2）磨削作业时，应使砂轮与工件面保持15°～30°的倾斜位置；切削作业时，砂轮不得倾斜，并不得横向摆动。

（12）使用射钉枪时应符合下列要求：

1）严禁用手掌推压钉管和将枪口对准人；击发时，应将射钉枪垂直压紧在工作面上，当两次扣动扳机子弹均不击发时，应保持原射击位置数秒后，再退出钉弹。

2）在更换零件或断开射钉枪前，射枪内均不得装有射钉弹。

16.7　确定施工用电安全防范重点

1. 现场临时变配电所

（1）高压露天变压器面积不小于3m×3m，低压配电应邻靠高压变压器间，其面积也不小于3m×3m。围墙高度不低于3.5m。室内地坪满铺混凝土，室外四周做80cm宽混凝土散水坡。

（2）变压器四周及配电板背面凸出部位，须有不小于80cm的安全操作通道，配电板下沿距地面为1m。

（3）配电箱的下沿距地面不少于1.2m。

2. 现场配电箱

（1）配电箱应安装双扇开启门，并有门锁、插销，写上指令性标识和统一编号。

（2）电源线进箱有滴水弯，进线应先进入熔断器后再进开关，箱内要配齐接地线，金属配电箱外壳应设接地保护。

（3）配电箱内分路凡采用分路开关、漏电开关，其上方都要单独设熔断保护。

（4）箱内要单独设置单相三眼插座，上方要装漏电保护自动开关，现场使用单相电源的设备应配用单相三眼插头。

（5）手提分路流动配电箱，外壳要有可靠的保护接地，10A铁壳开关或按用量配上分路熔断器。

（6）要明显分开"动力"、"照明"和"电焊机"使用的插座。

3. 用电线路

（1）现场电气线路，必须按规定架空敷设坚韧橡皮线或塑料护套软线。在通道或马路处可采用加保护管埋设，树立标识牌，接头应架空或设接头箱。

（2）手持移动电具的橡皮电缆，引线长度不应超过5m，不得有接头。

（3）现场使用的移动电具和照明灯具一律用软质橡皮线的，不准用塑料胶质线代替。

（4）现场大型临时设施的电线安装，凡使用橡皮或塑料绝缘线，应立柱明线架设，开关设置要合理。

4. 接地装置

（1）接地体可用角钢，钢管不少于两根，入土深度不小于 2m，两根接地体间距不小于 2.5m，接地电阻不大于 4Ω。

（2）接地线可用绝缘铜或铝芯线，严禁在地下使用裸铝导线作接地线，接头处应采用焊接压接等可靠连接。

（3）橡皮电缆芯线中"黑色"或"绿黄双色"线作为接地线。

5. 高压线防护

（1）在架空输电线路附近施工，须搭设毛竹防护架。

（2）在高压线附近搭设的井架、脚手架外侧在高压线水平上方的，应全部设安全网。

6. 手持或移动电动机具

电源线须有漏电保护装置（包括下列机具：振动机、磨石机、打夯机、潜水泵、手电刨、手电钻、砂轮机、切割机、绞丝机和移动照明灯具等）。

16.8 确定通风防毒安全防范重点

1. 通风

（1）应遵守先通风、检测，后作业的原则。

（2）应配备氧气浓度、有害气体浓度检测仪器、报警仪器、隔离式空气保护器具（空气呼吸器、氧气呼吸器等）、通风换气设备和抢救器具（绳缆、梯子等）。

（3）作业环境空气中氧气浓度大于 18% 和有害气体浓度达到标准要求以后，在密切监视下才能作业；对氧气、有害气体浓度可能发生变化的作业场所，作业过程中应定时或连续检测保证安全作业，严禁用纯氧进行通风换气，以防止氧中毒。

（4）加强有关缺氧、窒息危险的安全管理、教育、抢救等措施。

2. 中毒

（1）凡从事有毒有害化学物品作业时，作业人员必须佩戴防毒面具，并保证通风良好。

（2）宿舍内严禁存放有毒有害及化学物品。

（3）进行电焊作业时，除要用防护罩外，还应戴口罩，穿戴好防护手套、脚盖、帆布工作服。采用低尘、少害的焊条或采用自动焊代替手工焊。

（4）现场严禁使用明火照明，以防止火灾事故。

（5）食堂要有卫生许可证。炊事人员必须持有健康证和体检合格证上岗。生、熟食物必须分别加工制作存放。凡变质、腐烂的食物严禁食用，每天要做好防蚊、蝇传染源的控制工作。

（6）食堂内严禁非炊事人员进入，炊事人员不能留长指甲，并保持个人卫生清洁，对食堂做到每日清扫。

16.9 确定油漆、保温、电焊等作业安全防范重点

1. 手工涂刷油漆

（1）外墙外窗悬空高处作业时，应戴好安全帽，系好安全带。安全带应高挂低用。

（2）沾染油漆或稀释剂类的棉纱、破布等物，应集中存放在金属箱内，等不能使用时集中销毁或用碱性溶液洗净以备再用。

（3）用钢丝刷、板锉、气动或电动工具清除铁锈或铁鳞时，须戴好防护目镜；在涂刷红丹防锈漆和含铅的油漆时，要注意防止铅中毒，操作时要戴口罩或防毒面具。

（4）刷涂耐酸、耐腐蚀的过氧乙烯涂料时，由于气味较大，有毒性，在刷涂时应戴好防毒口罩，每隔一小时到室外换气一次。工作场所应保持良好的通风。

（5）使用天然漆时，要防止中毒。禁止已沾漆的手触摸身体的其他部位。中毒后要用香樟木块泡开水冲洗患部，也可用韭菜在患部搓揉，或去医院治疗。

（6）油漆窗户时，严禁站在或骑在窗栏上操作，以防栏断人落。刷封檐板或水落管时，应利用建筑脚手架或专用脚手架进行。

（7）涂刷作业时，如感头痛、恶心、心闷或心悸时，应立即停止作业到户外换吸新鲜空气。

（8）夜间作业时，照明灯具应采用防爆灯具。涂刷大面积场地时，室内照明或电气设备必须按防爆等级规定安装。

2. 机械喷涂油漆

（1）在室内或容器内喷涂，必须保持良好的通风。作业区周围严禁有火种或明火作业。

（2）喷涂时如发现喷得不均匀，严禁对着喷嘴察看，应调整出气嘴与出漆嘴之间的距离来解决。一般情况应在施工前用水试喷，无问题后再正式进行。

（3）喷涂对人体有害的油漆涂料时，应戴防毒口罩。如对眼睛有害，则须戴上封闭式眼镜。

（4）喷涂硝基漆和其他易挥发易燃性溶剂的涂料时，不准使用明火或吸烟。

（5）为避免静电聚集，喷漆室或罐体应设有接地保护装置。

（6）在室内或容器内喷涂时，电气设备安装必须按防爆等级规定进行。

（7）大面积喷涂时，电气设备安装必须按防爆等级规定进行。

（8）喷涂人员作业施工中，如有头痛、恶心、心悸等情况，应立即停止作业，到通风处换气，如仍感不适，应去医院医治。

3. 保温

（1）在紧固铁丝或拉铁丝网时，用力不得过猛，不得站在保温材料上操作或行走。

（2）从事矿渣棉、玻璃纤维棉（毡）等作业，衣领、袖口、裤脚应扎紧。

（3）地下设备、管道保温前，应先进行检查，确认无瓦斯、毒气、易燃易爆物或酸类等危险品，方可操作。

（4）聚苯乙烯使用电加热切割，应用36V电压。

（5）装运热沥青不准使用锡焊的金属容器，装入量不得超过容器深度的3/4。

（6）苯、汽油应缓慢倒入胶粘剂内并及时搅拌。调制时，距明火不少于10m。

4. 电焊机

电焊机必须安装二次侧空载降压保护装置。

（1）电焊机设备的外壳应做保护接零（接地），开关箱内装设漏电保护器。

（2）关于电焊机二次侧安装空载降压保护装置问题：

1）交流电焊机实际就是一台焊接变压器，由于一次线圈与二次线圈相互绝缘，所以一次侧加装漏电保护器后，并未减轻二次侧的触电危险。

2）二次侧具有低电压、大电流的特点，以满足焊接工作的需要。二次侧的工作电压只有20多伏，但为了引弧的需要，其空载电压一般为45～80V（高于安全电压）。

3）强制要求弧焊变压器加装触电装置，因为此种装置能把空载电压降到安全电压以下（一般低于24V）。

4）空载降压保护装置。当弧焊变压器处于空载状态时，可使其电压降到安全电压值以下，当启动焊接时，焊机空载电压恢复正常。

5）防触电保护装置。将电焊机输入端加装漏电保护器和输出端加装空载降压保护器合二为一，采用一种保护装置。

6）电焊机的一次侧与二次侧比较，一次侧电压高，危险性大，如果一次侧线过长（拖地），容易损坏机械或使机械操作发生危险，所以一次侧线安装的长度以尽量不拖地为准（一般不超过3m），焊机尽量靠近开关箱，一次线最好穿管保护和焊机接线柱连接后，上方应设防护罩防止意外碰触。

7）焊把线长度一般不超过30m，并不准有接头。接头处往往由于包扎达不到电缆原有的防潮、抗拉、防机械损伤等性能，所以接头处不但有触电的危险，同时由于电流大，接头处过热，接近易燃物容易引起火灾。

8）不得用金属构件或结构钢筋代替二次线的地线。

16.10　确定生产、生活废水、噪声和固体废弃物防治措施

1. 生产、生活废水

（1）生活污水排放处理措施

1）生活区必须统筹安排，合理布局，满足安全、消防、卫生防疫、环境保护、防汛、防洪等要求。

2）施工现场食堂、餐厅应设隔油池，生活污水经隔油沉淀后排入污水管网。隔油池应及时清理，清理出的废物需有准运证，并送到合法的处理单位进行消纳。生活污水运出现场前必须覆盖严实，不得出现遗洒。清运单位必须持有关部门批准的废弃物消纳资质证明和经营许可证。

3）盥洗设施的设置，必须设置满足施工人员使用需要的水池和水龙头，盥洗设施的下水管线应与污水管线连接，必须保证排水通畅。

4）生活区内必须设置冲式厕所或环保移动式厕所。

5）厕所污水尽量接入市政污水管道。若工地位于偏远郊区，可建造小型化粪及渗透井对厕所污水进行处理。

（2）生产污水排放处理措施

1）生产污水、污油排放应在工程开工前15日，项目经理部到工程所在区县环保局进行排污申报登记。工程污水经沉淀池处理后排入市政污水管道。

2）混凝土输送泵及运输车辆清洗处应设置沉淀池（沉淀池的大小根据工程排污量设置），经二次沉淀后循环使用或用于施工现场洒水降尘。废水不得直接排水市政污水管线。

3）施工现场应尽量不设置油料库，若必须存放油料的，应对油料存储和使用采取措施，在库房进行防渗漏处理，防止油料泄露，污染土壤水体。

4）有条件的项目可在现场建造简易的雨水收集池，或采用绿化渗漏自然排放。尽量避免雨水跟其他工地污水接触，收集未经污染的雨水，应经沉沙池后排入专用雨水排放管道，或经沉淀后再利用。

2. 噪声

噪声控制技术可从声源、传播途径、接收者防护等方面来考虑。

（1）声源控制

1）声源上降低噪声，这是防止噪声污染的最根本的措施。

2）尽量采用低噪声设备和加工工艺代替高噪声设备和加工工艺，如低噪声振捣器、风机、电动空压机、电锯等。

3）在声源处安装消声器消声，即在通风机、鼓风机、压缩机、燃气机、内燃机及各类排气放空装置等进出风管的适当位置设置消声器。

（2）传播途径的控制

1）吸声：利用吸声材料（大多由多孔材料制成）或由吸声结构形成的共振结构（金属或木质薄板钻孔形成的空腔体）吸收声能、降低噪声。

2）隔声：应用隔声结构，阻碍噪声向空间传播，将接收者与噪声声源分隔，隔声结构包括隔声室、隔声罩、隔声屏障、隔声墙等。

3）消声：利用消声器阻止传播。允许气流通过的消声降噪是防治空气动力性噪声的主要装置。如对空气压缩机、内燃机产生的噪声等。

4）减振降噪：对来自振动引起的噪声，通过降低机械振动减小噪声，如将阻尼材料涂在振动源上，或改变振动源与其他刚性结构的连接方式等。

（3）接收者的防护

让处于噪声环境下的人员使用耳塞、耳罩等防护用品，减少相关人员在噪声环境中的暴露时间，以减轻噪声对人体的危害。

（4）严格控制人为噪声

进入施工现场不得高声喊叫、无故甩打模板、乱吹哨，限制高音喇叭的使用，最大限度地减少噪声扰民。

凡在人口稠密区进行强噪声作业时，须严格控制作业时间，一般晚10点到次日早6点之间停止强噪声作业。确系特殊情况必须昼夜施工时，尽量采取降低噪声措施，并会同建设单位找当地居委会、村委会或当地居民协调，出安民告示，求得群众谅解。

3. 固体废弃物

（1）固体废弃物逐步实现资源化、无害化、减量化

根据需要，设置固体废弃物的放置场地与储放设施予以标识，实现固体废弃物的分类

管理，以便分类存放、收集等。

1）可回收利用的。如：施工材料的下脚料、废包装皮（柔性包装、刚性包装、金属包装）、废零部件、废玻璃、废轮胎、木材、锯末、落地灰、废钢铁、包装袋等。

2）不可回收有毒有害的。如：化工材料及其包装物和容器、废电池、废墨盒、废色带、废硒鼓、废磁盘、废计算器、废日光灯管、废复写纸、油手套、油刷、废机油、医疗废弃物、废化学品包装物等，应指定地点或装容器进行管理并及时处理，不可回收利用的施工产生的废渣、剔凿的混凝土渣块等，应设置半封闭围挡集中堆放并及时清运。

（2）废弃物的搬运和存放、处置

废弃物按照分类的情况存放在指定地点，并应设置明显的标识。对可回收的废弃物应当进行废物综合利用或者对外销售，尽可能地减少资源、能源的浪费。项目经理部生活、办公产生的废弃物，可直接委托当地垃圾清运部门清运处理，施工垃圾按当地规定运至指定地点集中处理。对有害废弃物必须指定专人与政府有关部门联系，交有资质的部门处理并做好记录。

16.11　环境交底

要建立一个有效的环境管理体系，首先要正确认识施工项目和环境之间相互作用的情况。施工项目的一切活动、产品和服务中能与环境发生相互作用的要素称为施工项目的环境因素。包括排放、材料的消耗或再利用、噪声的产生等。施工项目实施环境管理体系应当识别自身能够控制的和能够对其施加影响的环境因素。

全部或部分地由施工项目的环境因素给环境造成的任何有害或有益的变化称为环境影响。如空气污染、自然资源的耗竭等属于有害影响。水质或土壤质量的改善属于有益影响。环境因素和相关的环境影响之间是一种因果关系。施工项目应当确定那些具有或可能具有重大环境影响的环境因素（即重要环境因素）。

由于施工项目可能有很多环境因素和相关的环境影响，应当建立确定重要环境因素的准则和方法。建立准则时应当考虑如环境特征、适用的法律法规和其他要求的信息、内外部相关方的关注等。其中有些准则可直接用于识别组织的环境因素，有些可用于确定相关的环境影响。为了识别和理解环境因素，项目经理部应当收集有关其活动、产品和服务特性的定量的和定性的数据，如材料或能源的输入或输出、所采用的过程和技术、设施和场所，运输方式以及人的因素。还应当收集施工项目活动、产品和服务方面的因素与潜在的或实际的对环境所造成的变化之间的因果关系；与施工项目相关方对环境的关注；依据政府、许可制度、其他标准等对环境因素的相关制约和规定。

施工项目环境因素通常可以从以下几个方面进行考虑：

（1）空气排放；

（2）水体排放；

（3）土壤排放；

（4）原材料和自然资源的使用；

（5）地方的或社区的环境问题；

（6）能源的使用；

（7）能量的释放（如热、辐射、振动等）；

（8）废弃物和副产品；

（9）特征属性（如尺寸、形状、颜色、外观等）。

通过对这些环境因素的识别，施工项目应确定在组织生产的一系列相关活动中对以下因素进行考虑：

（1）施工项目的设计与开发；

（2）施工项目的现场生产；

（3）包装和运输；

（4）废弃物的管理；

（5）原材料和自然资源的获取和分配；

（6）产品的分配、使用和废弃。

施工项目在进行技术交底时，应当通过对确定的生产活动中对环境影响的各项因素入手，明确施工项目的环境目标及其相应的指标，明确参与交底人员在实现环境目标中的作用、职责和权限，并将相应的指标与组织保障、绩效考核、过程培训、意识培养、记录控制、检查审核等措施结合起来，将施工生产过程中可能出现的环境影响控制在可控的范围内，有效减少施工项目对环境产生的不利影响，达到与环境和谐共存的目的。

第17章　识别、分析施工质量缺陷和危险源

17.1　识别装饰工程的质量缺陷，分析产生原因

17.1.1　防水工程

室内防水部位主要位于厕浴间、厨房间内。这些部位设备多、管道多、阴阳转角多、施工工作面小，是用水最频繁的地方，同时也是最易出现渗漏的地方。厕浴间、厨房间的渗漏主要发生在房间四周、地漏周围、管道周围等。究其原因，主要是设计考虑不周、材料选择不当、施工时结构层（找平层）处理得不好、防水层做得不到位、管理或使用不当等原因造成的。见图17-1。

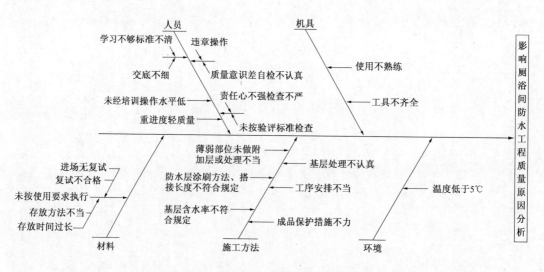

图17-1　防水工程的质量缺陷原因分析

1. 地面汇水倒坡

（1）原因分析：地漏偏高，地面不平有积水，无排水坡度甚至倒流。

（2）处理方法：凿除偏高处，修复防水层，铺设面层（按照要求进行地面找坡），重新安装地漏，地漏接口处嵌填密封材料。

（3）防治措施：

1）地面坡度要求距排水点最远距离控制在2%，且不大于30mm，坡度要准确。

2）严格控制地漏标高，且应低于地面标高5mm；厕浴厨房间地面应比走廊及其他室内地面低20mm。

3）地漏处的汇水口应呈喇叭口形，要求排水畅通。禁止地面有倒坡或积水现象。

2. 墙身返潮和地面渗漏

（1）原因分析

1）墙面防水层设计高度偏低。

2）地漏、墙角、管道、门口等处结合不严密，造成渗漏。

（2）处理方法

1）墙身返潮，应将损坏部位凿除并清理干净，用1:2.5防水砂浆修补。

2）如果墙身和地面渗漏严重，需将面层及防水层全部凿除，重新做找平层、防水层、面层。

（3）防治措施

1）墙面上设有用水器时，其防水高度为1800mm，淋浴处墙面防水高度不应小于1800mm。

2）墙体根部与地面的转角处找平层应做成钝角。

3）预留洞口、孔洞、埋设的预埋件位置必须正确、可靠。地漏、洞口、预埋件周边必须设有防渗漏的附加层防水措施。

4）防水层施工时，应保持基层干净、干燥，确保涂膜防水与基层粘结牢固。

3. 地漏周边渗漏

（1）原因分析：承口杯与基体及排水管接口结合不严密，防水处理过于简陋，密封不严。

（2）处理方法：

1）地漏口局部偏高，可剔除高出部分，重新安装地漏，并注意和原防水层搭接好，地漏和翻口外沿嵌填密封材料并封闭严实。

2）地漏损坏，应重新安装地漏。

3）地漏周边与基体结合不严渗漏，在其周边剔凿出宽度和深度均不小于20mm的沟槽，清理干净，槽内嵌填密封材料，其上涂刷2遍合成高分子防水涂料。

（3）防治措施：

1）安装地漏时，应严格控制标高，不可超高。

2）要以地漏为中心，向四周辐射找好坡度，坡向要准确，确保地面排水迅速、畅通。

3）安装地漏时，按设计及施工规范进行施工，结点防水处理得当。

4. 立管四周渗漏

（1）原因分析

1）立管与套管之间未嵌入防水密封材料，且套管与地面相平，导致立管四周渗漏。

2）施工人员不认真，或防水、密封材料质量差。

3）套管与地面相平，导致立管四周渗漏。

（2）处理方法

1）套管损坏应及时更换并封口，所设套管要高出地面大于20mm，并进行密封处理。

2）如果管道根部积水渗漏，应沿管根部凿出宽度和深度均不小于20mm的沟槽，清理干净，槽内嵌填密封材料，并在管道与地面交接部位涂刷管道高度及地面水平宽度不小于100mm、厚度不小于1mm无色或同色的合成高分子防水涂料。

3）管道与楼地面间裂缝小于1mm，应将裂缝部位清理干净，绕管道及根部涂刷2遍合成高分子防水涂料，其涂刷高度和宽度不小于100mm，厚度不小于1mm。

（3）防治措施

1）穿楼板的立管应按规定预埋套管。

2）立管与套管之间的环隙应用密封材料填塞密实。

3）套管高度应比设计地面高出20mm以上；套管周边做同高度的细石混凝土防水保护墩。

17.1.2 顶面工程（图17-2）

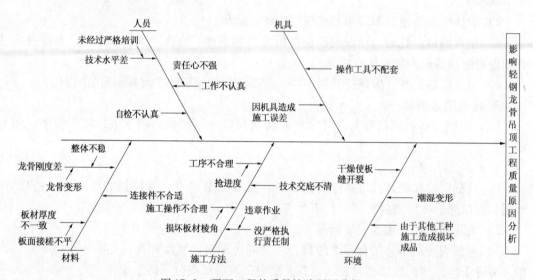

图17-2 顶面工程的质量缺陷原因分析

1. 吊顶局部下沉

（1）原因分析

1）吊杆与结构基体固定不牢；

2）吊杆强度不够，拉伸变形；

3）局部人为踩踏或增加额外荷载；

4）安装时吊杆不直；吊顶未按规定起拱。

（2）预防措施

1）吊点与基层固定牢固，固定膨胀螺栓时严格控制钻孔孔径和深度，孔径不得过大；

2）吊点分布均匀，在龙骨端头处、吊杆与设备相遇处增加吊杆。

2. 大面积不平整

（1）原因分析

1）吊顶未弹线；

2）吊杆或次龙骨间距偏大；

3）龙骨安装后未进行调直调平。

（2）预防措施

1）吊顶安装前分别弹出吊顶标高线及吊杆位置线；

2）合理安排吊杆及次龙骨间距；

3）罩面板安装前对龙骨进行调直调平，所有连接件安装牢固。

3. 明装纵横龙骨接缝明显高低不平

（1）原因分析

1）横龙骨截料尺寸控制不准；

2）横龙骨截料端口不平直；

3）纵横龙骨下平面相交连接时，未注意高低平齐。

（2）预防措施

1）截料时应按实际量准尺寸，用角尺画线下料，注意端口要锯平直并与其长轴线垂直；

2）接头缝隙一般不大于1mm；

3）高级吊顶施工时，横龙骨截料长度应留有余量，以便安装时可用锉刀或手砂轮进行精加工，修整到安装后无明显缝隙为止。

17.1.3 墙面工程（图17-3）

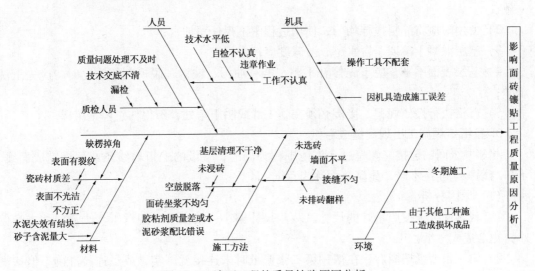

图17-3 墙面工程的质量缺陷原因分析

1. 加气混凝土条板隔墙表面不平整

（1）原因分析

1）条板不规矩，偏差大。或在吊运过程中吊具使用不当，损坏板面和棱角；

2）施工工艺不当，安装时不跟线。断板时未锯透就用力断开，造成接触面不平；

3）安装时用撬棍撬动，磕碰损坏。

（2）预防措施

1）加气混凝土条板在运输过程中应采用专用吊具或用套胶管的钢丝绳轻吊轻放，并应侧向分层码放，不得平放；

2）条板切割应平整、垂直，特别是门窗侧边必须保持平直。安装前要选板，如有缺楞掉角，应用与加气混凝土材性相近的材料进行修补。未经修补的坏板或表面疏松的板不得使用；

3）安装前应在顶板、梁底、墙面弹线，并应在地面上放出隔墙位置线，安装时以一面线为准，接缝要求平顺，不得有错台。

2. 内墙涂料涂层颜色不均匀

（1）原因分析

1）采用不同批次的涂料，颜料掺量有差异；

2）使用涂料时未搅拌均匀或任意加水，使涂料本身颜色深浅不同，造成墙面颜色不均匀；

3）使用涂料时未搅拌均匀，混凝土或砂浆龄期相差悬殊，含水率、酸碱度有明显差异；

4）基层处理差异，如平整度差、有明显接槎等；

5）施工接槎未留在分格缝或阴阳角处。

（2）预防措施

1）同一应选用同一供应商的同一批次产品。每批涂料的颜料和各种材料配合比保持一致；

2）使用时应将涂料搅拌均匀，使用过程中不得任意加水；

3）基层混凝土龄期、含水率、酸碱度应符合规定；

4）基层表面不平整应事先修补平整，若有油污、铁锈、脱模剂等污物时，应先清洗干净；

5）严格执行操作规程，接槎必须在施工缝或阴阳角处，不得任意停工甩槎。

3. 壁纸裱糊施工出现离缝或亏纸

相邻壁纸间的连接缝隙超过允许范围称为离缝；壁纸的上口与线条或顶棚完成面线、下口与踢脚线连接不严，显露基面称为亏纸。

（1）原因分析

1）裁割壁纸未按照量好的尺寸，裁割尺寸偏小，裱糊后出现亏纸。丈量尺寸本身偏小，也会造成亏纸；

2）第一张壁纸裱糊后，在裱糊第二张壁纸时未连接就压实，或虽连接准确，但裱糊操作时赶压底层胶液推力过大而使壁纸伸胀，在干燥过程中产生回缩，造成离缝或亏纸现象；

3）搭接裱糊壁纸裁割时，接缝处不是一刀裁割到底，而是变换多次刀刃的方向或钢直尺偏移，使壁纸忽胀忽亏，裱糊后亏损部分就出现离缝。

（2）防治措施

1）裁割壁纸前，应复核裱糊墙面实际尺寸和需裁壁纸尺寸。直尺压紧后不得移动，刀刃紧贴尺边，一气呵成，手动均匀，不得中间停顿或变换持刀角度。尤其是裁割已裱糊在墙上的壁纸时，更不能用力过猛，防止将墙面划出深沟，使刀刃损伤壁纸；

2）裁割壁纸一般以上口为准，上、下口可比实际尺寸略长 10～20mm。花饰壁纸应将上口的花饰全部统一成一种形状，壁纸裱糊后，在上口线和踢脚线上口压尺，分别裁割掉多余的壁纸。有条件时，也可只在下口留余量，裱糊完后割掉多余部分；

3）裱糊壁纸前要先"闷水"，使其受糊后横向伸胀，一般 800mm 宽的壁纸闷水后约胀出 10mm；

4）裱糊的每一张壁纸都必须与前一张紧靠，在赶压胶液时，由拼缝处横向往外压出胶液和气泡，不准斜向来回赶压或由两侧向中间推挤，应使壁纸对好缝后不再移动，如果出现移位要及时赶回原来的位置。

4. 花饰不对称

有花饰的壁纸裱糊后，两张壁纸的正反面、阴阳面，或者在门窗口的两边、室内对称的柱子、两面对称的墙壁等部位出现裱糊的壁纸花饰不对称现象。

（1）原因分析

1）裱糊壁纸前没有区分无花饰和有花饰壁纸的特点，盲目裁割壁纸。

2）在同一张纸上印有正花和反花、阴花和阳花饰，裱糊时未仔细区别，造成相邻壁纸花饰相同。

3）对要裱糊壁纸的墙面未进行周密的观察研究，门窗口的两边、室内对称的柱子、两面对称的墙，裱糊壁纸的花饰不对称。

（2）防治措施

1）壁纸裁割前对于有花饰的壁纸经认真区别后，将上口的花饰全部统一成一种形状，按照实际尺寸留出余量统一裁割。

2）在同一张纸上印有正花和反花、阴花和阳花饰时，要仔细分辨，最好采用搭接法进行裱糊，以避免由于花饰略有差别而误贴。如采用接缝法施工，已裱糊的壁纸边花饰如为正花，必须将第 2 张壁纸边正花饰裁割掉。

3）对准备裱糊壁纸的房间应观察有无对称部位，若有，应认真设计排列壁纸花饰，应先裱糊对称部位，如房间只有中间一个窗户，裱糊在窗户取中心线，并弹好粉线，向两边分贴壁纸，这样壁纸花饰就能对称；如窗户不在中间，为使窗间墙阳角花饰对称，也可以先弹中心线向两侧裱糊。

4）对花饰明显不对称的壁纸饰面，应将裱糊的壁纸全部铲除干净，修补好基层，重新按工艺规程裱糊。

5. 壁纸翘边

壁纸边沿脱胶离开基层而卷翘的现象。

（1）原因分析

1）涂刷胶液不均匀，漏刷或胶液过早干燥。

2）基层有灰尘、油污等，或表面粗糙干燥、潮湿，胶液与基层粘结不牢，使纸边翘起。

3）胶粘剂胶性小，造成纸边翘起，特别是阴角处，第 2 张壁纸粘贴在第 1 张壁纸的塑料面上，更易出现翘起。

4）阳角处裹过阳角的壁纸宽度小于 20mm，未能克服壁纸的表面张力，也易翘起。

（2）防治措施

1）根据不同施工环境温度，基层表面及壁纸品种，选择不同的胶粘剂，并涂刷均匀。

2）基层表面的灰尘、油污等必须清除干净，含水率不得超过8%。若表面凹凸不平，应先用腻子刮抹平整。

3）阴角壁纸搭缝时，应先裱糊压在里面的壁纸，再用黏性较大的胶液粘贴面层壁纸。搭接宽度一般不大于3mm. 纸边搭在阴角处，并且保持垂直无毛边。

4）严禁在明角处甩缝，壁纸裹过阳角应不小于20mm，包角壁纸必须使用黏性较强的胶液，并要压实，不能有空鼓和气泡，上、下必须垂直，不能倾斜。有花饰的壁纸更应注意花纹与阳角直线的关系。

5）将翘边壁纸翻起来，检查产生翘边原因，属于基层有污物的，待清理后，补刷胶液重粘牢，属于胶粘剂胶性小的，应换用胶性较大的胶粘剂粘贴；如果壁纸翘边已坚硬，除了应使用较强的胶粘剂粘贴外，还应加压，待粘牢平整后，才能去掉压力。

6. 空鼓（气泡）

壁纸表面出现小块凸起，用手指按压时，有弹性和与基层附着不实的感觉，敲击时有鼓音。

（1）原因分析

1）裱糊壁纸时，赶压不得当，往返挤压胶液次数过多，使胶液干结失去粘结作用；或赶压力量太小，多余的胶液未能挤出，存留在壁纸内部，长时间不能干结，形成胶囊状；或未将壁纸内部的空气赶出而形成气泡。

2）基层或壁纸底面，涂刷胶液厚薄不匀或漏刷。

3）基层潮湿，含水率超过有关规定，或表面的灰尘、油污未消除干净。

4）石膏板表面的纸基起泡或脱落。

5）白灰或其他基层较松软，强度低，裂纹空鼓，或孔洞、凹陷处未用腻子刮平，填补不坚实。

（2）防治措施

1）严格按壁纸裱糊工艺操作，必须用刮板由里向外刮抹，将气泡或多余的胶液赶出。

2）裱糊壁纸的基层必须干燥，含水率不超过8%；有孔洞或凹陷处，必须用石膏腻子或大白粉、滑石粉、乳胶腻子刮抹平整，油污、尘土必须清除干净。

3）石膏板表面纸基起泡、脱落，必须清除干净，重新修补好纸基。

4）涂刷胶液必须厚薄均匀一致，绝对避免漏刷。为了防止胶液不匀，涂刷胶液后，可用刮板刮1遍，把多余的胶液回收再用。

5）由于基层含有潮气或空气造成空鼓，应用刀子割开壁纸，将潮气或空气放出，待基层完全干燥或把鼓包内空气排出后，用医用注射针将胶液打入鼓包内压实，使之粘贴牢固。壁纸内含有胶液过多时，可使用医药注射针穿透壁纸层，将胶液吸收后再压实即可。

17.1.4 地面工程（图 17-4）

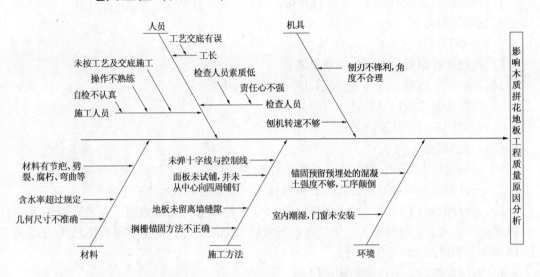

图 17-4　地面工程的质量缺陷原因分析

1. 木质地板人行走时有响声

（1）原因分析

1）木搁栅含水率大或施工环境湿度大使木搁栅受潮，完工后木搁栅干燥收缩松动；

2）固定木搁栅的预埋钢丝、"门"形铁件被踩断或不合要求，固定处松动；

3）木搁栅固定点间距过大，木搁栅变形松动；

4）毛地板、面板少钉、漏钉或固定不牢；

5）木搁栅铺完后，未认真进行自检。

（2）预防措施

1）严格控制木搁栅含水率、施工环境湿度；

2）采用预埋钢丝法，要注意保护钢丝；

3）基层为预制楼板的，锚固铁件应设置于叠合层。无叠合层时，可设置于板缝内，设置间距应符合规定；

4）搁栅铺钉完，要认真检查有无响声，不符合要求应及时修理。

2. 预制水磨石、大理石地面空鼓

（1）原因分析

1）基层清理不干净或浇水湿润不够，造成垫层和基层脱离；

2）垫层砂浆太稀或一次铺得太厚，收缩太大，易造成板与垫层空鼓；

3）板背面浮灰未清刷净，未浇水，影响粘结；

4）石板铺贴时操作不当。

（2）防治措施

1）基层必须清理干净，并充分浇水湿润；

2）预制板或石板背面必须清理干净，并刷水事先湿润，待表面稍晾干后方可铺设；

3）当基层凹凸不平时，应高凿低补；

4）板材铺设完成后24h，应进行养护。

3. 白麻石材水斑

（1）原因分析

1）石材防护剂质量差或涂刷质量差；

2）石材铺贴前地坪潮湿或没做好防水、防潮处理；

3）石材安装完成后立即进行嵌缝处理；

4）石材切缝时破坏原防护层。

（2）预防措施

1）加强供应商管理，做好石材防护质量控制工作；

2）石材铺贴前应做好地坪防水、防潮施工，控制地坪含水率；

3）石材铺贴后不应立即覆盖表面，待水分挥发后进行嵌缝处理。安装后应先保持石材缝通畅，让水分充分挥发，一周后再进行嵌缝及镜面处理，地下室等湿度较大或通风不良部位可采用强制通风挥发水分；

4）石材切缝时，不得破坏防护层。

17.1.5 门窗工程（图17-5）

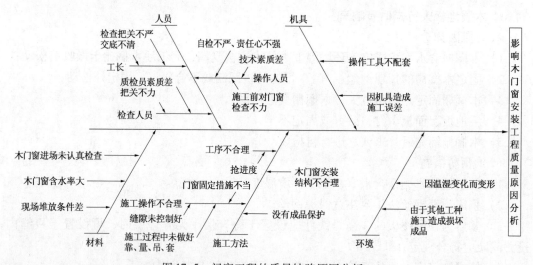

图17-5 门窗工程的质量缺陷原因分析

木门窗玻璃装完后松动或不平整

（1）原因分析

1）裁口内的胶渍、灰砂颗粒、木屑等未清除干净；

2）未铺垫底油灰或底油灰厚薄不均、漏铺；

3）玻璃裁制尺寸偏小，影响固定；

4）玻璃固定点间距不符合规定。

（2）预防措施

1）玻璃安装前将裁口内的杂物清理干净；

2）裁口内铺垫的底油灰厚薄均匀一致；

3）玻璃尺寸按设计裁割，保证玻璃每边镶入裁口的尺寸应符合规定。禁止使用窄小玻璃安装；

4）玻璃固定点间距符合规定。

17.1.6 幕墙工程（图17-6）

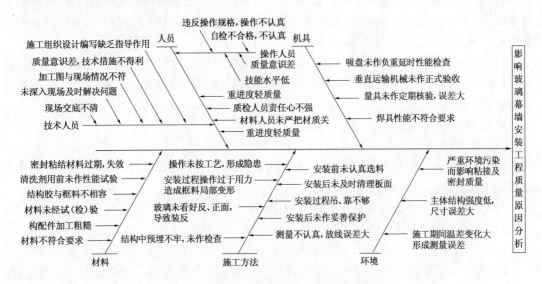

图 17-6 幕墙工程的质量缺陷原因分析

1. 幕墙有渗漏水现象

（1）原因分析

1）幕墙设计考虑不周，细部处理欠妥；

2）橡胶条规格不符合设计要求，造成胶缝处厚薄不匀；

3）耐候硅酮密封胶施工不规范；

4）安启窗的安装不符合要求。

（2）预防措施

1）设计泄水通道，集水后由管道排出；

2）填嵌密封胶前，要将接触处擦拭干净，再用溶剂揩擦后方可填嵌密封胶，厚度应大于3.5mm，宽度要大于厚度的两倍；

3）橡胶条应按规定型号选用，镶嵌应平整；

4）开启窗安装的玻璃应与幕墙在同一水平。

2. 幕墙玻璃爆裂

（1）原因分析

1）由于玻璃加工工艺不标准，玻璃的质量不稳定，导致玻璃自爆开裂；

2）立柱与横梁安装误差大，产生的应力不匀，使玻璃局部受挤压而裂缝；

3）安装玻璃时下部没有设置弹性定位垫块，使玻璃爆裂。

（2）预防措施

1）幕墙玻璃应选用安全玻璃，质量必须符合国家现行标准的规定；

2）玻璃按规格划好后，要用磨边机磨边，否则在安装过程中和安装后易产生应力集中，安装后的钢化玻璃表面不应有伤痕，钢化玻璃均质化处理；

3）立柱安装标高偏差不应大于3mm，轴线前后偏差不应大于2mm，左右偏差不应大于3mm。横梁同一高度相邻两根横向构件安装在同一高度，其端部允许高差1mm；

4）玻璃与构件不得直接接触。玻璃四周与构件凹槽底应保持一定空隙。每块玻璃下部应设不少于两块弹性定位垫块，垫块的宽度与槽口宽度应相同，长度不应小于100mm。玻璃两边嵌入量及空隙应符合设计要求；

5）玻璃四周橡胶条应按规定型号选用，镶嵌应平整，橡胶条长度宜比边框内槽口长1.5%~2%，其断口应留在四周。斜面断开后应拼成预定的设计角度，并应用胶粘剂粘结牢固后嵌入槽内。

3. 幕墙预埋件强度不足

（1）原因分析

1）预埋件的制作和用料规格达不到设计要求。当设计无要求时，没有经过结构计算以确定用料规格；

2）使用的材料质量不符合相关规范的规定；

3）主体结构的混凝土强度等级偏低。

（2）预防措施

1）预埋件的螺栓直径、锚板厚度等应按设计规定制作和预埋。如设计无具体规定时，应按相关规定进行承载力的计算；

2）预埋件采用的钢板、锚筋等应符合规定，不得采用冷加工钢筋；

3）先建房后改作幕墙的工程，当原有建筑主体结构混凝土的强度等级低于C30时，要增加预埋件数量。通过结构理论计算，确定螺栓的锚固长度、预埋方法，确保幕墙的安全度。

17.1.7　水电工程（图17-7）

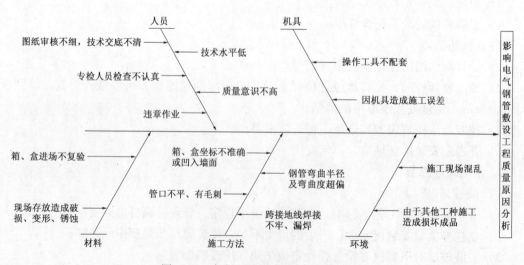

图17-7　水电工程的质量缺陷原因分析

1. 一般灯具安装时绝缘台固定不牢、绝缘台将导线压扁或灯具内导线有接头，接线时相线直接接在灯头上

（1）原因分析

1）固定绝缘台时，未考虑绝缘台的大小和安装场所的结构。对绝缘台未进行加工处理；

2）未考虑灯具的自重；

3）接线时，相线和中性线没有明显的区别而使接线错误。

（2）预防措施

1）固定绝缘台时，规格应按吊盒或灯具法兰大小选择。绝缘台固定处若在砖墙或混凝土结构上，应事先埋设膨胀螺栓，或打洞埋设镀锌钢丝榫，然后用螺钉固定；

2）灯具重量较大时需用吊链悬挂灯具，软线应编叉在吊链内且不得受力；当灯具的自重超过3kg时，应预埋吊钩或螺栓悬挂灯具；

3）灯具接线时，相线和中性线要严格区别，应将中性线接在灯头上，相线应经过开关再接到灯头上。对螺口灯座，相线应接在灯座中心的铜片上，中性线接螺口铜圈上。灯具的导线不得有接头；

4）绝缘台若固定不牢靠，应重新固定；

5）灯具接线错误应返工重新接线。

2. 花灯及组合式灯具安装不在分格中心或不对称

（1）原因分析

1）在安装线路确定灯位时，没有参照土建工程建筑装修图。土建、电气专业会审图纸不严密，容易出现灯位不正、挡距不对称；

2）装饰吊顶板留灯位孔洞时，测量不准确。

（2）预防措施

1）在吊顶施工时，必须根据建筑吊顶装修图核实具体尺寸和分格中心，定出灯位。对宾馆、饭店、艺术厅、剧场等项目吊顶施工时，要加强图纸会审，密切配合施工；

2）在吊顶上开灯位孔洞时，应先选用木钻钻成小孔，小孔对准灯头盒，待吊顶夹板钉上后，再根据花灯法兰盘大小，扩大吊顶眼孔，使法兰盘能盖住孔洞，保证法兰、吊杆在分格中心位置。

3. 金属导管对口熔焊连接

（1）原因分析

1）壁厚小于等于2mm的钢导管采用套管熔焊连接，焊接处将会产生烧穿、结瘤、毛刺等现象，穿线时会损坏导线的绝缘层；

2）埋入混凝土中的导管，如有烧穿现象会造成水泥浆渗入，导致导管堵塞；

3）采用熔焊连接，会造成内、外壁镀锌层破坏，小管径的镀锌钢管无法补做防腐，使镀锌钢管失去抗腐蚀能力强、使用寿命长的特点。

（2）防治措施

1）在图纸会审或技术交底时应明确，如果设计上选用镀锌钢管，施工工艺上就不能采用熔焊连接；

2）在施工组织方案的编写及审查阶段，应清楚所选用的施工工艺，并备好相应的施工工具，有相应的主材、配套的附件及辅料；

3）镀锌钢管的连接防腐，可采用螺纹连接、套接紧定式连接方式；在施工初始阶段，做施工工艺样板，用样板指路；

4）壁厚小于等于 2mm 的钢导管可采用上述连接方法。

4. 电线、电缆的外皮颜色不符合要求

保护接地线、零线采用黑色电线；同一建筑物内，交流三相（A、B、C）电线的外皮颜色混乱，难以区别其功能，不方便维护。

（1）原因分析

1）保护接地线和零线的导线颜色用错，是施工人员不熟悉标准、规范规定所致；

2）施工前未做技术交底，施工管理不善；

3）同一建筑物内，交流三相（A、B、C）电线的线色不一致，未严格按规范要求选用导线颜色。

（2）防治措施

1）详细做好技术交底，严格按规范要求选择导线的颜色；

2）在定货时就应选购符合要求的导线，施工时应按规范要求选用符合规定的导线；即交流三相电中，A 相导线的颜色为黄色，B 相为绿色，C 相为红色，地线应使用黄绿相间导线，零线应使用淡蓝色的导线；

3）在同一建筑物内，不同使用功能的电线绝缘层的颜色应有区别，交流三相（A、B、C）电线的颜色应一致，以方便识别、维护和检修等。

5. 管道连接处或管道与设备（卫生器具）连接处滴水渗漏

明装管道渗漏滴水将影响环境，并会导致吊顶等装饰损害；暗埋管道渗漏会产生积水，导致面层装饰损害。

（1）原因分析

1）管道安装过程中，管接口不牢，连接不紧密，以致连接处渗漏；

2）管道水压试验不认真，没有认真检查管道安装质量；

3）管道与器具给水阀门、水龙头、水表等连接不紧密，导致接口渗漏；

4）管道安装完成后，成品保护不力，造成管道损坏。

（2）防治措施

1）管道安装时应按设计选用管材与管件相匹配的合格产品，并采用与之相适应的管道连接方式，要求严格按照施工方案及相应的施工验收规范、工艺标准，采用合理的安装程序进行施工；

2）对于暗埋管道应采取分段（户）试压方式，即对暗埋管道安装一段，试压一段，隐蔽一段。分段（户）试压必须达到规范验收要求，全部安装完毕再进行系统试压，同样必须满足验收规范，从而确保管道接口的严密性；

3）做好成品保护，与相关各工种配合协调；

4）管道与器具（配件）连接时，应注意密封填料密实饱满，密封橡胶圈等衬垫要求配套、不变性；金属管道与非金属管道转换接头质量要过关，以确保接口严密、牢固。

6. 排水横管无坡度、倒坡或坡度偏小

（1）原因分析

排水管道坡度不合要求将造成排水顺畅甚至堵塞。

（2）防治措施

1）安装前先按照确定的卫生器具安装尺寸修正孔洞。根据图纸要求并结合实际情况。按修正后孔洞位置测量尺寸，绘制加工草图，根据草图量号管道尺寸，进行裁管、预制，排水横管变径时应保证管顶平接；

2）沿管道走向在管段的始末端按设计坡度拉线，根据设计或规范要求并结合管节长度确定支吊架的位置，按拉线处该位置与支吊架固定点的垂直距离制作支吊架；

3）将预制好的管段用铁丝临时吊挂，查看无误后进行粘结，按规定校正管道坡度。待粘结固化后，再紧固支承件。

17.2　识别施工现场与物的不安全状态有关的危险源

施工现场存在机械、设备、设施、材料等方面导致的危险和有害因素。

在《生产过程危险和有害因素分类与代码》GB/T 13861—2009 中，将与管理有关的危险和有害因素列举如表 17-1 所示。

与管理因素有关的危险和有害因素及其代码　　　　　　　　　　　　　　表 17-1

代码	名　称	说　明
2	物的因素	
21	物理性危险和有害因素	
2101	设备、设施、工具、附件缺陷	
210101	强度不够	
210102	刚度不够	
210103	稳定性差	抗倾覆、抗位移能力不够。包括重心过高、底座不稳定、支承不正确等
210104	密封不良	指密封件、密封介质、设备辅件、加工精度、装配工艺等缺陷以及磨损、变形、气蚀等造成的密封不良
210105	耐腐蚀性差	
210106	应力集中	
210107	外形缺陷	指设备、设施表面的尖角利棱和不应有的凹凸部分等
210108	外露运动件	指人员易触及的运动件
210109	操纵器缺陷	指结构、尺寸、形状、位置、操纵力不合理及操纵器失灵、损坏等
210110	制动器缺陷	
210111	控制器缺陷	
210199	设备、设施、工具、附件其他缺陷	
2102	防护缺陷	
210201	无防护	

代码	名　　称	说　　明
210202	防护装置、设施缺陷	指防护装置、设施本身安全性、可靠性差，包括防护装置、设施、防护用品损坏、失效、失灵等
210203	防护不当	指防护装置、设施和防护用品不符合要求、使用不当。不包括防护距离不够
210204	支撑不当	包括矿井、建筑施工支护不符合要求
210205	防护距离不够	指设备布置、机械、电气、防火、防爆等安全距离不够和卫生防护距离不够等
210299	其他防护缺陷	
2103	电伤害	
210301	带电部位裸露	指人员易触及的裸露带电部位
210302	漏电	
210303	静电和杂散电流	
210304	电火花	
210399	其他电伤害	
2104	噪声	
210401	机械性噪声	
210402	电磁性噪声	
210403	流体动力性噪声	
210499	其他噪声	
2105	振动危害	
210501	机械性振动	
210502	电磁性振动	
210503	流体动力性振动	
210599	其他振动危害	
2106	电离辐射	包括 X 射线、γ 射线、α 粒子、β 粒子、中子、质子、高能电子束等
2107	非电离辐射	
210701	紫外辐射	
210702	激光辐射	
210703	微波辐射	
210704	超高频辐射	
210705	高频电磁场	
210706	工频电场	
2108	运动物伤害	

代码	名　称	说　明
210801	抛射物	
210802	飞溅物	
210803	坠落物	
210804	反弹物	
210805	土、岩滑动	
210806	料堆（垛）滑动	
210807	气流卷动	
210899	其他运动物伤害	
2109	明火	
2110	高温物质	
211001	高温气体	
211002	高温液体	
211003	高温固体	
211099	其他高温物质	
2111	低温物质	
211101	低温气体	
211102	低温液体	
211103	低温固体	
211199	其他低温物质	
2112	信号缺陷	
211201	无信号设施	指应设信号设施处无信号，如无紧急撤离信号等
211202	信号选用不当	
211203	信号位置不当	
211204	信号不清	指信号量不足，如响度、亮度、对比度、信号维持时间不够等
211205	信号显示不准	包括信号显示错误、显示滞后或超前等
211299	其他信号缺陷	
2113	标志缺陷	
211301	无标志	
211302	标志不清晰	
211303	标志不规范	
211304	标志选用不当	
211305	标志位置缺陷	
211399	其他标志缺陷	

代码	名　称	说　明
2114	有害光照	包括直射光、反射光、眩光、频闪效应等
2199	其他物理性危险和有害因素	
22	化学性危险和有害因素	根据《化学品分类和危险性公示　通则》GB 13690 的规定
2201	爆炸品	
2202	压缩气体和液化气体	
2203	易燃液体	
2204	易燃固体、自燃物品和遇湿易燃物品	
2205	氧化剂和有机过氧化物	
2206	有毒品	
2207	放射性物品	
2208	腐蚀品	
2209	粉尘与气溶胶	
2299	其他化学性危险和有害因素	
23	生物性危险和有害因素	
2301	致病微生物	
230101	细菌	
230102	病毒	
230103	真菌	
230199	其他致病微生物	
2302	传染病媒介物	
2303	致害动物	
2304	致害植物	
2399	其他生物性危险和有害因素	

【例 17-1】1999 年 2 月 1 日中午 12 时许，由某装饰工程发展有限公司总包，某装饰工程有限公司分包施工的该广场 4 号客房楼室内装修工程，发生一起触电死亡事故，死亡 1 人，死者张某某，男，21 岁，电工。

经调查，张某某当天与其他工人一起在 4 号楼 4 层客房卫生间进行管沟开槽作业，照明采用普通插口灯头接单相橡胶电线，220V 电压，200W 灯泡，无固定基座的行灯。大约 11 时半，在完成一间作业任务后，其他同志说下班了，张某某看看手表说："还有半小时，可以再做一间。"于是张某某在没切断电源的情况下，移动照明灯具，与其他同志分开，另找作业面。12 时另一工人需用爬梯，在寻找爬梯过程中，看见走道里，张某某身子靠在墙上坐在积水中口吐白沫，就喊张的同事过去看一下怎么回事。发现张身体上有电线，灯头脱落，灯泡已碎，可能触电了，跑过去扔掉电线，将张抱到干燥的地方，同时通知其他人员拉闸断电，随后报警，将张送医院抢救，经医院检查张某某左手腕内侧有约

5cm×3cm 的电击烧伤斑迹，因电击时间过长，发现太晚，现场抢救措施不当等原因抢救无效死亡。

【原因分析】

（1）主要原因：经事故调查分析，该工程内部装饰，要用的手持电动工具较多，电源的接驳点多，用电量较大，实施作业前对现场用电未引起足够的重视，用电无措施、无方案。没有按照《施工现场临时用电安全技术规范》JGJ 46 的要求来完善三级配电二级保护，动力电源与照明电源分开设置的原则，设置的用电设备、电箱位置、末端开关箱的位置，相对固定漏电保护装置不符合照明使用要求，一旦漏电不能及时断电是这次触电死亡事故的主要原因。

（2）直接原因：张某某违反操作规程进行作业，在没有切断电源，不穿戴绝缘手套与绝缘鞋时，左手抓住电线灯泡拖拉移动普通照明设备时，造成电线与灯头受力脱开电线裸露触及左手腕，是造成触电死亡事故的直接原因。

（3）间接原因：现场设施不完善，临时照明灯具无固定基座，手持照明灯未使用 36V 及以下电压供电，照明专用回路无漏电保护装置，发生漏电不能自动切断电源，使伤者及早脱离电源是这起事故的原因之一。

17.3 识别施工现场与人的不安全状态有关的危险源

施工现场可能因人员自身或人为性质导致危险和有害因素。据统计，分析事故中有89%都不是因技术解决不了造成的，都是违章所致。由于没有安全技术措施，缺乏安全技术措施，不作安全技术交底，安全生产责任制不落实，违章指挥，违章作业造成的。《中国劳动统计年鉴》对近年来的企业伤亡事故原因（主要原因）进行比例排序：违反操作规程或劳动纪律原因位列首位，占11项原因总统计量的45%以上，如果加上教育培训不够、缺乏安全操作知识，对现场工作缺乏检查和指挥错误等不安全行为原因的事故，就占了全部事故统计量的60%以上。而值得重视的是国有企业不安全行为原因造成的伤亡比例均值，大于城镇企业和其他企业。

随着科学技术的发展，施工现场劳动条件的改善，机械设备的进一步完善，在造成事故的原因比例中，人的不安全因素的比例还会有所增加。因此，我们就更应该重视人的因素，杜绝和预防出现人的不安全因素。

在《生产过程危险和有害因素分类与代码》GB/T 13861—2009 中，将与人有关的危险和有害因素列举如表 17-2 所示。

与人的因素有关的危险和有害因素及其代码　　　　　　　　　表 17-2

代码	名　称	说　明
1	人的因素	
11	心理、生理性危险和有害因素	
1101	负荷超限	
110101	体力负荷超限	指易引起疲劳、劳损、伤害等的负荷超限

代码	名　　称	说　　明
110102	听力负荷超限	
110103	视力负荷超限	
110199	其他负荷超限	
1102	健康状况异常	指伤、病期等
1103	从事禁忌作业	
1104	心理异常	
110401	情绪异常	
110402	冒险心理	
110403	过度紧张	
110499	其他心理异常	
1105	辨识功能缺陷	
110501	感知延迟	
110512	辨识延迟	
110599	其他辨识功能缺陷	
1199	其他心理、生理性危险和有害因素	
12	行为性危险和有害因素	
1201	指挥错误	
120101	指挥失误	包括生产过程中的各级管理人员的指挥
120102	违章指挥	
120199	其他指挥错误	
1202	操作错误	
120201	误操作	
120202	违章作业	
120299	其他操作错误	
1203	监护失误	
1299	其他行为性危险和有害因素	包括脱岗等违反劳动纪律行为

【例17-2】2005年5月10日下午，某建设总承包公司总包、某建筑公司主承包、某脚手架公司专业分包的某高层住宅工程工地上，因12层以上的外粉刷施工基本完成，主承包公司的脚手架工程专业分包单位的架子班班长谭某征得分队长孙某同意后，安排三名作业人员进行Ⅲ段19A～20A轴的12～16层阳台外立面高5步、长1.5m、宽0.9m的钢管悬挑脚手架拆除作业。下午15时50分左右，三人拆除了15～16层全部和14层部分悬挑脚手架外立面以及连接14层阳台栏杆上固定脚手架拉杆和楼层立杆、拉杆。当拆至近13层时，悬挑脚手架突然失稳倾覆致使正在第三步悬挑脚手架体上的两名作业人员何某、喻某随悬挑脚手架体分别坠落到地面和三层阳台平台上（坠落高度分别为39m和31m）。事故发生后，项目部立即将两人送往医院抢救，因二人伤势过重，经抢救无效死亡。

【原因分析】

经调查和现场勘测，模拟脚手架复原分析。

（1）直接原因：作业前何某等三人，未对将拆除的悬挑脚手架进行检查、加固，就在上部将水平拉杆拆除，以至在水平拉杆拆除后，架体失稳倾覆，这是造成本次事故的直接原因。

（2）间接原因：专业分包单位分队长孙某，在拆除前未认真按规定进行安全技术交底，作业人员未按规定佩戴和使用安全带以及未落实危险作业的监护，是造成本次事故间接原因。

（3）主要原因：专业分包单位的其中一位架子工何某，作为经培训考核持证的架子工特种作业人员，在作业时负责楼层内水平拉杆和连杆的拆除工作，但未按规定进行作业，先将水平拉杆、连杆予以拆除，导致架体失稳倾覆，是造成本次事故的主要原因。造成事故，何某对事故应负有主要责任。

17.4 识别施工现场与管理缺失有关的危险源

施工现场因管理和管理责任缺失导致危险和有害因素。在《生产过程危险和有害因素分类与代码》GB/T 13861—2009 中，将与管理有关的危险和有害因素列举如表 17-3 所示。

与管理因素有关的危险和有害因素及其代码　　　　　　　　　　　表 17-3

代码	名　称	说　明
4	管理因素	
41	职业安全卫生组织机构不健全	包括组织机构的设置和人员的配置
42	职业安全卫生责任制未落实	
43	职业安全卫生管理规章制度不完善	
4301	建设项目"三同时"制度未落实	
4302	操作规程不规范	
4303	事故应急预案及响应缺陷	
4304	培训制度不完善	
4399	其他职业安全卫生管理规章制度不健全	包括隐患管理、事故调查处理等制度不健全
44	职业安全卫生投入不足	
45	职业健康管理不完善	包括职业健康体检及其档案管理等不完善
49	其他管理因素缺陷	

【例 17-3】1998 年 9 月 29 日，上午 7 时 20 分许，瓦工裴某与刘某在项目部承建的 4 号楼（5～6 轴线间）前地面，距前沿墙 1.8m 处，准备合搬一块木板（长 3m，宽 0.25m，厚 0.05m）至一层室内墙脚手架粉墙，当刘某弯腰搬木板时，被从 6 层楼操作层竹篱子上（距地面 16.7m）弹跳坠落下的一块砖（240mm×115mm×53mm）击中后脑勺，经医院抢

救无效死亡（男，19岁，瓦工）。

【原因分析】

1. 直接原因：1~6层操作层防护网防护不严密，当时在6层事发段有一张防护网被人拆除，导致操作防护不严；普工戴某在向操作层上放砖头时，安全意识不强；刘某未戴安全帽。

2. 间接原因：项目部在分项承包中执行制度把关不严；该粉刷工在事故前一天刚进工地，项目部未能及时进行安全教育，职工自我安全保护及自我安全防护意识差。

第18章 装饰装修施工质量、职业健康安全与环境问题

18.1 分析判断施工质量问题的类别、原因和责任

18.1.1 施工质量问题的类别、原因和责任

工程质量事故的原因分析：

由于建筑工程工期较长，所用材料品种繁杂，在施工过程中，受社会环境和自然条件方面异常因素的影响，工程质量问题的表现形式千差万别，类型多种多样。这使得工程质量问题的成因也错综复杂，往往一项质量问题是由于多种原因引起。虽然每次发生质量问题的类型各不相同，但是通过对大量质量问题调查与分析发现，其发生的原因有不少相同或相似之处，其最基本的因素主要可以归纳为：违反建设程序、违反法规行为、地质勘察失真、设计差错、施工与管理不到位、使用不合格的原材料及设备、自然环境因素、使用不当等。我们按事故发生原因与事故本身联系的紧密程度，将质量事故的原因分为直接原因与间接原因两大类。直接原因是事故发生现场内，与事故联系密切的人的不安全行为和物的不安全状态。间接原因是指事故发生现场以外的社会环境因素。事故的间接原因将导致直接原因的发生，而直接原因又是追查间接原因的依据。在事故的调查与分析中都涉及人（设计者、管理者、操作者等）和物（建筑物、材料、机具等），开始接触到的大多数是直接原因，如果不深入分析追查间接原因，是很难发现更深层次的本质原因，不利于吸取教训，防止同类事故再次发生。

认真分析工程质量事故是判断其性质及采取何种处理措施的前提。在分析工程质量事故的过程中，应当做到"及时、客观、准确、全面、标准、统一"。

质量事故的预防措施方面，要在设计、施工过程中对可能出现的事故有敏锐的洞察力，及时采取正确、有效的防治措施。提高各方面人员的素质，树立质量第一的观念。按国家法规、法规、规范办事。通过预控、过程管理、检查、纠偏等方式可以做到使事故发生率降低，甚至有效地杜绝质量事故。

18.1.2 某住宅楼渗漏

某住宅楼卫生间为80mm厚，C20钢筋混凝土现浇板，地面铺贴马赛克，瓷砖墙裙高1.8m，蹲式大便器。该工程使用不到半年，开始在穿楼板、穿屋面板管道根部、地漏周围以及大便器下部产生渗漏，使卫生间顶棚常年潮湿，个别房间出现滴水现象，影响了正常使用。

（1）原因分析

预留孔洞位置不准确，有的偏差过大，安装管时只好在已浇筑好的楼板上重新打孔凿

洞，这样不仅造成原孔洞过大而使孔洞堵塞困难，而且使楼板的整体性和钢筋的连续性受到破坏，易使楼板产生裂缝，人为地留下渗漏的隐患。

穿楼板的排水管周围无按规定设置套管，管道四周出楼面处，找平层没有做成圆锥台，管道根部的周围没有起坡或者起坡不够；施工时使用的水泥砂浆没有抹平压实，不能保证管道根部的防水质量。

冲洗立管及大便器安装不牢固，排水立管及地漏周围的混凝土浇筑质量较差，地漏安装高程不准确，致使地面积水不易排出。

（2）预防措施

预留管道孔洞的位置，一定要严格按照设计图纸施工。管道孔洞模具定位后，应由专人负责看管和施工，以防止模具在混凝土浇捣中产生位移，影响管道孔洞位置的准确性。如果一旦发生位移，则应立即加以纠正。

管道、地漏穿越楼板安装固定后，应当及时用不低于楼板混凝土强度的细石混凝土将管洞堵牢捣实抹平。为提高混凝土的抗渗性能，细石混凝土中应掺加适量的防水剂。堵洞的支撑模具应坚固、平整，与楼板接触部位应紧密，不得有缝隙。

地漏应安装在卫生间楼地面的最低处，其顶面应低于设置处楼地面5mm，不得采用浅水封或无水封地漏。当无深水封地漏时，地漏下面应增加反水弯，地漏必须设置于便于清扫、便于排水的位置。

立管应设在靠墙的转角处，在管道根部做成找坡圈台，找坡圈台比管根处楼面高出20～30mm，宽度为30～50mm。管道根部出屋面处，找平层做成圆锥台，铺贴防水层时应增加附加层。

科学组织工程施工是防治卫生间渗漏的重要措施之一。土建与安装工程应当密切配合，搞好交叉作业，保证施工过程的连续性、科学性。给水排水管道的施工，应遵循先安装管道后安装卫生器具的原则。其施工顺序一般为：安装下水立管、支管，堵塞管道孔洞；做楼地面找平层，进行防水处理；贴墙面瓷砖，铺地面马赛克；安装卫生器具，试水维修。

18.1.3　地面板块面层空鼓

（1）原因分析

底层的基土没有夯实，产生不均匀沉降。

基层面没有扫刷洁净，残留的泥浆、浮灰和积水成为隔离层。

预制板块背面的隔离剂、粉尘和泥浆等杂物没有洗刷洁净。

基层质量差。有的基层面疏松，强度不足，有的基层干燥，施工前没先浇水湿润，也有的水泥浆刷得过早，已干硬。铺板块的水泥砂浆配合不准确，时干时湿，操作不认真，铺压不均匀，局部不密实。

成品养护和保护不善，面层铺好后没有及时湿养护，过早就上去操作或加载。

（2）预防措施

由于基底不密实，造成地面板块空鼓、动摇、裂缝等，要查明原因后再处理。

清除基层面前泥灰、砂浆等杂物，并冲洗干净。

拉好控制水平线，先试拼、试排。应确定相应尺寸，以便切割。

砂浆应采用干硬性的，配合比为 1∶2 的水泥砂浆。砂浆稠度掌握在 30mm 以内。

铺贴板块。铺浆由内向外铺刮赶平。将洗净晾干的板块反面薄刮一层水泥浆，就位后用木锤或橡皮锤垫木块敲击，使砂浆振实，全部平整、纵横缝隙标准、无高低差为合格。

灌缝，擦缝。

18.2　分析判断安全问题的类别、原因和责任

安全事故的分析方法很多，主要有事件树分析法、故障树分析法、因果分析图法、排列图法等。这些方法既可以用于事前预防，又可用于事后分析。

1. 事件树分析法

事件树分析法（ETA），又称决策树法。它是从起因事件出发，依照事件发展的各种可能情况进行分析，既可运用概率进行定量分析，亦可进行定性分析，如图 18-1 所示为工人搭脚手架时不慎将扳手从 12m 高处坠落，致使行人死亡的事故分析。

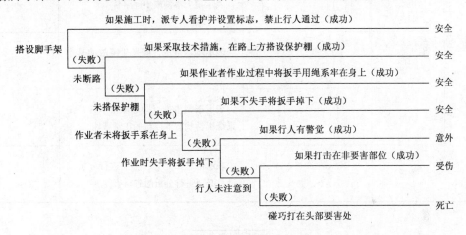

图 18-1　物体打击死亡事故事件树分析

2. 故障树分析法

故障树分析法（FTA），又称事故的逻辑框图分析法。它与事件树分析法相反，是从事故开始，按生产工艺流程及因果关系，逆时序地进行分析，最后找出事故的起因。这种方法也可进行定性或定量分析，能揭示事故起因和发生的各种潜在因素，便于对事故发生进行系统预测和控制。图 18-2 为对一位工人不慎从脚手架上坠落死亡事故的故障树分析示例。图中符号意义见表 18-1。

故障树分析常用符号　　　　　　　　　　　　　　　　　表 18-1

种类	名称	符　号	说　　明	表达式
逻辑门	与门	A B_1 B_2	表示输入事件 B_1、B_2 同时发生时，输出事件 A 才会发生	$A = B_1 \cdot B_2$

种类	名称	符　号	说　　明	表达式
逻辑门	或门		表示输入事件 B_1 或 B_2 任何一个事件发生，A 就发生	$A = B_1 + B_2$
	条件与门		表示 B_1、B_2 同时发生并满足该门条件时，A 才会发生	
	条件或门		表示 B_1 或 B_2 任一事件发生并满足该门条件时，A 才会发生	
事件	矩形		表示顶上事件或中间事件	
	圆形		表示基本事件，即发生事故的基本原因	
	屋形		表示正常事件，即非缺陷事件，是系统正常状态下存在的正常事件	
	菱形		表示信息不充分、不能进行分析或没有必要进行分析的省略事件	

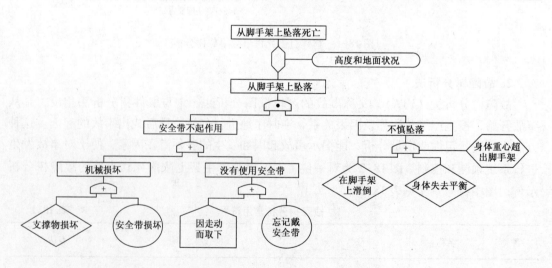

图 18-2　从脚手架上坠落死亡故障树

3. 因果分析图法

机器工具伤害事故采用因果分析图法的示例，见图18-3。

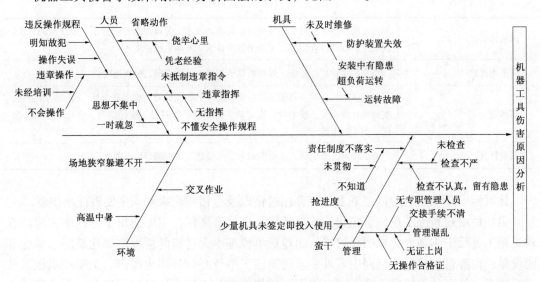

图18-3　机器工具伤害事故因果分析图

18.3　分析判断环境问题的类别、原因和责任

施工现场常见的环境保护问题包括：资源浪费、大气污染、水土污染、施工噪声及光污染等。建筑施工之所以造成对环境的影响，是由于在施工过程中有一定的投入（资源、能源、机具、材料、人员等），并通过施工活动（施工作业、工艺过程等），在形成工程产品实体的同时产生一定的废物和资源、能源的消耗，从而引发环境改变，给环境带来一定程度的负面影响。建筑施工过程中的重要环境因素详见表18-2。

建筑施工过程中的重要环境因素　　　　　　　　　　表18-2

重要环境因素类别	主要污染物组成
危险废物	废硒鼓、墨盒、色带、日光灯具、电池、废电子器件、医疗废弃物、废药品、废酸碱、油漆桶、油漆刷、矿物油及含油桶刷、油纱头等
国家禁止或限制使用的材料、设备	石棉及其制品、黏土砖、氟利昂、多氯联苯、散装水泥、哈龙灭火器、重污染或高能耗的工艺及设备
可能产生严重环境影响的紧急情况	地下管线破裂、火灾爆炸、大量危险化学品泄漏等
相关方高度关注或可能投诉的	严重的施工噪声、火灾爆炸、大量的扬尘、渣土或建筑垃圾排放、泥浆水或砂浆水排放
向大气排放	土尘、水泥尘、建筑垃圾扬尘、建筑拆除扬尘、汽车尾气、火灾烟气、焊接切割烟气、油漆等。化学物挥发气、粘胶剂等甲醛挥发气、厨房炊事等油烟气、施工机械尾气、锅炉烟气等

重要环境因素类别	主要污染物组成
向水体排放	洗手间废水、厨房炊事废水、火灾消防废水、井点降水施工排水、灌注桩泥浆水、混凝土、砂浆拌合废水、混凝土养护排水、车辆机械冲洗水
向土地排放	渣土、建筑垃圾遗撒、焊接的焊渣遗撒、油漆泄漏、油料泄漏
固体废物	包装袋、包装箱、其他包装容器；废砖瓦、废砂石、废混凝土块、渣土、废金属、废塑料、废橡胶、废木材、废玻璃、废陶瓷、废石材、废保温材、餐饮泔脚料、废纸、生活垃圾等
能量释放	施工噪声、施工强光、电焊弧光、焊接热量、玻璃幕墙反射光

　　建筑施工环境问题应以主观上是否存在过错以及过错程度来明确主要责任承担者。

　　第一种由建筑施工单位承担建筑施工环境污染民事责任，主要适用于建筑施工单位在建筑施工过程中主观上存在明显过错，而建设单位基本无过错的情况。如建筑施工单位和建设单位在签订建筑施工合同中明确要求建筑施工单位必须采用无噪声、无振动机械设备或低噪声、低振动机械设备施工，必须避开相邻他方的工作、休息时间作业，而建筑施工单位不顾合同规定使用高噪声、强振动机械设备施工或无故连续作业，在相邻他方休息期间仍然不停工的，就应当由建筑施工单位承担民事责任。

　　第二种由建设单位承担民事责任，适用于建设单位存在过错而建筑施工单位没有过错的情况。如建设单位违反国家定额工期规定，强求建筑施工单位压缩工期，在国家禁止施工期间（如夜间）进行非工艺需要的强噪声、高振动施工，侵害相邻他方民事权益。

　　第三种是由建筑施工单位和建设单位承担连带赔偿责任，适用于建筑施工单位和建设单位均有过错。如建设单位和建筑施工单位明知建筑施工过程中会产生噪声、粉尘、振动，仍为了双方各自利益，在建筑施工合同中签订压缩工期、使用高噪声和强振动设备等内容，致使本来可以避免的环境污染得以发生。

　　第四种由建筑施工单位和建设单位共同分别承担责任，该种归责原则主要适用于建筑施工单位、建设单位均无过错，但仍然造成相邻他方损害的情况。如建筑施工单位、建设单位在施工合同签订过程中以及施工过程均采取了一切手段防止环境污染的发生，但由于相邻各方相邻太近或相邻他方体质不强仍发生了损害，此时应该由建筑施工单位和建设单位分担民事责任。

第19章 记录施工情况，编写相关工程技术资料

19.1 填写施工日志，编写施工记录

施工日志格式参见表19-1。

施工日志 　　　　　　　　　　　　　　　　　　　　　　表19-1

日期： 　年　　月　　日　　星期

	天气状况	风力	最高/最低温度	备注
白天				
夜间				
生产情况记录：（施工部位、作业内容、班组工作、生产存在问题等）				
技术质量安全工作记录：（技术质量安全活动、技术质量安全问题、检查评定验收等）				
材料构配件进场记录：				
工程责任人		记录人		

填表须知：

施工日志填写应连续、及时、真实、全面、书写规范。

（1）生产情况记录：应明确记录施工部位（楼号、楼层、轴线所辖区域范围）、按作业专业分别记录、详细施工作业内容，施工班组名称、需持证上岗人员（如焊工、电工等）的持证情况，特殊工种作业人员名单、工序作业面衔接情况。

（2）技术质量安全工作记录（技术质量安全活动、技术质量安全问题、检查评定验收等）：应记录图纸会审、质量、安全技术交底、工序报验、材料报审、材料复试、隐蔽工程验收、工程例会、质量、安全检查等情况。

（3）材料构配件进场记录：应记录进场主要材料和构配件的名称、品种、规格、数量、生产厂家、使用部位、材料质量证明和保证资料是否齐全，是否需要进行性能复试、复试计划、复试结果。

（4）工程责任人为项目经理、项目技术负责人。

（5）记录人应为施工员。

19.2 编写分部分项工程技术资料，编写工程施工管理资料

施工、技术管理资料主要包括以下内容：

（1）工程概况：包括工程地点、建筑面积、建筑高度、结构形式、层高、质量等级、工程造价、工期要求等。

（2）工程项目施工管理人员名单。项目经理、项目技术负责人、质量员、安全员、材料员、劳务员、机械员、施工员、造价员、资料员等。

（3）施工现场质量管理检查记录。工程质量例会、质量检查表等。

（4）施工组织设计、施工方案审批表。

（5）施工进度计划表。根据合同工期要求，结合工程实际情况编制。

（6）技术交底记录。包括安全技术交底、质量技术交底。

（7）工程开工报审表。

（8）施工安全管理体系报审表。

（9）分包单位资质报审表。

（10）施工安全专项方案报审表。

（11）工程安全防护措施费使用计划报审表。

（12）开工报告。

（13）竣工报告：工程施工内容全部完成、自检评定合格，资料齐全后及时提交。

（14）施工许可证。

（15）中标通知书。

（16）施工招投标文件。

（17）施工承包合同、分包合同、合同变更资料。

（18）工程预、决算书。

（19）施工图、竣工图、结构计算书。

（20）施工图审查意见书。

第20章 利用专业软件对工程信息资料进行处理

20.1 利用专业软件录入、输出、汇编施工信息资料

（1）施工信息资料管理软件种类繁多，目前常用的专业工程资料管理软件有以下几种：

1）筑业江苏省建设工程资料管理软件（2016 最新版）。

2）恒智天成江苏省建筑工程第二代资料管理软件。

3）品茗施工资料制作与管理软件。

利用专业工程资料管理软件可轻松实现施工信息资料的录入、输出、汇编。

（2）专业软件的强大功能主要体现在以下几个方面：

1）智能导入、导出：工程所有基础信息信息、文件和表格可以智能导入、导出。

2）填表范例：提供专业的工程范例，填写示范，随意调取，可轻松掌握。

3）随机数填写评定：软件根据规范对表格自动填写评定，自动填写不合格点。

4）高智能表格编辑：提供插图、绘图、画图、抓图、图文混排，简单方便。

5）自动分项与报验：全自动一键生成分项表和报验单，智能表头内容自动填写。

6）智能导航：提供各类分项表，智能联建一体式表格生成。

7）自带全套资料素材：软件提供素材库模块，使交底方案编制更加方便。

8）超强批量打印：标准的多样化打印方式、批量打印模块，全速提高打印效率。

20.2 利用专业软件加工处理施工信息资料

利用专业软件可系统、全面、规范地对工程信息资料进行处理，结合《建设工程文件归档整理规范》GB/T 50328—2014 和工程所在地建设行业对资料管理的具体要求加工处理施工信息资料。

施工信息资料管理软件结合现行施工及验收规范要求，且能根据规范版本更新及时升级，工程一经开工即建立工程档案，并随工程进展及时收集、补充资料。

参考文献

［1］中华人民共和国行业标准．建筑与市政工程施工现场专业人员职业标准 JGJ/T 250—2011 ［S］．北京：中国建筑工业出版社，2012．

［2］住房城乡建设部人事司，中国建设教育协会．建筑与市政工程施工现场专业人员考核评价大纲（施工员—装饰方向）［M］．北京：中国建筑工业出版社，2013．

［3］中华人民共和国国家标准．建设工程施工质量验收统一标准 GB 50300—2013 ［S］．北京：中国建筑工业出版社，2014．

［4］中华人民共和国国家标准．建筑装饰装修工程质量验收规范 GB 50210—2001 ［S］．北京：中国建筑工业出版社，2001．

［5］李继业．建筑装饰工程施工技术与质量控制 ［M］．北京：中国建筑工业出版社，2013．

［6］王军霞．建筑施工技术 ［M］．北京：中国建筑工业出版社，2011．

［7］全国一级建造师执业资格考试用书编写委员会．建筑工程项目管理 ［M］．北京：中国建筑工业出版社，2016．

［8］丛培经．工程项目管理（第四版）［M］．北京：中国建筑工业出版社，2012．

［9］杨嗣信等．建筑装饰装修施工技术手册 ［M］．北京：中国建筑工业出版社，2005．

［10］简名敏．软装设计师 ［M］．南京：江苏人民出版社，凤凰出版传媒集团，2011．

［11］李方方．室内陈设艺术设计 ［M］．武汉：华中科技大学出版社，2012．

［12］纪迅．施工员（建筑工程）专业管理实务 ［M］．南京：河海大学出版社，2012．

［13］北京市建筑装饰协会．建筑装饰施工员必读 ［M］．北京：中国建筑工业出版社，2009．

［14］江苏省建设教育协会．施工员专业基础知识（装饰装修）［M］．北京：中国建筑工业出版社，2014．

［15］江苏省建设教育协会．施工员专业管理实务（装饰装修）［M］．北京：中国建筑工业出版社，2014．

［16］赵研，胡兴福．施工员通用与基础知识（装饰方向）［M］．北京：中国建筑工业出版社，2014．

［17］朱吉顶．施工员通用与基础知识（装饰方向）［M］．北京：中国建筑工业出版社，2014．